土壤与植被相互作用研究系列

黄土高原土壤有机碳形成机制

安韶山 杨 阳 薛志婧 朱兆龙 黄懿梅 等 著

科学出版社

北 京

内 容 简 介

本书是对作者所主持和参与的多项国家自然科学基金项目成果的系统总结，也是对作者团队多年来关于黄土高原土壤有机碳形成与固定系统研究的全面梳理，主要内容包括黄土高原植被恢复特征，土壤有机碳储量特征，根系和枯落物对土壤有机碳的贡献，土壤有机碳形成、周转与稳定的物理、化学和微生物学机制，植被–土壤–根系各界面土壤碳形态及其转移特征，土壤微生物碳泵参与的有机碳形成与转化过程等。

本书适于农业资源与环境、水土保持与荒漠化防治、生态学、环境科学与工程等相关学科研究领域的广大科技工作者和研究生阅读。

图书在版编目（CIP）数据

黄土高原土壤有机碳形成机制/安韶山等著. —北京：科学出版社，2024.5
（土壤与植被相互作用研究系列）
ISBN 978-7-03-075400-4

Ⅰ.①黄… Ⅱ.①安… Ⅲ.①黄土高原–土壤–有机碳–研究 Ⅳ.①S153.6

中国国家版本馆 CIP 数据核字（2023）第 069660 号

责任编辑：陈 新 田明霞 / 责任校对：杨 赛
责任印制：肖 兴 / 封面设计：无极书装

科学出版社 出版
北京东黄城根北街 16 号
邮政编码：100717
http://www.sciencep.com
北京中科印刷有限公司印刷
科学出版社发行 各地新华书店经销
*
2024 年 5 月第 一 版 开本：787×1092 1/16
2024 年 5 月第一次印刷 印张：22 1/4
字数：528 000
定价：298.00 元
（如有印装质量问题，我社负责调换）

《黄土高原土壤有机碳形成机制》
著者名单

主要著者

安韶山（西北农林科技大学）

杨　阳（中国科学院地球环境研究所）

薛志婧（陕西师范大学）

朱兆龙（中国科学院水利部水土保持研究所）

黄懿梅（西北农林科技大学）

其他著者（以姓名汉语拼音为序）

白雪娟（河北师范大学）

程　曼（山西大学）

窦艳星（西北农林科技大学）

黄　倩（西北农林科技大学）

刘春晖（西北农林科技大学）

刘　栋（中国科学院昆明植物研究所）

王宝荣（西北农林科技大学）

杨　轩（中国科学院水利部水土保持研究所）

曾全超（中国科学院重庆绿色智能技术研究院）

序

　　实现碳达峰和碳中和是我国政府统筹国内国际两个大局做出的重大战略决策，是着力解决资源环境约束突出问题、实现中华民族永续发展的必然选择，是构建人类命运共同体的庄严承诺。土壤碳库作为陆地生态系统最大的碳库，碳库储量为植被碳库的 $3\sim4$ 倍、大气碳库的 $2\sim3$ 倍。土壤碳库任何微小的波动都将影响陆地生态碳循环过程，进而影响全球气候变化，其在调节全球气候变化–碳循环反馈过程中具有极其重要的作用。因此，调控土壤固碳过程是实现碳达峰和碳中和目标、缓解全球气候变化的重要途径。目前越来越多的研究聚焦于土壤有机碳的来源，以及转化、形成和固存过程，以期量化其在减缓全球气候变化方面的重要作用。然而，由于土壤有机碳的形成过程具有高度复杂性，以及土壤体系的复杂性和研究手段的制约，其形成、转化和稳定机制存在分歧，传统的经典有机碳形成理论具有一定的局限性。近年来，随着分子生物学的发展，土壤微生物的作用改变了人们对土壤有机碳形成过程的认识。从土壤有机碳形成的连续体模型，到土壤有机碳形成的植物残体逐级分解模型，再到土壤微生物"碳泵"通过体内周转和体外修饰途径调控有机碳化学组成，微生物产物及其残体的续埋效应引起土壤有机碳的增加过程，土壤微生物的核心调控过程理论的提出，以及微生物体对土壤有机碳积累的重要贡献，加深了人们对土壤有机碳形成过程的认识。

　　黄土高原蕴藏着大量的土壤有机碳，在过去几十年，该区域实施的退耕还林还草工程显著增加了植被生产力和土壤有机碳固存。而目前对于这一区域土壤有机碳的形成，特别是微生物介导调控的有机碳形成过程尚不清晰。"十四五"时期我国将进入新发展阶段，实现碳达峰和碳中和目标将面临一系列新机遇、新挑战，需要充分挖掘黄土高原土壤、植被等碳库的碳汇作用与固碳能力。提升生态系统服务能力，对于促进我国陆地生态系统碳汇功能提升具有重要作用。因此，该书针对植被恢复背景下黄土高原土壤有机碳形成机制这一重大科学问题，开展了一系列研究，包括不同生态系统植被光合碳如何分配、植被地上地下组分的周转过程、枯落物分解的界面过程、固碳微生物的贡献潜力、深层土壤微生物对有机碳贡献等，从物理、化学和微生物学方面对有机碳形成机制进行了深入探讨，指出土壤微生物"碳泵"调控是黄土高原植被恢复背景下土壤有机碳形成的关键调控机制，微生物产物的续埋效应在有机碳积累过程中具有重要作用。

　　该书归纳总结了黄土高原土壤有机碳形成、转化和稳定机制，宏观上从植被恢复与固碳潜力之间的权衡出发，微观上基于物理、化学和微生物学固碳原理探究植被恢复与有机碳固定作用机制。从植物叶片–枯落物–根系–土壤微生物连续体多个方面开展了深入系统的研究，结合土壤"碳泵"核心调控理论，揭示了黄土高原土壤有机碳从哪里来，微生物如何介导其周转过程，土壤有机碳如何稳定和固存，进而阐明了不同植被恢复背景下土壤有机碳的形成机制。该书系统地回答了植被恢复的土壤碳汇效应,为植被恢复过程中土壤有机碳固定功能和生态效益提升提供了重要参考,并指出了未来黄土高原植被恢复与碳固定研究的主攻方向。该书有助于准确评估黄土高原植被恢复的生态效益,可供从事土壤生态学研究的科研人员借鉴参考。

中国科学院院士　傅伯杰

2023 年 12 月

前　言

我国是世界上生态工程实施最广泛的国家，在全球 2000～2017 年新增绿化面积中约 25%来自中国。自 1999 年以来，黄土高原是我国植被变绿增幅最大的区域之一，也是退耕还林还草、治沟造地、固沟保塬、淤地坝建设等重大生态工程实施的典型区域。增加土壤和植被的碳汇，主要通过植树造林、森林管理、植被恢复等措施，利用植物光合作用吸收大气中的 CO_2，并将其固定在植被和土壤中，从而减少大气中的 CO_2。有研究显示，2001～2010 年，陆地生态系统年均固碳 2.01 亿 t，相当于抵消了同期中国化石燃料碳排放量的 14.1%，其中中国森林生态系统是固碳主体，贡献了约 80%的固碳量。中国气象局发布的《2020 年全国生态气象公报》显示，2020 年全国植被生态质量继续提高，达到 2000 年以来最好状态，地表变"绿"、固碳能力显著增强。进一步的监测结果表明，2020 年全国植被生态质量指数为 68.4，较常年提高 7.3%，植被覆盖度较常年增加 3 个百分点。与此同时，全国植被固碳量、水源涵养量和土壤保持量等生态功能整体也呈提升趋势。进一步的评估结果表明，2000 年以来全国林区有 90.7%的区域植被固碳释氧量呈上升趋势。2020 年全国林区固碳释氧水平达 2000 年以来最高，有利于实现碳中和。此外，2020 年全国草原区产草量也达到 2000 年以来最高，荒漠化地区大部分生态持续向好。

黄土高原蕴藏着大量的土壤有机碳，在过去的半个世纪，该区域实施的退耕还林还草工程显著增加了植被生产力和土壤有机碳储量，植被格局和土壤固碳速率也发生了根本性的转变，由于其自然环境多变和生态系统脆弱，土壤和植被固碳速率受环境因素的影响较大。本书归纳和总结了黄土高原植被恢复对土壤有机碳固存的作用机制，概括和总结了不同植被恢复模式对土壤有机碳的固定作用。在此基础上，指明了黄土高原植被恢复与有机碳固定的主攻方向（图 1），即依赖于碳循环基本过程，宏观上从植被恢复与固碳潜力之间的权衡出发；微观上基于土壤微生物固碳机制，融入物理、化学和微生物学固碳原理探究植被恢复与有机碳固定作用机制。本书是在作者总结其主持和参与的多项课题的研究成果的基础上完成的，是相关研究工作的系统总结（图 2）。作者将长期的观测数据、试验结果和已有的研究成果进行汇总分析，较为系统地阐释了黄土高原植被恢复的土壤碳汇效应，为黄土高原植被恢复过程中土壤有机碳固定功能和生态效益提升提供了参考，有助于准确评估我国植被恢复/重建工程的现实效益，为从事土壤生态研究的科研人员提供科学借鉴；同时，对我国陆地生态系统碳捕获、实现碳中和的目标具有重大意义。

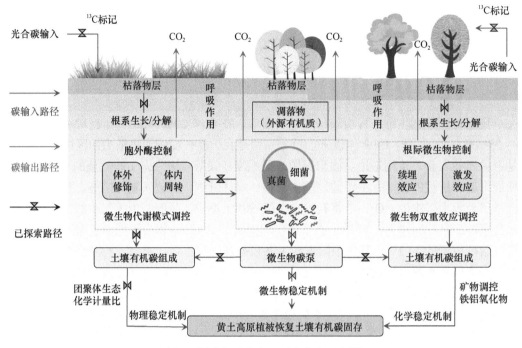

图 1 团队主攻方向及研究方向示意图

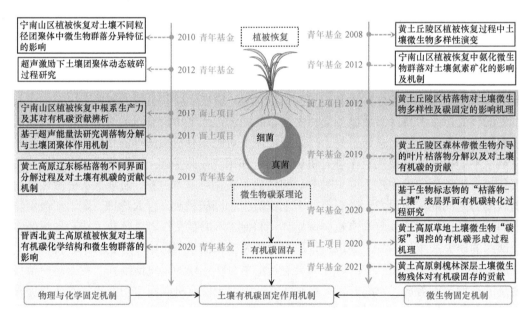

图 2 团队主持国家自然科学基金项目总结图

本书是土壤有机碳固定与植被相互作用研究团队自 2008 年以来，对国家自然科学基金青年基金项目"超声激励下土壤团聚体动态破碎过程研究（41101201）""宁南山区植被恢复中氨化微生物群落对土壤氮素矿化的影响及机制（41101254）""黄土丘陵区植被恢复过程中土壤微生物多样性演变（40701095）""黄土高原刺槐林深层土壤微生物残体对有机碳固存的贡献（42107282）""基于生物标志物的'枯落物–土壤'表层界面有机碳转化过程研究（41807060）""宁南山区植被恢复对土壤不同粒径团聚体中微生物群落分异特征的影响（40971171）"；国家自然科学基金面上项目"基于超声能量法研究凋落物分解与土壤团聚体作用机制（41771317）""黄土丘陵区枯落物对土壤微生物多样性及碳固定的影响机理（41171226）""宁南山区植被恢复中根系生产力及其对有机碳贡献辨析（41671280）""黄土高原草地土壤微生物'碳泵'调控的有机碳形成过程机理（42077072）"相关研究工作的总结和延伸（图 2）。本书撰稿分工如下：第 1 章、第 10 章、第 11 章由杨阳和安韶山撰写，第 2 章由窦艳星和安韶山撰写，第 3 章由朱兆龙和程曼撰写，第 4 章由白雪娟撰写，第 5 章由刘栋撰写，第 6 章由曾全超撰写，第 7 章由杨轩和王宝荣撰写，第 8 章由薛志婧和刘春晖撰写，第 9 章由黄倩、王宝荣和黄懿梅撰写，全书由薛志婧校稿、安韶山统稿。

感谢中国科学院沈阳应用生态研究所梁超研究员，中国科学院水利部水土保持研究所李壁成研究员、焦菊英研究员等，西北农林科技大学常庆瑞教授、曲东教授对本书相关研究工作的建议与支持。感谢黄土高原土壤侵蚀与旱地农业国家重点实验室、陕西安塞水土保持综合试验站、宁夏固原生态试验站、宁夏云雾山国家级自然保护区管理局对野外研究工作的帮助和支持。感谢 2008～2021 级多位研究生在不同方面做出的贡献及给予的支持与帮助。

由于作者水平有限，书中不足之处恐难避免，敬请研究同行批评指正。

安韶山

2023 年 12 月于杨凌

目　　录

第1章 绪 论

自工业革命以来，大气中CO_2浓度显著增加，化石燃料的大规模使用、土地利用变化等人类活动是导致温室气体浓度增加的主要原因（Mbow et al.，2017）。2019年全球碳排放量为401亿t，其中86%源自化石燃料利用，14%由土地利用变化产生。这些排放量最终被陆地碳汇吸收31%，被海洋碳汇吸收23%，剩余的46%滞留于大气中（Lal，2018）。碳中和是指化石燃料利用和土地利用的人为排放量被人为作用和自然过程吸收，即实现净零排放。我国还处于产业结构调整升级，以及经济增长进入新常态的阶段，碳排放量逐步进入"平台期"。欧盟部分成员国率先承诺到2050年实现碳中和，2020年9月，习近平总书记在第七十五届联合国大会一般性辩论上提出碳达峰和碳中和目标。而在这次讲话的前一天，国际可再生能源署正式发布《借助可再生能源实现零排放》报告，认为"在2050年实现所有领域的CO_2零排放，特别是要消除工业和交通运输领域中的碳排放，才能满足1.5℃的气候目标"。2021年3月全国两会上，碳达峰和碳中和目标被写入政府工作报告。这要求全国各个部门制定CO_2减排时间表，以及寻找降低大气CO_2浓度的途径。如何通过减排、增汇应对全球变暖和气候变化是国际政治和科学研究关注的热点。使温室气体净排放尽快减少为零达到碳中和，是国际公认的实现《巴黎协定》目标、应对全球变暖和气候变化的关键，是我国推进碳达峰与碳中和工作中的重要关注对象。

陆地生态系统每年大约能去除30%人为活动排放的CO_2；植物在借助光合作用促进自身生长的过程中固定CO_2，而土壤可以把碳作为分解生物量封存起来（Wang et al.，2020a）。我国是世界上生态工程实施最广泛的国家，黄土高原是我国植被变绿增幅最大的区域之一，也是退耕还林还草、治沟造地、固沟保源、淤地坝建设等重大生态工程实施的典型区域。增加土壤和植被的碳汇，主要通过植树造林、森林管理、植被恢复等措施，利用植物光合作用吸收大气中的CO_2，并将其固定在植被和土壤中，从而降低大气中CO_2浓度（Donhauser et al.，2021）。黄土高原蕴藏着大量的土壤有机碳，在过去的半个世纪，该区域实施的退耕还林还草工程显著增加了植被生产力和土壤有机碳固存，植被格局和土壤固碳速率也发生了根本性的转变。最近，中国科学院生态环境研究中心傅伯杰研究组系统分析了大规模植被恢复以来中国陆地生态系统植被固碳的时空变化特征，通过多源遥感数据与观测数据融合，采用机器学习、控制变量等归因分解方法识别人类干扰对生态系统植被固碳的影响特征，量化了2000年以来气候变化和人类活动（包括生态恢复、农田扩张和城市化等）对中国植被碳吸收的贡献及其路径（Chen et al.，2021b，2021c）。研究发现，2001～2018年，我国陆地生态系统总初级生产力（gross primary productivity，GPP）不断增加（49.1～53.1Tg C/年），气候和人类活动对GPP增加的贡献相当，分别为48%～56%和44%～52%（Fang et al.，2018）。在空间上，生态恢复是中国北方农牧交错带、黄土高原和西南喀斯特地区森林覆盖扩展和固碳增加的主要途径，而气候条件促进了中国东南部大部分地区的植被覆盖度和 GPP 增加，说明近十年来气候作用进一步凸显了生态恢复的碳汇效益。中国气象局发布的《2020 年全国生态气象公报》显示，2020 年全国植被生态质量继续提高，达到 2000 年以来最好状态，地表变"绿"、固碳能力显著增强。进一步的监测结果表明，2020 年全国植被生态质量指数为 68.4，较常年提高 7.3%，植被覆盖度较常年增加 3 个百分点。这主要得益于我国实施的生态保护工程叠加有利的气象条件，共同促进了植被生物量的增长。与此同时，全国植被固碳量、水源涵养量和土壤保持量等生态功能整体也呈提升趋势。"十三五"期间，我国森林覆盖率达到 23.04%，森林蓄积量超过 175 亿 m^3，草原综合植被覆盖度达56%，森林、草原生态系统结构和功能相对完整，在固碳释氧、缓冲气候变化影响等方面发挥了积极作用。2019 年，美国航空航天局（NASA）的卫星监测数据显示，过去近20 年全球新增绿化面积中，有 25% 来自中国，贡献比例居全球首位（Chen et al.，2015；Wang et al.，2020a）。2010~2016 年，我国陆地生态系统年均吸收约 11.1 亿 t C，是之前研究成果的 3 倍（Wang et al.，2020a）。2020 年，《全国重要生态系统保护和修复重大工程总体规划（2021—2035 年）》印发实施，在长江、黄河、海岸带等布局了九大工程、47 项重点工程；2016 年以来探索实施三批山水林田湖草沙生态保护修复试点工程 25 个，为山水林田湖草沙一体化保护修复、生态系统固碳发挥了示范作用，积累了实践经验。由此可知，黄土高原植树造林在助力碳中和方面是既简单又行之有效的方法，这对于我国植被恢复和保护、实现碳达峰和碳中和具有重要的指导意义。

1.1 黄土高原土壤有机碳的固定作用进展

黄土高原地处半湿润向半干旱区过渡的中间地带，是我国生态系统退化最严重的地区之一，也是西部大开发中生态环境建设重点实施区域（Feng et al.，2016；Fu et al.，2017）。2016 年中国科学院生态环境研究中心对于黄土高原区的环境质量评估中，将黄土高原列为土壤保持的重要区域（Ouyang et al.，2016）。随着我国西部大开发和"一带一路"倡议的提出，以退耕还林还草为核心的生态工程在黄土高原大力展开，这对控制水土流失、减缓土地退化、改善生态环境将起到积极作用，我国对该地区已经投入了大量的人力、物力和财力（Deng et al.，2014a，2014b）。1999 年实施退耕还林还草工程以来，该区植被覆盖总体状况明显好转，呈现出明显的区域性增加趋势，随着植被的快速恢复，植物群落发生正向演替，凋落物不断积累和分解使土壤有机质积累量不断增加（Fu et al.，2011；Chen et al.，2015），土壤有机质反过来又促进植物的生长和群落的发展（An et al.，2013），尤其对生态系统碳循环和土壤碳汇功能产生了重大和深远的影响（Fu et al.，2011，2017；Feng et al.，2013，2016）。土壤有机碳的动态主要取决于碳输入（即植物枯枝落叶和死亡根系）与碳输出（主要是土壤微生物对有机质的分解）之间的动态平衡。中国科学院生态环境研究中心傅伯杰研究组从样点–坡面–小流域–样带–黄土高原多尺度上研究了植被覆盖变化、土壤固碳和侵蚀的相互作用关系及其尺度效应。结果显示：①短期（约 30 年）的退耕还刺槐林就可以显著提高表层和深层土壤有机碳储量，但对土壤剖面无机碳储量影响很小；②在坡面尺度上，退耕还灌和还草相结合的复合退耕比单一的还灌或还草的固碳效应更高，且还灌和复合退耕可以减小坡面侵蚀碳损失，但在小流域尺度上，土壤侵蚀对土壤固碳仍具有显著的负作用；③退耕还刺槐林后（30 年内），土壤有机碳在较干旱地区呈线性增加趋势，在较湿润地区，10～20cm 土层土壤有机碳呈现初期下降的格局。在黄土高原尺度上，2000～2008 年退耕还林还草实施期间，表层 20cm 土壤固碳量约为 14.18Tg C，同期植被固碳量约为 23.76Tg C。退耕还草、还灌及还乔木林的土壤固碳能力在黄土高原尺度上接近，均约为 0.33Mg C/(hm^2·a)，但在不同降水带内存在差异。黄土高原地区退耕还林还草工程的固碳潜力为 0.59Tg C/年，平均固碳速率为 0.29Mg C/(hm^2·a)；退耕年限是影响土壤固碳量的主要因子，年均温度和初始土壤碳储量对土壤固碳量可产生明显影响，但土地利用类型、气候和年均降水的影响不显著；在退耕还乔木、还灌和还草中，退耕还草的固碳速率较高（Feng et al.，2013，2016）。进一步的研究表明，在黄土高原北部地区实施退耕还草，而在南部地区实施退耕还林有利于提高退耕工程的土壤固碳量（Feng et al.，2016）。除此之外，研究者将遥感监测和生态系统模型模拟相结合，定量探讨了退耕还林还草前后黄土高原地区生态系统固碳服务的变化规律，结果显示，2000～2008 年黄土高原地区生态系统固碳量增加了 96.1Tg C（相当于 2006 年全国碳排放的 6.4%），生态系统从碳源转变为碳汇，生态系统净固碳能力从 2000 年的 0.011Pg 上升到 2008 年的 0.108Pg，结果证实了退耕还林还草是该区域生态系统固碳增加的主要原因，植被固碳以每年 9.4g C/m^2 的速率持续增加，植被固碳增加的最高值出现在年均降水量为 500mm 左右的地区，土壤固碳的增加稍显滞后，将随着退耕还林还草年限的进一步增加发挥出巨大潜力（Feng et al.，2013）。

有研究显示耕地转化成林地比耕地转化成草地，将会积累更多的土壤有机碳，主要是因为还林后土壤从凋落物和细根得到的碳输入更多（Jin et al.，2014）。此外，退耕还林后的造林类型也会显著影响土壤有机碳的积累。当农田转化为自然植被后，由于自然植被有机碳的周转速率很慢，所以有机碳可以在很长一段时间内进行积累。通过控制水土流失、增加有机质输入、减少风蚀和降低微生物分解可以增加土壤有机碳储量（Wiesmeier et al.，2014；Lange et al.，2015）。因此，在退耕还林时若土壤和气候条件允许应优先考虑种植乔木，还草时应优先考虑自然恢复草地而非人工种草。在次生林演替过程中，土壤有机碳储量、有机碳含量显著增加；有机碳主要在植被恢复的早期阶段积累，恢复 50 年后，有机碳含量达到最大值，之后逐渐趋向平衡（Liu et al.，2015；Hu et al.，2018）。在年降水量接近 600mm 的子午岭林区，土壤水分不是影响土壤有机碳储量的关键因子；上层土壤有机碳储量高于下层土壤，但土壤的固碳主要发生在下层（Deng et al.，2017）。Jiao 等（2005）对黄土丘陵区人工刺槐林土壤养分特征的研究表明坡耕地退耕为人工乔灌林后，林木生长中期土壤有机碳含量增长速率最高，后期增长较平稳。而 Jin 等（2014）的研究结果则显示在林木生长后期土壤有机碳含量仍有显著的提高。坡耕地撂荒后，一般认为撂荒初期土壤有机碳含量增长较缓慢，之后则快速提高。随着时间推移，未来几十年退耕还林还草工程区将会积累更多的土壤有机碳，退耕还林还草在未来减缓气候变化效应方面有着巨大潜力（Feng et al.，

2013)。Hu 等（2018）对不同恢复模式下有机碳含量和储量变化进行了分析，并对其环境因子进行了评估，结果表明，相比于人工恢复模式，短期内自然恢复更有利于土壤碳固持，且环境因子可作为评估自然恢复模式下土壤碳库变化的重要指标。植被恢复工程实施前后，喀斯特地区植被地上生物量固碳速率由 0.14Mg C/(hm²·a)增加到 0.3Mg C/(hm²·a)，也证实了大规模生态保护与建设工程显著提高了区域尺度植被碳固定即土壤固碳潜力（Tong et al.，2018）。有研究显示，1981~2040 年中国成熟林植被碳总量从 8.56Pg C 增加到 9.7Pg C，植被固碳速率在−0.054~0.076Pg C/(hm²·a)波动，平均值为 0.022Pg C/(hm²·a)；成熟林土壤碳总量从 30.2Pg C 增加到 30.72Pg C，土壤固碳速率在−0.035~0.072Pg C/(hm²·a)波动，平均值为 0.010Pg C/(hm²·a)（黄玫等，2016）。此外，有研究讨论了天然林对土壤有机碳的长期保护机制，指出一旦天然林被转变为人工林，这种保护机制就会遭到破坏，导致土壤有机碳库损失。因此，保护天然林是土壤有机碳固存的主要途径之一。

自然围封被广泛认为是一种简单且有效的恢复模式，在全世界，过度放牧是人类活动中引起生态系统退化最重要的原因，过度放牧降低了生态系统的生产力和植被恢复力，对植物群落和土壤有较大的破坏作用（Hoover et al.，2014；Hallett et al.，2017）；降低了植被盖度，增加了杂草的比例，减少了物种多样性，破坏了土壤结构，因牲畜践踏而紧实了土壤；进而，放牧使土壤结皮增加，土壤渗透性降低，水土流失敏感性增加，固碳速率降低（Kahn et al.，2015；Dahl et al.，2016）。因此，对严重退化的生态系统应采取必要的恢复措施。我国自 2003 年起开始实施退牧还草工程，工程实施总面积达 7000万 hm²，大范围退牧还草工程的实施必然会引起草地生态系统碳汇能力和潜力发生巨大改变。随着植物演替的进行，植物所获得资源受到限制，而且通过种间竞争，植物之间处于一个相对的平衡状态，因此，植物可获得资源的多少是决定群落生物量的一个关键因子（Deng et al.，2017）。虽然一些研究表明植物演替限制了土壤有机碳变化，但大多研究证实土壤有机碳含量随着植被演替的进行而增加（Deng et al.，2017）。有研究表明弃耕后土壤有机碳含量呈对数趋势增加，随着植被恢复，固碳速率显著下降（Bagchi et al.，2017）。弃耕后植被恢复早期，土壤固碳速率较高的原因可能是恢复早期土壤中的碳还未达到饱和状态，地上、地下生物质碳不断输入，以及植被恢复后多年生草本的增加，减少了土壤侵蚀，从而增加了土壤有机碳含量（Aynekulu et al.，2017）。而弃耕后，随着植被恢复，下层土壤（40~100cm）的固碳速率高于上层土壤（0~40cm）。一般来说，弃耕后，随着植被恢复，下层土壤中输入了较多的有机质（根系、根系分泌物等），其具有较高的增加土壤有机碳的潜力。高阳等（2016）对宁夏云雾山国家级自然保护区典型草原不同封育年限草地碳密度及其库间分配规律的研究表明，放牧和封育5~30 年的草地生态系统碳密度变化范围为 212.72~350.42Mg C/hm²。在库间分配上，根系碳密度所占比例达到 82.56%，封育草地土壤碳密度为 204.90~337.36Mg C/hm²，随着封育期的增加，草地土壤碳密度呈逐渐增加趋势，其中表层增加趋势最为明显，而深层（80~100cm）的增加趋势不明显。综合分析表明封育时间越长，越有利于草地土壤有机碳的积累。

对云雾山封育草地的研究表明，草地总固碳量为 573.10Tg C，其中活体植物占总固碳量的 7.48%、凋落物占 14.03%、活体根系占 18.96%、土壤占 59.53%。Deng 等（2014a）采用数据整合分析的方法研究发现黄土高原云雾山草地恢复的初期（<23 年），土壤的固碳速率为 2.77Mg C/(hm^2·a)。而 Qiu 等（2013）对该区的研究表明，草地封育后 0～80cm 土壤的固碳速率为 1.68～4.40Mg C/(hm^2·a)。由此可知，黄土高原云雾山草地的土壤固碳速率高于全球草地的平均速率，可能是封育对草地固碳的正效应以及放牧对草地固碳的负效应，长期放牧使土壤碳储量减少。近期关于我国草地退牧还草工程的固碳速率和增汇潜力的研究表明：①封育后，我国草地植被地上部的固碳速率平均每年增加 10.6g C/m^2，地下部的固碳速率平均每年增加 32.1g C/m^2，表层土壤的固碳速率平均每年增加 27.0g C/m^2，对整个工程区来说，封育管理可使我国草地生态系统每年增加碳汇 2.1 亿 t；②草地植被和土壤固碳速率随着封育年限的增加呈指数递减趋势，且封育后土壤碳积累滞后于地上部和地下部，地上植被碳积累对封育的响应最敏感，封育 15 年以后，草地生态系统固碳能力基本趋于稳定；③降水是影响草地植被的主控因子，而温度是影响草地表层土壤的主控因子，对深层土壤来说，其固碳能力受土壤 pH、微生物、植被根系等非气候因子的影响。另外，氮素是限制我国草地土壤能否维持长期固碳能力的最核心的限制因子（Deng et al.，2017），因此，封育后期增加氮素供给能够提高草地的碳汇潜力。

1.2 黄土高原土壤有机碳的物理固定作用

在光合作用下，植物吸收空气中的 CO_2 然后将其转化为糖和其他碳分子，通过根系和枯枝落叶等将碳传递给土壤；然后，土壤通过根系、微生物、土壤动物的呼吸作用以及含碳物质的化学氧化作用，产生 CO_2，返还大气。上百万年来，这种平衡作用的维持，保证了大气中温室气体含量的稳定。在陆地生态系统中，土壤有机质的形成仍然是有限的，稳定的土壤有机质主要是由难降解的植物残体构成的（Álvaro-Fuentes et al.，2014；Todd-Brown et al.，2014）。然而，植物凋落物的不稳定成分也可以形成稳定的土壤有机质。这两种途径都能有效地产生土壤有机质。一种溶解的有机质–微生物路径发生在分解的早期，凋落物中的大部分非结构性化合物可被大量地吸收到微生物的生物量中，从而形成有效的土壤有机质（Edmondson et al.，2014；van Straaten et al.，2015）。当凋落物进入土壤时，同样有效的物理转移路径也会发生（Hobley et al.，2015）。

土壤团聚体通过胶结剂包裹有机–无机复合体或游离颗粒态有机碳而形成，当团聚体形成后，其内部孔隙度降低，矿物颗粒与有机碳胶结得更为紧密，于是形成了团聚体有机碳的固定机制（Hernandez et al.，2017）。例如，大团聚体孔隙度的减小直接阻碍了空气和水分的进入，从而减少了大团聚体中有机碳的分解；微团聚体内（如 0.25～0.02mm）的孔隙极小，当低于细菌所能通过的限度（0.003mm）时，有机碳的降解只能靠胞外酶向内扩散，而对于微生物这是极大的耗能过程，因而减少了有机碳的分解；小团聚体被胶结剂胶结形成大团聚体，与空气接触的表面积减小，所以大团聚体表面的有机碳（包括有机胶结剂）被分解的概率减小（Garcia-Franco et al.，2015）。由于不同级别团聚体的作用强度及胶结物质不同，团聚体中的有机碳分解程度也不尽一致。有研究指出，土壤中＞0.250mm 的水稳性团聚体包含了较多的颗粒态有机碳（particulate organic carbon，POC）、轻组有机碳（light fraction organic carbon，LFOC）以及微生物生物量碳（microbial biomass carbon，MBC），这表明大团聚体中的有机碳稳定性较低（Six et al.，2002；Tamura et al.，2017）。基于对水稻土的研究也表明，水稻土易氧化态有机碳主要聚集于 2～0.2mm 大团聚体颗粒组中，稳定性芳香族有机碳则聚集于＜0.002mm 颗粒组中（Baltar et al.，2016）。Oades（1984）的研究表明，根系和菌丝可以直接促进大团聚体的形成，微团聚体可以在大团聚体内形成。后来 Gao 等（2017）更进一步强调：大团聚体包裹的颗粒有机物（particulate organic matter，POM）为微团聚体的形成创造了条件，而微团聚体包裹的颗粒有机物受到了更强的物理保护，对有机碳稳定性具有重要意义。相同的，Lal（2018）证实了大团聚体比微团聚体的周转快，虽然大团聚体不能直接长期保护土壤有机碳，但是它们能够固定更多的有机碳，并且通过与有机物和土壤环境相互作用而促进微团聚体的形成，从而为微团聚体对有机碳的长期保护提供了条件。因此，由于大团聚体能够固定更多的有机碳，并且通过土壤环境与有机物相互作用而加速微团聚体的形成，因而大团聚体是微团聚体对有机碳长期固存的保证。

除此之外，土壤团聚体中的黏粉粒有巨大的比表面积和较多的表面电荷，对有机碳具有较强的吸附能力，黏粉粒与有机碳结合紧密，可形成较为稳定的有机-无机复合体（Garcia-Franco et al.，2015）。一方面，一些以非晶态矿物如水铝英石、水铁矿和伊毛缟石为主的黏粉粒，其间无机胶结剂、无定型铁铝氧化物及钙镁碳酸盐与有机碳通过配位体置换或离子键形成有机-无机复合体，如 Kaiser 和 Guggenberger（2000）发现铁铝氧化物对溶解性有机质（dissolved organic matter，DOM）可紧密吸附，Schwesig 等（2003）发现铝氧化物对 DOM 矿化有明显抑制作用，还有研究证明土壤有机碳与土壤组分的钙键和铁铝键是两种主要的有机碳结合键，这些都是土壤有机碳化学固定结合机制的实证。另一方面，黏土矿物具有较大的比表面积和阳离子交换量，从而更易吸附降解性较差的疏水性有机碳（Martín et al.，2016）。不同类型的土壤，其团聚体的固碳机制各不相同，我国太湖地区水稻土、红壤旱地和江淮丘陵旱地土壤有机碳积累量与 2～0.25mm 团聚体有机碳含量密切相关（Li and Shao，2006），棕壤和黑土中团聚体对土壤有机碳库具有重要贡献（Bruun et al.，2015），而黄土丘陵区土壤中有机碳积累被归结于团聚体的物理保护机制（Fu et al.，2010；Liu et al.，2011）。目前比较普遍接受的认识是：植物、微生物的碎屑形成微团聚体的核，高碳的新有机质形成和稳定粗团聚体，而老有机碳封闭于细团聚体中，团聚体中保护的和未保护的有机碳具有不同的更新速率，因而团聚体的保护能力或容量是土壤固碳自然潜力的物理基础。

1.3 黄土高原土壤有机碳的化学固定作用

植被恢复不仅将改变土壤中源自植物部分的有机碳来源特征，同时也会加速土壤木质素等碳组分分解，引起有机质分解加速，导致土壤中 C=O 键增加（Mueller et al.，2016；Moinet et al.，2018）。植被演替、土壤动物及微生物等会影响输入土壤植被残体性质，加速糖类、脂类及木质素分解，并改变有机碳结构（De Baets et al.，2016）。在植被恢复过程中，进入土壤的有机物，除了物理破碎和淋洗过程外，在微生物和酶的选择作用下，碳水化合物（包括水提取的、酸解的糖类，如单糖、多糖）和蛋白类物质（多肽、氨基酸等）最先分解，有机物的颗粒减小，碳氮比下降，导致较难降解的复杂化学结构物质（如具有芳香环结构的木质素和烷基结构的有机碳）分解（Mueller et al.，2016；Moinet et al.，2018）。在土壤有机质的固定过程中，有机质能够通过与铁铝矿物（铁铝氧化物、铁铝离子等）结合而降低其生物有效性，从而提高其稳定性，最终融入土壤形成稳定的有机质（Banerjee et al.，2016）。土壤铁铝离子含量、黏粒含量及其表面性质（比表面积和表面电荷）、黏土矿物组成会强烈影响土壤有机碳的固定，尤其是高价铁铝氧化物和黏土矿物通过配位体置换、高价离子键桥、范德瓦耳斯力和络合作用等会导致有机碳的生物有效性明显下降，即土壤有机碳固定能力增加（Xu et al.，2015）。而越来越多的研究也开始关注铁铝氧化物在土壤有机碳固定中的巨大作用，特别是在氧化土或酸性土壤中，非晶形铁铝氧化物与有机碳之间的相互作用可能是最主要的有机碳固定机制（Xu et al.，2015；De Baets et al.，2016）。例如，Steinbach 等（2015）通过调查酸性土壤底层土，发现草酸提取的非晶形铁铝氧化物通过配位体置换决定了土壤有机碳的稳定性。室内培养实验同样表明铝–有机质形成了生物稳定复合体。总之，非晶形铁铝氧化物通常与土壤有机碳表现出正相关关系，连二亚硫酸钠–柠檬酸钠–碳酸氢钠法（DCB）提取的晶形或游离铁铝氧化物只有在特定条件下才呈现这种关系。

　　黄土高原大部分地区属于黄土母质，具有较强的表面吸附能力，更易吸附降解性较差的疏水性有机碳，而且黏粒占据绝大部分。因此，不难理解黏粒含量通常与土壤有机碳含量表现出正相关关系，而黄土对有机碳的稳定作用无论在室内还是野外都得到了广泛验证（Fu et al.，2010；Liu et al.，2011）。例如，土壤的比表面积、阳离子交换量决定了土壤有机碳的固定能力，更多的研究者也认为铁铝氧化物是促进黄土高原土壤有机碳固定的决定性因素（朱永官等，2017；汪景宽等，2019）。而"铁–铝"假说阐释了铁和铝可能是增加陆地土壤碳汇、调节气候变化的关键因子之一。主要是因为铁元素促进了植物的快速生长，铝元素不仅可能提高植物利用铁和溶解有机磷的效率，增强土壤固碳，还可能显著降低有机碳的分解速率，增强碳向土壤的输出和埋藏。因此，黄土高原土壤中富含铁铝可能是决定土壤有机碳化学固定的主要因素。在土壤有机碳化学固定研究的基础上，同位素加速器质谱仪和 ^{13}C、^{15}N 核磁共振波谱仪的应用为进一步认识土壤有机碳的化学稳定作用提供了可能，其中土壤化学保护性碳基本上是与土壤中多聚体铁铝氧化物结合的。Liang 等（2002）采用盆栽方法通过 ^{13}C 稳定同位素研究了玉米新碳在活性碳库中的分布，认为水溶性有机碳和微生物碳是新碳的主要归宿。Spaccini 等（2000）采用选择性有机组分提取、裂解组分化学鉴定和交叉极化结合魔角旋转 ^{13}C 核磁共振（CP/MAS ^{13}C NMR）波谱分析等技术深入研究了土壤有机碳固定中的有机化学机理，表明来源于玉米的新碳转移进入腐殖质组分中，新鲜植物残体矿化分解的有机质主要存在于腐殖质的亲水组分中，并可以进一步被疏水组分稳定，因而发现土壤中原有有机碳中的稳定组分（腐殖质）起着新碳的汇的作用，这是对有机碳化学固定研究的新认识。

1.4 黄土高原土壤有机碳的微生物固定作用

在陆地生态系统碳循环的过程中，土壤微生物既通过分解代谢向大气释放碳，同时也通过合成代谢将碳转化成某种形式储存于土壤中（Liang et al.，2019；Liang，2020；梁超和朱雪峰，2021）。新近的土壤微生物"碳泵"理论，聚焦微生物体内同化过程及其死亡残留物对土壤碳库的贡献（Liang et al.，2017），打破了原来认为微生物对土壤有机碳固定的贡献很低甚至可以忽略不计的传统观点（Liang，2020；梁超和朱雪峰，2021）。黄土高原土壤有机碳固定是一个长期过程，随着植被恢复的发展，植物群落发生正向演替，土壤有机质不断输入地下生态系统，使得土壤质量提升和有机碳大量积累，进而促进了微生物代谢活动，微生物活动反过来又促进了有机碳的分解（汪景宽等，2019；张维理和张认连，2020）。在此过程中，微生物的"碳泵"驱动力发挥着巨大作用，这种作用会随着植被的恢复而不断增强。土壤微生物作为有机碳固定的驱动者，连接地上部分植被和地下部分土壤，通过两种不同的碳代谢模式——体外修饰（*ex vivo* modification）和体内周转（*in vivo* turnover）完成有机碳的固定。其一，微生物通过体外修饰和体内周转调控土壤有机碳结构和组成；其二，微生物通过激发效应和续埋效应调控土壤稳定性有机碳库储量动态，进而实现了对有机碳的固定（Liang et al.，2017）。土壤微生物参与多种生化反应过程，是土壤有机质动态和养分有效性的主要调节者，其中细菌和真菌占土壤微生物数量的90%以上，因此微生物对土壤有机碳的影响主要受真菌和细菌控制（Cheng et al.，2017；Liang et al.，2017）；与细菌相比，真菌更容易分解大分子土壤有机质，并且真菌残体可以不断积累迭代，因此，真菌残体更有利于土壤有机碳的积累和有机碳稳定性的提高（Mazzilli et al.，2014）。在长期进化过程中，土壤生物分解者进化出各种对策以利用难降解的有机碳，理论上它们可以降解所有种类的有机碳。因此，有机碳的稳定性不仅受到有机碳本身难降解性的影响，而且受到微生物本身降解能力的影响（Hopkins et al.，2014；Chen et al.，2020）。当面对难降解有机碳的时候，微生物生产酶数量增加，当酶的生产超过某一临界值，分解产物不能满足能量消耗时，微生物活性受到负反馈控制，有机碳的分解进程就会受阻。微生物固碳过程中，细菌倾向于利用富含碳水化合物的凋落物，真菌倾向于利用富含酚类的凋落物。与此同时，土壤有机碳矿化前需要胞外酶的水解（Mazzilli et al.，2014；Chen et al.，2021a）。微生物通过分泌胞外聚合物使微生物细胞能固着在土壤表面而形成凝胶层或生物膜。生物膜以细菌胞外聚合物作为接触媒介，在矿物表面通过糖醛酸及其他残留物的络合作用，形成一个特殊的微环境，实现有机碳的溶解（Hopkins et al.，2014；Sokol and Bradford，2019）。而胞外聚合物含有大量具有吸附能力的羟基，对有机酸和一些无机离子有明显的吸附作用，其通过胞外多糖等大分子基团的吸附作用，直接破坏矿物晶格中的某些化学键，从而促进有机碳的分解（Mueller et al.，2016；Moinet et al.，2018）。

1.4.1 固碳微生物对土壤有机碳积累的作用

在有机碳固定过程中，土壤有机碳矿化会下降，导致有机碳积累，此时土壤微生物既通过分解代谢向大气释放碳，也通过合成代谢将碳转化成某种形式储存于土壤中（Hopkins et al.，2014）。土壤微生物同化过程导致微生物残留物的持续积累，促进一系列包括微生物残留物在内的有机物质的形成，最终导致此类化合物稳定于土壤中，即"土壤微生物碳泵"（Liang et al.，2017）。由此可知，土壤微生物同化合成的碳由土壤微生物碳泵进入土壤并稳定于土壤碳库中。而土壤微生物可以通过多条固碳途径进行碳同化，其中，固碳微生物通过特殊的生物固碳途径将大气中的 CO_2 转化为有机碳并合成自身细胞物质（微生物生物量碳）和微生物残体（氨基糖）（Ma et al.，2018；Shao et al.，2019；Liu et al.，2020；Wang et al.，2021）。当微生物死亡以后，其细胞物质和细胞壁残体进入土壤参与有机碳的循环，从而增加土壤碳固持。卡尔文循环是光能自养生物和化能自养生物同化 CO_2 的主要途径（Tong et al.，2018）。Videmšek 等（2009）研究了自然 CO_2 排放源生态系统中土壤固碳细菌对高 CO_2 浓度生境的响应，结果表明高 CO_2 浓度的生境不但不会有利于固碳细菌的生长反而抑制大部分固碳细菌的活性。Zhao 等（2013）在稻田中进行了长期施肥，经华大基因测序分析发现了固碳细菌 cbbL 功能基因，该基因对土壤固碳细菌的多样性及数量均有显著的影响。Xiao 等（2014）在中国的 5 个稻田中开展了 3 种功能基因（cbbLG、cbbLR 和 cbbM）土壤酶试验，发现土壤有机碳与土壤固碳微生物多样性呈正相关关系。Lian 等（2016）使用稳定同位素核酸探针技术（DNA-SIP），用 ^{13}C 标记玉米残渣，发现我国东北黑土中利用有机碳的微生物隶属于 3 个门 19 个属。Piao 等（2006）通过测定微生物碳的 ^{13}C 稳定同位素丰度变化，发现海拔较低地点的植物残体分解较快，微生物稳定碳同位素比值（$\delta^{13}C‰$）较高，这归结于微生物对重碳基质的选择性利用。Yuan 等（2015）指出，在农田生态系统中，植物的碳输入与土壤的碳水平是负相关的，当农田中微生物处于养分限制条件时，土壤的碳分解加速，碳库快速削减。然而，在黄土高原植被恢复过程中，土壤固碳微生物的研究还处于起步阶段。因此，整合"土壤微生物碳泵"效应，剖析黄土高原土壤微生物的固碳机理是未来研究的主攻方向。

土壤固碳微生物通过一系列的代谢活动固定有机碳，在固碳过程中，微生物对水热条件、养分供给、资源等敏感，因此，固碳微生物群落结构和固碳能力受环境影响较大。有研究表明，土壤自养微生物多样性、群落结构及其固碳量受土地利用方式的变化（曹煦彬等，2017）、土壤有机质含量（刘琼等，2017）、土壤质地（王群艳等，2016）、土壤深度（程晓娟等，2014）、种植方式（简燕等，2014）、土壤结构（袁红朝等，2015）等因素影响。中国科学院亚热带农业生态研究所通过整合 ^{14}C 同位素标记技术和分子生物学技术[克隆文库、末端限制性片段长度多态性（terminal restriction fragment length polymorphism，T-RFLP）及定量 PCR]，量化了三种自然生态系统（湿地、草地、森林）土壤的固碳速率，结果表明，不同生态系统土壤微生物的 CO_2 固定能力不同，其中土壤碳氮比和电导率（electrical conductivity，EC）是影响土壤微生物固碳速率和固碳功能基因（cbbL 和 coxL）丰度的关键因子（Lynn et al.，2016）。在此基础上，Lynn 等（2016）利用 T-RFLP 与定量 PCR 等分子生物学技术，探讨了固碳关键功能微生物（细菌和藻类）的种群结构、数量与多样性，同时还量化了编码卡尔文循环关键酶——核酮糖-1,5-双磷酸羧化酶/加氧酶（Rubisco）的 cbbL 功能基因数量特征。结果表明，细菌 cbbL 优势种群有 T-RFs 60bp（相对丰度 12%～35%）和 128bp（相对丰度 23%～29%），主成分分析（PCA）表明土壤有机碳和全氮是影响土壤细菌 *cbbL* 种群结构、丰度及多样性的决定性因素，土壤微生物的碳同化能力与 *cbbL* 丰度及 Rubisco 活性均极显著正相关（$P<0.01$）。说明土壤对 CO_2 的同化作用主要是由自养微生物参与的同化过程，且较高的 Rubisco 活性意味着较高的自养微生物 CO_2 同化潜力（Wu et al.，2015）。与此同时，CO_2 日同化速率为 $0.01～0.1g$ C/m^2，如果推算到全球陆地生态系统，理想状态下，全球陆地生态系统土壤微生物的年固碳量在 0.3～3.7Pg C。此外，土壤微生物的光合固碳作用只发生在表层土壤，但表层同化碳可以向下传输，从而诱导化能自养微生物参与碳同化过程（Yuan et al.，2015，2021）。

1.4.2 微生物残体对土壤有机碳积累的作用

植物残体是土壤有机碳主要的初始来源，传统的观点认为土壤有机碳多来源于植物残体碳，在土壤微生物的介导下，植物残体碳经由复杂的腐解过程转化为土壤有机碳而稳定存在（Rasse et al.，2005；Dou et al.，2020）。当前越来越多的证据显示，相对于活体微生物，微生物残体在土壤中具有更长的驻留时间，对有机碳长期的固持和积累意义重大（Ding et al.，2019；Liang et al.，2019；Liang，2020；Wang et al.，2021）。土壤微生物通过合成代谢将不稳定的有机碳转化为自身的细胞组成，通过细胞的生长和死亡过程最终以微生物残留物形式稳定（Zhang and Amelung，1996；Wang et al.，2020b）。Liang 等（2017）利用吸收马尔可夫链（absorbing Markov chain）首次模拟并估算出微生物源有机碳贡献的相对比例（50%～80%），结果显示，土壤中微生物残体有机碳量是活体有机碳量的近 40 倍。随着时间的推移，微生物残体逐渐积累，对土壤有机碳的贡献增大；由此表明微生物来源的这部分有机碳在土壤中逐渐积累的作用效果不容忽视（梁超和朱雪峰，2021）。有研究表明，森林更新后，真菌碳和细菌碳与土壤有机碳的比值均呈上升趋势，并且土壤微生物残体碳和木质素对土壤有机碳的贡献均呈升高的趋势，说明森林更新后有利于维持土壤有机碳的固存（Yuan et al.，2021）。Shao 等（2019）也证实了喀斯特地区造林加速了土壤有机碳的积累。微生物残体碳往往通过其分子标志物（氨基糖）来半定量其对有机碳库的贡献（刘程竹等，2019；Liang et al.，2019）。最近的研究发现，真菌细胞壁来源的氨基葡萄糖和细菌细胞壁来源的胞壁酸作为微生物残体的标志物是土壤稳定性有机碳的重要组成部分，显著影响着土壤稳定性有机碳的形成与转化（Ma et al.，2018）。基于氨基糖异源特性，可以根据氨基葡萄糖与胞壁酸的比例来区分真菌残体和细菌残体对微生物残体碳的贡献大小，也可以根据二者与土壤总碳的比值区分真菌或者细菌对总碳或有机碳的贡献大小（Huang et al.，2019）。例如，在亚热带森林演替过程中，0～40cm 土层中土壤有机碳含量及储量、氨基糖含量均随着森林演替而逐渐增加，说明微生物增殖—死亡过程与土壤有机碳固持密切相关，进一步分析发现，亚热带森林演替过程中土壤有机碳的积累可能先经过真菌残留物稳定化阶段，而后逐渐转变为细菌残留物积累阶段（Shao et al.，2019；Zhu et al.，2020；Zhang et al.，2021）。Ma 等（2018）利用氨基糖来表征微生物残体碳，在内蒙古温带草地样带，发现氨基糖在表层土壤中具有截然不同的分布格局，通过整合全球草地数据后发现，氨基糖与土壤有机碳呈正相关关系，从而证明了微生物残体碳在草地土壤有机碳固存中的关键作用。在黄土高原，大量研究表明，植被恢复会影响土壤有机碳和微生物残体碳的含量（梁超和朱雪峰，2021）。在土壤生物因素中，胞外酶具有保证养分供应的作用，能破碎植物残体和微生物大分子碎屑，产物可被微生物再次利用（Yang et al.，2020）。土壤微生物生物量碳是微生物能够利用的最活跃的碳源，活体微生物世代繁衍和同化过程导致残留物在土壤中持续积累，进而影响微生物对外源碳的转化和土壤碳库的形成与积累（Wang et al.，2020b）。除微生物自身生理功能外，土壤非生物因素，如水分、有机碳含量、土壤 pH 及温度等理化性质也会对土壤微生物群落的代谢活性、底物利用效率、生物量生态化学计量比和群落结构等产生影响，进而影响微生物来源碳的生成、积累乃至后续的稳定化过程（He et al.，2011）。综上，环境因素的改变对土壤微生物残体碳的积累具有很大影响，是制约土壤"微生物碳泵"功能发挥的重要外在驱动因素。

1.4.3 微生物残体碳库对土壤有机碳循环模型的重要作用

土壤微生物残体在有机碳形成中的作用可能被严重低估，应该在碳模型中加以考虑。近期在模拟土壤有机碳分解方面已经明确地考虑到微生物作为分解者的作用。而且，这些模型将微生物的胞外酶从微生物中分离出来单独考虑，并且与酶对土壤有机碳的动力学过程耦合起来。Li 等（2014）通过比较 4 个微生物分解模型，阐述了一阶分解模型和其余 3 个不同复杂程度的微生物分解模型在分解土壤有机质中的作用，并预测了短期到长期的土壤碳动态。在国内外研究进展中，目前大部分陆地生态系统模型都没有考虑或者很少考虑微生物作用模块，微生物模型这几年也开始迅速发展起来，有必要将微生物模型与生态系统模型耦合在一起。Todd-Brown 等（2013）比较了 11 个第五次国际耦合模式比较计划（Coupled Model Intercomparison Project Phase 5，CMIP5）地球系统模型，将模型的运行结果与世界土壤数据库（Harmonized World Soil Database，HWSD）和环北极土壤碳库（Northern Circumpolar Soil Carbon Database，NCSCD）的碳数据进行比较，结果表明，每个模型的不确定性都比较大，都不能准确地预测出全球的土壤碳量。这些模型多数没有考虑或很少考虑微生物分解在模型中的作用，以及微生物酶及其活性等。

传统的土壤有机碳分解模型一般由一级动力学方程表示，然而微生物的作用在土壤有机碳分解的模型中并未体现（Fan et al.，2021；Wang et al.，2021）。近年来，许多模型都采用米氏方程来描述土壤有机碳的分解过程，如传统分解模型（conventional decomposition model，CDM）、微生物酶介导的分解模型（microbial enzyme-mediated decomposition model，MEMD）等，这些模型考虑了微生物生物量碳，其模拟结果比一级动力学模型更好。然而，在土壤有机碳分解过程中，微生物代谢产物和残体形成了重要的稳定性碳库，在这些模型中，微生物残体碳库并没有作为单独的库进行考虑。近期发展的土壤有机碳–微生物分解模型提供了一个很好的理论基础，并且可以应用于土壤有机碳循环的模型中。例如，Fan 等（2021）将微生物残体碳库分别纳入一级动力学模型及米氏模型（图 1-1），建立了两种名为米氏残体分解（Michaelis-Menten necromass decomposition，MIND）和一级残体分解（first order necromass decomposition，FOND）的模型来模拟微生物残体碳库，通过 ^{13}C 的分解实验验证了模型的准确性和有效性，表明米氏残体分解模型比一级残体分解模型精度更高，在此基础上估算出全球不同生态系统土壤微生物残体碳占总有机碳的 10%～27%。因此，将微生物残体碳库引入土壤有机碳模型中，有助于提高对土壤有机碳的模拟并且减小对碳储量估算的不确定性，同时，与世界土壤数据库比较时可以有效地改进模型预测能力。然而，*Nature* 报道：当 CO_2 水平升高导致植物生物量增加时，土壤能够储存的碳量反而会减少（Terrer et al.，2021）。由于当前的陆地碳汇模型并没有计入这种此消彼长的关系，因此未来的预测数据很有可能需要修改。

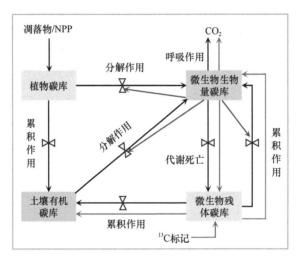

图 1-1　土壤有机碳循环模型（包括微生物生物量碳库和微生物残体碳库）[修改自 Fan 等（2021）]

植物凋落物形成土壤有机碳的途径有两种：一种是由微生物胞外酶修饰的凋落物碳直接沉积并凝结到土壤中；另一种是由枯落物碳间接转化而来，枯落物碳首先被土壤微生物同化，合成为微生物生物量碳，微生物死亡后，残体碳在土壤中积累，成为有机碳的一部分。每个箭头上的阀门符号表示该过程由环境等因素决定，蓝色箭头表示米氏动力学调控微生物生物量碳库的大小和过程，红色箭头表示 ^{13}C 标记的微生物残体碳加入系统时所涉及的路径。NPP 表示植被净初级生产力

参 考 文 献

曹煦彬, 林娣, 蔡璐, 等. 2017. 鄱阳湖南矶山湿地不同植被类型对土壤碳组分、羧化酶及 *cbbl* 基因的影响. 土壤学报, 54(5): 1269-1279.

程晓娟, 杨贵军, 徐新刚, 等. 2014. 新植被水分指数的冬小麦冠层水分遥感估算. 光谱学与光谱分析, 34(12): 3391-3396.

高阳, 马虎, 程积民, 等. 2016. 黄土高原半干旱区不同封育年限草地生态系统碳密度. 草地学报, 24(1): 28-34.

黄玫, 侯晶, 唐旭利, 等. 2016. 中国成熟林植被和土壤固碳速率对气候变化的响应. 植物生态学报, 40(4): 416-424.

简燕, 葛体达, 吴小红, 等. 2014. 稻田与旱地土壤自养微生物同化碳在土壤中的矿化与转化特征. 应用生态学报, 25(6): 1708-1714.

梁超, 朱雪峰. 2021. 土壤微生物碳泵储碳机制概论. 中国科学: 地球科学, 51(5): 680-695.

刘程竹, 贾娟, 戴国华, 等. 2019. 中性糖在土壤中的来源与分布特征. 植物生态学报, 43(4): 284-295.

刘琼, 魏晓梦, 吴小红, 等. 2017. 稻田土壤固碳功能微生物群落结构和数量特征. 环境科学, 38(2): 760-768.

汪景宽, 徐英德, 丁凡, 等. 2019. 植物残体向土壤有机质转化过程及其稳定机制的研究进展. 土壤学报, 56(3): 528-540.

王群艳, 吴小红, 祝贞科, 等. 2016. 土壤质地对自养固碳微生物及其同化碳的影响. 环境科学, 37(10): 3987-3995.

袁红朝, 吴昊, 葛体达, 等. 2015. 长期施肥对稻田土壤细菌、古菌多样性和群落结构的影响. 应用生态学报, 26(6): 1807-1813.

张维理, 张认连. 2020. 土壤有机碳作用及转化机制研究进展. 中国农业科学, 53(2): 317-331.

朱永官, 沈仁芳, 贺纪正, 等. 2017. 中国土壤微生物组: 进展与展望. 中国科学院院刊, 32(6): 554-565.

Álvaro-Fuentes J, Plaza-Bonilla D, Arrúe J L, et al. 2014. Soil organic carbon storage in a no-tillage chronosequence under Mediterranean conditions. Plant Soil, 376(1-2): 31-41.

An S S, Darboux F, Cheng M. 2013. Revegetation as an efficient means of increasing soil aggregate stability on the Loess Plateau (China). Geoderma, 209-210(1): 75-85.

Aynekulu E, Mekuria W, Tsegaye D, et al. 2017. Long-term livestock exclosure did not affect soil carbon in southern Ethiopian rangelands. Geoderma, 307: 1-7.

Bagchi S, Roy S, Maitra A, et al. 2017. Herbivores suppress soil microbes to influence carbon sequestration in the grazing ecosystem of the Trans-Himalaya. Agr Ecosyst Environ, 239: 199-206.

Baltar F, Lundin D, Palovaara J, et al. 2016. Prokaryotic responses to ammonium and organic carbon reveal alternative CO_2 fixation pathways and importance of alkaline phosphatase in the mesopelagic North Atlantic. Front Microbiol, 7: 1670.

Banerjee S, Kirkby C A, Schmutter D, et al. 2016. Network analysis reveals functional redundancy and keystone taxa amongst bacterial and fungal communities during organic matter decomposition in an arable soil. Soil Biol Biochem, 97: 188-198.

Bruun T B, Elberling B, Neergaard A, et al. 2015. Organic carbon dynamics in different soil types after conversion of forest to agriculture. Land Degrad Dev, 26(3): 272-283.

Chen G, Ma S, Tian D, et al. 2020. Patterns and determinants of soil microbial residues from tropical to boreal forests. Soil Biol Biochem, 151: 108059.

Chen X, Hu Y, Xia Y, et al. 2021a. Contrasting pathways of carbon sequestration in paddy and upland soils. Global Change Biol, 27(11): 2478-2490.

Chen Y, Feng X, Fu B, et al. 2021b. Improved global maps of the optimum growth temperature, maximum light use efficiency, and gross primary production for vegetation. J Geophys Res-Biogeo, 126(4): e2020JG005651.

Chen Y, Feng X, Tian H, et al. 2021c. Accelerated increase in vegetation carbon sequestration in China after 2010: a turning point resulting from climate and human interaction. Global Change Biol, 27(22): 5848-5864.

Chen Y, Wang K, Lin Y, et al. 2015. Balancing green and grain trade. Nat Geosci, 8(10): 739-741.

Cheng L, Zhang N, Yuan M, et al. 2017. Warming enhances old organic carbon decomposition through altering functional microbial communities. ISME J, 11(8): 1825-1835.

Dahl M, Deyanova D, Lyimo L D, et al. 2016. Effects of shading and simulated grazing on carbon sequestration in a tropical seagrass meadow. J Ecol, 104(3): 654-664.

De Baets S, van de Weg M J, Lewis R, et al. 2016. Investigating the controls on soil organic matter decomposition in tussock tundra soil and permafrost after fire. Soil Biol Biochem, 99: 108-116.

Deng L, Liu G, Shangguan Z. 2014b. Land-use conversion and changing soil carbon stocks in China's 'grain-for-green' program: a synthesis. Global Change Biol, 20(11): 3544-3556.

Deng L, Shangguan Z P, Sweeney S. 2014a. "Grain for Green" driven land use change and carbon sequestration on the Loess Plateau, China. Sci Rep-UK, 4: 7039.

Deng L, Shangguan Z P, Wu G L, et al. 2017. Effects of grazing exclusion on carbon sequestration in China's grassland. Earth-Sci Rev, 173: 84-95.

Ding X, Chen S, Zhang B, et al. 2019. Warming increases microbial residue contribution to soil organic carbon in an alpine meadow. Soil Biol Biochem, 135: 13-19.

Donhauser J, Qi W, Bergk-Pinto B, et al. 2021. High temperatures enhance the microbial genetic potential to recycle C and N from necromass in high-mountain soils. Global Change Biol, 27(7): 1365-1386.

Dou Y, Yang Y, An S, et al. 2020. Effects of different vegetation restoration measures on soil aggregate stability and erodibility on the Loess Plateau, China. Catena, 185: 104294.

Edmondson J L, Davies Z G, McCormack S A, et al. 2014. Land-cover effects on soil organic carbon stocks in a European city. Sci total Environ, 472: 444-453.

Fan X, Gao D, Zhao C, et al. 2021. Improved model simulation of soil carbon cycling by representing the microbially derived organic carbon pool. ISME J, 15: 2248-2263.

Fang J, Yu G, Liu L, et al. 2018. Climate change, human impacts, and carbon sequestration in China. Proc Natl Acad Sci USA, 115(16): 4015-4020.

Feng X, Fu B, Lu N, et al. 2013. How ecological restoration alters ecosystem services: an analysis of carbon sequestration in China's Loess Plateau. Sci Rep-UK, 3: 2846.

Feng X, Fu B, Piao S, et al. 2016. Revegetation in China's Loess Plateau is approaching sustainable water resource limits. Nat Clim Change, 6(11): 1019-1022.

Fu B, Wang S, Liu Y, et al. 2017. Hydrogeomorphic ecosystem responses to natural and anthropogenic changes in the Loess Plateau of China. Annu Rev Earth Pl Sc, 45(1): 223-243.

Fu B, Yu L, Lü Y, et al. 2011. Assessing the soil erosion control service of ecosystems change in the Loess Plateau of China. Ecol Complex, 8(4): 284-293.

Fu X, Shao M, Wei X, et al. 2010. Soil organic carbon and total nitrogen as affected by vegetation types in Northern Loess Plateau of China. Geoderma, 155(1): 31-35.

Gao L, Becker E, Liang G, et al. 2017. Effect of different tillage systems on aggregate structure and inner distribution of organic carbon. Geoderma, 288: 97-104.

Garcia-Franco N, Albaladejo J, Almagro M, et al. 2015. Beneficial effects of reduced tillage and green manure on soil aggregation and stabilization of organic carbon in a Mediterranean agroecosystem. Soil Till Res, 153: 66-75.

Hallett L M, Stein C, Suding K N. 2017. Functional diversity increases ecological stability in a grazed grassland. Oecologia, 183(3): 831-840.

He H, Zhang W, Zhang X, et al. 2011. Temporal responses of soil microorganisms to substrate addition as indicated by amino sugar differentiation. Soil Biol Biochem, 43(6): 1155-1161.

Hernandez T, Hernandez M C, Garcia C. 2017. The effects on soil aggregation and carbon fixation of different organic amendments for restoring degraded soil in semiarid areas. Eur J Soil Sci, 68(6): 941-950.

Hobley E, Wilson B, Wilkie A, et al. 2015. Drivers of soil organic carbon storage and vertical distribution in Eastern Australia. Plant Soil, 390(1-2): 111-127.

Hoover D L, Knapp A K, Smith M D. 2014. Resistance and resilience of a grassland ecosystem to climate extremes. Ecology, 95(9): 2646-2656.

Hopkins F M, Filley T R, Gleixner G, et al. 2014. Increased belowground carbon inputs and warming promote loss of soil organic carbon through complementary microbial responses. Soil Biol Biochem, 76: 57-69.

Hu P M, Liu S J, Ye Y Y, et al. 2018. Effects of environmental factors on soil organic carbon under natural or managed vegetation restoration. Land Degrad Dev, 29(3): 387-397.

Huang Y, Liang C, Duan X, et al. 2019. Variation of microbial residue contribution to soil organic carbon sequestration following land use change in a subtropical karst region. Geoderma, 353: 340-346.

Jiao J Y, Ma X H, Bai W J, et al. 2005. Correspondence analysis of vegetation communities and soil environmental factors on abandoned cropland on hilly-gullied Loess Plateau. Acta Pedologica Sinica, 42(5): 744-752.

Jin Z, Dong Y, Wang Y, et al. 2014. Natural vegetation restoration is more beneficial to soil surface organic and inorganic carbon sequestration than tree plantation on the Loess Plateau of China. Sci Total Environ,

485: 615-623.

Kahn A S, Yahel G, Chu J W, et al. 2015. Benthic grazing and carbon sequestration by deep-water glass sponge reefs. Limnol Oceanogr, 60(1): 78-88.

Kaiser K, Guggenberger G. 2000. The role of DOM sorption to mineral surfaces in the preservation of organic matter in soils. Org Geochem, 31(7-8): 711-725.

Lal R. 2018. Digging deeper: a holistic perspective of factors affecting soil organic carbon sequestration in agroecosystems. Global Change Biol, 24(8): 3285-3301.

Lange M, Eisenhauer N, Sierra C A, et al. 2015. Plant diversity increases soil microbial activity and soil carbon storage. Nat Commun, 6: 6707.

Li J, Wang G, Allison S D, et al. 2014. Soil carbon sensitivity to temperature and carbon use efficiency compared across microbial-ecosystem models of varying complexity. Biogeochemistry, 119: 67-84.

Li Y Y, Shao M A. 2006. Change of soil physical properties under long-term natural vegetation restoration in the Loess Plateau of China. J Arid Environ, 64(1): 77-96.

Lian T X, Wang G H, Yu Z H, et al. 2016. Critical level of ^{13}C enrichment for the successful isolation of ^{13}C labeled DNA. Agr Res Tech Open Access J, 1(2): 29-33.

Liang B C, Wang X L, Ma B L. 2002. Maize root-induced change in soil organic carbon pools. Soil Sci Soc Am J, 66(3): 845-847.

Liang C. 2020. Soil microbial carbon pump: Mechanism and appraisal. Soil Ecol Lett, 2: 241-254.

Liang C, Amelung W, Lehmann J, et al. 2019. Quantitative assessment of microbial necromass contribution to soil organic matter. Global Change Biol, 25(11): 3578-3590.

Liang C, Schimel J P, Jastrow J D. 2017. The importance of anabolism in microbial control over soil carbon storage. Nat Microbiol, 2(8): 17105.

Liu G, Chen L, Deng Q, et al. 2020. Vertical changes in bacterial community composition down to a depth of 20 m on the degraded loess plateau in China. Land Degrad Dev, 31(142): 1300-1313.

Liu S, Zhang W, Wang K, et al. 2015. Factors controlling accumulation of soil organic carbon along vegetation succession in a typical karst region in southwest China. Sci Total Environ, 521-522(1): 52-58.

Liu Z, Shao M A, Wang Y. 2011. Effect of environmental factors on regional soil organic carbon stocks across the Loess Plateau region, China. Agr Ecosyst Environ, 142(3-4): 184-194.

Lynn T M, Ge T, Yuan H, et al. 2016. Soil carbon-fixation rates and associated bacterial diversity and abundance in three natural ecosystems. Microb Ecol, 73: 1-13.

Ma T, Zhu S, Wang Z, et al. 2018. Divergent accumulation of microbial necromass and plant lignin components in grassland soils. Nat Commun, 9(1): 1-9.

Martín J R, Álvaro-Fuentes J, Gonzalo J, et al. 2016. Assessment of the soil organic carbon stock in Spain. Geoderma, 264: 117-125.

Mazzilli S R, Kemanian A R, Ernst O R, et al. 2014. Priming of soil organic carbon decomposition induced by corn compared to soybean crops. Soil Biol Biochem, 75: 273-281.

Mbow H O P, Reisinger A, Canadell J, et al. 2017. Special Report on climate change, desertification, land degradation, sustainable land management, food security, and greenhouse gas fluxes in terrestrial ecosystems (SR2). Ginevra: IPCC: 650.

Moinet G Y, Hunt J E, Kirschbaum M U, et al. 2018. The temperature sensitivity of soil organic matter decomposition is constrained by microbial access to substrates. Soil Biol Biochem, 116: 333-339.

Mueller P, Jensen K, Megonigal J P. 2016. Plants mediate soil organic matter decomposition in response to sea level rise. Global Change Biol, 22(1): 404-414.

Oades J M. 1984. Soil organic matter and structural stability: mechanisms and implications for management. Plant Soil, 76(1-3): 319-337.

Ouyang Z Y, Zheng H, Xiao Y, et al. 2016. Improvements in ecosystem services from investments in natural capital. Science, 352(6292): 1455-1459.

Piao H C, Zhu J M, Liu G S, et al. 2006. Changes of natural ^{13}C abundance in microbial biomass during litter decomposition. Appl Soil Ecol, 33(1): 3-9.

Qiu L, Wei X, Zhang X, et al. 2013. Ecosystem carbon and nitrogen accumulation after grazing exclusion in semiarid grassland. PLoS ONE, 8(1): e55433.

Rasse D P, Rumpel C, Dignac M F. 2005. Is soil carbon mostly root carbon? Mechanisms for a specific stabilisation. Plant Soil, 269(1-2): 341-356.

Schwesig D, Kalbitz K, Matzner E. 2003. Effects of aluminium on the mineralization of dissolved organic carbon derived from forest floors. Eur J Soil Sci, 54(2): 311-322.

Shao P, Liang C, Lynch L, et al. 2019. Reforestation accelerates soil organic carbon accumulation: evidence from microbial biomarkers. Soil Biol Biochem, 131: 182-190.

Six J, Conant R T, Paul E A, et al. 2002. Stabilization mechanisms of soil organic matter: implications for C-saturation of soils. Plant Soil, 241(2): 155-176.

Sokol N W, Bradford M A. 2019. Microbial formation of stable soil carbon is more efficient from belowground than aboveground input. Nat Geosci, 12(1): 46-53.

Spaccini R, Piccolo A, Haberhauer G, et al. 2000. Transformation of organic matter from maize residues into labile and humic fractions of three European soils as revealed by ^{13}C distribution and CPMAS-NMR spectra. Eur J Soil Sci, 51(4): 583-594.

Steinbach A, Schulz S, Giebler J, et al. 2015. Clay minerals and metal oxides strongly influence the structure of alkane-degrading microbial communities during soil maturation. ISME J, 9(7): 1687-1691.

Tamura M, Suseela V, Simpson M, et al. 2017. Plant litter chemistry alters the content and composition of organic carbon associated with soil mineral and aggregate fractions in invaded ecosystems. Global Change Biol, 23(10): 4002-4018.

Terrer C, Phillips R P, Hungate B A, et al. 2021. A trade-off between plant soil carbon storage under elevated CO_2. Nature, 591(7851): 599-603.

Todd-Brown K E O, Randerson J T, Hopkins F, et al. 2014. Changes in soil organic carbon storage predicted by earth system models during the 21st century. Biogeosciences, 11(8): 2341-2356.

Todd-Brown K E O, Randerson J T, Post W M, et al. 2013. Causes of variation in soil carbon simulations from CMIP5 Earth system models and comparison with observations. Biogeosciences, 10(3): 1717-1736.

Tong X W, Brandt M, Yue Y M, et al. 2018. Increased vegetation growth and carbon stock in China karst via ecological engineering. Nat Sustain, 1: 44-50.

van Straaten O, Corre M D, Wolf K, et al. 2015. Conversion of lowland tropical forests to tree cash crop plantations loses up to one-half of stored soil organic carbon. Proc Natl Acad Sci USA, 112(32): 9956-9960.

Videmšek U, Hagn A, Suhadolc M, et al. 2009. Abundance and diversity of CO_2-fixing bacteria in grassland soils close to natural carbon dioxide springs. Microb Ecol, 58(1): 1-9.

Wang C, Qu L, Yang L, et al. 2021. Large-scale importance of microbial carbon use efficiency and necromass to soil organic carbon. Global Change Biol, 27(10): 2039-2048.

Wang J, Feng L, Palmer P I, et al. 2020a. Large Chinese land carbon sink estimated from atmospheric carbon dioxide data. Nature, 586(7831): 720-723.

Wang X, Wang C, Cotrufo M F, et al. 2020b. Elevated temperature increases the accumulation of microbial necromass nitrogen in soil via increasing microbial turnover. Global Change Biol, 26(9): 5277-5289.

Wiesmeier M, Hübner R, Spörlein P, et al. 2014. Carbon sequestration potential of soils in southeast Germany derived from stable soil organic carbon saturation. Global Change Biol, 20(2): 653-665.

Wu X, Ge T, Wang W, et al. 2015. Cropping systems modulate the rate and magnitude of soil microbial autotrophic CO_2 fixation in soil. Front Microbiol, 6: 379.

Xiao K Q, Bao P, Bao Q L, et al. 2014. Quantitative analyses of ribulose-1,5-bisphosphate carboxylase/ oxygenase (RubisCO) large-subunit genes (*cbbL*) in typical paddy soils. FEMS Microbiol Ecol, 87(1): 89-101.

Xu Z, Yu G, Zhang X, et al. 2015. The variations in soil microbial communities, enzyme activities and their relationships with soil organic matter decomposition along the northern slope of Changbai Mountain. Appl Soil Ecol, 86: 19-29.

Yang Y, Liang C, Wang Y, et al. 2020. Soil extracellular enzyme stoichiometry reflects the shift from P- to

N-limitation of microorganisms with grassland restoration. Soil Biol Biochem, 149: 107928.

Yuan H, Ge T, Chen X, et al. 2015. Abundance and diversity of CO_2-assimilating bacteria and algae within red agricultural soils are modulated by changing management practice. Microb Ecol, 70(4): 971-980.

Yuan Y, Li Y, Mou Z, et al. 2021. Phosphorus addition decreases microbial residual contribution to soil organic carbon pool in a tropical coastal forest. Global Change Biol, 27(2): 454-466.

Zhang X, Amelung W. 1996. Gas chromatographic determination of muramic acid, glucosamine, mannosamine, and galactosamine in soils. Soil Biol Biochem, 28(9): 1201-1206.

Zhang X, Jia J, Chen L, et al. 2021. Aridity and NPP constrain contribution of microbial necromass to soil organic carbon in the Qinghai-Tibet alpine grasslands. Soil Biol Biochem, 156: 108213.

Zhao G, Mu X, Wen Z, et al. 2013. Soil erosion, conservation, and eco-environment changes in the Loess Plateau of China. Land Degrad Dev, 24(5): 499-510.

Zhu X, Jackson R D, DeLucia E H, et al. 2020. The soil microbial carbon pump: from conceptual insights to empirical assessments. Global Change Biol, 26(11): 6032-6039.

第2章 植被恢复中土壤有机碳密度与稳定性

植被恢复作为黄土高原地区生态环境建设中的重要措施，促进了土壤肥力的提高和土壤质量的改善（张超等，2011）。植被恢复对土壤有机碳密度及稳定性也有影响，研究表明植被恢复是黄土高原有机碳密度增加的主要原因（Feng et al.，2013；李玉进等，2017）。土壤碳库是陆地碳库的重要组成部分，其微小变动即可导致大气 CO_2 浓度较大的变化（吴庆标等，2005）。土壤有机碳的积累和分解的速率决定着土壤碳库的大小，而其驻留时间能够反映土壤有机碳的稳定性，因此，确定土壤有机碳的含量、组成及驻留时间能更好地了解陆地生态系统碳固存变化情况（方华军等，2003）。根据土壤有机碳驻留时间，可将土壤有机碳分为活性有机碳（active organic carbon，C_a）、缓效性有机碳（slow organic carbon，C_s）、惰性有机碳（passive organic carbon，C_p）（Parton et al.，1987；Collins et al.，1999；宋媛等，2013）。对黄土高原流域尺度和区域尺度上的土壤有机碳稳定性进行探究，可为黄土高原陆地生态系统固碳潜力的评估提供科学依据。

2.1 区域尺度下土壤有机碳稳定性与密度变化特征

土壤有机碳稳定性及其密度变化与土壤碳储量密切相关，黄土高原自植被恢复以来，土壤碳储量显著增加（杨阳等，2023a）。探究黄土高原区域尺度下土壤有机碳稳定性及其密度变化特征，有助于深入了解黄土高原陆地生态系统的碳汇功能（Chang et al.，2011）。

2.1.1 黄土高原从西到东土壤有机碳稳定性与密度变化特征

2.1.1.1 黄土高原从西到东土壤有机碳各组分含量及驻留时间变化特征

黄土高原从西到东的各样点纬度范围变化不大，为 34°～36°N，而经度为 104°～113°E，变化较大。在 0～20cm 土层，随经度的变化，土壤有机碳各组分含量呈现出显著的差异性，C_a 含量的变异系数为 62.99%，随经度变化先降低后增加，而后趋于稳定，最大值出现在定西市，最小值出现在庆阳市西峰区；C_s 含量的变异系数为 61.56%，随着经度的增加，其含量先降低后增加，最大值出现在定西市，最小值出现在黄龙县；C_p 含量的变异系数为 58.20%，与 C_s 含量的变化趋势相似。

黄土高原从西到东 0～20cm 土层土壤有机碳（soil organic carbon，SOC）含量平均为 13.25～51.69g/kg；C_a 含量平均为 0.13～0.73g/kg，占 SOC 含量的 0.56%～2.64%，驻留时间为 2.00～4.33d；C_s 含量平均为 9.61～37.99g/kg，占 SOC 含量的 61.85%～80.26%，驻留时间为 0.67～2.50 年；C_p 含量平均为 3.20～13.45g/kg，占 SOC 含量的 18.57%～37.13%（表 2-1），表明黄土高原从西到东 0～20cm 土层土壤有机碳以 C_s 为主，进一步

说明土壤中有机碳的有效性较好。

表 2-1　黄土高原从西到东各地区 0～20cm 土层土壤有机碳各组分含量及驻留时间

样点	SOC 含量/(g/kg)	C_a 含量/(g/kg)	C_a/SOC /%	MRT_{C_a}/d	C_s 含量/(g/kg)	C_s/SOC /%	MRT_{C_s}/年	C_p 含量/(g/kg)	C_p/SOC /%
定西市	51.69	0.73	1.41	4.00	37.99	73.50	1.33	12.97	25.09
庄浪县	24.09	0.36	1.49	4.33	19.05	79.08	1.63	4.68	19.43
平凉市崆峒区	17.56	0.19	1.08	3.67	10.86	61.85	1.10	6.52	37.13
庆阳市西峰区	13.25	0.13	0.98	2.00	9.92	74.87	1.03	3.20	24.15
黄龙县	15.88	0.42	2.64	3.33	9.61	60.52	0.67	5.86	36.90
吉县	28.17	0.33	1.17	4.00	22.61	80.26	2.50	5.23	18.57
古县	26.83	0.15	0.56	2.33	21.11	78.68	2.13	5.57	20.76
武乡县	48.21	0.36	0.75	2.67	34.41	71.38	1.60	13.45	27.90

注：MRT_{C_a} 表示活性有机碳平均驻留时间（the mean resident time of the active organic carbon）；MRT_{C_s} 表示缓效性有机碳平均驻留时间（the mean resident time of the slow organic carbon）。下同

在 20～40cm 土层，土壤有机碳各组分含量差异较大，C_a 含量的变异系数为 44.79%，随着经度的增加，C_a 含量先降低后增加；C_s 含量的变异系数为 59.03%，随着经度的增加，C_s 含量先降低后增加；C_p 含量的变异系数为 60.74%，随着经度的增加，C_p 含量先降低后增加。0～20cm 土层 SOC 含量高于 20～40cm 土层。20～40cm 土层 SOC 含量平均为 7.28～32.38g/kg；C_a 含量平均为 0.08～0.20g/kg，占 SOC 含量的 0.40%～1.94%，驻留时间为 1.33～5.33d；C_s 含量平均为 5.02～23.32g/kg，占 SOC 含量的 58.06%～82.06%，驻留时间为 0.73～2.33 年；C_p 含量平均为 2.15～8.88g/kg，占 SOC 含量的 17.13%～40.00%（表 2-2）。由此可知，黄土高原从西到东 20～40cm 土层土壤中也是 C_s 占比最高，说明随经度的增加，黄土高原下层土壤有机碳的有效性整体上增加。

表 2-2　黄土高原从西到东各地区 20～40cm 土层土壤有机碳各组分含量及驻留时间

样点	SOC 含量/(g/kg)	C_a 含量/(g/kg)	C_a/SOC /%	MRT_{C_a}/d	C_s 含量/(g/kg)	C_s/SOC /%	MRT_{C_s}/年	C_p 含量/(g/kg)	C_p/SOC /%
定西市	24.75	0.20	0.81	3.33	20.31	82.06	2.33	4.24	17.13
庄浪县	17.04	0.20	1.17	4.33	13.89	81.51	2.27	2.95	17.31
平凉市崆峒区	13.54	0.19	1.40	5.33	9.61	70.97	1.33	3.74	27.62
庆阳市西峰区	7.28	0.11	1.51	1.33	5.02	68.98	1.07	2.15	29.53
黄龙县	10.30	0.20	1.94	3.33	5.98	58.06	0.73	4.12	40.00
吉县	18.45	0.19	1.03	3.00	13.53	73.33	1.73	4.73	25.64
古县	19.83	0.08	0.40	3.00	16.15	81.44	1.50	3.61	18.20
武乡县	32.38	0.17	0.53	2.33	23.32	72.02	1.53	8.88	27.42

2.1.1.2　黄土高原从西到东土壤有机碳分解动态特征

黄土高原各地区的有机碳分解速率变化规律都呈现出相似的趋势，即培养前期分解快、后期分解缓慢，随后逐渐达到稳定分解。0～20cm、20～40cm 土层土壤有机碳分解速率分别是 5.52～186.20mg/(kg·d)、2.00～61.87mg/(kg·d)。0～20cm 土层的有机碳分解

速率最大值出现在定西市，20～40cm 土层的有机碳分解速率最大值也出现在定西市。整个土壤有机碳分解过程中，第 2 天的有机碳分解速率最高。随着时间的增加，有机碳分解速率迅速达到峰值，此时释放的 CO_2 量也是最多的，之后分解速率逐渐降低，释放的 CO_2 量也逐渐趋于平稳（图 2-1）。

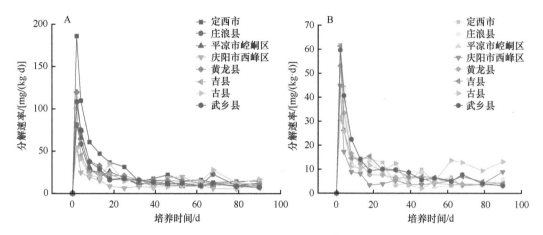

图 2-1　黄土高原从西到东 0～20cm 土层（A）和 20～40cm 土层（B）土壤有机碳分解速率

2.1.1.3　黄土高原从西到东不同地区土壤有机碳密度变化特征

黄土高原从西到东各地区土壤表层有机碳密度均存在差异性，其中 0～20cm 土层定西市的土壤有机碳密度最高（10.31t C/hm²），武乡县的次之（10.04t C/hm²），黄龙县的最低（2.76t C/hm²），且定西市的表层土壤有机碳密度约为黄龙县的 3.7 倍。0～20cm 土层土壤有机碳密度普遍高于 20～40cm 土层，表层土壤有机碳密度由西到东呈现出先降低后增加的趋势（表 2-3），这表明黄土高原从西到东土壤有机碳储量可能是东部低于西部，即西部的土壤固碳潜力可能更高。

表 2-3　黄土高原从西到东各地区 0～20cm 和 20～40cm 土层土壤有机碳密度变化特征

样点	有机碳密度/(t C/hm²)	
	0～20cm 土层	20～40cm 土层
定西市	10.31	6.32
庄浪县	6.42	4.71
平凉崆峒区	5.08	3.76
庆阳市西峰区	2.97	1.70
黄龙县	2.76	2.85
吉县	5.32	4.15
古县	6.14	5.05
武乡县	10.04	5.39

黄土高原从西到东各地区 20～40cm 土层土壤有机碳密度均存在差异性，具体表现为定西市的土壤有机碳密度最高（6.32t C/hm²），武乡县的次之（5.39t C/hm²），庆阳市西峰区的最低（1.70t C/hm²），且定西市的 20～40cm 土层土壤有机碳密度约为庆阳市西

峰区的 3.7 倍（表 2-3）。整体上，20～40cm 土层土壤有机碳密度由西到东呈现出先降低后增加的趋势，这与表层的变化趋势基本保持一致。除黄龙县下层土壤有机碳密度高于表层外，其他地区均表现为表层的土壤有机碳密度高于下层，说明黄土高原从西到东表层土壤的固碳潜力较大。

2.1.2　黄土高原从南到北土壤有机碳含量与密度变化特征

2.1.2.1　黄土高原从南到北不同地区土壤有机碳含量变化特征

黄土高原从南到北不同地区土壤有机碳含量变化特征可以看出，关中的表层（0～20cm）土壤有机碳含量最高（5.35g/kg），秦岭的次之（4.81g/kg），靖边的最低（2.32g/kg），且关中的表层土壤有机碳含量为靖边的 2.3 倍（表 2-4）。整体上，0～20cm 土层土壤有机碳含量呈现出逐渐降低的变化趋势，这可能与南北气候条件差异有密切关系。

表 2-4　黄土高原从南到北各地区表层（0～20cm）土壤有机碳含量及密度的变化特征

样点	有机碳含量/(g/kg)	有机碳密度/(t C/hm²)
西安（秦岭林区）	4.81±1.55	1.34
关中地区（岐山县、扶风县、兴平市）	5.35±0.72	1.11
渭北地区（富平县、蒲城县、长武县）	4.79±0.25	1.28
洛川县	3.88±0.43	0.95
富县子午岭	4.48±1.21	1.03
延安市安塞区坊塌流域、纸坊沟流域	3.59±1.73	0.75
延安市安塞区镰刀湾镇	2.72±0.82	0.59
靖边县	2.32±0.71	0.51

2.1.2.2　黄土高原从南到北不同地区土壤有机碳密度变化特征

黄土高原从南到北各地区表层（0～20cm）土壤有机碳密度表现为秦岭的土壤有机碳密度最高（1.34t C/hm²），渭北的次之（1.28t C/hm²），靖边的最低（0.51t C/hm²），且秦岭的表层土壤有机碳密度约为靖边的 2.6 倍（表 2-4）。整体上，0～20cm 土层土壤有机碳密度由南到北也呈现出逐渐降低的趋势，进一步说明，黄土高原从南到北土壤的固碳量逐渐降低。

2.2　小流域尺度下土壤有机碳稳定性与密度变化特征

小流域作为水土保持措施示范、推广的基本单元，在黄土高原生态环境综合治理中扮演着重要角色。不同小流域恢复方式不同，对土壤有机碳稳定性及其密度的影响可能存在差异（马南方等，2022）。分析黄土高原不同小流域土壤有机碳稳定性、密度变化特征及其影响因素，有助于揭示黄土高原小流域尺度下土壤有机碳动态变化规律，为该区植被恢复中土壤固碳效益的评估提供理论依据。

2.2.1 坊塌流域土壤有机碳稳定性与密度变化特征

2.2.1.1 坊塌流域土壤有机碳含量及其占总有机碳含量的比例

以农业种植为主型恢复下的坊塌流域，土壤 C_a、C_s 及 C_p 的含量表现为：不同植被恢复措施下，0~20cm 土层土壤 C_a、C_s 及 C_p 的含量均高于 20~40cm 土层；人工灌丛（AS）C_a、C_s 及 C_p 的含量高于对照（20~40cm 土层 C_p 含量除外），这说明与坊塌流域的其他恢复措施相比，人工灌丛恢复对土壤有机碳含量的增加具有较好的促进作用。各植被恢复措施下，0~20cm、20~40cm 土层的 C_a 含量分别为 0.056~0.124g/kg、0.034~0.061g/kg，C_s 含量分别为 0.56~4.09g/kg、0.49~2.72g/kg，C_p 含量分别为 1.77~3.97g/kg、1.47~2.81g/kg；0~20cm、20~40cm 土层的 C_a 所占比例分别为 1.08%~2.11%、1.19%~1.58%，C_s 所占比例分别为 17.67%~68.71%、17.46%~63.90%，C_p 所占比例分别为 29.77%~80.56%、34.69%~81.35%（表 2-5）。由此可知，C_a 所占比例较低，且变化范围较小，而 C_s 所占比例与 C_p 所占比例变化范围较大，而 C_p 的平均占比最高，说明坊塌流域各植被恢复措施下土壤有机碳的稳定性较高，有利于土壤碳的积累。

表 2-5 坊塌流域土壤有机碳各组分含量及其占总有机碳含量的比例

植被类型	土层/cm	C_a 含量/(g/kg)	C_a 所占比例/%	C_s 含量/(g/kg)	C_s 所占比例/%	C_p 含量/(g/kg)	C_p 所占比例/%
AF	0~20	0.080±0.012B	1.86±0.23A	1.10±0.09D	25.54±1.12D	3.11±0.45B	72.60±6.89B
AS	0~20	0.096±0.004B	1.56±0.14B	3.09±0.04B	50.20±4.68B	3.97±0.30A	64.47±7.01C
NS	0~20	0.058±0.001D	1.08±0.10C	2.29±0.02C	42.60±3.90C	3.02±0.21B	56.31±5.49D
NG1	0~20	0.090±0.005B	1.52±0.21B	4.09±0.19A	68.71±6.09A	1.77±0.29D	29.77±5.78F
NG2	0~20	0.124±0.005A	2.11±0.19A	2.50±0.21C	42.69±3.21C	3.23±0.21B	55.20±4.33D
NG3	0~20	0.083±0.017B	1.56±0.17B	2.77±0.03B	52.38±3.56B	2.44±0.16C	46.06±3.39E
NG4	0~20	0.078±0.002C	1.36±0.04C	2.38±0.14C	41.55±4.01C	3.27±0.34B	57.10±2.99D
NG5	0~20	0.056±0.007D	1.77±0.15B	0.56±0.08E	17.67±2.31E	2.55±0.48C	80.56±5.01A
CK	0~20	0.078±0.001C	1.96±0.01A	0.65±0.04D	16.22±2.66E	3.26±0.27B	81.56±4.59A
AF	20~40	0.043±0.005b	1.57±0.12a	0.53±0.12e	19.55±3.41e	2.14±0.15b	78.88±6.28a
AS	20~40	0.058±0.014a	1.35±0.03a	1.98±0.03b	45.96±2.99b	2.27±0.22b	52.69±3.45e
NS	20~40	0.040±0.009b	1.19±0.14b	0.76±0.07d	22.71±1.87d	2.53±0.19a	76.10±4.19c
NG1	20~40	0.060±0.011a	1.41±0.07a	2.72±0.11a	63.90±5.04a	1.47±0.26c	34.69±7.02f
NG2	20~40	0.061±0.003a	1.58±0.03a	1.54±0.18c	39.61±3.19c	2.29±0.11b	58.81±5.26d
NG3	20~40	0.039±0.001b	1.35±0.05a	1.01±0.05d	34.77±4.38c	1.86±0.27c	63.88±4.33d
NG4	20~40	0.044±0.004b	1.21±0.26b	0.76±0.31d	20.95±2.59e	2.81±0.18a	77.84±5.35c
NG5	20~40	0.034±0.015c	1.19±0.18b	0.49±0.17e	17.46±3.67e	2.30±0.19b	81.35±6.10b
CK	20~40	0.038±0.017c	1.37±0.04a	0.28±0.02e	10.01±2.10e	2.45±0.16a	88.62±8.34a

注：AF 代表人工林地（artificial forest）；AS 代表人工灌丛（artificial shrub）；NS 代表自然灌丛（natural shrub）；NG 代表自然草地（natural grassland）；CK 代表对照（control）。同列不含有相同大写字母的、不含有相同小写字母的分别代表不同植被类型下 0~20cm、20~40cm 土层土壤有机碳各组分含量及其所占比例之间差异显著（$P<0.05$）。下同

2.2.1.2 坊塌流域土壤有机碳分解动态特征及其驻留时间

以农业种植为主型恢复下的坊塌流域，在 0~20cm 和 20~40cm 土层，各植被恢复

措施的土壤有机碳分解速率不同，但分解动态变化规律基本相似，即先迅速分解，然后缓慢分解，最终趋于基本稳定的状态。0～20cm 土层，在培养的第 2～5 天分解速率均达到最高，随后呈波浪式滚动下降，直到最后趋于稳定；20～40cm 土层，各植被恢复措施下土壤有机碳分解速率在培养的第 2～5 天分解速率达到最高值，随后呈波浪式滚动下降，最后趋于稳定。整体来看，0～20cm 土层土壤有机碳分解速率高于 20～40cm 土层（图 2-2），即表层的土壤有机碳稳定性低于下层。

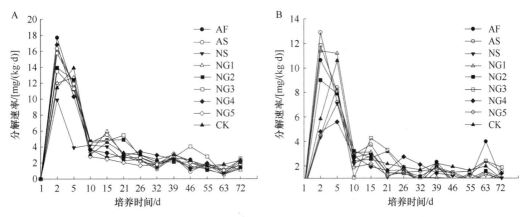

图 2-2　坊塌流域 0～20cm 土层（A）和 20～40cm 土层（B）土壤有机碳分解速率

以农业种植为主型恢复下的坊塌流域，除 NG4 和 NG5 外，其他植被恢复措施 0～20cm 土层 C_a 驻留时间均高于 20～40cm 土层，表明表层 C_a 驻留时间较长；C_s 驻留时间除 NG5 外，表层的均高于下层；而 C_p 驻留时间根据年平均气温计算得出为 325.34 年（表 2-6）。0～20cm 土层，除 AF、AS、NG4 和 NG5 外，其他植被恢复措施的 C_a 驻留时间均高于 CK；20～40cm 土层，除 AF 和 NG3 外，其他植被恢复措施的 C_a 驻留时间均高于 CK，表明植被恢复后，NS、NG1、NG2 植被恢复措施下的 C_a 活性均有所降低。0～20cm 土层，除 NG5 外，其他植被恢复措施下 C_s 驻留时间均高于 CK；20～40m 土层，除 NG2 外，其他植被恢复措施下 C_s 驻留时间均高于 CK（表 2-6），这说明不同植被恢复措施下（NG2 和 NG5 除外），C_s 的有效性降低，稳定性在一定程度上有所提高。

表 2-6　坊塌流域土壤有机碳各组分驻留时间

植被类型	土层/cm	MRT$_{C_a}$/d	MRT$_{C_s}$/年	MRT$_{C_p}$/年
AF	0～20	3.98±0.17E	1.63±0.05E	325.34
AS	0～20	5.71±0.25D	4.95±0.05B	325.34
NS	0～20	8.40±0.09B	4.24±0.26C	325.34
NG1	0～20	6.61±0.04C	6.85±0.24A	325.34
NG2	0～20	9.57±0.16A	5.23±0.12B	325.34
NG3	0～20	6.59±0.20C	3.14±0.18D	325.34
NG4	0～20	4.61±0.17E	3.57±0.09C	325.34
NG5	0～20	2.24±0.10F	0.66±0.05E	325.34
CK	0～20	5.94±0.35D	0.80±0.08E	325.34
AF	20～40	2.99±0.26e	0.84±0.07d	325.34

植被类型	土层/cm	MRT$_{C_a}$/d	MRT$_{C_s}$/年	MRT$_{C_p}$/年
AS	20~40	4.22±0.17d	3.98±0.36b	325.34
NS	20~40	6.42±0.22b	1.92±0.07c	325.34
NG1	20~40	5.23±0.14c	6.70±0.30a	325.34
NG2	20~40	6.73±0.22b	0.34±0.11e	325.34
NG3	20~40	2.49±0.03e	1.36±0.03c	325.34
NG4	20~40	9.66±0.28a	1.80±0.14c	325.34
NG5	20~40	4.39±0.19d	1.01±0.06d	325.34
CK	20~40	4.01±0.15d	0.35±0.04e	325.34

注：同列不含有相同大写字母的表示 0~20cm 土层不同植被土壤活性有机碳和缓效性有机碳的驻留时间差异显著（$P<0.05$）；同列不含有相同小写字母的表示 20~40cm 土层不同植被土壤活性有机碳和缓效性有机碳的驻留时间差异显著（$P<0.05$）。下同

2.2.1.3 坊塌流域土壤有机碳密度变化特征

坊塌流域内不同土地利用类型下，不同土层土壤有机碳密度存在差异。0~20cm 土层土壤有机碳密度表现为人工灌丛最大，自然灌丛次之，人工林地最小；20~40cm 土层土壤有机碳密度表现为人工灌丛最大，自然草地次之，人工林地最小。这表明人工灌丛在 0~20cm 和 20~40cm 土层土壤有机碳储量较高，而人工林地在 0~20cm 和 20~40cm 土层土壤有机碳储量较低（表 2-7）。

表 2-7 坊塌流域土壤有机碳密度变化特征

土地利用类型	有机碳密度/(t C/hm^2)	
	0~20cm 土层	20~40cm 土层
人工林地	0.94	0.61
人工灌丛	1.31	0.97
自然灌丛	1.17	0.74
自然草地	1.16	0.80

2.2.2 纸坊沟流域土壤有机碳稳定性与密度变化特征

2.2.2.1 土壤有机碳各组分含量及其占总有机碳含量的比例

以植被恢复为主型下的纸坊沟流域，在各植被恢复措施下，0~20cm、20~40cm 土层的 C_a 含量分别为 0.04~0.13g/kg、0.04~0.09g/kg，C_s 含量分别为 2.01~6.41g/kg、1.21~4.30g/kg，C_p 含量分别为 1.57~3.06g/kg、0.84~2.66g/kg。0~20cm、20~40cm 土层的 C_a 所占比例分别为 0.75%~1.87%、0.82%~2.48%，C_s 所占比例分别为 39.98%~73.65%、35.55%~80.26%，C_p 所占比例分别为 24.91%~58.15%、18.46%~61.98%。在 0~20cm 土层，不同恢复措施之间，自然灌丛（NS）下的 C_a 含量和 C_s 含量最高，经济林地（EF）下的 C_p 含量最高；在 20~40cm 土层，不同恢复措施之间，自然灌丛（NS）下的 C_a 含量和 C_s 含量最高，人工林地（AF）下的 C_p 含量最高（表 2-8），表明自然灌丛的恢复有利于增加表层和下层土壤 C_a 和 C_s 的含量，而经济林的种植在一定程度上有利于提高表层土

壤 C_p 的含量，人工林的恢复则有利于增加下层土壤 C_p 的含量，进而增加有机碳的稳定性。

表 2-8　纸坊沟流域土壤有机碳各组分含量及其占总有机碳的比例

植被类型	土层/cm	C_a 含量/(g/kg)	C_a 比例/%	C_s 含量/(g/kg)	C_s 比例/%	C_p 含量/(g/kg)	C_p 比例/%
AF	0~20	0.09±0.002B	1.58±0.10AB	3.05±0.38E	49.96±4.29C	2.95±0.20A	48.45±4.26B
AMF	0~20	0.04±0.008AB	0.75±0.14C	4.21±0.44D	72.22±3.20A	1.57±0.11C	27.03±3.09D
EF	0~20	0.06±0.005C	0.83±0.09C	3.60±0.54E	52.60±3.54C	3.06±0.12A	46.58±3.46B
AS	0~20	0.11±0.029AB	1.32±0.36BC	5.30±0.20CF	62.48±3.57B	3.03±0.38A	35.48±3.79C
NS	0~20	0.13±0.023A	1.45±0.30B	6.41±0.26A	73.65±1.36A	2.17±0.11B	24.91±1.16D
AG	0~20	0.09±0.002B	1.87±0.12A	2.01±0.10B	39.98±2.63E	2.93±0.23A	58.15±2.70A
NG	0~20	0.07±0.018BC	0.98±0.19C	5.47±0.09F	72.91±2.73A	1.97±0.29B	26.11±2.55D
CK	0~20	0.06±0.007C	1.31±0.19BC	1.94±0.23G	46.30±4.81D	2.20±0.21B	52.40±4.94AB
AF	20~40	0.08±0.021ab	1.82±0.51ab	1.64±0.77c	36.50±12.19c	2.66±0.26a	61.67±11.86a
AMF	20~40	0.05±0.007b	1.40±0.07b	2.74±0.34bc	71.26±3.79ab	1.05±0.15c	27.34±3.86c
EF	20~40	0.04±0.012b	0.82±0.19b	2.37±0.52bc	54.25±4.65b	1.95±0.32b	44.93±4.84b
AS	20~40	0.06±0.009b	1.13±0.27b	3.19±0.28b	62.00±0.83b	1.90±0.19b	36.87±0.96bc
NS	20~40	0.09±0.005a	1.48±0.12b	4.30±0.92a	74.42±8.43ab	1.35±0.31c	24.10±8.31c
AG	20~40	0.08±0.035ab	2.48±1.31a	1.21±0.66c	35.55±16.47c	2.01±0.31b	61.98±15.19a
NG	20~40	0.06±0.008ab	1.27±0.04b	3.66±0.17ab	80.26±2.10a	0.84±0.08d	18.46±1.01c
CK	20~40	0.04±0.005b	1.15±0.23b	1.83±0.28c	55.85±3.39b	1.41±0.04c	44.55±11.27b

注：AMF 代表人工混交林（artificial mixed forestland）；AG 代表人工草地（artificial grassland）

2.2.2.2　纸坊沟流域土壤有机碳分解动态特征及其驻留时间

以植被恢复为主型下的纸坊沟流域，在 0~20cm 和 20~40cm 土层，各植被恢复措施的土壤有机碳分解速率不同，但分解动态变化规律基本相似，即先迅速分解，然后缓慢分解，最终趋于基本稳定的状态。0~20cm 土层土壤有机碳在培养的第 2~5 天分解速率均达到最高值，随后呈波浪式滚动下降，最后趋于稳定（图 2-3A）；20~40cm 土层表现为：在培养的第 2~5 天分解速率均达到最高值，随后呈波浪式滚动下降，最后趋于稳定（图 2-3B）。其中，AF 表层和下层的土壤有机碳分解速率在第 2 天达到最大，分

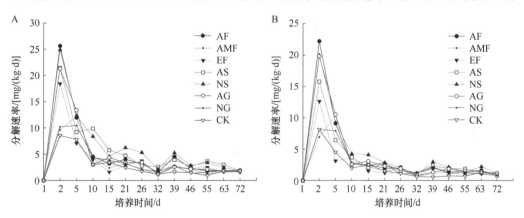

图 2-3　纸坊沟流域 0~20cm 土层（A）和 20~40cm 土层（B）土壤有机碳分解速率

别为25.65mg/(kg·d)和22.20mg/(kg·d)。整体来看，0~20cm土层土壤有机碳分解速率高于20~40cm土层，表明下层土壤有机碳的稳定性更高。

以植被恢复为主型下的纸坊沟流域，除NG外，其他植被恢复措施0~20cm土层C_a驻留时间均高于20~40cm土层；C_s驻留时间除EF和AG外，表层的均低于下层；而C_p驻留时间根据年平均气温可以得出约为325.34年。0~20cm土层，除AF、EF、AS及AG外，其他植被恢复措施的C_a驻留时间均高于CK；20~40cm土层，除AMF和NG外，其他植被恢复措施的C_a驻留时间均低于CK，表明各植被恢复措施下表层的C_a活性较下层更高，且植被恢复后，与撂荒地相比，表层土壤有机碳的有效性有所提高。0~20cm土层，除AF外，其他植被恢复措施下C_s驻留时间均高于CK；20~40m土层，除AMF、NS及NG外，其他植被恢复措施下C_s驻留时间均低于CK（表2-9）。

表2-9　纸坊沟流域土壤有机碳各组分驻留时间

植被类型	土层/cm	MRT_{C_a}/d	MRT_{C_s}/年	MRT_{C_p}/年
AF	0~20	3.39±0.19D	0.36±0.03E	325.34
AMF	0~20	10.57±3.08A	0.68±0.04E	325.34
EF	0~20	2.48±0.71E	4.62±0.60C	325.34
AS	0~20	5.95±0.35C	5.06±0.88B	325.34
NS	0~20	6.23±1.81B	5.78±0.75B	325.34
AG	0~20	3.83±0.42D	2.66±0.06D	325.34
NG	0~20	6.43±0.19B	8.67±0.70A	325.34
CK	0~20	5.98±0.21C	0.38±0.05E	325.34
AF	20~40	2.83±0.20c	3.42±0.11e	325.34
AMF	20~40	4.75±0.14b	6.67±0.61b	325.34
EF	20~40	2.42±0.60d	4.45±0.82d	325.34
AS	20~40	3.27±0.20c	5.22±0.69c	325.34
NS	20~40	4.21±0.39b	6.73±0.45b	325.34
AG	20~40	3.32±0.68c	2.38±0.08f	325.34
NG	20~40	6.79±2.61a	8.90±0.52a	325.34
CK	20~40	4.74±0.73b	5.66±0.95c	325.34

2.2.2.3　纸坊沟流域土壤有机碳密度变化特征

纸坊沟流域中，不同植被恢复措施下0~20cm土层土壤有机碳密度均高于20~40cm土层。在0~20cm土层，自然灌丛下土壤有机碳密度最大，人工灌丛次之，人工林地最小；在20~40cm土层，自然灌丛下土壤有机碳密度最大，人工灌丛次之，人工混交林最小。表明区域面积一定时，自然灌丛的土壤有机碳储量最高，人工灌丛次之，人工林地最低。林地中，0~20cm土层经济林地的土壤有机碳密度最大，人工混交林次之，人工林地最小；而20~40cm土层经济林地的土壤有机碳密度最大，人工林地次之，人工混交林最小（表2-10）。两个土层中，灌丛、林地和草地均表现为自然恢复下的土壤有机碳密度高于人工恢复下的土壤有机碳密度，这表明，就灌丛和林地而言，自然恢复有利于增加土壤有机碳储量。

表 2-10 纸坊沟流域土壤有机碳密度变化特征

土地利用类型	有机碳密度/(t C/hm²)	
	0～20cm 土层	20～40cm 土层
人工林地	1.27	1.07
人工混交林	1.29	0.89
经济林地	1.77	1.10
人工灌丛	1.92	1.20
自然灌丛	1.98	1.34
人工草地	1.28	0.91
自然草地	1.62	1.09

2.2.3 董庄沟流域土壤有机碳稳定性与密度变化特征

2.2.3.1 董庄沟流域土壤有机碳各组分含量及其占总有机碳含量的比例

自然恢复下的董庄沟流域，各植被恢复措施下 0～20cm、20～40cm 土层的 C_a 含量分别为 0.08～0.71g/kg、0.05～0.11g/kg，C_s 含量分别为 1.24～5.33g/kg、1.15～2.62g/kg，C_p 含量分别为 2.43～9.16g/kg、1.36～6.69g/kg。0～20cm、20～40cm 土层的 C_a 所占比例分别为 0.71%～6.11%、0.81%～1.98%，C_s 所占比例分别为 18.25%～48.52%、16.12%～53.97%，C_p 所占比例分别为 45.50%～80.34%、44.05%～83.03%。在 0～20cm 土层，长芒草草地的 C_a 含量最高，苔草草地的 C_s 和 C_p 含量最高，说明长芒草草地土壤表层的土壤有机碳活性较高，而苔草草地土壤表层的土壤有机碳稳定性较高；在 20～40cm 土层，苔草草地的 C_a 含量最高，塬面的 C_s 含量最高，长芒草草地的 C_p 含量最高（表 2-11），表明苔草草地下层的土壤有机碳有效性较高，长芒草草地下层的土壤有机碳稳定性较好。

表 2-11 董庄沟流域土壤有机碳各组分含量及其占总有机碳含量的比例

草地类型	土层/cm	C_a 含量/(g/kg)	C_a 比例/%	C_s 含量/(g/kg)	C_s 比例/%	C_p 含量/(g/kg)	C_p 比例/%
CMC	0～20	0.71±0.018A	6.11±0.21B	2.24±0.08D	19.35±0.75C	8.61±0.30B	74.54±4.01A
TC	0～20	0.13±0.005C	0.87±0.03D	5.33±0.13A	36.46±1.02B	9.16±1.06A	62.67±2.39B
ZY	0～20	0.32±0.011B	5.98±0.14B	2.60±0.02C	48.52±0.69A	2.43±0.24D	45.50±3.34D
TGH	0～20	0.08±0.003C	0.71±0.19D	2.39±0.10D	22.31±0.20C	8.25±0.36B	76.98±2.10A
YM	0～20	0.10±0.01C	1.41±0.20C	1.24±0.05E	18.25±0.18D	5.45±0.01C	80.34±2.79A
CK	0～20	0.83±0.024A	9.21±0.14A	3.16±0.12B	34.96±0.65B	5.05±0.15C	55.84±2.35C
CMC	20～40	0.08±0.010b	0.90±0.18c	1.74±0.02c	20.49±0.34d	6.69±0.27a	78.61±4.19a
TC	20～40	0.11±0.001a	1.34±0.25b	1.71±0.09c	20.93±0.29d	6.37±0.21ab	77.73±4.00a
ZY	20～40	0.06±0.002c	1.98±0.11a	1.66±0.16c	53.97±0.13a	1.36±0.33d	44.05±2.78c
TGH	20～40	0.06±0.004c	0.86±0.07c	1.15±0.01c	16.12±0.19d	5.91±0.12b	83.03±2.75a
YM	20～40	0.05±0.009c	0.81±0.02c	2.62±0.22b	40.40±0.27c	3.81±0.28c	58.78±3.46b
CK	20～40	0.06±0.002c	0.92±0.15c	3.30±0.17a	49.70±0.50b	3.28±0.09c	49.38±3.24c

注：CMC 代表长芒草草地；TC 代表苔草草地；ZY 代表中华隐子草草地；TGH 代表铁杆蒿草地；YM 代表塬面；CK 代表对照

2.2.3.2 董庄沟流域土壤有机碳分解动态特征及其驻留时间

自然恢复下的董庄沟流域，在 0～20cm 和 20～40cm 土层，各植被恢复措施下的土壤有机碳分解速率不同，但分解动态变化规律基本相似，即先迅速分解，然后缓慢分解，最终趋于基本稳定的状态。其中在 0～20cm 土层土壤有机碳的分解速率在培养的第 2 天左右均达到最高，随后呈波浪式滚动下降，最后趋于稳定（图 2-4A）。在 20～40cm 土层，各植被恢复措施下的土壤有机碳分解速率的变化规律与 0～20cm 土层相似。两个土层，与 CK 相比，各植被恢复措施下土壤有机碳分解速率的峰值较快出现，即各植被恢复措施下的土壤有机碳在培养的第 2 天分解速率达到最大，而 CK 的则在第 5 天之后出现，这表明，自然恢复下各植被恢复措施下土壤有机碳的稳定性低于撂荒地。不同植被恢复措施之间，0～20cm 土层，CMC 的土壤有机碳分解速率峰值最大，为 29.80mg/(kg·d)；20～40cm 土层，TC 的土壤有机碳分解速率峰值最大，为 20.94mg/(kg·d)（图 2-4B）。整体上，0～20cm 土层土壤有机碳分解速率高于 20～40cm 土层。

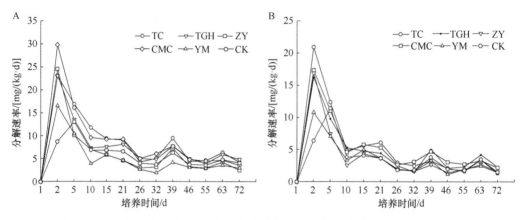

图 2-4 董庄沟流域 0～20cm 土层（A）和 20～40cm 土层（B）土壤有机碳分解速率

自然恢复下的董庄沟流域，各植被恢复措施下 0～20cm 土层 CMC、ZY、YM 的 C_a 驻留时间均高于 20～40cm 土层，表明表层的 C_a 驻留时间较长；C_s 驻留时间除 TC 和 TGH 外，表层的均低于下层；而 C_p 驻留时间根据年平均气温可以得出约为 336.81 年。不同植被恢复措施之间，0～20cm 土层，CMC 的土壤 C_a 驻留时间最长（20.16d），TGH 的最短（3.47d）；20～40cm 土层，TC 的 C_a 驻留时间最长（6.16d），TGH 的最短（3.58d）。就 C_s 驻留时间而言，在 0～20cm 土层，TC 的最长（2.66 年），CMC 的最短（0.36 年）；在 20～40cm 土层，YM 的最长（3.33 年），TGH 的最短（0.98 年）。在 0～20cm 和 20～40cm 土层，各植被恢复措施的 C_a 驻留时间均低于 CK，表明除表层和下层外，各植被恢复措施的 C_a 周转比撂荒地快；除 TC 外，0～20cm 土层其他植被恢复措施的 C_s 驻留时间均低于 CK，20～40m 土层各植被恢复措施的 C_s 驻留时间均高于 CK（表 2-12）。

表 2-12 董庄沟流域土壤有机碳各组分驻留时间

植被类型	土层/cm	MRT_{C_a}/d	MRT_{C_s}/年	MRT_{C_p}/年
CMC	0～20	20.16±4.31B	0.36±0.04C	336.81
TC	0～20	6.08±2.30C	2.66±0.10A	336.81

植被类型	土层/cm	MRT_{C_a}/d	MRT_{C_s}/年	MRT_{C_p}/年
ZY	0～20	10.65±3.19C	0.52±0.13C	336.81
TGH	0～20	3.47±1.11D	1.15±0.09B	336.81
YM	0～20	5.89±0.56D	0.19±0.01D	336.81
CK	0～20	42.02±5.89A	1.17±0.20B	336.81
CMC	20～40	4.96±0.79d	1.51±0.18c	336.81
TC	20～40	6.16±1.10b	1.94±0.13b	336.81
ZY	20～40	3.68±0.27e	2.19±0.25b	336.81
TGH	20～40	3.58±0.52e	0.98±0.06d	336.81
YM	20～40	5.56±0.40c	3.33±0.24a	336.81
CK	20～40	6.87±0.25a	0.43±0.06e	336.81

2.2.3.3　董庄沟流域土壤有机碳密度变化特征

董庄沟流域中的自然草地，0～20cm 土层的土壤有机碳密度（2.25t C/hm²）高于 20～40cm 土层（1.54t C/hm²），表明表层的土壤有机碳储量相对下层较高，这可能与表层土壤中植物根系分布较多有关。

2.2.4　杨家沟流域土壤有机碳稳定性与密度变化特征

2.2.4.1　杨家沟流域土壤有机碳各组分含量及其占总有机碳含量的比例

人工恢复下的杨家沟流域各植被恢复措施在 0～20cm、20～40cm 土层的 C_a 含量分别为 0.084～0.135g/kg、0.065～0.099g/kg，C_s 含量分别为 2.11～4.57g/kg、1.01～4.15g/kg，C_p 含量分别为 4.59～9.13g/kg、3.84～6.30g/kg。0～20cm、20～40cm 土层的 C_a 所占比例分别为 1.00%～1.18%、0.87%～1.26%，C_s 所占比例分别为 18.57%～43.36%、13.64%～43.06%，C_p 所占比例分别为 55.62%～80.25%、55.82%～85.48%，可以看出，人工恢复下 C_p 含量在表层和下层的占比较大，说明人工植被恢复后土壤有机碳的稳定性在一定程度上也有所提高。在 0～20cm 土层，油松的 C_a 和 C_p 含量最高，刺槐的 C_s 含量最高；在 20～40cm 土层，山杏的 C_a 含量最高，刺槐的 C_s 含量最高，油松的 C_p 含量最高（表 2-13），这表明不同人工植被恢复措施对土壤有机碳组分的影响存在差异。

表 2-13　杨家沟流域土壤有机碳各组分含量及其占总有机碳含量的比例

植被类型	土层/cm	C_a 含量/(g/kg)	C_a 比例/%	C_s 含量/(g/kg)	C_s 比例/%	C_p 含量/(g/kg)	C_p 比例/%
SX	0～20	0.116±0.02B	1.08±0.06B	3.01±0.05B	28.14±2.01B	7.56±0.82B	70.78±3.48B
YS	0～20	0.135±0.007A	1.18±0.03A	2.11±0.13C	18.57±1.56C	9.13±0.27A	80.25±2.45A
CH	0～20	0.116±0.010B	1.00±0.14B	4.57±0.04A	39.51±2.66A	6.88±0.50C	59.48±6.01C
YM	0～20	0.084±0.021C	1.02±0.06B	3.58±0.09B	43.36±1.59A	4.59±0.19D	55.62±4.25C
CK	0～20	0.085±0.004C	1.19±0.01A	1.58±0.10D	22.04±1.08B	5.52±0.33E	76.78±5.31A
SX	20～40	0.099±0.009a	1.26±0.04a	2.10±0.03b	26.90±1.19b	5.61±0.48b	71.84±6.00b
YS	20～40	0.065±0.013b	0.88±0.01b	1.01±0.07c	13.64±2.03c	6.30±0.10a	85.48±5.69a

续表

植被类型	土层/cm	C_a 含量/(g/kg)	C_a 比例/%	C_s 含量/(g/kg)	C_s 比例/%	C_p 含量/(g/kg)	C_p 比例/%
CH	20~40	0.090±0.011a	0.87±0.02b	4.15±0.01a	40.28±2.75a	6.06±0.32a	58.85±3.48c
YM	20~40	0.077±0.005b	1.12±0.07a	2.96±0.15b	43.06±3.04a	3.84±0.18c	55.82±2.36c
CK	20~40	0.079±0.002b	1.22±0.14a	1.65±0.14c	25.55±2.40b	4.72±0.21c	73.23±4.19b

注：SX 代表山杏；YS 代表油松；CH 代表刺槐；YM 代表塬面；CK 代表对照。下同

2.2.4.2 杨家沟流域土壤有机碳分解动态特征及驻留时间

人工恢复下的杨家沟流域，在 0~20cm 土层，各植被恢复措施下的土壤有机碳分解速率不同，但分解动态变化规律基本相似，即先迅速分解，然后缓慢分解，最终趋于基本稳定的状态，具体表现为，在培养的第 2 天左右分解速率均达到最高，随后呈波浪式滚动下降，直到最后趋于稳定（图 2-5A）。在 20~40cm 土层，各植被恢复措施下的土壤有机碳分解速率的变化规律与 0~20cm 土层相似（图 2-5B）。两个土层各植被恢复措施下土壤有机碳分解速率峰值的出现时间与 CK 接近；且 0~20cm 土层，除塬面外，其他植被恢复措施下的土壤有机碳分解速率峰值均高于 CK，说明不同人工林恢复后，土壤有机碳的有效性增加，但增加幅度不大；而 20~40cm 土层各植被恢复措施下土壤有机碳分解速率峰值均高于 CK，这表明，各植被恢复措施下土壤有机碳有效性的增加较为显著。不同植被恢复措施之间，在 0~20cm 土层，YS 的土壤有机碳分解速率峰值最大，为 36.05mg/(kg·d)；在 20~40cm 土层，SX 的土壤有机碳分解速率峰值最大，为 24.75mg/(kg·d)。整体上，0~20cm 土层土壤有机碳分解速率高于 20~40cm 土层，即表层土壤有机碳的稳定性低于下层。

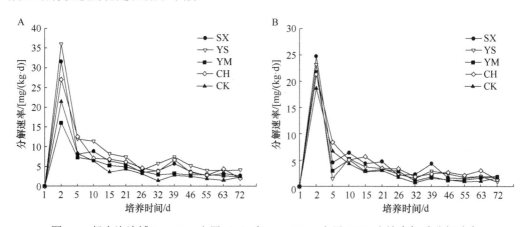

图 2-5 杨家沟流域 0~20cm 土层（A）和 20~40cm 土层（B）土壤有机碳分解速率

人工恢复下的杨家沟流域，各植被恢复措施除 YS 和 CH 外，0~20cm 土层 C_a 驻留时间均低于 20~40cm 土层，表明除油松外，表层的 C_a 驻留相比下层更快；C_s 驻留时间表层的均低于下层；而 C_p 驻留时间根据年平均气温可以得出约为 336.81 年。不同植被恢复措施之间，0~20cm 土层，YM 的 C_a 驻留时间最长（7.19d），YS 的最短（4.55d）；20~40cm 土层，SX 的 C_a 驻留时间最长（5.94d），YS 的最短（3.42d）。就 C_s 驻留时间而言，

在 0~20cm 和 20~40cm 土层，YM 的最长（分别为 3.60 年和 5.34 年），YS 的最短（分别为 1.13 年和 1.28 年）。0~20cm 土层各植被恢复措施的 C_a 驻留时间均高于 CK，表明各植被恢复措施下的 C_a 周转比撂荒地慢；0~20cm 土层其他植被恢复措施（除 YS 外）的 C_s 驻留时间均高于 CK，20~40m 土层 CH 和 YM 的 C_s 驻留时间均高于 CK（表 2-14）。

表 2-14 杨家沟流域土壤有机碳各组分驻留时间

植被类型	土层/cm	MRT_{C_a}/d	MRT_{C_s}/年	MRT_{C_p}/年
SX	0~20	4.60±0.49C	2.30±0.09B	336.81
YS	0~20	4.55±0.33C	1.13±0.11D	336.81
CH	0~20	5.29±0.30B	3.33±0.17A	336.81
YM	0~20	7.19±0.26A	3.60±0.20A	336.81
CK	0~20	4.18±0.19C	1.83±0.15C	336.81
SX	20~40	5.94±0.31a	2.76±0.07a	336.81
YS	20~40	3.42±0.25c	1.28±0.03c	336.81
CH	20~40	4.94±0.14b	4.95±0.15b	336.81
YM	20~40	4.74±0.35b	5.34±0.21b	336.81
CK	20~40	4.46±0.13b	3.56±0.19b	336.81

2.2.4.3 杨家沟流域土壤有机碳密度变化特征

杨家沟流域中的人工林地，0~20cm 土层土壤有机碳密度（2.31t C/hm²）高于 20~40cm 土层（1.76t C/hm²），表明表层的土壤有机碳储量相对下层较高，这可能与林地凋落物层向土壤表层输入的有机碳更多有关。

2.2.5 小流域尺度下土壤有机碳各组分含量、稳定性及其影响因素

土壤有机碳库在陆地生态系统碳循环中起着极为重要的作用，其含量及驻留时间能够反映土壤有机碳库的稳定性。提高有机碳输入、减小有机碳周转速率是提高土壤碳库的两个途径（Jastrow et al.，2007；Dungait et al.，2012），但持续的有机碳输入并非完全被土壤吸存，受环境因素和管理措施的影响，不同的土壤类型均存在碳饱和问题（Six et al.，2002），过度的碳输入可能造成大量的碳释放，因此，稳定的有机碳才是决定土壤固碳潜力的关键（Jastrow et al.，2007）。稳定性有机碳在土壤中不受土地利用和气候变化的影响，能够被长期地固存在土壤中（Jandl et al.，2007）。黄土丘陵区自植被恢复措施实施以来，土壤有机碳一直在持续变化着，不同小流域的土壤性质可能不同，因此，可能会导致土壤有机碳含量和稳定性产生差异。了解不同小流域下土壤有机碳含量及稳定性的差异性，并明晰造成这种差异性的影响因素，能够为黄土丘陵区植被恢复效应的准确评估提供参考依据。

2.2.5.1 土壤理化性质对土壤有机碳各组分含量及稳定性的影响

以农业种植（坊塌流域）为主型恢复下，SOC 含量与 C_a 含量极显著正相关，TN 含量与 C_a 含量显著正相关。RWC、BD、pH 与 C_a 含量负相关，但未到达显著水平。C_s 含

量与各土壤理化性质的相关性和 C_a 含量相同。就 C_p 而言，其含量仅与 SOC 含量的正相关关系达到显著水平。MRT_{C_s} 与 SOC 含量极显著正相关。以植被恢复（纸坊沟流域）为主型下，SOC 含量和 TN 含量均与 C_a 含量极显著正相关，而 RWC 与 C_a 含量显著负相关。SOC 含量和 TN 含量均与 C_s 含量极显著正相关，pH 与 C_s 含量显著正相关，而 BD 与 C_s 含量极显著负相关。人工恢复（杨家沟流域）下，BD 与 C_s 含量显著负相关，SOC 含量和 TP 含量与 C_s 含量均显著正相关。此外，SOC 含量与 C_p 含量极显著正相关，TN 含量与 C_p 含量显著正相关。自然恢复（董庄沟流域）下，SOC 含量与 C_a 含量、C_s 含量均极显著正相关，TN 含量与 C_a 含量显著正相关，TP 含量与 C_s 含量显著正相关，就 C_p 含量而言，SOC 含量和 TN 含量均与之极显著正相关。由此可知，4 种不同小流域下，土壤理化性质对土壤有机碳各组分含量及驻留时间的影响规律大致相同，即 SOC、TN 含量大多与土壤有机碳各组分含量显著正相关；就 C_a 和 C_s 的平均驻留时间而言，土壤理化性质与之相关性并不显著（表 2-15）。

表 2-15　不同小流域下土壤理化性质与土壤有机碳各组分含量及驻留时间的相关性

小流域	土壤理化性质	C_a 含量	C_s 含量	C_p 含量	MRT_{C_a}	MRT_{C_s}
坊塌流域	RWC	−0.006	−0.256	0.056	0.096	−0.410
	BD	−0.226	−0.300	−0.199	−0.051	−0.285
	pH	−0.005	−0.219	0.008	−0.046	−0.159
	SOC	0.788**	0.820**	0.499*	0.378	0.726**
	TN	0.498*	0.487*	0.432	0.069	0.428
	TP	0.235	0.288	0.091	−0.059	0.122
纸坊沟流域	RWC	−0.599*	−0.378	−0.111	−0.013	−0.066
	BD	−0.324	−0.660**	0.062	−0.407	−0.217
	pH	0.471	0.589*	−0.081	0.331	0.333
	SOC	0.650**	0.902**	0.436	0.283	0.185
	TN	0.710**	0.850**	0.339	0.176	0.167
	TP	0.337	0.430	0.493	0.267	−0.267
杨家沟流域	RWC	−0.012	0.064	0.068	−0.050	0.123
	BD	−0.530	−0.607*	−0.471	−0.521	0.274
	pH	−0.011	0.189	−0.316	−0.121	−0.122
	SOC	0.297	0.624*	0.905**	0.211	0.060
	TN	−0.039	0.369	0.686*	−0.239	0.161
	TP	0.084	0.592*	0.426	0.081	0.319
董庄沟流域	RWC	−0.129	0.511	−0.209	0.172	0.554
	BD	−0.092	−0.216	−0.089	0.440	−0.347
	pH	−0.236	−0.426	−0.203	−0.284	−.0121
	SOC	0.878**	0.652**	0.753**	0.182	−0.080
	TN	0.687*	0.247	0.744**	0.074	−0.411
	TP	−0.088	0.681*	−0.354	0.567	0.554

注：RWC 代表相对含水率；BD 代表容重；pH 代表土壤 pH；SOC 代表土壤有机碳；TN 代表全氮；TP 代表全磷。
*表示相关性显著（$P<0.05$），**表示相关性极显著（$P<0.01$）。下同

2.2.5.2 地上生物量、地下生物量及植物碳对土壤有机碳各组分含量及稳定性的影响

以农业种植（坊塌流域）为主型恢复下，地下生物量与 C_a 含量、C_s 含量极显著正相关，此外，地下生物量与 MRT_{C_s} 显著正相关。以植被恢复（纸坊沟流域）为主型下，地下生物量与 C_a 含量、MRT_{C_a} 显著正相关，与 C_s 含量极显著正相关。根的碳含量与 C_a 含量显著负相关。自然恢复（董庄沟流域）下，地下生物量与 C_s 含量显著正相关，叶片碳含量、枝的碳含量、根的碳含量与 C_p 含量的负相关关系均达到显著或极显著水平。由此可知，植被恢复下地下生物量对土壤有机碳组分含量及周转过程起到了积极的作用。人工恢复（杨家沟流域）下，地上生物量、叶片碳含量与 C_s 含量极显著正相关、与 MRT_{C_s} 显著正相关，枝的碳含量与 C_s 含量显著负相关（表2-16）。

表 2-16 不同小流域下地上、地下生物量及植物碳与土壤有机碳各组分含量及驻留时间的相关性

小流域	项目	C_a 含量	C_s 含量	C_p 含量	MRT_{C_a}	MRT_{C_s}
坊塌流域	地上生物量	0.133	0.497	−0.111	−0.036	0.432
	地下生物量	0.833**	0.688**	0.386	0.337	0.529*
	叶片碳含量	0.152	0.078	0.064	−0.089	0.038
	枝的碳含量	0.090	0.132	0.036	−0.177	0.165
	根的碳含量	0.170	0.269	−0.136	−0.238	0.264
纸坊沟流域	地上生物量	0.135	0.252	0.307	−0.311	0.219
	地下生物量	0.552*	0.813**	0.070	0.648*	−0.069
	叶片碳含量	0.220	0.124	−0.178	0.126	−0.222
	枝的碳含量	−0.341	0.030	−0.193	0.108	−0.207
	根的碳含量	−0.591*	0.196	−0.207	0.188	0.066
董庄沟流域	地上生物量	0.281	0.360	0.583	0.360	0.304
	地下生物量	0.205	0.803*	0.091	0.223	0.063
	叶片碳含量	0.085	−0.187	−0.897**	0.065	−0.162
	枝的碳含量	0.232	0.032	−0.728*	0.259	0.045
	根的碳含量	−0.128	0.021	−0.873**	−0.133	0.132
杨家沟流域	地上生物量	0.020	0.933**	−0.367	0.464	0.906*
	地下生物量	0.699	0.338	0.611	0.033	−0.229
	叶片碳含量	0.028	0.937**	−0.385	0.498	0.916*
	枝的碳含量	0.037	−0.816*	0.210	−0.191	−0.750
	根的碳含量	0.134	0.445	−0.430	0.713	0.527

2.2.5.3 土壤微生物多样性对土壤有机碳各组分含量及稳定性的影响

以农业种植为主型下的坊塌流域，MBC 与 C_s 含量显著正相关，Chao1 指数与 C_s 含量、MRT_{C_s} 之间的正相关关系均达到极显著水平，Coverage 指数与 C_s 含量极显著正相关，辛普森（Simpson）指数与 C_s 含量和 MRT_{C_s} 均极显著正相关、与 MRT_{C_a} 显著正相关。以植被恢复为主型下的纸坊沟流域，MBC 与 C_a 含量极显著正相关，OTU 数量与 C_a 含量、C_s 含量之间的正相关关系均达到极显著水平，ACE 指数与 C_s 含量显著正相关，Chao1 指数与 C_a 含量、C_s 含量、MRT_{C_s} 之间的正相关关系均达到显著水平，Coverage

指数与 C_s 含量显著正相关，Simpson 指数与 C_s 含量显著正相关。自然恢复下的董庄沟流域，MBC 含量、OTU 数量、Chao1 指数及 Simpson 指数与 C_p 含量极显著正相关，ACE 指数、Coverage 指数与 C_p 含量显著正相关。人工恢复下的杨家沟流域，MBN 含量与 C_a 含量显著正相关，OTU 数量与 C_a 含量极显著正相关、与 C_p 含量显著正相关（表2-17）。

表 2-17　不同小流域下细菌多样性与土壤有机碳各组分含量及驻留时间的相关性

小流域	项目	C_a 含量	C_s 含量	C_p 含量	MRT_{C_a}	MRT_{C_s}
坊塌流域	MBC	0.411	0.740*	0.276	0.241	0.601
	MBN	−0.017	0.391	0.335	0.250	0.318
	OTU	0.589	0.521	0.111	−0.031	0.400
	ACE	0.143	0.277	0.605	0.212	0.268
	Chao1	0.416	0.860**	−0.175	0.488	0.802**
	Coverage	0.323	0.735**	−0.209	0.483	0.661
	Shannon-Wiener	0.402	0.451	−0.095	0.434	0.302
	Simpson	0.642	0.807**	−0.108	0.688*	0.905**
纸坊沟流域	MBC	0.873**	0.357	0.246	−0.107	0.164
	MBN	0.629	0.548	0.274	−0.110	0.149
	OTU	0.865**	0.792**	0.053	0.078	0.564
	ACE	0.540	0.738*	0.286	−0.146	0.489
	Chao1	0.735*	0.789*	0.000	0.122	0.744*
	Coverage	0.576	0.743*	0.026	0.280	0.575
	Shannon-Wiener	0.121	0.584	0.224	0.030	0.250
	Simpson	0.512	0.806*	−0.231	0.354	0.460
董庄沟流域	MBC	−0.054	0.634	0.939**	−0.157	0.674
	MBN	−0.385	0.566	0.665	−0.555	0.575
	OTU	−0.137	0.139	0.938**	−0.293	0.263
	ACE	−0.151	0.507	0.828*	−0.373	0.481
	Chao1	−0.044	0.653	0.928**	−0.139	0.696
	Coverage	0.198	0.271	0.889*	0.030	0.279
	Shannon-Wiener	−0.265	0.487	0.765	−0.490	0.473
	Simpson	−0.019	0.389	0.959**	−0.192	0.439
杨家沟流域	MBC	0.760	0.643	0.597	−0.070	0.135
	MBN	0.899*	−0.028	0.875	−0.163	−0.465
	OTU	0.915**	0.101	0.900*	−0.493	−0.395
	ACE	0.669	0.350	0.616	−0.381	−0.056
	Chao1	0.769	0.285	0.725	−0.450	−0.169
	Coverage	0.874	0.112	0.853	−0.349	−0.342
	Shannon-Wiener	0.627	0.313	0.587	−0.444	−0.075
	Simpson	0.607	−0.015	0.649	−0.715	−0.364

注：MBC 表示微生物生物量碳（microbial biomass carbon）；MBN 表示微生物生物量氮（microbial biomass nitrogen）；OTU 表示物种的运算分类单元；ACE 表示群落中物种组成的丰富度和均匀度；Chao1 表示样本中微生物物种的丰富度；Coverage 表示各样本文库的覆盖率；Shannon-Wiener 表示香农-维纳多样性指数（后简称香农-维纳指数）；Simpson 表示辛普森多样性指数（后简称辛普森指数）。下同

以农业种植为主型下的坊塌流域，真菌 ACE 指数、Chao1 指数、Coverage 指数分别与 C_s 含量显著正相关；Coverage 指数与 MRT_{C_s} 极显著正相关。植被恢复下的纸坊沟流域，真菌 OTU 数量、ACE 指数、Shannon-Wiener 指数分别与 C_s 含量显著正相关，Chao1 指数与 C_s 含量极显著正相关；OTU 数量、Chao1 指数与 MRT_{C_s} 显著正相关。自然恢复下的董庄沟流域，真菌 OTU 数量与 C_p 含量显著正相关，Coverage 指数与 C_p 含量极显著正相关（表 2-18）。

表 2-18　不同小流域下真菌多样性与土壤有机碳各组分含量及驻留时间的相关性

小流域	项目	C_a 含量	C_s 含量	C_p 含量	MRT_{C_a}	MRT_{C_s}
坊塌流域	OTU	0.020	0.540	−0.241	0.003	0.270
	ACE	0.164	0.750*	−0.234	0.364	0.632
	Chao1	0.409	0.680*	−0.054	0.536	0.581
	Coverage	0.453	0.872*	−0.280	0.648	0.850**
	Shannon-Wiener	−0.022	0.518	−0.128	0.046	0.376
	Simpson	0.063	0.314	0.480	0.211	0.411
纸坊沟流域	OTU	0.417	0.888*	−0.226	0.207	0.771*
	ACE	0.330	0.761*	−0.224	0.313	0.606
	Chao1	0.546	0.835**	−0.117	0.155	0.787*
	Coverage	0.304	0.624	−0.250	0.416	0.121
	Shannon-Wiener	0.353	0.815*	−0.346	0.485	0.456
	Simpson	0.515	0.694	−0.181	0.321	0.432
董庄沟流域	OTU	0.055	0.275	0.865*	−0.197	0.252
	ACE	0.341	0.441	0.752	0.120	0.340
	Chao1	0.244	0.594	0.771	0.061	0.533
	Coverage	−0.015	0.519	0.971**	−0.091	0.607
	Shannon-Wiener	0.390	0.400	−0.071	0.427	0.231
	Simpson	0.471	0.292	−0.205	0.434	0.060
杨家沟流域	OTU	0.869	0.233	0.829	−0.512	−0.274
	ACE	−0.663	0.491	−0.746	0.537	0.801
	Chao1	−0.704	0.466	−0.783	0.567	0.803
	Coverage	0.833	0.235	0.797	−0.559	−0.264
	Shannon-Wiener	−0.877	0.100	−0.867	0.387	0.566
	Simpson	−0.544	−0.542	−0.385	−0.058	−0.149

2.2.5.4　土壤团聚体性质对土壤有机碳各组分含量及稳定性的影响

以农业种植为主型下的坊塌流域，5～2mm 团聚体比例与 C_a 含量极显著正相关，而 <0.25mm 团聚体比例与 C_a 含量显著负相关；>5mm、5～2mm 及 2～1mm 团聚体比例与 C_s 含量极显著正相关，0.5～0.25mm 团聚体比例与 C_s 含量显著正相关，而 <0.25mm 团聚体比例与 C_s 含量极显著负相关，由此可知，大团聚体含量对土壤 C_a 和 C_s 含量的影响较为显著，而小团聚体对 C_p 含量的影响较为显著；5～2mm 团聚体比例与 MRT_{C_a} 显著正相关，>5mm、5～2mm 团聚体比例与 MRT_{C_s} 显著正相关，2～1mm、0.5～0.25mm

团聚体比例与 MRT_{C_s} 极显著正相关，而<0.25mm 团聚体比例与 MRT_{C_s} 极显著负相关（表 2-19），表明大团聚体的物理保护作用对 C_a 和 C_s 周转过程的影响较为显著。

表 2-19 不同小流域下土壤团聚体性质与土壤有机碳各组分含量及驻留时间的相关性

小流域	项目	C_a 含量	C_s 含量	C_p 含量	MRT_{C_a}	MRT_{C_s}
坊塌流域	>5mm%	0.361	0.611**	−0.080	0.126	0.513*
	5~2mm%	0.676**	0.724**	0.255	0.575*	0.565*
	2~1mm%	0.431	0.750**	0.087	0.428	0.707**
	1~0.5mm%	0.084	0.297	0.036	0.033	0.447
	0.5~0.25mm%	0.309	0.535*	0.167	0.076	0.614**
	<0.25mm%	−0.505*	−0.779**	−0.051	−0.300	−0.705**
	MWD	−0.030	0.241	0.114	−0.169	0.241
	K 值	0.040	−0.132	−0.089	0.123	−0.255
纸坊沟流域	>5mm%	0.439	0.621*	−0.287	0.430	0.186
	5~2mm%	0.639**	0.139	0.286	0.086	−0.398
	2~1mm%	0.629**	0.069	0.455	−0.227	−0.351
	1~0.5mm%	0.127	−0.133	0.623**	−0.533*	−0.342
	0.5~0.25mm%	−0.226	−0.143	0.525*	−0.419	−0.214
	<0.25mm%	−0.553*	−0.488	−0.065	−0.192	0.072
	MWD	0.468	0.704**	−0.258	−0.507*	0.219
	K 值	−0.516*	−0.414	0.211	−0.540*	−0.054
董庄沟流域	>5mm%	−0.205	−0.161	0.388	−0.282	−0.102
	5~2mm%	−0.067	−0.109	0.449	−0.185	0.026
	2~1mm%	0.279	0.109	0.605*	0.042	0.005
	1~0.5mm%	0.020	0.121	0.141	−0.046	0.288
	0.5~0.25mm%	0.261	0.185	0.179	0.202	0.125
	<0.25mm%	−0.013	0.035	−0.665*	0.184	−0.043
	MWD	−0.061	−0.050	0.579*	−0.206	−0.146
	K 值	0.032	−0.030	−0.225	0.098	0.056
杨家沟流域	>5mm%	0.191	−0.264	0.643*	−0.401	−0.582
	5~2mm%	0.513	0.185	0.789**	−0.273	−0.379
	2~1mm%	0.417	0.469	0.642*	−0.104	−0.166
	1~0.5mm%	−0.011	0.854**	−0.334	0.539	0.731**
	0.5~0.25mm%	0.182	0.204	−0.130	0.158	0.412
	<0.25mm%	−0.452	−0.518	−0.598	0.040	0.031
	MWD	0.552	−0.126	0.868**	−0.319	−0.716*
	K 值	−0.346	0.101	−0.695*	0.224	0.584

注：>5mm%、5~2mm%、2~1mm%、1~0.5mm%、0.5~0.25mm%、<0.25mm%分别代表>5mm、5~2mm、2~1mm、1~0.5mm、0.5~0.25mm、<0.25mm 团聚体比例；MWD 为团聚体平均重量直径；K 值代表土壤可蚀性

以植被恢复为主型下的纸坊沟流域，5~2mm、2~1mm 团聚体比例与 C_a 含量极显著正相关，<0.25mm 团聚体比例、K 值与 C_a 含量显著负相关；>5mm 团聚体比例与

C_s 含量显著正相关，MWD 与 C_s 含量极显著正相关；1～0.5mm 团聚体比例与 C_p 含量极显著正相关，0.5～0.25mm 团聚体比例与 C_p 含量显著正相关；1～0.5mm 团聚体比例、MWD、K 值与 MRT_{C_a} 显著负相关（表 2-19），由此可知，不仅是团聚体粒级分布对土壤有机碳组分的含量产生影响，其稳定性也会影响 C_a 的周转过程。

自然恢复下的董庄沟流域，2～1mm 团聚体比例、MWD 与 C_p 含量显著正相关；<0.25mm 团聚体比例与 C_p 含量显著负相关（表 2-19），由此可知，团聚体稳定性的提高可促进惰性有机碳的积累。

人工恢复下的杨家沟流域，1～0.5mm 团聚体比例与 C_s 含量极显著正相关；>5mm、5～2mm、2～1mm 团聚体比例及 MWD 与 C_p 含量之间的正相关关系均达到显著或极显著水平，而 K 值与 C_p 含量显著负相关；1～0.5mm 团聚体比例与 MRT_{C_s} 极显著正相关，而 MWD 与 MRT_{C_s} 显著负相关（表 2-19）。

2.2.5.5　土壤有机碳各组分含量、稳定性的主要影响因素

由图 2-6 可知，土壤基本理化性质和微生物学性质的两个轴解释了土壤有机碳各组分含量、驻留时间变化的 13.13%、63.66%。土壤 C_a 含量和 MRT_{C_a} 与 MBC 含量、SOC 含量、0.5～0.25mm 团聚体比例、MWD、K 值显著正相关，土壤 C_s 含量、MRT_{C_s} 与 >5mm 团聚体比例显著正相关，与土壤含水率显著负相关。土壤 C_p 含量、MRT_{C_p} 与 TN 含量、

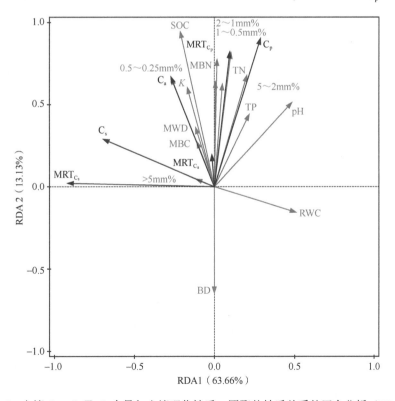

图 2-6　土壤 C_a、C_s 及 C_p 含量与土壤理化性质、团聚体性质关系的冗余分析（RDA）

箭头夹角代表相关性，夹角越大说明相关性越弱；箭头长度代表相关程度，箭头越长说明相关程度越大。

黑色箭头代表响应变量，红色箭头代表解释变量

TP 含量、MBC 含量、pH 及 1~0.5mm、2~1mm、5~2mm 团聚体比例显著正相关，与 BD 显著负相关。说明，植被恢复下土壤有机碳组分含量及周转过程的主要影响因素为团聚体稳定性、MBC 含量、SOC 含量、TN 含量、TP 含量。

结构方程模型可将数据拟合到表示因果假设的模型中，使变量之间的因果关系可视化。本研究中使用结构方程模型将植物各器官碳含量、地上生物量、地下生物量、土壤基本理化性质、土壤微生物量及微生物多样性指数与土壤有机碳各组分含量和驻留时间进行拟合分析，使得土壤有机碳各组分的稳定性及其影响因素更为直观。图 2-7 的结构方程模型各项拟合指数 χ^2/df<2、P>0.05、相对拟合指数（CFI）>0.900，说明此方程可以用来反映土壤基本理化性质、团聚体组分及细菌多样性指数对土壤有机碳稳定性的影响。由图 2-7 可知，土壤理化性质、团聚体组分及微生物丰富度指数主要通过直接或间接地作用于土壤有机碳的驻留时间，从而对土壤有机碳各组分的稳定性产生影响。其中 TN 含量和 pH 作用于细菌的 ACE 指数，而对 C_a 驻留时间产生影响；SOC 含量和 pH 通过影响 Chao1 指数从而影响 C_s 驻留时间；pH 通过影响 1~0.5mm 团聚体所占比例，进而对 C_p 驻留时间产生影响；SOC 含量通过对 2~1mm 团聚体所占比例产生影响，从而使 C_s 和 C_p 的驻留时间发生变化，且对 C_s 驻留时间产生消极的影响（–0.70），而对 C_p 驻留时间则起积极的作用（0.40）。

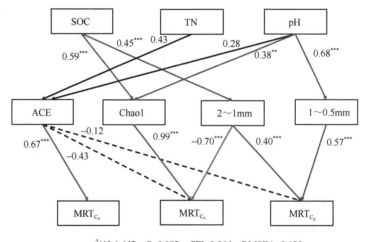

χ^2/df=1.442　P=0.082　CFI=0.964　RMSEA=0.128

图 2-7　土壤理化性质、团聚体组分及细菌多样性指数对土壤有机碳各组分稳定性的影响
红色箭头代表对土壤活性碳、缓效性碳、惰性碳平均驻留时间具有极显著负效应的因子，黑色实线箭头对应的是正效应因子，黑色虚线箭头对应的是负效应因子，深蓝色箭头对应的是具有极显著促进作用的因子。RMSEA 表示近似均方根残差，下同

土壤理化性质、团聚体组分及真菌多样性指数与土壤有机碳各组分的驻留时间所拟合的结构方程模型 χ^2/df<2、P>0.05、CFI>0.900，因此，也可以用来反映土壤理化性质、团聚体组分及真菌多样性指数对土壤有机碳稳定性的影响过程。SOC 含量可对 Simpson 指数和 2~1mm 团聚体所占比例产生影响，从而影响 C_a 驻留时间；pH 可对 ACE 指数和 2~1mm 团聚体所占比例产生影响，进而对 C_s 驻留时间产生影响；SOC 含量可对 2~1mm 团聚体所占比例产生影响，从而对 C_s 驻留时间产生影响；pH 和 SOC 含量

可对 1～0.5mm、2～1mm 团聚体所占比例产生影响，从而对 C_p 驻留时间产生影响；TN 含量通过对 Simpson 指数产生影响而对 C_a 驻留时间产生影响（图 2-8）。

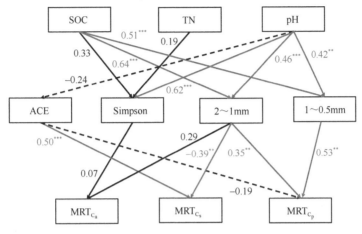

$\chi^2/\mathrm{df}=1.11$　$P=0.324$　$\mathrm{CFI}=0.989$　$\mathrm{RMSEA}=0.064$

图 2-8　土壤理化性质、团聚体组分及真菌多样性指数对土壤有机碳各组分稳定性的影响
红色箭头代表对土壤活性碳、缓效性碳、惰性碳平均驻留时间具有极显著正效应的因子，黑色实线箭头对应的是正效应因子，黑色虚线箭头对应的是负效应因子，深蓝色箭头对应的是具有极显著直接促进作用的因子

2.3　不同植被类型下土壤有机碳稳定性与密度变化特征

植被恢复在陆地生态系统碳汇功能中发挥着重要作用，不同植被类型的固碳效益存在差异（杨阳等，2023b）。辨析黄土高原不同植被类型下土壤有机碳稳定性及其密度变化特征，可深入了解不同植被类型对土壤碳储量的潜在影响，这对准确评估不同植被恢复措施下土壤固碳潜力具有重要意义。

2.3.1　乔木植被类型下土壤有机碳稳定性与密度变化特征

2.3.1.1　刺槐、油松林地土壤有机碳各组分含量及其占总有机碳含量的比例

乔木植被类型下，刺槐林地和油松林地 0～20cm 土层土壤 C_a 含量、C_s 含量、C_p 含量均高于 20～40cm 土层，除 C_p 外，土壤有机碳各组分占土壤总有机碳的比例，0～20cm 均高于 20～40cm 土层。0～20cm 和 20～40cm 土层中，油松林地的土壤 C_a 含量、C_s 含量、C_p 含量高于刺槐林地，而 0～20cm 和 20～40cm 土层刺槐林地 C_a 和 C_s 所占比例均高于油松林地，刺槐林地的 C_p 所占比例低于油松林地（表 2-20），表明刺槐林地土壤有机碳的活性高于油松林地，而油松林地土壤有机碳的稳定性高于刺槐林地。

表 2-20　刺槐、油松林地土壤有机碳各组分含量及其占总有机碳含量的比例

植被类型	土层/cm	C_a 含量/(g/kg)	C_a 比例/%	C_s 含量/(g/kg)	C_s 比例/%	C_p 含量/(g/kg)	C_p 比例/%
刺槐	0～20	0.080	1.86	1.10	25.54	3.11	72.60
	20～40	0.043	1.57	0.53	19.55	2.14	78.88

续表

植被类型	土层/cm	C_a含量/(g/kg)	C_a比例/%	C_s含量/(g/kg)	C_s比例/%	C_p含量/(g/kg)	C_p比例/%
油松	0～20	0.135	1.18	2.11	18.57	9.13	80.25
	20～40	0.065	0.88	1.01	13.64	6.30	85.48

2.3.1.2 刺槐、油松林地土壤有机碳的驻留时间

两种乔木植被类型下，0～20cm 土层中，油松林地的 C_a、C_s 驻留时间高于刺槐林地，这表明刺槐林地表层的 C_a、C_s 循环较快；20～40cm 土层油松林地的 C_a 驻留时间高于刺槐，而 C_s 驻留时间则表现为刺槐林地高于油松林地，C_p 驻留时间在 0～20cm 和 20～40cm 土层均表现为油松林地高于刺槐林地（表 2-21）。由此可知，油松林地的土壤有机碳稳定性较高。

表 2-21 刺槐、油松林地土壤有机碳各组分驻留时间

植被类型	土层/cm	MRT_{C_a}/d	MRT_{C_s}/年	MRT_{C_p}/年
刺槐	0～20	3.39	0.36	325.34
	20～40	2.83	3.42	325.34
油松	0～20	4.55	1.13	336.81
	20～40	3.42	1.28	336.81

2.3.1.3 刺槐、油松林地土壤有机碳密度变化特征

两种乔木植被类型下，0～20cm 土层的土壤有机碳密度均高于 20～40cm 土层。0～20cm 土层刺槐林地的土壤有机碳密度高于油松林地，20～40cm 土层也表现出与 0～20cm 土层一致的变化规律。这表明刺槐林地 0～40cm 土层的土壤有机碳储量高于油松林地（表 2-22）。

表 2-22 刺槐、油松林地土壤有机碳密度变化特征

植被类型	土层/cm	有机碳密度/(t C/hm²)
刺槐	0～20	2.40
	20～40	2.06
油松	0～20	2.39
	20～40	1.56

2.3.2 灌丛植被类型下土壤有机碳稳定性与密度变化特征

2.3.2.1 柠条、狼牙刺林地土壤有机碳各组分含量及其占总有机碳含量的比例

灌丛植被类型下，0～20cm 土层，柠条林地和狼牙刺林地的 C_a 含量无差异，但柠条林地的 C_s 含量和 C_p 含量均高于狼牙刺林地；柠条林地的 C_p 占土壤总有机碳的比例高于狼牙刺林地，而 C_a 和 C_s 占总有机碳的比例则低于狼牙刺林地。20～40cm 土层，柠条林地的 C_a 含量高于狼牙刺林地，而 C_s 和 C_p 含量则低于狼牙刺林地；柠条林地的 C_a 和

C_p 占总有机碳的比例均高于狼牙刺林地,而 C_s 所占总有机碳的比例则低于狼牙刺林地(表 2-23)。总体上,0~20cm 土层两种灌木林地中 C_p 占比最高,C_s 次之,C_a 最低,其中狼牙刺林地的 C_a 和 C_s 比例高于柠条,而 C_p 占比低于柠条林地,说明狼牙刺林地土壤有机碳周转较快,有效性较高,而柠条林地土壤有机碳稳定性较高。

表 2-23 柠条、狼牙刺林地土壤有机碳各组分含量及其占总有机碳含量的比例

植被类型	土层/cm	C_a 含量/(g/kg)	C_a 比例/%	C_s 含量/(g/kg)	C_s 比例/%	C_p 含量/(g/kg)	C_p 比例/%
柠条	0~20	0.058	1.08	2.29	42.60	3.02	56.31
	20~40	0.043	1.57	0.53	19.55	2.14	78.88
狼牙刺	0~20	0.058	1.35	1.98	45.96	2.27	52.69
	20~40	0.040	1.19	0.76	22.71	2.53	76.10

2.3.2.2 柠条、狼牙刺林地土壤有机碳的驻留时间

两种灌丛林地 0~20cm 和 20~40cm 土层的 C_a 和 C_s 驻留时间表现为狼牙刺林地较长、柠条林地较短,C_p 驻留时间没有差异(表 2-24)。

表 2-24 柠条、狼牙刺林地土壤有机碳各组分驻留时间

植被类型	土层/cm	MRT_{C_a}/d	MRT_{C_s}/年	MRT_{C_p}/年
柠条	0~20	5.95	5.06	325.34
	20~40	3.27	5.22	325.34
狼牙刺	0~20	6.23	5.78	325.34
	20~40	4.21	6.73	325.34

2.3.2.3 柠条、狼牙刺林地土壤有机碳密度变化特征

在两种灌丛植被类型下,0~20cm 土层的土壤有机碳密度均高于 20~40cm 土层;其中狼牙刺林地在 0~20cm 和 20~40cm 土层中土壤有机碳密度均高于柠条林地(表 2-25)。这说明一定区域内,狼牙刺林地 0~40cm 土层的土壤有机碳储量高于柠条林地。

表 2-25 柠条、狼牙刺林地土壤有机碳密度变化特征

植被类型	土层/cm	有机碳密度/(t C/hm²)
柠条	0~20	1.92
	20~40	1.20
狼牙刺	0~20	1.98
	20~40	1.34

2.3.3 草本植被类型下土壤有机碳稳定性与密度变化特征

2.3.3.1 不同草地土壤有机碳各组分含量及其占总有机碳含量的比例

草本植被类型下,0~20cm 土层中 C_a 含量表现为:长芒草草地最高,苔草草地次

之，铁杆蒿草地最低；C_s含量的大小顺序为：苔草草地最高，铁杆蒿草地次之，苜蓿草地最低；C_p含量表现为：苔草草地最高，长芒草草地次之，苜蓿草地最低。0～20cm土层中C_a占总有机碳比例最高的是长芒草草地，C_s占总有机碳比例最高的是苜蓿草地，C_p占总有机碳比例最高的是铁杆蒿草地。20～40cm土层中C_a含量表现为：苔草草地最高，苜蓿草地次之，铁杆蒿草地最低；C_s含量表现为：长芒草草地最高，苔草草地次之，铁杆蒿草地最低；C_p含量表现为：长芒草草地最高，苔草草地次之，苜蓿草地最低。20～40cm土层中C_a占总有机碳比例最高的是苜蓿草地，C_s占总有机碳比例最高的也是苜蓿草地，C_p占总有机碳比例最高的是铁杆蒿草地（表2-26）。可见，自然草地植被恢复中铁杆蒿植被的不断恢复更有利于提升土壤有机碳的稳定性，而苔草草地的自然恢复则更有利于土壤有机碳的周转。

表2-26 不同草地土壤有机碳各组分含量及其占总有机碳含量的比例

植被类型	土层/cm	C_a含量/(g/kg)	C_a比例/%	C_s含量/(g/kg)	C_s比例/%	C_p含量/(g/kg)	C_p比例/%
长芒草	0～20	0.706	6.11	2.24	19.35	8.61	74.54
	20～40	0.077	0.90	1.74	20.49	6.69	78.61
苔草	0～20	0.127	0.87	5.33	36.46	9.16	62.67
	20～40	0.110	1.34	1.71	20.93	6.37	77.73
铁杆蒿	0～20	0.076	0.71	2.39	22.31	8.25	76.98
	20～40	0.061	0.86	1.15	16.12	5.91	83.03
苜蓿	0～20	0.094	1.87	2.01	39.98	2.93	58.15
	20～40	0.079	2.48	1.21	35.55	2.01	61.98

2.3.3.2 不同草地土壤有机碳各组分的驻留时间

不同草本植物类型下，0～20cm土层，C_a驻留时间表现为：长芒草草地最长，苔草草地次之，铁杆蒿草地最短；C_s驻留时间表现为：苔草草地和苜蓿草地最长，铁杆蒿草地次之，长芒草草地最短。表明0～20cm土层中铁杆蒿草地土壤有机碳活性较高，苔草草地次之，长芒草草地较低。20～40cm土层，不同草地的C_a驻留时间表现为：苔草草地最长，长芒草草地次之，苜蓿草地最短；C_s驻留时间表现为：苜蓿草地最长，苔草草地次之，铁杆蒿草地最短（表2-27）。表明20～40cm土层中，苜蓿草地中的土壤有机碳活性较高，长芒草草地次之，苔草草地最低。整体上，长芒草草地、苔草草地及铁杆蒿草地的C_p驻留时间比苜蓿草地的更长。因此，长芒草草地、苔草草地及铁杆蒿草地土壤有机碳稳定性较高，自然植被恢复有利于提升土壤有机碳的稳定性。

表2-27 不同草地土壤有机碳各组分驻留时间

植被类型	土层/cm	MRT_{C_a}/d	MRT_{C_s}/年	MRT_{C_p}/年
长芒草	0～20	20.16	0.36	336.81
	20～40	4.96	1.51	336.81
苔草	0～20	6.08	2.66	336.81
	20～40	6.16	1.94	336.81

续表

植被类型	土层/cm	MRT_{C_a}/d	MRT_{C_s}/年	MRT_{C_p}/年
铁杆蒿	0～20	3.47	1.15	336.81
	20～40	3.58	0.98	336.81
苜蓿	0～20	3.83	2.66	325.34
	20～40	3.32	2.38	325.34

2.3.3.3　不同草地土壤有机碳密度变化特征

不同草本植被类型下，0～20cm 土层苔草草地的土壤有机碳密度最高（3.01t C/hm²），长芒草草地和铁杆蒿草地次之（均为 2.40t C/hm²），中华隐子草草地最低（1.20t C/hm²）。在 20～40cm 土层，长芒草草地中土壤有机碳密度最高（1.96t C/hm²），苔草草地次之（1.87t C/hm²），中华隐子草草地最低（0.75t C/hm²）（表 2-28）。这说明，中华隐子草草地表层和下层土壤的固碳潜力最低，苔草草地表层土壤的固碳潜力最高，而长芒草草地下层土壤的固碳潜力最高。

表 2-28　不同草地土壤有机碳密度变化特征

植被类型	土层/cm	有机碳密度/(t C/hm²)
长芒草	0～20	2.40
	20～40	1.96
苔草	0～20	3.01
	20～40	1.87
中华隐子草	0～20	1.20
	20～40	0.75
铁杆蒿	0～20	2.40
	20～40	1.61

2.4　小　　结

与农业种植为主型、植被恢复为主型及人工植被恢复小流域相比，自然植被恢复下，土壤有机碳中的 C_p 含量及其所占比例整体上较高，由于 C_p 驻留时间较长，且分解慢，因此，自然恢复下土壤有机碳的稳定性和固碳能力较其他 3 个小流域更强。从土壤有机碳分解速率和土壤 C_a 驻留时间来看，自然植被恢复下，土壤表层和下层的分解速率最高，C_a 周转最慢，土壤有机碳的活性最低，其稳定性最高，有利于土壤有机碳的固定；而以农业种植为主型下土壤有机碳分解速率最低，C_a 周转最快，其稳定性差，有利于土壤有机碳的周转。土壤 C_a 的稳定性主要受 SOC 含量、TN 含量、pH、细菌 ACE 指数及真菌 Simpson 指数的影响；土壤 C_s 主要受 SOC 含量、pH、2～1mm 团聚体所占比例、细菌 Chao1 指数及真菌 ACE 指数的影响；SOC 含量、pH 可直接影响 2～0.5mm 团聚体所占比例，从而对 C_p 的稳定性产生影响。

参 考 文 献

方华军, 杨学明, 张晓平. 2003. 农田土壤有机碳动态研究进展. 土壤通报, 34(6): 562-568.

李玉进, 胡澍, 焦菊英, 等. 2017. 黄土丘陵区不同侵蚀环境下土壤有机碳对植被恢复的响应. 生态学报, 37(12): 4100-4108.

马南方, 高晓东, 赵西宁, 等. 2022. 黄土丘陵区退耕小流域土壤有机碳分布特征及地形植被对其的影响. 生态学报, 42(14): 5838-5846.

宋媛, 赵溪竹, 毛子军, 等. 2013. 小兴安岭 4 种典型阔叶红松林土壤有机碳分解特性. 生态学报, 33(2): 443-453.

吴庆标, 王效科, 郭然. 2005. 土壤有机碳稳定性及其影响因素. 土壤通报, 36(50): 734-747.

杨阳, 窦艳星, 王宝荣, 等. 2023a. 黄土高原土壤有机碳固存机制研究进展. 第四纪研究, 43(2): 509-522.

杨阳, 张萍萍, 吴凡, 等. 2023b. 黄土高原植被建设及其对碳中和的意义与对策. 生态学报, 43(21): 9071-9081.

张超, 刘国彬, 薛萐, 等. 2011. 黄土丘陵区不同植被类型根际土壤微团聚体及颗粒分形特征. 中国农业科学, 44(3): 507-515.

Chang R Y, Fu B J, Liu G H, et al. 2011. Soil carbon sequestration potential for "Grain for Green" project in Loess Plateau, China. Environmental Management, 48(6): 1158-1172.

Collins H P, Blevins R L, Bundy L G, et al. 1999. Soil carbon dynamics in corn-based agroecosystems: results from ^{13}C natural abundance. Soil Sci Soc Am J, 63: 584-591.

Dungait J A J, Hopkins D W, Gregory A S, et al. 2012. Soil organic matter turnover is governed by accessibility not recalcitrance. Global Change Biol, 18(6): 1781-1796.

Feng X M, Fu B J, Lu N, et al. 2013. How ecological restoration alters ecosystem services: an analysis of carbon sequestration in China's Loess Plateau. Sci Rep, 3: 2846.

Jandl R, Linder M, Vesterdal L, et al. 2007. How strongly can forest management influence soil carbon sequestration? Geoderma, 137(3-4): 253-268.

Jastrow J, Amonette J, Bailey V. 2007. Mechanisms controlling soil turnover and their potential application for enhancing carbon sequestration. Climatic Change, 80(1-2): 5-23.

Kirschbaum M U F. 1995. The temperature dependence of soil organic matter decomposition and the effect of global warming on soil organic C storage. Soil Biol Biochem, 27(6): 753-760.

Parton W J, Schmiel D S, Cole C V, et al. 1987. Analysis of factors controlling soil organic matter levels in Great Plains grasslands. Soil Sci Soc Am J, 51: 1173-1179.

Six J, Conant R T, Paul E A, et al. 2002. Stabilization mechanisms of soil organic matter: implications for C-saturation of soils. Plant Soil, 241(2): 155-176.

第 3 章　土壤有机碳形成的物理和化学机制

植被的凋落物是土壤有机碳的重要来源之一。分析不同植物群落下不同粒级团聚体中有机碳的组分和含量是研究土壤有机碳形成的物理保护机制的有效手段；同时，结合化学计量法可进一步探讨土壤有机碳的固定机制。官能团决定土壤有机化合物的化学性质，影响土壤有机碳的固定与转化。在鉴别官能团的傅里叶变换红外光谱技术对比分析的基础上，本章采用中红外漫反射光谱技术解析植物残体输入下土壤有机化合物典型基团/官能团变化特征，结合土壤物理、化学和微生物指标，探讨土壤有机碳的固定和转化。

3.1　土壤有机碳的物理保护机制

不同植被由于其自身有机物质组成的差异，进入土壤的植物凋落物的性质和数量不同，进而影响土壤有机碳组分的转化和循环（苏静和赵世伟，2005）。一方面，土壤有机碳组分和含量影响土壤团聚体的形成和稳定；另一方面，形成的土壤团聚体对有机碳有一定的保护作用。通过分析不同植物群落下不同粒级团聚体中有机碳的组分和含量，可评估土壤有机碳与团聚体之间的相互关系，解析有机碳的物理保护机制。

3.1.1　不同粒级团聚体中有机碳含量

3.1.1.1　陕北延河流域不同植物群落土壤团聚体中有机碳含量

马瑞萍等（2013）对陕北延河流域森林区、森林草原区、草原区不同植物群落下土壤团聚体有机碳进行了研究，发现森林区辽东栎群落 0～10cm 土层团聚体有机碳含量为 10～20cm 土层的 2.40 倍，狼牙刺群落 0～10cm 土层团聚体有机碳含量为 10～20cm 土层的 1.52 倍，人工刺槐群落 0～10cm 土层团聚体有机碳含量为 10～20cm 土层的 1.62 倍（图 3-1）。由此可见，10～20cm 土层团聚体有机碳含量显著低于 0～10cm 土层。3 种植物群落 0～10cm 土层和 10～20cm 土层团聚体有机碳含量平均值均为辽东栎群落＞人工刺槐群落＞狼牙刺群落。方差分析表明，0～10cm 土层 3 种植物群落团聚体有机碳含量差异不显著，10～20cm 土层辽东栎群落与狼牙刺群落团聚体有机碳含量差异显著，狼牙刺群落与人工刺槐群落团聚体有机碳含量差异不显著。在 0～10cm 土层，各粒级团聚体有机碳含量在辽东栎群落和狼牙刺群落的分布整体表现为 2～0.25mm 最大，＜0.25mm 次之，5～2mm 和＞5mm 较低；在人工刺槐群落则表现为 2～0.25mm 最大，5～2mm 次之，＜0.25mm 和＞5mm 较低。方差分析表明，3 种植物群落下，有机碳含量在各个粒级团聚体间差异不显著。

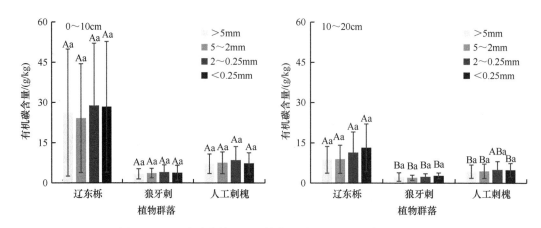

图 3-1　延河流域森林区不同植物群落土壤团聚体有机碳含量

图柱上不含有相同大写字母的表示不同植物群落之间在 0.05 水平差异显著（$n=6$），不含有相同小写字母的表示相同植物群落不同粒级团聚体之间在 0.05 水平差异显著（$n=6$）。图 3-2、图 3-3、图 3-6 至图 3-11 同此

　　由图 3-2 可知，森林草原区 3 种植物群落 0～10cm 土层土壤团聚体有机碳高于 10～20cm 土层。人工沙棘+茭蒿群落 0～10cm 土层团聚体有机碳含量为 10～20cm 土层的 1.42 倍，人工沙棘+白羊草群落 0～10cm 土层团聚体有机碳含量为 10～20cm 土层的 1.34 倍，达乌里胡枝子+大针茅群落 0～10cm 土层团聚体有机碳含量为 10～20cm 土层的 1.57 倍。3 种植物群落 0～10cm 土层和 10～20cm 土层团聚体有机碳含量平均值均为人工沙棘+茭蒿群落＞达乌里胡枝子+大针茅群落＞人工沙棘+白羊草群落。方差分析表明，人工沙棘+茭蒿群落分别与达乌里胡枝子+大针茅群落、人工沙棘+白羊草群落团聚体有机碳含量差异显著，达乌里胡枝子+大针茅群落、人工沙棘+白羊草群落两种植物群落团聚体有机碳含量差异不显著。各粒级团聚体有机碳含量在 3 种植物群落的分布整体表现：2～0.25mm 最大，＜0.25mm 次之，5～2mm 和＞5mm 含量较低。方差分析表明，人工沙棘+白羊草群落 0～10cm 土层 2～0.25mm 粒级团聚体有机碳含量与其他 3 种粒级团聚体有机碳含量存在显著差异，其他情况下有机碳含量在各个粒级团聚体间差异不显著。

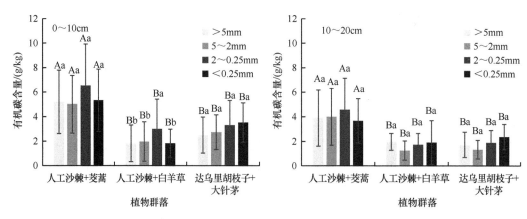

图 3-2　延河流域森林草原区不同植物群落土壤团聚体有机碳含量

　　由图 3-3 可知，草原区芦苇+铁杆蒿群落和百里香+人工沙棘群落 0～10cm 土层团聚

体有机碳含量高于 10～20cm 土层，芦苇+铁杆蒿群落 0～10cm 土层团聚体有机碳含量
为 10～20cm 土层的 1.57 倍，百里香+人工沙棘群落 0～10cm 土层团聚体有机碳含量为
10～20cm 土层的 1.14 倍，茭蒿+铁杆蒿群落10～20cm 土层团聚体有机碳含量为0～10cm
土层的 1.59 倍。整体来看，草原区表层和亚表层土壤团聚体有机碳含量差异小于森林区
土壤。土壤团聚体有机碳含量在植物群落间则表现为百里香+人工沙棘群落（7.05g/kg）
＞茭蒿+铁杆蒿群落（4.09g/kg）＞芦苇+铁杆蒿群落（3.06g/kg）。方差分析表明，百里
香+人工沙棘群落分别与芦苇+铁杆蒿群落、茭蒿+铁杆蒿群落间团聚体有机碳含量存在
显著性差异，芦苇+铁杆蒿群落与茭蒿+铁杆蒿群落之间差异不显著。大部分情况下，同
一植物群落相同土层团聚体有机碳含量随着团聚体粒级的减小呈现先逐渐增加再减少
的趋势，2～0.25mm 粒级团聚体有机碳含量最高。芦苇+铁杆蒿群落 0～10cm 土层和百
里香+人工沙棘群落土壤团聚体部分粒级之间有机碳含量存在显著差异，其他情况下不
同粒级团聚体之间有机碳含量不存在显著性差异。

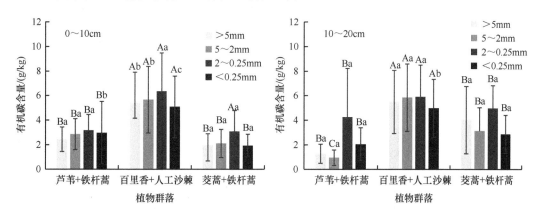

图 3-3　延河流域草原区不同植物群落土壤团聚体有机碳含量

3.1.1.2　宁南山区人工植被恢复下土壤团聚体有机碳分布特征

程曼等（2013）对宁南山区上黄小流域天然草地、25 年柠条林地、15 年柠条林地
和坡耕地土壤团聚体有机碳及其组分进行了研究。如图 3-4 所示，不同植被恢复措施下
0～20cm 土层和 20～40cm 土层的土壤全土有机碳含量为 7.4～17.7g/kg，0～20cm 土层
全土有机碳含量是 20～40cm 土层的 1.2～1.4 倍。不同植被恢复措施之间存在显著差异，
在 0～20cm 土层，＞5mm、5～2mm 和＜0.25mm 粒级土壤团聚体有机碳含量表现为天
然草地＞15 年柠条林地＞25 年柠条林地＞坡耕地，且天然草地和其他植被恢复措施间
存在显著差异，2～1mm 团聚体为天然草地＞15 年柠条林地＞坡耕地＞25 年柠条林地，
1～0.25mm 团聚体有机碳含量则表现为天然草地＞25 年柠条林地＞15 年柠条林地＞坡
耕地；20～40cm 土层土壤各粒级团聚体土壤有机碳含量均表现为天然草地、25 年柠条
林地高于坡耕地和 15 年柠条林地。各粒级土壤团聚体有机碳含量在不同植被恢复措施
之间呈现不同的规律，0～20cm 土层除 15 年柠条林地，其他植被恢复措施有机碳含量
最高出现在中间粒级，25 年柠条林地在 1～0.25mm 团聚体最高（16.95g/kg），天然草地
在 5～2mm 粒级团聚体最高（21.26g/kg），坡耕地最高有机碳含量出现在 2～1mm 粒级

团聚体，为 10.82g/kg；20～40cm 土层则表现为 25 年柠条林地和坡耕地的＜0.25mm 团聚体有机碳含量最高，15 年柠条林地和天然草地的有机碳含量最高值出现在＞5mm 团聚体，分别为 8.13g/kg 和 12.14g/kg。

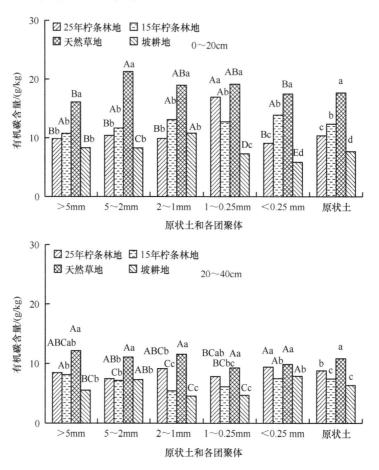

图 3-4 宁南山区人工植被恢复下土壤团聚体有机碳含量

图柱上不含有相同小写字母的表示不同植物群落之间在 0.05 水平差异显著（n=6），不含有相同大写字母的表示相同植物群落不同粒级团聚体之间在 0.05 水平差异显著（n=6）。图 3-5、图 3-12 至图 3-20 同此

3.1.1.3 宁南山区自然植被恢复下土壤团聚体有机碳分布特征

图 3-5 为不同自然植被恢复措施下土壤团聚体有机碳分布特征，0～20cm 土层和 20～40cm 土层全土有机碳含量为 10.1～29.7g/kg；0～20cm 土层土壤有机碳含量自大针茅群落、长芒草群落、百里香群落、香茅草群落、铁杆蒿群落、禁牧草地依次降低，20～40cm 土层则为大针茅群落＞百里香群落＞长芒草群落＞香茅草群落＞铁杆蒿群落＞禁牧草地。其中，大针茅群落、长芒草群落、百里香群落的全土有机碳含量在 21.0g/kg 以上，明显高于其他植物群落（＜15.5g/kg）；0～20cm 土层的全土有机碳含量高于 20～40cm 土层。相同大小团聚体不同自然植被恢复措施的有机碳含量相比较，在 0～20cm 土层和 20～40cm 土层都表现为大针茅群落、长芒草群落和百里香群落的团聚体有机碳含量高于其他自然植被恢复措施，其中 0～20cm 土层＞5mm 团聚体、20～40cm 土层的＞5mm

团聚体和 5～2mm 团聚体为百里香群落的有机碳含量最高,分别为 26.33g/kg、22.39g/kg、22.11g/kg;其他粒级团聚体为大针茅群落最高,最高含量为 34.79g/kg;在 0～20cm 土层,<0.25mm 团聚体为铁杆蒿群落的有机碳含量最低,其他粒级团聚体均为禁牧草地最低,最低含量为 8.52g/kg。同一自然植被恢复措施下不同粒级团聚体有机碳含量相比较,可以看出,除禁牧草地的 20～40cm 土层,其他有机碳含量最大值均出现在中间粒级团聚体,即 5～2mm、2～1mm、1～0.25mm 这三个粒级团聚体。

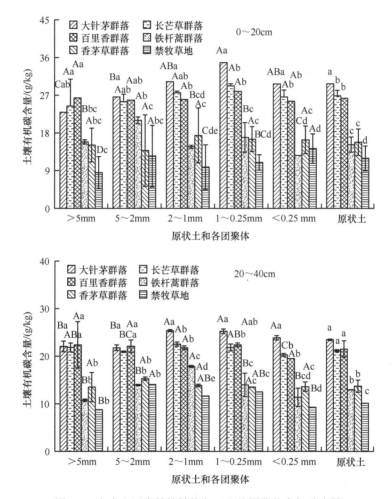

图 3-5　宁南山区自然植被恢复下土壤团聚体有机碳含量

3.1.2　不同粒级团聚体有机碳组分

3.1.2.1　陕北延河流域不同植物群落土壤团聚体中有机碳组分

1. 易氧化有机碳

图 3-6 表明,0～10cm 土层团聚体易氧化有机碳含量远高于 10～20cm 土层,辽东栎群落 0～10cm 土层团聚体易氧化有机碳含量是 10～20cm 土层的 4.32 倍,狼牙刺群落

0～10cm 土层团聚体易氧化有机碳含量为 10～20cm 土层的 2.05 倍，人工刺槐群落 0～10cm 土层团聚体易氧化有机碳含量为 10～20cm 土层的 2.27 倍。土壤团聚体易氧化有机碳含量在植物群落间则表现为辽东栎群落（11.18g/kg）＞人工刺槐群落（3.29g/kg）＞狼牙刺群落（1.23g/kg）。各个粒级团聚体中易氧化有机碳含量表现为 2～0.25mm 和 ＜0.25mm 含量较高，5～2mm 和 ＞5mm 含量较低。狼牙刺群落和人工刺槐群落 0～10cm 土层土壤团聚体易氧化有机碳含量在部分粒级团聚体之间存在显著性差异，10～20cm 土层差异不显著；辽东栎群落各个粒级团聚体之间易氧化有机碳含量差异均不显著。

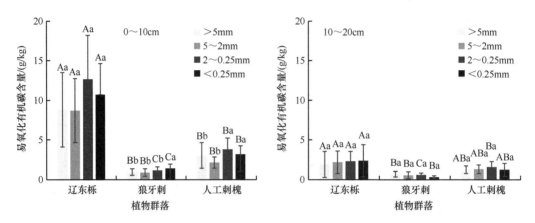

图 3-6 延河流域森林区不同植物群落土壤团聚体易氧化有机碳含量

　森林草原区 0～10cm 土层团聚体易氧化有机碳含量高于 10～20cm 土层（图 3-7），人工沙棘+茭蒿群落 0～10cm 土层团聚体易氧化有机碳含量是 10～20cm 土层的 2.43 倍，人工沙棘+白羊草群落 0～10cm 土层团聚体易氧化有机碳含量为 10～20cm 土层的 1.56 倍，达乌里胡枝子+大针茅群落 0～10cm 土层团聚体易氧化有机碳含量为 10～20cm 土层的 2.27 倍。土壤团聚体易氧化有机碳含量在植物群落间则表现为人工沙棘+茭蒿群落＞人工沙棘+白羊草群落＞达乌里胡枝子+大针茅群落。方差分析表明，0～10cm 土层土壤团聚体易氧化有机碳含量在 3 种植物群落间存在显著性差异，10～20cm 土层达乌里胡枝子+大针茅群落与人工沙棘+茭蒿群落、人工沙棘+白羊草群落差异显著，人工沙棘+茭蒿群落与人工沙棘+白羊草群落差异不显著。易氧化有机碳在大团聚体中含量较高，微团聚体中含量较低，人工沙棘+茭蒿群落与人工沙棘+白羊草群落土壤易氧化有机碳含量在各个粒级团聚体之间差异不显著；达乌里胡枝子+大针茅群落土壤易氧化有机碳含量在部分粒级团聚体之间差异显著。

　草原区 0～10cm 土层团聚体易氧化有机碳含量亦高于 10～20cm 土层（图 3-8），芦苇+铁杆蒿群落 0～10cm 土层团聚体易氧化有机碳含量为 10～20cm 土层的 3.06 倍，百里香+人工沙棘群落 0～10cm 土层团聚体易氧化有机碳含量为 10～20cm 土层的 1.13 倍，茭蒿+铁杆蒿群落 0～10cm 土层团聚体易氧化有机碳含量为 10～20cm 土层的 1.20 倍。土壤团聚体易氧化有机碳含量在植物群落间则表现为：百里香+人工沙棘群落＞茭蒿+铁杆蒿群落＞芦苇+铁杆蒿群落。0～10cm 土层土壤团聚体易氧化有机碳含量在 3 种植物群落之间差异不显著，10～20cm 土层土壤团聚体易氧化有机碳含量在 3 种植物群落间存在显著差异。各个粒级团聚体中易氧化有机碳含量表现为 2～0.25mm 和＜0.25mm 含量较高，5～2mm 和＞5mm 含量较低。除了百里香+人工沙棘群落 10～20cm 土层，易氧化有机碳含量在各个粒级团聚体间差异不显著。

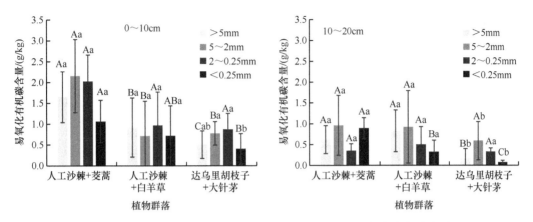

图 3-7　延河流域森林草原区不同植物群落土壤团聚体易氧化有机碳含量

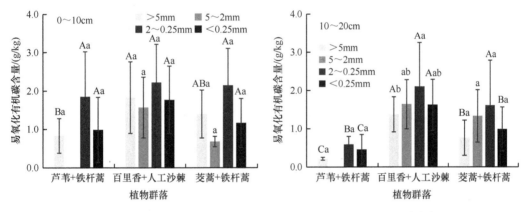

图 3-8　延河流域草原区不同植物群落土壤团聚体易氧化有机碳含量

2. 腐殖质碳

森林区不同植物群落 0～10cm 土层土壤团聚体腐殖质碳含量均高于 10～20cm 土层（图 3-9），符合整体土壤剖面有机碳变化趋势。辽东栎群落 0～10cm 土层团聚体腐殖质碳含量为 10～20cm 土层的 3.83 倍，狼牙刺群落 0～10cm 土层团聚体腐殖质碳含量为 10～20cm 土层的 2.02 倍，人工刺槐群落 0～10cm 土层团聚体腐殖质碳含量为 10～20cm 土层的 1.76 倍。土壤团聚体腐殖质碳含量在植物群落之间表现为辽东栎群落＞人工刺槐群落＞狼牙刺群落，辽东栎群落腐殖质碳含量与狼牙刺群落和人工刺槐群落之间差异显著，狼牙刺群落和人工刺槐群落之间无显著性差异。辽东栎群落和狼牙刺群落 0～10cm 土层腐殖质碳含量在不同粒级团聚体之间差异不显著。

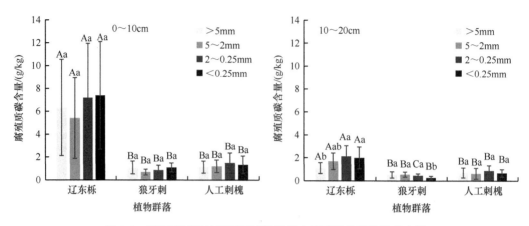

图 3-9　延河流域森林区不同植物群落土壤团聚体腐殖质碳含量

　　延河流域森林草原区人工沙棘+茭蒿群落 0~10cm 土层团聚体腐殖质碳含量为 10~20cm 土层的 1.30 倍（图 3-10），人工沙棘+白羊草群落 0~10cm 土层团聚体腐殖质碳含量为 10~20cm 土层的 1.44 倍，达乌里胡枝子+大针茅群落 0~10cm 土层团聚体腐殖质碳含量为 10~20cm 土层的 1.93 倍。土壤团聚体腐殖质碳含量在植物群落之间表现为人工沙棘+茭蒿群落＞人工沙棘+白羊草群落＞达乌里胡枝子+大针茅群落，人工沙棘+茭蒿群落腐殖质碳含量与人工沙棘+白羊草群落和达乌里胡枝子+大针茅群落之间基本差异显著，人工沙棘+白羊草群落和达乌里胡枝子+大针茅群落之间几乎无显著差异。人工沙棘+茭蒿群落 0~10cm 土层表现为 2~0.25mm 粒级团聚体腐殖质碳含量最高，＜0.25mm 粒级次之，5~2mm 粒级和＞5mm 粒级较低。腐殖质碳含量在不同粒级团聚体之间几乎差异不显著。

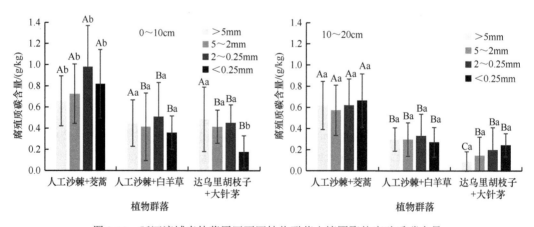

图 3-10　延河流域森林草原区不同植物群落土壤团聚体腐殖质碳含量

　　延河流域草原区 0~10cm 土层团聚体腐殖质碳含量高于 10~20cm 土层（图 3-11），芦苇+铁杆蒿群落 0~10cm 土层团聚体腐殖质碳含量为 10~20cm 土层的 1.49 倍，百里香+人工沙棘群落 0~10cm 土层团聚体腐殖质碳含量为 10~20cm 土层的 1.07 倍，茭蒿+铁杆蒿群落 0~10cm 土层团聚体腐殖质碳含量为 10~20cm 土层的 1.86 倍。土壤团聚体腐殖质碳含量在植物群落之间表现为百里香+人工沙棘群落＞芦苇+铁杆蒿群落＞茭蒿+

铁杆蒿群落。方差分析表明，百里香+人工沙棘群落与芦苇+铁杆蒿群落和茭蒿+铁杆蒿群落间差异显著，芦苇+铁杆蒿群落与茭蒿+铁杆蒿群落间差异不显著。3 种植物群落下腐殖质碳在团聚体中的含量大致表现为 2～0.25mm 粒级最大，>5mm 粒级最小，其他两个粒级居中。方差分析表明，芦苇+铁杆蒿群落和茭蒿+铁杆蒿群落 10～20cm 土层土壤团聚体腐殖质碳含量在团聚体间差异不显著，其他情况下腐殖质碳含量在团聚体间基本差异显著。

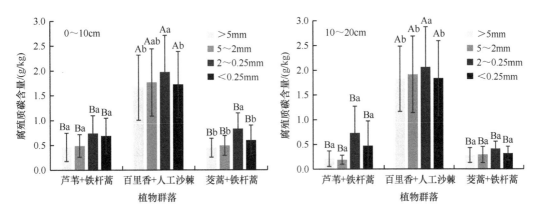

图 3-11　延河流域草原区不同植物群落土壤团聚体腐殖质碳含量

3.1.2.2　宁南山区人工植被恢复下土壤团聚体有机碳组分分布特征

1. 微生物生物量碳

宁南山区人工植被恢复下土壤原状土微生物生物量碳含量为 50.3～664.7mg/kg（图 3-12），0～20cm 土层全土微生物生物量碳含量大致自天然草地、15 年柠条林地、25 年柠条林地、坡耕地依次下降，20～40cm 土层则大致为 25 年柠条林地最高，15 年柠条林地和天然草地次之，坡耕地最低。各粒级团聚体不同植被恢复措施之间的微生物生物量碳含量相比较，在 0～20cm 土层和 20～40cm 土层均表现为，除>5mm 粒级团聚体以外，其他粒级团聚体与原状土呈现相同的规律；>5mm 粒级团聚体自天然草地、25 年柠条林地、15 年柠条林地、坡耕地依次降低。天然草地和 15 年柠条林地不同粒级团聚体微生物生物量碳在 0～20cm 土层呈相同的变化趋势，即随粒级减小而增大，在 2～1mm 这一粒级达到最大，之后又随着粒级的减小而减少。另外，除 25 年柠条林地 0～20cm 土层和坡耕地 20～40cm 土层以外，其他植被恢复下土壤微生物生物量碳的最大值均出现在中间粒级，即 5～2mm、2～1mm、1～0.25mm 这 3 个粒级。

2. 易氧化有机碳

宁南山区不同人工植被恢复措施下原状土和团聚体易氧化有机碳含量分布如图 3-13 所示。不同人工植被恢复措施下原状土易氧化有机碳含量为 1.53～6.28g/kg，0～20cm 土层和 20～40cm 土层均表现为天然草地高于其他 3 种恢复措施。各粒级团聚体不同植被恢复措施之间比较可知，0～20cm 土层为>5mm、1～0.25mm 团聚体和原状土一致，均表现为天然草地高于其他 3 种恢复措施，5～2mm、2～1mm 团聚体表现为天然草地

>25 年柠条林地>坡耕地>15 年柠条林地，<0.25mm 团聚体为天然草地>坡耕地>15 年柠条林地>25 年柠条林地；20~40cm 土层为 1~0.25mm、<0.25mm 团聚体和原状土一致，为天然草地最高、柠条林地次之、坡耕地最低，>5mm 和 5~2mm 团聚体自天然草地、坡耕地、15 年柠条林地、25 年柠条林地依次降低，2~1mm 团聚体为天然

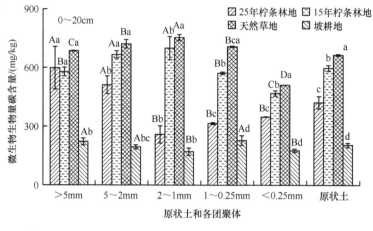

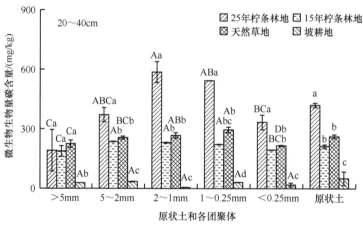

图 3-12 宁南山区人工植被恢复下土壤团聚体微生物生物量碳含量

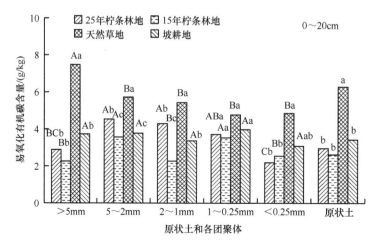

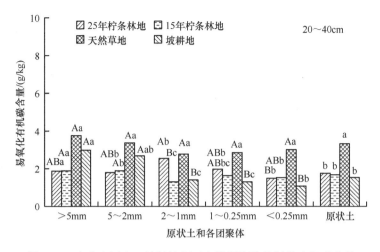

图 3-13　宁南山区人工植被恢复下土壤团聚体易氧化有机碳含量

草地和 25 年柠条林地的易氧化有机碳含量相对较高。天然草地的＞5mm 团聚体和 20～40cm 土层的坡耕地＞5mm 团聚体的易氧化有机碳含量高于其他粒级，其他人工植被恢复措施下不同粒级团聚体相比较，为中间粒级的易氧化有机碳含量最高。结合全土易氧化有机碳含量规律可知，天然草地通过大团聚体的形成来提高易氧化有机碳的含量。

3. 腐殖质碳

宁南山区不同人工植被恢复措施下全土腐殖质碳含量为 0.9～2.5g/kg（图 3-14），腐殖质碳含量因植被恢复措施的不同而各不相同，0～20cm 土层大致自天然草地、15 年柠条林地、25 年柠条林地、坡耕地依次降低，20～40cm 土层则为天然草地和 25 年柠条林地的原状土腐殖质碳含量相对较高，且天然草地与其他植被恢复措施存在显著差异；0～20cm 土层腐殖质碳含量高于 20～40cm 土层。各粒级团聚体腐殖质碳含量在不同植被恢复措施下存在差异，0～20cm 土层 5～2mm、1～0.25mm、＜0.25mm 团聚体和原状土呈现相同的趋势，＞5mm 和 2～1mm 团聚体为天然草地＞25 年柠条林地＞15 年柠条林地＞坡耕地；20～40cm 土层则为 5～2mm、2～1mm、1～0.25mm 团聚体和原状土呈相同的趋势，即天然草地显著高于其他植被，＞5mm 和＜0.25mm 团聚体表现为 25 年柠条林地＞天然草地＞15 年柠条林地＞坡耕地。可见，25 年柠条林地有利于＞5mm 团聚体腐殖质碳的形成。不同粒级团聚体的腐殖质碳相比较，天然草地在 0～20cm 土层和 20～40cm 土层都表现为中间高、两边低的趋势，即在 2～1mm 或 1～0.25mm 的腐殖质碳含量大，＞5mm 和＜0.25mm 这两个粒级团聚体的腐殖质碳含量相对较小。25 年柠条林地和 15 年柠条林地的＜0.25mm 团聚体腐殖质碳含量相对较小，随粒级增大而增大，在 1～0.25mm 处出现较大值，又随后减小，在 5～2mm 或 2～1mm 处出现较小值。坡耕地的团聚体腐殖质碳含量为 0.5～1.7g/kg。

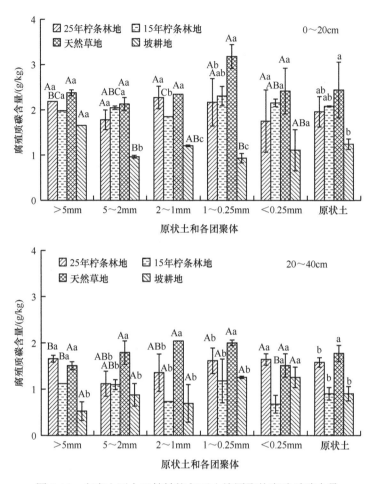

图 3-14　宁南山区人工植被恢复下土壤团聚体腐殖质碳含量

宁南山区不同植被恢复措施下原状土胡敏酸碳含量为 0.2～0.6g/kg（图 3-15）。天然草地、25 年柠条林地、15 年柠条林地和坡耕地土壤胡敏酸碳含量在 0～20cm 土层无显著性差异，20～40cm 土层则表现为 25 年柠条林地最高（0.41g/kg），天然草地和坡耕地次之，15 年柠条林地最低，25 年柠条林地和其他 3 种植被恢复措施之间存在显著性差异。各粒级团聚体胡敏酸碳含量因植被恢复措施的不同而存在差异，0～20cm 土层除了＞5mm 粒级团聚体，其他团聚体均表现为天然草地的胡敏酸碳含量最高，最高值为 0.71g/kg；20～40cm 土层＞5mm 和＜0.25mm 粒级团聚体为 25 年柠条林地和坡耕地相对较高，其他粒级团聚体则为天然草地和 25 年柠条林地的胡敏酸碳含量相对较高。天然草地和 15 年柠条林地的不同粒级团聚体胡敏酸碳含量呈现两边小中间大的趋势，0～20cm 土层在 1～0.25mm 处达到最大值，20～40cm 土层在 2～1mm 处为最大值。25 年柠条林地在 0～20cm 和 20～40cm 土层都表现为＞5mm 和 1～0.25mm 团聚体的胡敏酸碳含量相对较大；坡耕地 5～2mm 团聚体胡敏酸碳含量最小，0～20cm 土层为＞5mm 团聚体胡敏酸碳含量最大，20～40cm 土层为＜0.25mm 团聚体胡敏酸碳含量最大。

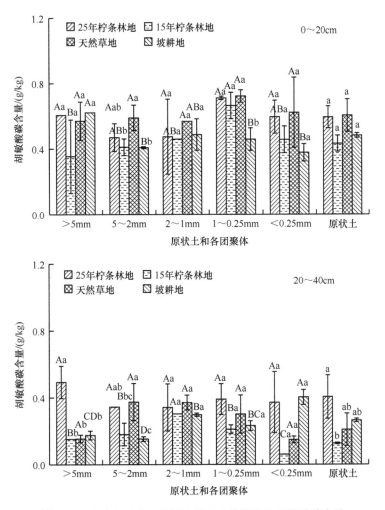

图 3-15 宁南山区人工植被恢复下土壤团聚体胡敏酸碳含量

富里酸是腐殖质中相对分子质量小、活性较大、氧化程度较高的组分，在提高土壤肥力和促进作物生长等方面都起着积极的作用。宁南山区不同人工植被恢复下全土富里酸碳含量为 0.6~1.9g/kg（图 3-16），0~20cm 土层和 20~40cm 土层大致表现为天然草地最高、柠条林地次之、坡耕地最低。0~20cm 土层天然草地、25 年柠条林地、15 年柠条林地同一粒级团聚体的富里酸碳含量是坡耕地的 1.09~4.24 倍，除 2~1mm 这一粒级外，15 年柠条林地的富里酸碳含量均高于 25 年柠条林地；20~40cm 土层天然草地和25 年柠条林地富里酸碳含量相对高于坡耕地和 15 年柠条林地。由不同粒级团聚体富里酸碳含量的比较可知，天然草地的富里酸碳含量呈现中间大两边小的趋势，>5mm 和＜0.25mm 团聚体的富里酸碳含量相对较小，1~0.25mm 团聚体的富里酸碳含量最大；25年柠条林地 2~1mm、1~0.25mm 团聚体的富里酸碳含量相对较大；坡耕地在 0~20cm土层>5mm 团聚体的富里酸碳含量最大，1~0.25mm 团聚体的富里酸碳含量最小，在20~40cm 土层则为 1~0.25mm 和＜0.25mm 团聚体的富里酸碳含量相对较大，>5mm团聚体的富里酸碳含量最小；15 年柠条林地富里酸碳含量在 0~20cm 土层呈现中间低两边高的趋势，20～40cm 土层则为 1～0.25mm 团聚体的富里酸碳含量最大。

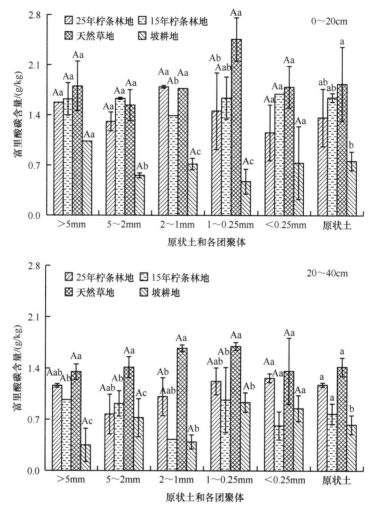

图 3-16 宁南山区人工植被恢复下土壤团聚体富里酸碳含量

4. 轻组有机碳

由表 3-1 可知，0～20cm 土层和 20～40cm 土层原状土轻组物质含量为 1.04～13.1g/kg，0～20cm 土层的土壤团聚体轻组物质含量是 20～40cm 土层的 2.0～5.6 倍，0～20cm 土层和 20～40cm 土层为天然草地＞25 年柠条林地＞15 年柠条林地＞坡耕地。不同人工植被恢复措施下，在 0～20cm 土层＞5mm、5～2mm、＜0.25mm 团聚体轻组物质含量为天然草地最高、柠条林地次之、坡耕地最低，2～1mm 和 1～0.25mm 团聚体为 25 年柠条林地＞天然草地＞15 年柠条林地＞坡耕地；20～40cm 土层则为＞5mm、5～2mm、1～0.25mm 团聚体轻组物质含量天然草地最高、柠条林地次之、坡耕地最低，2～1mm 团聚体的轻组物质含量为柠条林地相对较高、天然草地次之、坡耕地最低，＜0.25mm 团聚体则为天然草地高于其他 3 种植被恢复措施。0～20cm 土层 15 年柠条林地和天然草地、20～40cm 土层 25 年柠条林地和天然草地的 1～0.25mm 团聚体的轻组物质含量高于其他粒级团聚体。

表 3-1 宁南山区人工植被恢复下土壤团聚体轻组有机碳 （单位：g/kg）

指标	土层/cm	植物群落	团聚体粒级和原状土					
			>5mm	5～2mm	2～1mm	1～0.25mm	<0.25mm	原状土
轻组物质含量	0～20	25 年柠条林地	6.25	4.25	41.79	31.09	4.97	10.56
		15 年柠条林地	7.04	4.14	13.23	22.88	3.45	7.10
		天然草地	10.43	11.37	17.16	29.46	10.83	13.15
		坡耕地	2.09	2.40	6.91	2.91	2.81	2.94
	20～40	25 年柠条林地	2.48	1.27	2.72	3.14	1.28	1.89
		15 年柠条林地	1.68	1.44	3.21	2.62	2.17	2.04
		天然草地	3.13	2.50	2.64	5.96	5.54	4.20
		坡耕地	1.04	0.75	0.80	1.40	2.33	1.46
碳浓度	0～20	25 年柠条林地	94.75	87.96	96.07	64.33	58.02	74.31
		15 年柠条林地	180.33	245.52	284.98	247.87	154.19	185.53
		天然草地	164.03	208.48	252.31	217.01	135.71	182.37
		坡耕地	169.82	173.86	166.97	149.66	91.20	175.11
	20～40	25 年柠条林地	84.00	80.95	87.65	39.91	32.30	55.94
		15 年柠条林地	68.61	137.42	115.50	146.48	165.19	127.62
		天然草地	157.73	154.10	191.84	194.59	135.71	154.84
		坡耕地	91.65	216.47	218.52	135.04	91.20	119.60
轻组有机碳含量	0～20	25 年柠条林地	0.59	0.37	4.02	2.00	0.29	0.78
		15 年柠条林地	1.27	1.02	3.77	5.67	0.53	1.32
		天然草地	1.71	2.37	4.33	6.39	1.81	2.40
		坡耕地	0.35	0.42	1.15	0.44	0.56	0.52
	20～40	25 年柠条林地	0.21	0.10	0.24	0.13	0.04	0.11
		15 年柠条林地	0.12	0.20	0.37	0.38	0.36	0.26
		天然草地	0.49	0.38	0.51	1.16	0.75	0.65
		坡耕地	0.10	0.16	0.18	0.19	0.21	0.18

不同人工植被恢复措施下，原状土轻组物质的碳浓度为 55.9～185.5g/kg，0～20cm 土层和 20～40cm 土层大致表现为 25 年柠条林地的轻组物质的碳浓度最低，0～20cm 土层略微高于 20～40cm 土层。不同植被恢复措施之间相同团聚体轻组物质的碳浓度相比较可知，0～20cm 土层 5～2mm、2～1mm、1～0.25mm 团聚体为 15 年柠条林地＞天然草地＞坡耕地＞25 年柠条林地；20～40cm 土层则为除＞5mm 团聚体，其他粒级团聚体均为 25 年柠条林地的团聚体轻组物质的碳浓度最低，5～2mm 和 2～1mm 团聚体为坡耕地＞天然草地＞15 年柠条林地＞25 年柠条林地，1～0.25mm 和＜0.25mm 团聚体则表现为天然草地和 15 年柠条林地较高，坡耕地次之，25 年柠条林地最低。除 15 年柠条林地 20～40cm 土层外，其他人工植被恢复措施的＞0.25mm 团聚体的轻组物质碳浓度都高于＜0.25mm，这说明大团聚体包裹的轻组物质含碳量高。

不同人工植被恢复措施下，0~20cm 土层和 20~40cm 土层原状土轻组有机碳含量为 0.1~2.4g/kg，0~20cm 土层明显高于 20~40cm 土层，0~20cm 土层大致表现为天然草地＞15 年柠条林地＞25 年柠条林地＞坡耕地，20~40cm 土层则大致自天然草地、15 年柠条林地、坡耕地、25 年柠条林地依次降低。0~20cm 土层＞5mm、2~1mm、1~0.25mm 均表现为坡耕地的轻组有机碳含量低于其他人工植被恢复措施，5~2mm 和＜0.25mm 团聚体则为 25 年柠条林地的轻组有机碳含量最低，分别为 0.37g/kg、0.29g/kg；20~40cm 土层 5~2mm、1~0.25mm、＜0.25mm 团聚体和原状土一致，＞5mm 和 2~1mm 团聚体则表现为天然草地最高、柠条林地次之、坡耕地最低。不同粒级团聚体的轻组有机碳含量相比较可知，人工植被恢复措施下 1~0.25mm 团聚体的轻组有机碳含量明显高于其他粒级。

5. 颗粒态有机碳

由表 3-2 可知，不同人工植被恢复措施下原状土颗粒态有机碳含量为 0.87~4.69g/kg，占土壤有机碳的 13.6%~45.1%，0~20cm 土层大致为 25 年柠条林地＞15 年柠条林地＞天然草地＞坡耕地，20~40cm 土层则大致自天然草地、25 年柠条林地、15 年柠条林地、坡耕地依次降低。各粒级团聚体不同植被恢复措施相比较，0~20cm 土层＞5mm 粒级团聚体和＜0.25mm 粒级团聚体与原状土一致，其他粒级团聚体均为天然草地最高，柠条林地次之，坡耕地最低；20~40cm 土层各粒级团聚体都为天然草地最高，柠条林地次之，坡耕地最低。0~20cm 土层各人工植被恢复措施大致为 1~0.25mm 粒级团聚体颗粒态有机碳含量最高（坡耕地除外）；20~40cm 土层 25 年柠条林地、15 年柠条林地为＞5mm 粒级团聚体最高（分别为 2.22g/kg、1.73g/kg），天然草地为 2~1mm 粒级团聚体最高（4.22g/kg），坡耕地为＜0.25mm 粒级团聚体最高（1.10g/kg）。

表 3-2　人工植被恢复下土壤团聚体颗粒态有机碳　　　　（单位：g/kg）

土层/cm	植物群落	团聚体粒级和原状土					
		＞5mm	5~2mm	2~1mm	1~0.25mm	＜0.25mm	原状土
0~20	25 年柠条林地	5.22±1.59ABa	3.62±0.34Bb	4.40±0.02Bb	6.84±0.26Aab	4.02±0.01Ba	4.69±0.40a
	15 年柠条林地	4.23±0.07BCa	4.62±0.17Ba	4.51±0.12Bb	6.43±0.60Ab	3.52±0.22Ca	4.19±0.10a
	天然草地	3.16±0.02Cab	4.70±0.32Ba	5.49±0.52Ba	7.68±0.20Aa	3.46±0.83Ca	4.08±0.23a
	坡耕地	0.98±0.02Bb	1.34±0.14Ac	1.11±0.06Bc	1.15±0.06ABc	0.69±0.06Cb	0.99±0.06b
20~40	25 年柠条林地	2.22±0.18Ab	0.98±0.08Cc	1.11±0.12Cb	1.76±0.12Bb	1.27±0.06Cb	1.55±0.09b
	15 年柠条林地	1.73±0.15Ac	1.50±0.04ABb	1.20±0.14BCb	1.72±0.34Ab	0.91±0.11Cb	1.31±0.02b
	天然草地	3.68±0.01ABa	3.08±0.18BCa	4.22±0.09Aa	3.20±0.36BCa	2.52±0.64Ca	3.16±0.26a
	坡耕地	0.85±0.08Bd	0.54±0.02Cd	0.57±0.04Cc	0.77±0.10Bc	1.10±0.01Ab	0.87±0.02c

注：同列不含有相同小写字母的表示不同植物群落之间在 0.05 水平差异显著，同一行不含有相同大写字母的表示相同植物群落不同粒级团聚体之间在 0.05 水平差异显著

3.1.2.3　宁南山区自然植被恢复下土壤团聚体有机碳组分分布特征

1. 土壤微生物生物量碳

土壤微生物生物量碳是土壤中可以被微生物利用的那一部分碳，占土壤有机碳的一小部分，但是活性较大。由图 3-17 可知，不同自然植被恢复措施下 0～20cm 土层和 20～40cm 土层全土微生物生物量碳含量为 294.6～1255.4mg/kg，0～20cm 土层大致为百里香群落＞长芒草群落＞大针茅群落＞铁杆蒿群落＞香茅草群落＞禁牧草地，20～40cm 土层则大致自百里香群落、大针茅群落、长芒草群落、铁杆蒿群落、香茅草群落、禁牧草地依次降低。0～20cm 土层，除＞5mm 团聚体外，其他粒级团聚体都表现为百里香群落的微生物生物量碳含量最高，大于 1000mg/kg，大针茅群落和长芒草群落土壤团聚体微生物生物量碳含量为 930.8～1194.6mg/kg，铁杆蒿群落和香茅草群落微生物生物量碳含量相对较低，为 701.6～1061.4mg/kg，禁牧草地最低；在 20～40cm 土层，＞5mm 和 5～2mm 团聚体的微生物生物量碳为百里香群落＞大针茅群落＞铁杆蒿群落＞长芒草群落＞香茅草群落＞禁牧草地，2～1mm 和＜0.25mm 团聚体为百里香群落＞大针茅群落＞长

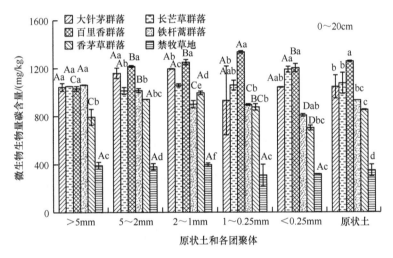

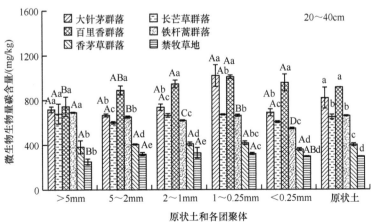

图 3-17　宁南山区自然植被恢复下土壤团聚体微生物生物量碳含量

芒草群落＞铁杆蒿群落＞香茅草群落＞禁牧草地，1～0.25mm 团聚体则为大针茅群落＞百里香群落＞长芒草群落＞铁杆蒿群落＞香茅草群落＞禁牧草地。不同粒级团聚体微生物生物量碳相比较，除长芒草群落和铁杆蒿群落外，其他植物群落均为中间粒级团聚体的微生物生物量碳含量最高。

2. 易氧化有机碳

不同自然植被恢复措施下土壤易氧化有机碳含量不同。如图 3-18 所示，不同自然植被恢复措施下 0～20cm 和 20～40cm 土层全土易氧化有机碳含量为 3.0～6.9g/kg。0～20cm 土层大致自铁杆蒿群落、大针茅群落、禁牧草地、香茅草群落、长芒草群落、百里香群落依次降低，铁杆蒿群落和大针茅群落之间基本无显著差异，禁牧草地、香茅草群落、长芒草群落之间基本无显著差异，百里香群落与其他植物群落之间大多存在显著性差异；20～40cm 土层则大致表现为铁杆蒿群落＞长芒草群落＞百里香群落＞香茅草群落＞大针茅群落＞禁牧草地，多个植物群落之间存在显著性差异。各粒级团聚体不同自然植被恢复措施相比较，0～20cm 土层为＞5mm 和 2～1mm 这两个粒级团聚体同原

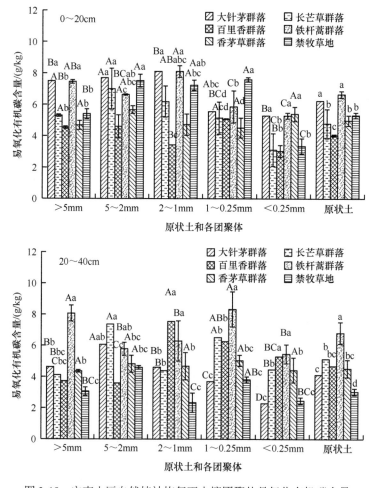

图 3-18　宁南山区自然植被恢复下土壤团聚体易氧化有机碳含量

状土一致，均为铁杆蒿群落和大针茅群落的易氧化有机碳含量较高，禁牧草地、长芒草群落、香茅草群落次之，百里香群落最低，5～2mm 和 1～0.25mm 粒级团聚体的百里香群落和香茅草群落相对较低，<0.25mm 团聚体则为香茅草群落易氧化有机碳含量最高（5.39g/kg），百里香群落最低；20～40cm 土层则为 1～0.25mm 团聚体与原状土一致。相同植被恢复措施下不同粒级团聚体的易氧化有机碳含量相比较，可知，团聚体易氧化有机碳最大值均出现在中间粒级，即 5～2mm、2～1mm、1～0.25mm 这 3 个粒级，分布在 4.60～8.33g/kg。

3. 腐殖质碳

由图 3-19 可知，不同自然植被恢复措施下全土腐殖质碳含量为 1.2～4.9g/kg。0～20cm 土层大致自大针茅群落、百里香群落、长芒草群落、铁杆蒿群落、香茅草群落、禁牧草地依次降低，20～40cm 土层则大致为大针茅群落＞百里香群落＞长芒草群落＞香茅草群落＞铁杆蒿群落＞禁牧草地，且百里香群落和长茅草群落之间基本无显著性差异，其他群落之间大多存在显著性差异。0～20cm 土层，各粒级团聚体不同自然植被恢复措施之间表现为：＞5mm、5～2mm 和<0.25mm 团聚体和原状土一致，2～1mm 和 1～

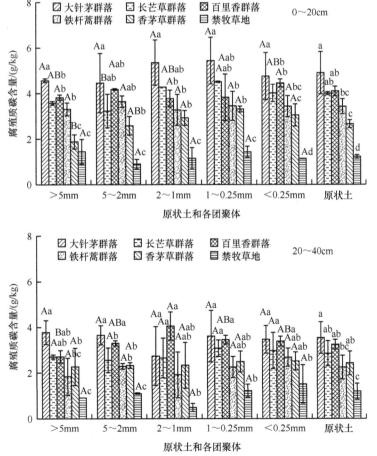

图 3-19　宁南山区自然植被恢复下土壤团聚体腐殖质碳含量

0.25mm 团聚体则为大针茅群落＞长芒草群落＞百里香群落＞铁杆蒿群落＞香茅草群落＞禁牧草地；20～40cm 土层为＞5mm、5～2mm、1～0.25mm 团聚体与原状土一致，2～1mm 团聚体为百里香群落＞大针茅群落＞长芒草群落＞香茅草群落＞铁杆蒿群落＞禁牧草地，＜0.25mm 团聚体为大针茅群落＞百里香群落＞长芒草群落＞铁杆蒿群落＞香茅草群落＞禁牧草地。相同自然植被恢复措施下不同粒级团聚体的腐殖质碳含量相比较，0～20cm 土层，除了百里香群落、铁杆蒿群落，其他自然植物群落在 1～0.25mm 这一粒级团聚体的腐殖质碳含量最高；20～40cm 土层，除大针茅群落外，其他自然植物群落在小粒级团聚体的腐殖质碳含量相对高于大粒级团聚体。

由图 3-20 可知，不同自然植被恢复措施下，0～20cm 土层和 20～40cm 土层全土胡敏酸碳含量为 0.5～2.0g/kg。0～20cm 土层大致自大针茅群落、长芒草群落、百里香群落、铁杆蒿群落、香茅草群落、禁牧草地依次降低，20～40cm 土层则大致为百里香群落＞大针茅群落＞铁杆蒿群落＞长芒草群落＞香茅草群落＞禁牧草地。各粒级团聚体的胡敏酸碳含量因植被恢复措施的不同而不同，且大多存在显著差异，在 0～20cm 土层，5～2mm、2～1mm、1～0.25mm 团聚体和原状土一致，＞5mm 这一粒级团聚体为大针茅群落＞百里香

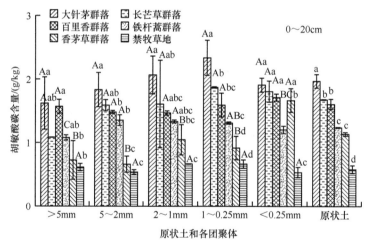

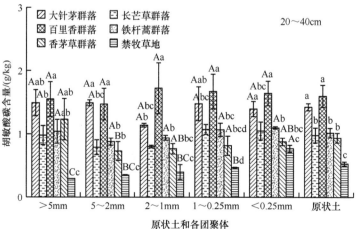

图 3-20 宁南山区自然植被恢复下土壤团聚体胡敏酸碳含量

群落>长芒草群落>铁杆蒿群落>香茅草群落>禁牧草地，<0.25mm 团聚体为大针茅群落>长芒草群落>百里香群落>香茅草群落>铁杆蒿群落>禁牧草地；20～40cm 土层表现为 2～1mm、1～0.25mm、<0.25mm 团聚体与原状土一致，>5mm 这一粒级团聚体则自百里香群落、大针茅群落、香茅草群落、铁杆蒿群落、长芒草群落、禁牧草地依次降低，5～2mm 团聚体的大针茅群落的胡敏酸碳含量最高，为 1.5g/kg。同一种自然植被恢复措施下，不同粒级团聚体的胡敏酸碳含量相比较，除 0～20cm 土层百里香群落和香茅草群落，以及 20～40cm 土层铁杆蒿群落、香茅草群落和禁牧草地外，其他自然植被恢复措施下土壤团聚体胡敏酸碳含量最大值出现在中间粒级，即 5～2mm、2～1mm、1～0.25mm。

由图 3-21 可知，不同自然植被恢复措施下，0～20cm 土层和 20～40cm 土层原状土富里酸碳含量为 0.6～3.0g/kg，0～20cm 土层大致表现为大针茅群落>百里香群落>长芒草群落>铁杆蒿群落>香茅草群落>禁牧草地，20～40cm 土层则大致表现为大针茅群落>长芒草群落>百里香群落>香茅草群落>铁杆蒿群落>禁牧草地。0～20cm 土层<0.25mm 团聚体与原状土一致，>5mm 和 2～1mm 团聚体自大针茅群落、长芒草群落、百里香群落、铁杆蒿群落、香茅草群落、禁牧草地依次降低，5～2mm 团聚体则为百里

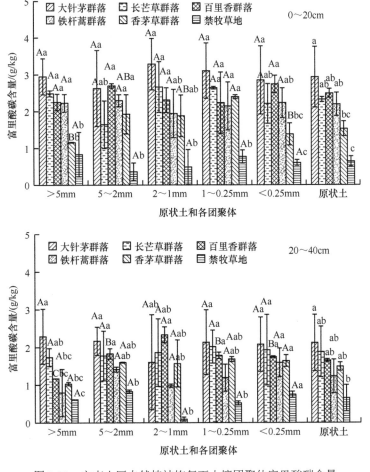

图 3-21　宁南山区自然植被恢复下土壤团聚体富里酸碳含量

香群落的富里酸碳含量最高，为2.7g/kg；20~40cm土层>5mm、1~0.25mm、<0.25mm团聚体与原状土一致，5~2mm和2~1mm团聚体为百里香群落的富里酸碳含量高于长芒草群落。其他5种自然植被恢复措施下土壤团聚体的富里酸碳含量都高于禁牧草地，0~20cm土层是禁牧草地的1.40~7.31倍，20~40cm土层是禁牧草地的1.43~4.10倍，这说明自然植被恢复可以提高不同粒级团聚体的富里酸碳含量。不同粒级团聚体间的富里酸碳含量相比较可知，大多数表现为最大值出现在中间粒级，除0~20cm土层的香茅草群落和20~40cm土层的百里香群落外，其他植物群落下不同粒级团聚体间的富里酸碳含量无显著性差异。

4. 轻组有机碳

土壤轻组物质含量用单位质量干土中轻组的干物质重（g/kg）表示。由表3-3可知，不同自然植被恢复措施下0~20cm土层和20~40cm土层全土轻组物质含量为1.20~40.34g/kg，土壤轻组物质的碳浓度显著高于全土。自然植被恢复措施下全土有机碳含量为10.1~29.7g/kg，不同自然植被恢复措施下全土轻组物质的碳浓度显著高于全土有机碳含量，为55.9~182.4g/kg；0~20cm土层的土壤轻组物质的碳浓度和20~40cm土层之间差异不明显；0~20cm土层大致为禁牧草地和长芒草群落的土壤轻组物质的碳浓度相对较高，铁杆蒿群落、百里香群落、香茅草群落次之，大针茅群落最低，20~40cm土层则大致为铁杆蒿群落和香茅草群落的土壤轻组物质的碳浓度较高，长芒草群落、百里香群落、禁牧草地相对次之，大针茅群落最低。

表3-3 自然植被恢复下土壤团聚体轻组有机碳 （单位：g/kg）

指标	土层/cm	植物群落	团聚体粒级和原状土					
			>5mm	5~2mm	2~1mm	1~0.25mm	<0.25mm	原状土
轻组物质含量	0~20	大针茅群落	11.54	20.15	28.46	40.34	23.31	25.62
		长芒草群落	17.49	11.77	14.91	24.10	12.31	15.72
		百里香群落	12.47	15.31	12.92	26.41	11.22	15.40
		铁杆蒿群落	10.51	11.01	10.26	25.80	11.69	14.53
		香茅草群落	20.19	15.83	23.54	30.07	17.67	20.24
		禁牧草地	7.07	6.07	15.95	21.12	8.19	10.05
	20~40	大针茅群落	8.56	7.54	9.87	20.20	10.68	11.15
		长芒草群落	5.42	5.65	3.28	17.64	10.14	9.27
		百里香群落	2.92	2.58	2.24	6.46	4.98	3.98
		铁杆蒿群落	5.85	5.59	5.83	11.76	5.13	6.56
		香茅草群落	4.72	4.38	5.54	8.09	5.30	5.45
		禁牧草地	1.44	1.31	1.36	2.87	1.20	1.47
碳浓度	0~20	大针茅群落	161.4	175.7	115.5	194.0	126.4	148.1
		长芒草群落	212.4	237.9	188.9	165.3	186.4	191.6
		百里香群落	150.5	176.1	196.2	175.7	187.7	179.4
		铁杆蒿群落	189.1	178.2	192.4	180.3	164.4	175.8
		香茅草群落	176.3	219.7	199.4	193.3	161.1	178.5
		禁牧草地	218.8	215.3	178.2	174.0	210.6	205.5

续表

指标	土层/cm	植物群落	团聚体粒级和原状土					
			>5mm	5~2mm	2~1mm	1~0.25mm	<0.25mm	原状土
碳浓度	20~40	大针茅群落	117.7	122.6	88.9	118.8	126.9	119.7
		长芒草群落	224.1	135.9	234.5	102.7	101.0	142.3
		百里香群落	158.5	156.0	143.6	131.1	149.2	149.7
		铁杆蒿群落	205.4	236.2	301.6	163.5	160.3	202.5
		香茅草群落	176.4	181.0	207.8	169.1	162.9	244.2
		禁牧草地	120.3	186.8	130.1	186.2	158.4	151.1
轻组有机碳含量	0~20	大针茅群落	1.86	3.54	3.29	7.83	2.95	3.79
		长芒草群落	3.72	2.80	2.82	3.98	2.29	3.01
		百里香群落	1.58	1.94	2.01	4.53	2.19	2.61
		铁杆蒿群落	2.36	2.73	2.49	4.76	1.84	2.71
		香茅草群落	3.56	3.48	4.69	5.81	2.85	3.61
		禁牧草地	1.55	1.31	2.84	3.68	1.72	2.06
	20~40	大针茅群落	1.01	0.92	0.88	2.40	1.36	1.33
		长芒草群落	1.21	0.77	0.77	1.81	1.02	1.32
		百里香群落	0.93	0.87	0.84	1.54	0.77	0.98
		铁杆蒿群落	0.60	0.61	0.68	1.06	0.80	0.81
		香茅草群落	0.83	0.79	1.15	1.37	0.86	1.33
		禁牧草地	0.17	0.25	0.18	0.53	0.19	0.22

不同自然植被恢复措施下，0~20cm 土层和 20~40cm 土层原状土的轻组有机碳含量为 0.8~3.8g/kg；0~20cm 土层的轻组有机碳含量是 20~40cm 土层的 2.2~3.4 倍；0~20cm 土层和 20~40cm 土层均大致表现为大针茅群落＞香茅草群落＞长芒草群落＞百里香群落＞铁杆蒿群落＞禁牧草地。各粒级团聚体轻组有机碳含量相比较，0~20cm 土层<0.25mm 团聚体与原状土一致，5~2mm 和 1~0.25mm 团聚体均表现为大针茅群落、香茅草群落＞长芒草群落、百里香群落、铁杆蒿群落＞禁牧草地，2~1mm 团聚体则为大针茅群落和香茅草群落相对较高，禁牧草地次之，其他三种自然植被恢复措施则低于禁牧草地，5~2mm 团聚体为长芒草群落的轻组有机碳含量最高；20~40cm 土层除<0.25mm 团聚体外，其他粒级团聚体均为铁杆蒿群落和禁牧草地较低，禁牧草地的轻组有机碳含量明显低于其他自然植被恢复措施。对不同粒级团聚体的轻组有机碳含量进行比较，可以看出，自然植被恢复措施下 1~0.25mm 团聚体的轻组有机碳含量基本明显高于其他粒级。

5. 颗粒态有机碳

由表 3-4 可知，不同自然植被恢复措施下 0~20cm 土层和 20~40cm 土层原状土颗粒态有机碳含量为 2.26~15.50g/kg；0~20cm 土层大致表现为大针茅群落＞长芒草群落＞百里香群落＞铁杆蒿群落＞香茅草群落＞禁牧草地，20~40cm 土层则大致自百里香群落、大针茅群落、长芒草群落、铁杆蒿群落、香茅草群落、禁牧草地依次降低。0～20cm 土层各粒级团聚体的颗粒态有机碳含量相比较，＞5mm 和 5～2mm 团聚体均为大针茅群落＞百里香群落＞长芒草群落＞铁杆蒿群落＞香茅草群落、禁牧草地；2～1mm 和 1～0.25mm 团聚体则为大针茅群落＞长芒草群落＞香茅草群落＞铁杆蒿群落、百里香群落＞禁牧草地，＜0.25mm 团聚体自长芒草群落、大针茅群落、百里香群落、香茅草群落、铁杆蒿群落、禁牧草地依次降低；20～40cm 土层则为＞5mm 和 5～2mm 团聚体为大针茅群落和百里香群落的颗粒态有机碳含量相对较高，铁杆蒿群落和长芒草群落居中，禁牧草地和香茅草群落相对较低，2～1mm 团聚体自大针茅群落、长芒草群落、百里香群落、香茅草群落、铁杆蒿群落、禁牧草地依次降低，1～0.25mm、＜0.25mm 团聚体为百里香群落的颗粒态有机碳含量最高，分别为 19.92g/kg、9.86g/kg。对各自然植被恢复措施下不同粒级团聚体的颗粒态有机碳含量进行比较发现，0～20cm 土层均为 1～0.25mm 团聚体的颗粒态有机碳含量最高（除铁杆蒿群落外），20～40cm 土层大针茅群落为 5～2mm 团聚体的颗粒态有机碳含量最高、长芒草群落和香茅草群落为 2～1mm 团聚体最高，百里香群落和铁杆蒿群落为 1～0.25mm 团聚体最高，禁牧草地则为＞5mm 团聚体最高。

表 3-4 自然植被恢复下土壤团聚体颗粒态有机碳含量 （单位：g/kg）

土层/cm	植物群落	团聚体粒级和原状土					
		＞5mm	5～2mm	2～1mm	1～0.25mm	＜0.25mm	原状土
0～20	大针茅群落	14.34±0.29Ca	16.62±0.15Ba	17.77±0.95Ba	22.12±0.22Aa	12.52±1.11Da	15.50±0.57a
	长芒草群落	9.56±0.72Cb	10.52±0.27Cc	15.61±3.76ABab	18.26±0.29Ab	13.23±0.93BCa	13.76±0.81b
	百里香群落	13.85±0.12ABa	13.33±1.37ABb	13.00±0.88Aab	14.90±0.20Ac	11.55±0.20Ca	13.05±0.08b
	铁杆蒿群落	9.49±0.05Bb	9.27±0.01Bc	13.80±0.88Aab	13.68±0.18Ad	9.59±0.52Bb	10.83±0.27c
	香茅草群落	2.58±0.18Ed	7.32±0.05Dd	14.16±0.28Bab	15.69±1.11Ac	9.86±0.42Cb	8.38±0.34d
	禁牧草地	3.85±0.46Cc	4.69±0.04Bc	4.96±0.19Bc	6.04±0.17Ac	4.92±0.46Bc	4.80±0.32c
20～40	大针茅群落	10.11±0.20Ca	13.27±0.39Aa	11.77±0.23Ba	8.94±0.12Dd	8.15±0.01Eb	9.66±0.02a
	长芒草群落	7.34±0.32CDb	8.22±0.67Cc	11.00±0.10Aab	9.42±0.17Bc	6.67±0.09Dc	7.90±0.10b
	百里香群落	8.67±0.13Cab	9.46±0.66BCb	10.24±0.70Bab	12.92±0.21Aa	9.86±0.15BCa	9.96±0.30a
	铁杆蒿群落	8.27±0.11Bab	7.34±0.18Bc	6.57±2.08Bc	11.11±0.29Ab	6.18±0.33Bd	7.82±0.27b
	香茅草群落	2.79±1.55Dc	5.92±0.09Cd	9.27±0.76Ab	8.76±0.04ABd	7.08±0.24BCc	6.28±0.30c
	禁牧草地	3.53±0.88Ac	1.82±0.09Bc	2.08±0.07Bd	2.39±0.20Be	1.48±0.02Bc	2.26±0.29d

3.1.3 土壤有机碳与团聚体之间的关系

3.1.3.1 植物群落影响下土壤有机碳与团聚体的相关性

土壤有机碳是土壤团聚体形成的胶结剂之一，土壤有机物质吸收水分的容量远远大于土壤矿物，能够减小水分湿润速率，提高土壤抗侵蚀能力，并且土壤有机物质能增强土壤团聚体之间的抗张强度和黏结力、提高团聚体稳定性，土壤有机碳含量和土壤团聚体稳定性密切相关。将上黄小流域中人工植被恢复和云雾山自然植被恢复过程中土壤有机碳含量和平均重量直径进行拟合，由图 3-22 可知二者呈二项式关系，随着土壤有机碳含量增加，平均重量直径增大，土壤团聚体稳定性增强，当土壤有机碳含量增大到 18.13g/kg 时，平均重量直径最大，当土壤有机碳含量高于 18.13g/kg 时，土壤平均重量直径没有增加反而减小，土壤团聚体稳定性减弱。

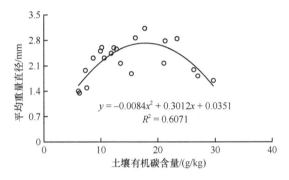

图 3-22　土壤有机碳含量和平均重量直径的拟合曲线

3.1.3.2　植物群落下土壤有机碳组分与团聚体的关系

团聚体为土壤有机碳形成提供场所，不同粒级的团聚体中有机质的含量和性质都不尽相同。不同粒级团聚体的微生物总量和构成也各不相同，因此，土壤有机碳的数量和质量影响土壤团聚体稳定性的同时，团聚体粒级分布也会影响有机碳的性质和稳定性。为探索不同粒级土壤团聚体在土壤有机碳固定中的作用，将宁南山区自然植被恢复措施和人工植被恢复措施下及延河流域不同植物群落土壤 >5mm、5～2mm、2～1mm、1～0.25mm、<0.25mm 团聚体百分含量（%）作为自变量（依次为 X_1、X_2、X_3、X_4、X_5），有机碳组分作为因变量（Y），进行逐步回归分析，结果见表 3-5。对宁南山区的研究发现：随着 >5mm、5～2mm、1～0.25mm 团聚体的增加，土壤有机碳得到积累；1～0.25mm 团聚体的增加和 <0.25mm 团聚体的减少可以促进土壤微生物生物量碳、腐殖质碳、富里酸碳的含量增加。对陕北延河流域的研究发现：5～2mm 团聚体含量的减少和 2～0.25mm 团聚体含量的增加，使得土壤有机碳、易氧化有机碳的含量增加。

表 3-5　宁南山区及延河流域植被恢复下土壤团聚体粒级分布和有机碳组分的回归方程

区域	碳组分	线性方程	决定系数 R^2	检验值 F	显著水平 P
宁南山区	有机碳	$Y=0.772X_1+2.449X_2+2.057X_4-9.489$	0.5040	5.84	0.0068
	微生物生物量碳	$Y=0.052X_4-0.028X_5+0.937$	0.6401	16.17	0.0002
	腐殖质碳	$Y=0.353X_4-0.345X_3-0.095X_5+3.899$	0.5178	9.13	0.0020
	富里酸碳	$Y=0.095X_4-0.035X_5+0.967$	0.5991	12.70	0.0004
延河流域	有机碳	$Y=-6.219X_2+4.626X_3+8.517$	0.522	20.144	0.001
	易氧化有机碳	$Y=-1.609X_2+1.355X_3+1.600$	0.455	15.619	0.009

3.2 基于生态化学计量学探讨土壤有机碳的固定机制

董扬红等（2015）对陕北黄土高原不同植被类型下土壤有机碳、全氮、全磷等进行了研究，以大尺度多个植被区环境条件空间异质性为背景探讨了不同植被类型土壤元素计量特征，由南及北有 5 种不同植被类型（森林、森林草原、草原、沙区、荒漠），在每种植被类型样地内选择有代表性的优势植被，在野外选取 3 个采样点作为重复，每个优势群落里设置 3 个样方,样方的大小根据植被类型而定（乔木 10m×10m，灌木 5m×5m，草本 1m×1m），在每个样方内进行物种调查和土样采集。采样点为森林 4 个，森林草原 6 个，草原 8 个，沙区 11 个，荒漠 5 个，共计 34 个采样点。

3.2.1 陕北黄土高原土壤有机碳组分分布特征

土壤微生物生物量碳含量在不同植被类型下表现为森林＞森林草原＞草原＞沙区、荒漠，除沙区与荒漠间差异不显著外，其他两两植被间差异显著（图 3-23）。微生物生物量碳含量在森林、森林草原上下土层间差异显著，表现为 0～5cm 土层大于 5～20 土层，草原、沙区、荒漠之间差异不显著。5 种植被 0～5cm 土层微生物生物量碳含量为 39.04～519.71mg/kg,5～20cm 土层微生物生物量碳含量为 11.99～292.27mg/kg。森林 0～5cm、5～20cm 土壤微生物生物量碳含量分别是森林草原 0～5cm、5～20cm 土层的 1.68 倍、1.99 倍，是草原的 3.64 倍、3.93 倍，是沙区的 13.31 倍、14.70 倍，是荒漠的 12.65 倍、24.38 倍，不同植被间土壤微生物生物量碳含量 5～20cm 土层变化幅度较 0～5cm 土层大。森林 0～5cm 土层微生物生物量碳含量分别比森林草原、草原、沙区、荒漠高 211.19mg/kg、376.90mg/kg、480.66mg/kg、478.61mg/kg，5～20cm 土层微生物生物量碳含量分别比森林草原、草原、沙区、荒漠高 145.32mg/kg、217.97mg/kg、272.39mg/kg、280.28mg/kg。森林草原 0～5cm 土层微生物生物量碳含量分别比草原、沙区、荒漠高 165.70mg/kg、269.47mg/kg、267.42mg/kg，5～20cm 土层微生物生物量碳含量分别比草

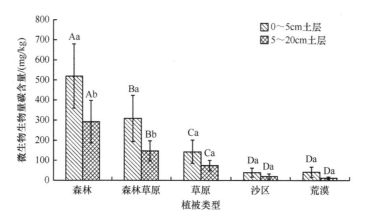

图 3-23　陕北黄土高原不同植被类型土壤微生物生物量碳含量

图柱上不含有相同大写字母的表示不同植被类型之间差异显著（$P<0.05$），不含有相同小写字母的表示相同植被类型不同土层之间差异显著（$P<0.05$）。图 3-24 和图 3-25 同此

原、沙区、荒漠高 72.63mg/kg、127.06mg/kg、134.96mg/kg。草原 0～5cm 土层微生物生物量碳含量分别比沙区、荒漠高 103.77mg/kg、101.71mg/kg，5～20cm 土层微生物生物量碳含量分别比沙区、荒漠高 54.43mg/kg、62.33mg/kg。沙区与荒漠的微生物生物量碳含量差异不显著，且其不同土层间差异也不显著。

森林土壤易氧化有机碳含量与其余 4 种植被差异显著，森林草原与草原差异不显著，但这两个植被均与沙区、荒漠差异显著，而沙区与荒漠差异不显著，整体表现为森林＞森林草原、草原＞沙区、荒漠（图 3-24）。森林、森林草原 0～5cm 和 5～20cm 土层土壤易氧化有机碳含量差异显著，相对于 5～20cm 土层，森林、森林草原、草原 0～5cm 土层的易氧化有机碳含量增加了 33.24%、26.90%、12.82%。草原、沙区、荒漠上下土层间易氧化有机碳含量差异不显著。森林上下土层易氧化有机碳总量分别是森林草原、草原、沙区、荒漠的 4.26 倍、4.78 倍、33.21 倍、9.41 倍。相比于森林，森林草原、草原、沙区、荒漠 0～5cm 土层易氧化有机碳含量减少了 6.94g/kg、7.26g/kg、8.75g/kg、8.10g/kg，森林草原、草原、沙区、荒漠 5～20cm 土层减少了 5.13g/kg、5.23g/kg、6.55g/kg、6.00g/kg。相比于森林草原，沙区、荒漠 0～5cm 和 5～20cm 土层易氧化有机碳含量分别减少了 1.81g/kg、1.42g/kg 和 1.16g/kg、0.87g/kg，森林草原与草原差异不显著。相比于草原，沙区、荒漠 0～5cm 和 5～20cm 土层的易氧化有机碳含量分别减少了 1.49g/kg、1.34g/kg 和 0.84g/kg、0.79g/kg。

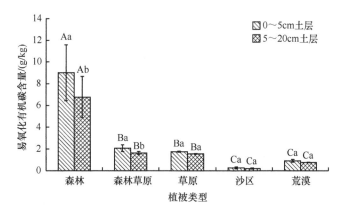

图 3-24　陕北黄土高原不同植被类型土壤易氧化有机碳含量

不同植被类型土壤可溶性有机碳含量表现为森林＞森林草原＞草原＞沙区、荒漠，森林可溶性有机碳含量与其余 4 种植被差异显著，森林草原与草原、沙区、荒漠差异显著，草原与沙区、荒漠差异显著，沙区与荒漠差异不显著（图 3-25）。森林、森林草原 0～5cm 土层土壤可溶性有机碳含量显著高于 5～20cm 土层。草原、沙区、荒漠 0～5cm 土层和 5～20cm 土层间差异不显著。森林 0～5cm 土层可溶性有机碳含量分别比森林草原、草原、沙区、荒漠高 113.60mg/kg、185.56mg/kg、389.28mg/kg、385.46mg/kg，5～20cm 土层可溶性有机碳含量分别比其他 4 种植被高 69.86mg/kg、56.51mg/kg、234.51mg/kg、228.67mg/kg。森林草原 0～5cm 土层可溶性有机碳含量分别比草原、沙区、荒漠高 71.96mg/kg、275.68mg/kg、271.86mg/kg，5～20cm 土层可溶性有机碳含量分别比草原、沙区、荒漠高–13.35mg/kg、164.64mg/kg、158.81mg/kg。草原 0～5cm 土层可溶性有机碳含量分别比沙区、荒漠增加 203.72mg/kg、199.90mg/kg，5～20cm 土层可溶性有机碳含量分别比沙区、荒漠增加 177.99mg/kg、172.16mg/kg。不同植被类型 0～5cm 土层土壤可溶性有机碳含量为 27.02～416.30mg/kg，5～20cm 土层可溶性有机碳含量为 15.73～250.24mg/kg。

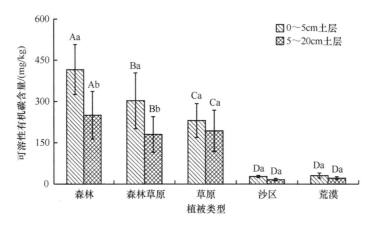

图 3-25 陕北黄土高原不同植被类型土壤可溶性有机碳含量

3.2.2 土壤有机碳组分和元素生态化学计量特征的相关性

生态化学计量学（ecological stoichiometry）是研究生物系统能量平衡和多重化学元素（主要是碳、氮、磷）平衡，以及元素平衡对生态交互作用影响的科学。生物量中碳与关键养分元素（氮、磷）生态化学计量比值的差异能够调控和影响生态系统中碳的消耗或固定过程。土壤作为生态系统养分循环的重要环节和组成部分，其元素计量特征对土壤元素有机质的矿化或有机碳形成具有重要的指示作用。通过对陕北黄土高原 5 个不同植被类型的土壤有机碳组分和元素生态化学计量比进行皮尔逊相关分析，发现土壤有机碳、微生物生物量碳、易氧化有机碳和可溶性有机碳与土壤碳磷比、氮磷比存在显著的正相关关系，这表明土壤有机碳及活性有机碳组分与土壤元素化学计量比有着非常密切的关系（表 3-6）。进一步通过一元线性方程对土壤有机碳组分与碳磷比和氮磷比进行拟合，发现土壤碳磷比和氮磷比与土壤活性有机碳组分均存在极显著的正相关关系（图 3-26）。

表 3-6 土壤有机碳组分与土壤元素生态化学计量比的皮尔逊相关分析

项目	碳氮比	碳磷比	氮磷比
土壤有机碳	0.070	0.953**	0.898**
微生物生物量碳	−0.056	0.701**	0.705**
易氧化有机碳	−0.012	0.803**	0.776**
可溶性有机碳	−0.179	0.585**	0.663**

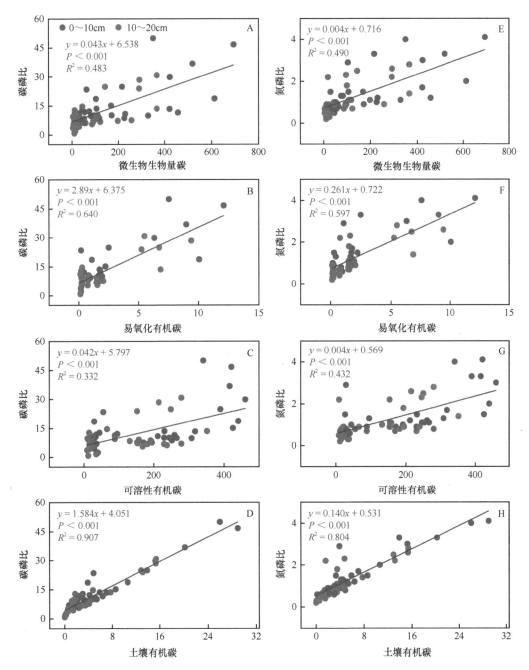

图 3-26　陕北黄土高原土壤有机碳组分和元素生态化学计量比的线性拟合

3.3　应用红外光谱技术探究土壤有机碳的形成过程

所有的有机物都含碳（C），多数含氢（H），其次含氧（O）、氮（N）、卤素（X）、硫（S）、磷（P）等，具有与无机物不同的性能，如分子组成复杂、容易燃烧、熔点低（一般低于 400℃）、难溶于水、反应速度慢、副反应多等。利用有机物分子基团与红外光谱的特定关系，可以探究土壤有机碳的形成过程。

3.3.1 红外光谱分析原理与技术

物质的红外光谱和分子结构密切相关。红外光谱适用样品广泛，对固态、液态或气态的无机、有机、高分子化合物均可检测，而且具有灵敏度高、重复性好、试样用量少、测试迅速、操作简便等优势，因此成为现代物质结构分析最常用的工具。

3.3.1.1 红外光谱概述

在红外线辐射下，分子选择性地吸收特定波长的能量，发生振动能级和转动能级的跃迁；检测红外线被吸收情况可获得红外吸收光谱，又称分子振动光谱或振转光谱。如果振动时分子偶极矩发生变化，则该振动为红外活性，称为红外光谱；如果振动时分子极化率发生变化，则该振动是拉曼活性，称为拉曼光谱（翁诗甫和徐怡庄，2016）。

通常将红外光谱分为三个区域：近红外区、中红外区和远红外区，其波长分别为 $0.75\sim2.5\mu m$、$2.5\sim25\mu m$ 和 $25\sim1000\mu m$，对应的波数分别为 $12\,800\sim4000cm^{-1}$、$4000\sim400cm^{-1}$ 和 $400\sim10cm^{-1}$。根据分子的量子化能级，近红外光谱一般是由分子的倍频、合频产生的；中红外光谱主要是分子中原子之间的纯振动光谱，即基频振动光谱；远红外光谱则属于分子的转动光谱和某些基团的振动光谱（翁诗甫和徐怡庄，2016）。由于绝大多数有机物和无机物的基频吸收带都出现在中红外区，而且中红外区的研究和应用相对最多，积累的资料也最多，仪器技术最为成熟，因此通常所说的红外光谱就是中红外光谱。

在中红外区，分子的振动频率分为基团频率和指纹频率。基团频率指不同分子相同基团的同一振动模式在一窄范围频率内的振动，有较强的红外吸收峰，可与其他振动分开。基团频率受分子中其余部分影响较小，具有特征性，可用于鉴定基团的存在，一般位于 $4000\sim1330cm^{-1}$（$2.5\sim7.5\mu m$）。一个分子的光谱可能有上百个吸收带，除基团频率外，还有许多不易鉴别的无特征性振动频率，由整个分子或分子的一部分振动产生，称为指纹频率。指纹频率主要位于 $1330\sim400cm^{-1}$（$7.5\sim25\mu m$），只适于整个分子的表征。

1. 基团的振动频率

由于基团频率的性质与其所在区域密切相关，中红外光谱大致可以划分为4个区域：$4000\sim2500cm^{-1}$、$2500\sim2000cm^{-1}$、$2000\sim1500cm^{-1}$ 和 $1500\sim600cm^{-1}$（Stuart，2004）。

1）$4000\sim2500cm^{-1}$

$4000\sim2500cm^{-1}$ 是 X—H 伸缩振动区，其中 X 可以是 O、N 和 C 等原子。O—H 伸缩振动频率位于 $3600\sim2500cm^{-1}$。游离氢键的羟基在 $3600cm^{-1}$ 附近，为中等强度的尖峰；形成氢键后键力常数减小，移向低波数，因此产生宽而强的吸收谱带。N—H 伸缩振动频率位于 $3500\sim3300cm^{-1}$，为中等强度的尖峰，对 O—H 伸缩振动可能有干扰。伯胺有两个 N—H 键，其对称和反对称伸缩振动频率分别位于 $3500cm^{-1}$ 和 $3400cm^{-1}$ 附近，两峰相距 $<100cm^{-1}$。仲胺在 $3400\sim3350cm^{-1}$ 有一个弱吸收峰，芳基仲胺的吸收峰位于

3450cm^{-1} 附近，强度较大；叔胺没有 N—H 伸缩振动（蒋先明和何伟平，1992）。

C—H 伸缩振动频率在 3000cm^{-1} 附近。不饱和 C—H 伸缩振动频率>3000cm^{-1}，若连接双键（烯烃化合物）或芳环（芳香化合物），则位于 3100~3000cm^{-1}，吸引较弱。饱和 C—H 伸缩振动频率（三元环除外）位于 3000~2800cm^{-1}，受取代基的影响很小。CH$_3$ 反对称和对称伸缩振动频率分别位于 2960cm^{-1} 和 2875cm^{-1} 附近。CH$_2$ 的反对称伸缩和对称伸缩振动频率分别出现在 2925cm^{-1} 和 2855cm^{-1} 附近。C—H 伸缩振动频率在 2890cm^{-1} 附近。

2）2500~2000cm^{-1}

2500~2000cm^{-1} 是三键和累积双键区。C≡C 伸缩振动频率位于 2300~2050cm^{-1}，吸引强度较弱；腈基（C≡N）发生于 2300~2200cm^{-1}，吸引强度中等（Stuart，2004）。异氰酸酯 N=C=O 反对称伸缩振动频率位于 2275~2255cm^{-1}；异硫氰酸盐 N=C=S 反对称伸缩振动频率位于 2160~2040cm^{-1}。该区域任何小的吸收峰都提供了结构信息。

3）2000~1500cm^{-1}

2000~1500cm^{-1} 是双键伸缩振动区，为红外光谱重要区域。羰基（C=O）相对容易识别，伸缩振动频率位于 1830~1650cm^{-1}，吸收强度较大，受连接的基团影响，会向高波数或低波数移动（Stuart，2004）。有些金属羰基吸收峰的位置超过 2000cm^{-1}。芳香化合物环内碳原子间伸缩振动引起的环的骨架振动有特征吸收峰，分别出现在 1625~1550cm^{-1}、1550~1430cm^{-1} 和 1430~1365cm^{-1}（翁诗甫和徐怡庄，2016）。芳杂环和芳香单环、多环化合物的骨架振动相似，有 3~4 个吸引峰。C=C 拉伸振动要弱得多，其频率位于 1650cm^{-1} 附近，但由于对称性或偶极矩的原因，该带通常不存在；C=N 拉伸振动也发生在该区域，强度较大（Stuart，2004）。

4）1500~600cm^{-1}

1500~600cm^{-1} 是指纹区。指纹区各振动频率相差不大，振动耦合作用较强，容易受邻近基团影响。虽然众多吸收峰都代表了有机分子的具体特征，但大部分吸收峰不容易找到归属，犹如人的指纹，因此指纹区谱图解析困难（刘密新等，2002）。在 1333~650cm^{-1} 区域，吸收带很多，而且往往相互重叠，有单键的伸缩振动、多原子系统的弯曲振动和骨架振动，这些振动包括连接有取代基的键和分子其余部分的振动（卢湧宗和邓振华，1989）。一般情况下，1500~1300cm^{-1} 是 C—H 弯曲振动区，1300~910cm^{-1} 是单键伸缩振动区，910~600cm^{-1} 是苯环面外弯曲振动、环弯曲振动区（刘密新等，2002）。CH$_3$ 的对称弯曲振动和反对称弯曲振动分别在 1450cm^{-1} 和 1375cm^{-1} 附近有吸收峰。C—O 单键振动在 1300~1050cm^{-1} 有强吸收峰，如醇、酚、醚、羧酸、酯等。醇在 1100~1050cm^{-1} 有强吸收峰，酚在 1250~1100cm^{-1} 有强吸收峰，酯的反对称和对称伸缩振动分别在 1240~1160cm^{-1} 和 1160~1050cm^{-1} 有强吸收峰。如果在 910~600cm^{-1} 内无强吸收峰，一般表示为无芳香化合物。

2. 红外光谱谱图解析

尽管红外光谱谱图可以提供许多化学结构的信息，而且世界上不存在相同光谱的不同物质，但它只是从一个侧面反映分子的结构。因此，在解析红外光谱谱图时，对样品的历史、物理化学性质、分子式、不饱和度以及紫外光谱（UV spectrum）、核磁共振波谱（NMR spectrum）、质谱（MS）等数据了解得越多，越有利于化合物的综合分析（卢湧宗和邓振华，1989）。

红外光谱谱图解析一般包含以下 3 个方面的内容（翁诗甫和徐怡庄，2016）：①对已知结构式的分子，能够给出分子中所有基团的所有振动模式；②对已知分子结构物质的红外光谱，能够对主要吸收峰进行指认；③对未知物的红外光谱，根据吸收峰的峰位、峰形、峰强等，能够给出未知物可能含有哪些基团。除基频峰外，吸收峰也可能是倍频峰或合（组）频峰。影响吸收峰的因素有振动耦合、费米共振、诱导效应、共轭效应、氢键效应等分子内部效应，以及制样方法、样品状态、温度等外部因素。因此，分析未知物的红外光谱时，还需要先根据内、外部影响因素对所含的基团进行初步分析，再根据该基团不同振动形式的相关峰及其他方法所得数据做进一步的证实；必要时可与已知物的红外光谱或光谱手册中的标准光谱对照并予以肯定。由于土壤化合物成分复杂多样，各化合物基团振动光谱间存在叠加、耦合等效应，因此，土壤红外光谱谱图的解析往往只是针对典型基团加以定性/定量分析。

3.3.1.2　傅里叶变换红外光谱仪及测量原理

傅里叶变换红外光谱仪（Fourier transform infrared spectrometer，FTIR）是一种干涉型红外光谱仪，通过测量干涉图和对干涉图进行傅里叶变换来测定红外光谱。傅里叶变换红外光谱仪设有色散元件，主要由光源（硅碳棒、高压汞灯）、迈克尔逊干涉仪、试样插入装置、DTGS（deuterated triglycine sulfate）检测器或 MCT（mercury cadmium telluride）检测器、计算机和记录仪等部分组成，其工作原理是由红外光源发出的红外辐射经准直镜准直后变为平行红外光束进入干涉仪，经调制后得到一束干涉光；该干涉光通过试样后带有的分子结构信息为检测器所捕获（图 3-27）。检测器将干涉光信号变为电信号，即有试样信息的时域干涉图，即时域谱（time domain spectrum）。时域谱难以辨认，但是红外光谱的强度（h）和形成该光的两束相干光的光程差（δ）具有傅里叶变换的函数关系，可由计算机通过快速傅里叶变换将其转换成以透射率或吸光度为纵坐标、以波数为横坐标的红外光谱图，即频域谱（frequency domain spectrum）。

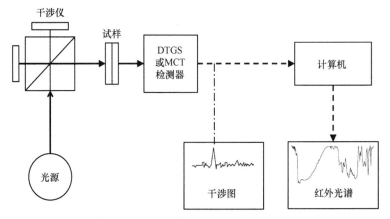

图 3-27　傅里叶变换红外光谱仪工作原理示意图（翁诗甫和徐怡庄，2016）

1. 透射光谱技术

采用透射光谱技术测定样品红外光谱时，样品需要制备成可透光的薄片，并放置于光路上的透射窗口中（图 3-28）。傅里叶变换红外光谱仪采用连续波长的红外光照射样品，部分波长的光会为样品分子所吸收，没有被吸收的光会穿过样品抵达检测器，被检测器接收到的光信号通过模数转换和傅里叶变换形成样品的单光束光谱（翁诗甫和徐怡庄，2016）。同理，可测定空白样品的单光束光谱，即无样品放置下测试得到的背景单光束光谱。背景单光束光谱和样品单光束光谱包含了仪器内部各种零部件和空气的同等信息，因此，从样品单光束光谱中扣除背景单光束光谱后就可获得样品的红外透射光谱。

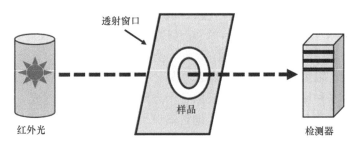

透射窗口

红外光　　　　　　　　　　　样品　　　　　　　　　　检测器

图 3-28　透射光谱技术工作原理示意图

样品的单光束光谱负载了样品分子结构和组成信息，因此红外光谱中在被吸收光的波长或波数位置上会出现吸收峰。某一波长的光被吸收得越多，透射率就越低，吸收峰就越强。若样品分子吸收很多不同波长的光，其红外光谱就会出现许多相应的吸收峰。

透射光谱技术测定的红外光谱在纵坐标上有两种表示方法，即透射率 T（transmittance，%）和吸光度 A（absorbance）。纵坐标采用透射率 T 表示的光谱称为透射率光谱，纵坐标采用吸光度 A 表示的光谱称为吸光度光谱。透射率光谱和吸光度光谱之间可以相互转换，即吸光度 A 是透射率 T 倒数的对数（翁诗甫和徐怡庄，2016）。透射率光谱虽然能直观地看出样品对不同波长红外光的吸收情况，但透射率与样品的含量不成正比，即透射率光谱不能用于红外光谱的定量分析。吸光度 A 在一定范围内与样品的厚度和样品的浓度成正比，因此吸光度光谱能用于红外光谱的定量分析，所以现在的红外光谱图大都采用吸光度光谱表示。

2. 衰减全反射光谱技术

衰减全反射（attenuated total reflectance，ATR）光谱技术在测试过程中不需要对样品进行任何处理，对样品不会造成任何损坏，因而应用十分广泛。

衰减全反射光谱技术基于光内反射原理而设计。从光源发出的红外光经过折射率大的晶体再投射到折射率小的试样表面，当入射角大于临界角时，入射光线就会产生全反射。事实上，红外光并不是全部被反射回来，而是在晶体的外表面附近产生隐失波（evanescent wave）（Ge et al.，2014），隐失波穿透到试样表面内一定深度后再返回表面（图 3-29）。在该过程中，试样在入射光频率区域内有选择性吸收，反射光强度发生减弱，产生与透射吸收类似的谱图，该谱图含有样品表层化学成分的结构信息。

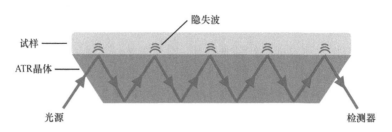

图 3-29 衰减全反射光谱技术工作原理示意图

3. 漫反射光谱技术

漫反射（diffuse reflectance，DR）光谱技术可用于测量细颗粒和粉末状样品的漫反射光谱，其工作原理如图 3-30 所示，红外光自左侧经平面镜 M1 反射到椭圆聚焦镜 A，被其聚焦到样品槽中粉末状样品表面。此时，光束分为两部分，一部分光在样品颗粒表面发生镜面反射，未负载样品的任何信息；另一部分光进入样品内部，并在样品内部经过多次透射、折射和反射后，从样品表面各个方向出来组成漫反射光。镜面反射光和漫反射光被椭圆聚焦镜 B 收集并聚焦后，通过右侧平面镜 M2 沿原光路入射方向反射给检测器。漫反射光进入了样品内部，与样品分子发生了相互作用，因此负载了样品的结构和组成信息，可以用于光谱分析。

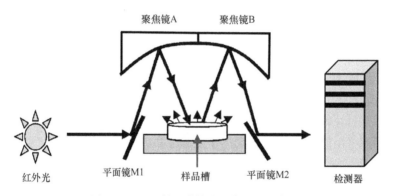

图 3-30 漫反射光谱技术工作原理示意图

3.3.1.3 傅里叶变换红外光谱技术对比分析研究

为了将傅里叶变换红外光谱技术更好地应用于土壤中官能团的定量分析，采用典型样品分别测试透射、衰减全反射和漫反射三种光谱测量技术的性能，通过比对分析明确各自技术优势和土壤光谱测量的最佳方法。

1. 实验设计

测试的傅里叶变换红外光谱仪可分别通过衰减全反射光谱技术（ATR-FTIR）、透射光谱技术（T-FTIR）及漫反射光谱技术（DR-FTIR）测试样品红外光谱，基本参数分别设定为：光谱检测范围 $4000\sim400\text{cm}^{-1}$，扫描次数 32 次，分辨率为 4cm^{-1}，样品测定选择自动大气背景扣除。

测试样品采用已知分子结构的有机化合物和未知分子结构的土壤样品。其中,有机化合物使用市面上可购买的苯甲酸(PhCOOH)和硬脂酸($C_{17}H_{35}COOH$),土样则采集自陕西省富县任家台子午岭林区(张明洋等,2022)。将辽东栎林地和草地的表层原状土(0~20cm)带回实验室自然风干,挑出根系、石块、虫体等杂物,研磨过 0.053mm筛。将过筛后的辽东栎林地和草地土壤按照不同质量比(1∶0、9∶1、4∶1、2∶1、1∶1、1∶2、1∶4、1∶9、0∶1)配制 9 种土样作为测试土样。测试前有机化合物在 40℃烘箱内烘干 10h,稀释用的溴化钾(KBr)在 120℃下烘干 4h,土壤样品 60℃烘干 16h至恒重。所有样品在上机测试前使用标准流程预处理,即将样品放置于玛瑙研体中,在红外灯下充分研磨 5min 使其呈粉末状且粒径均匀。

将统一研磨过的样品直接上光谱仪 ATR 平台使用衰减全反射光谱技术测试样品红外光谱,每次测试完成后用酒精棉清洁 ATR 平台,确保样品测试时不存在交叉污染。透射光谱技术采用溴化钾压片法制样后测定样品红外光谱。有机化合物和土样与 KBr分别按质量比 1∶150 和 1∶100 混合,然后放置于玛瑙研体中,在红外灯下充分研磨 5min使其呈粉末状且粒径均匀。将粉末固体上压片机加压(20MPa)约 30s,将其厚度压制为 1mm 左右,制成的锭片呈乳白色不透明状,有机化合物或土样均匀分布于 KBr 中。不和 KBr 混合的有机化合物也单独制成锭片进行对比测试。漫反射光谱技术测试红外光谱前需要将研磨后的样品在不使用任何压力的条件下填充到样品凹槽中,并用刮刀使之平整光滑。样品光谱定量分析前需要进行基线校正,其中漫反射光谱还需要进行Kubelka-Munk 函数转换以减少或消除镜面反射光的影响。

2. 不同红外光谱技术测定有机化合物的红外光谱

1)有机化合物的 ATR-FTIR 谱图

由图 3-31 可知,苯甲酸和硬脂酸在 ATR 平台上测得的红外光谱图呈现出清晰的特征吸收峰,便于鉴别与分析。苯甲酸的苯环在 3069cm^{-1} 处有 C—H 伸缩振动吸收峰,在706cm^{-1} 和 663cm^{-1} 处有 CH 面外弯曲振动吸收峰,其骨架振动的 3 组谱带为:1600cm^{-1}、1582cm^{-1};1496cm^{-1}、1454cm^{-1};1420cm^{-1}。苯甲酸的羧基在 2999~2555cm^{-1} 处有 O—H伸缩振动的弥散宽谱带,在 1682cm^{-1} 和 1290cm^{-1} 处有 C=O 和 C—OH 的伸缩振动吸收峰,在 932cm^{-1} 处有 COH 面外弯曲振动吸收峰。硬脂酸在 2955cm^{-1} 和 1373cm^{-1} 处分别有—CH$_3$ 伸缩和弯曲振动吸收峰,在 2914cm^{-1} 和 2846cm^{-1} 处有—CH$_2$ 反对称和对称伸缩振动吸收峰,在 1464cm^{-1} 和 725cm^{-1} 处有 CH$_2$ 变角振动和面内摇摆吸收峰。硬脂酸的羧基在 2551cm^{-1} 附近有 O—H 伸缩振动的弥散宽谱带,在 1698cm^{-1} 和 1297cm^{-1} 处有C=O 和 C—OH 伸缩振动吸收峰,在 1427cm^{-1} 和 1410cm^{-1} 处有 COH 面内弯曲振动吸收峰,在 935cm^{-1} 处有 COH 面外弯曲振动吸收峰。

2)有机化合物的 T-FTIR 谱图

图 3-32 所示的苯甲酸和硬脂酸的 T-FTIR 谱图有许多平头峰,缺乏有效特征吸收峰,难以进行谱图解析。

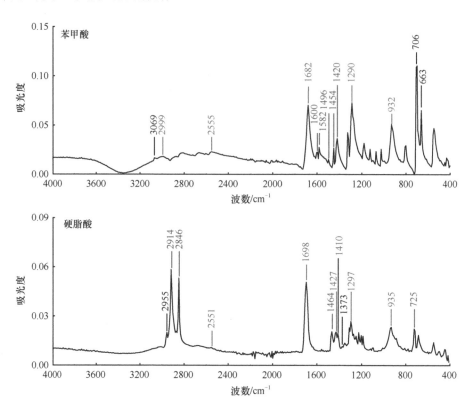

图 3-31 苯甲酸和硬脂酸的 ATR-FTIR 谱图

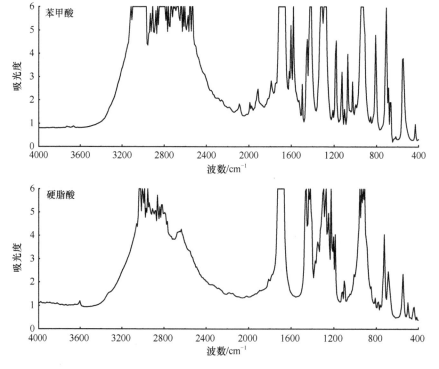

图 3-32 苯甲酸和硬脂酸的 T-FTIR 谱图

图 3-33 为 KBr 稀释后苯甲酸和硬脂酸的 T-FTIR 谱图。苯甲酸的苯环在 3072cm^{-1} 处有 C—H 的伸缩振动吸收峰，在 707cm^{-1}、684cm^{-1} 和 663cm^{-1} 处有 CH 面外弯曲振动吸收峰，其骨架振动的 3 组谱带为：1602cm^{-1}、1584cm^{-1}；1496cm^{-1}、1454cm^{-1}；1425cm^{-1}。苯甲酸的羧基在 3000～2560cm^{-1} 有 O—H 伸缩振动的弥散宽谱带，在 1686cm^{-1} 和 1293cm^{-1} 处有 C≕O 和 C—OH 的伸缩振动吸收峰，在 935cm^{-1} 处有 COH 面外弯曲振动吸收峰。硬脂酸在 2956cm^{-1} 和 1375cm^{-1} 处分别有 —CH$_3$ 伸缩振动和弯曲振动吸收峰，在 2917cm^{-1} 和 2849cm^{-1} 处有 —CH$_2$ 的不对称和对称伸缩振动吸收峰，在 1464cm^{-1} 和 721cm^{-1} 处有 CH$_2$ 变角振动和面内摇摆吸收峰。硬脂酸的羧基在 2663cm^{-1} 附近有 O—H 伸缩振动的弥散宽谱带，在 1703cm^{-1} 和 1295cm^{-1} 处有 C≕O 和 C—OH 伸缩振动吸收峰，在 1431cm^{-1} 和 1410cm^{-1} 处有 COH 面内弯曲振动吸收峰，在 935cm^{-1} 处有 COH 面外弯曲振动吸收峰。

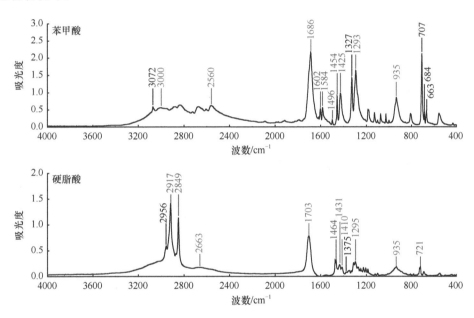

图 3-33　KBr 稀释后苯甲酸和硬脂酸的 T-FTIR 谱图

3）有机化合物的 DR-FTIR 谱图

漫反射光谱技术测定的苯甲酸和硬脂酸的红外光谱图如图 3-34 所示，特征吸收峰清晰可见，易于辨析和解译。苯甲酸的苯环在 3071cm^{-1} 处有 C—H 伸缩振动吸收峰，在 722cm^{-1} 和 668cm^{-1} 处有 CH 面外弯曲特征吸收峰，其骨架振动的 3 组谱带为：1604cm^{-1}、1581cm^{-1}；1497cm^{-1}、1456cm^{-1}；1430cm^{-1}。苯甲酸的羧基在 3031～2567cm^{-1} 有 O—H 伸缩振动的弥散宽谱带，在 1715cm^{-1} 和 1303cm^{-1} 处有 C≕O 和 C—OH 的伸缩振动吸收峰，在 946cm^{-1} 处有 COH 面外弯曲振动吸收峰。硬脂酸在 2959cm^{-1} 和 1376cm^{-1} 处有 —CH$_3$ 伸缩和弯曲振动吸收峰，在 2936cm^{-1} 和 2857cm^{-1} 处有 —CH$_2$ 的反对称和对称伸缩振动吸收峰，在 1470cm^{-1} 和 723cm^{-1} 处有 CH$_2$ 变角振动和面内摇摆吸收峰。硬脂酸的羧基在 2653cm^{-1} 附近有 O—H 伸缩振动的弥散宽谱带，在 1718cm^{-1} 和 1297cm^{-1} 处有 C≕O 和 C—OH 伸缩振动吸收峰，在 1433cm^{-1} 和 1411cm^{-1} 处有 COH 面内弯曲振动吸

收峰，在 940cm^{-1} 处有 COH 面外弯曲振动吸收峰。

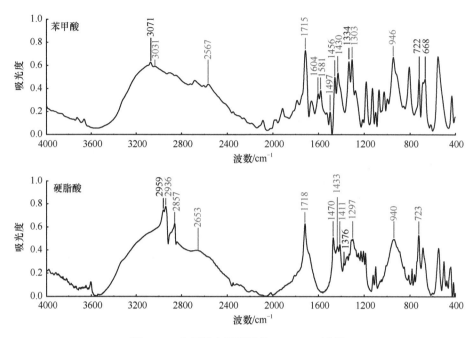

图 3-34　苯甲酸和硬脂酸的 DR-FTIR 谱图

3. 不同红外光谱技术测定辽东栎林地土壤的红外光谱

1）辽东栎林地土壤的 ATR-FTIR 谱图

由图 3-35 可知，辽东栎林地土壤的 ATR-FTIR 谱图的有效特征吸收峰很少，在 1455cm^{-1} 和 1008cm^{-1} 处分别有═NO$_3$ 和 C—O 伸缩振动吸收峰。

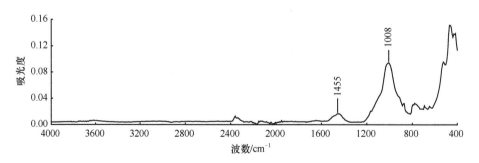

图 3-35　辽东栎林地土壤的 ATR-FTIR 谱图

2）辽东栎林地土壤的 T-FTIR 谱图

由于土壤本身的特性无法直接压制成锭片，因此只能与 KBr 粉末混合后制成锭片再上机测试获得红外光谱图。由图 3-36 可知，辽东栎林地土壤的 T-FTIR 谱图呈现相对丰富的特征吸收峰，在 3618cm^{-1}、3370cm^{-1} 处酚、醇类化合物中 O—H 伸缩振动吸收峰，在 2916cm^{-1}、2850cm^{-1} 处有—CH$_2$ 伸缩振动吸收峰、在 1034cm^{-1} 处有 C—O 伸缩振动吸收峰。土壤中有些化合物具有芳香特征，其芳环骨架振动在 1656cm^{-1}、1545cm^{-1} 和

$1434cm^{-1}$ 处有特征吸收峰。

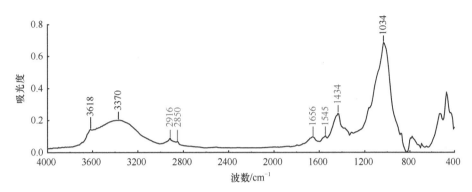

图 3-36　辽东栎林地土壤与 KBr 混合的 T-FTIR 谱图

3）辽东栎林地土壤的 DR-FTIR 谱图

由图 3-37 可知，辽东栎林地土壤的 DR-FTIR 谱图有许多显著的特征吸收峰，在 $3619cm^{-1}$ 和 $3400cm^{-1}$ 处有醇、酚类化合物中 O—H 特征吸收峰，在 $2926cm^{-1}$、$2855cm^{-1}$ 处有—CH_2 伸缩振动吸收峰，在 $1794cm^{-1}$ 处有酸酐类化合物 C=O 伸缩振动吸收峰。土壤中具有芳香特征的有机化合物在 $1994cm^{-1}$、$1869cm^{-1}$ 处有其泛频峰，在 $1620cm^{-1}$、$1451cm^{-1}$ 处有芳环骨架振动吸收峰，在 $1003cm^{-1}$ 处有 C—O 伸缩振动吸收峰。

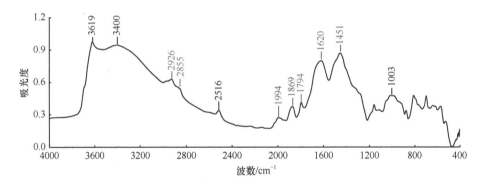

图 3-37　辽东栎林地土壤的 DR-FTIR 谱图

4. 混合土样 T-FTIR 和 DR-FTIR 的定量分析

通过比较辽东栎林地土壤在 3 种不同傅里叶变换技术下的官能团/基团特征吸收峰的差异，发现 T-FTIR 和 DR-FTIR 的表征效果相对较好，因此可以采用这两种光谱技术进行土壤光谱的定量分析。

以辽东栎林地土壤的样品作为参照，将草地土壤的样品按不同比例与之配制成混合土样，并分别用 T-FTIR 与 DR-FTIR 测试获取土壤红外光谱。在分析样品红外光谱图特征吸收峰及其峰面积差异后，选取波数 $2980 \sim 2880cm^{-1}$ 吸收峰面积作为参照，并分析其他波段吸收峰的面积与之的比值和草地土壤质量分数的对应关系。由图 3-38 可知，波段 $1470 \sim 1440cm^{-1}$ 吸收峰面积和 $2980 \sim 2880cm^{-1}$ 吸收峰面积的比值，随着混合土样中草地土壤质量分数的增大呈逐渐增大的趋势。由线性回归分析知，混合土样 DR-FTIR

线性拟合的决定系数 R^2 为 0.88，高于 T-FTIR 的 0.70，因此具有更好的线性表现，更适合土壤红外光谱的定量分析研究。

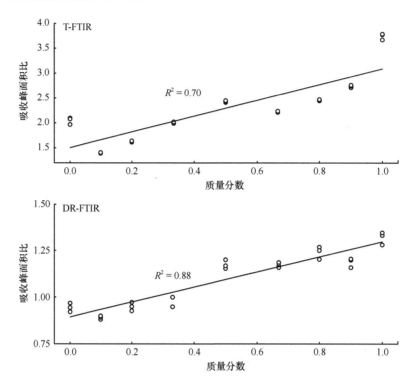

图 3-38　混合土样典型波段吸收峰面积比和草地土壤质量分数的关系

5. ATR-FTIR、T-FTIR 和 DR-FTIR 光谱技术对比分析

1）对比分析 ATR-FTIR、T-FTIR 和 DR-FTIR 光谱技术的应用前提

（1）ATR-FTIR 光谱技术在有机化合物和土壤样品中的差异表现

苯甲酸和硬脂酸的 ATR-FTIR 谱图可以很好地表征试样官能团/基团的振动吸收峰（图 3-31），而辽东栎林地土壤的有效特征吸收峰极其稀少（图 3-35），不能进行有效的谱图解译。根据 ATR-FTIR 工作原理，隐失波需要穿透样品表面才能根据其衰减能量表征样品化学结构成分信息，然而其穿透深度与光束的波长成正比，即在长波处穿透深度大，吸收峰较强，而在短波处穿透深度小且吸收峰较弱（Milosevic，2004），所以 ATR-FTIR 在不同波数区间灵敏度各不相同。另外，土壤有机化合物组成复杂、异质性高，而隐失波能携带的样品信息量因穿透深度的限制而有限。因此，ATR-FTIR 光谱技术适用于纯度较高的样品，对组成复杂的土壤样品不宜直接使用。

（2）T-FTIR 光谱技术在有机化合物和土壤样品中的差异表现

将有机化合物（苯甲酸、硬脂酸）直接制成锭片测试获得 T-FTIR 谱图，因 T-FTIR 谱图有平头峰而无法有效鉴别（图 3-32），其原因在于平头峰波段的红外光被有机化合物全吸收。根据 T-FTIR 测试原理，样品被放置在红外光束的路径上，只有当红外光穿透样品时才能携带其化学结构信息到检测器，并经转换和傅里叶变换获得红外光谱图

（Griffiths，1983）。因此，锭片试样的制备至关重要，试样要薄，用量要少，化合物的浓度/纯度不能太高。通过试验可以发现，即使将有机化合物所用含量降低到可制备锭片的最小用量时，大部分红外光也依然无法穿透样品到达检测器，因而形成平头峰。只有当有机化合物被稀释到一定浓度时，才可以制成有效可辨析的红外光谱。例如，用 KBr 与有机化合物按质量比 150∶1 混合稀释后，适当控制样品用量使其压制而成的锭片具有良好的透光性，这时上机测试获得的红外光谱图有丰富的特征吸收峰，且携带样品所有官能团/基团信息（图 3-33）。

　　土壤是复杂多组分混合物质，其本身不能直接压制成锭片，因此，需使用 KBr 与土壤样品按 100∶1 的质量比混合，研磨充分后方可制成透光性良好的锭片。由图 3-36 可知，辽东栎林地土壤样品的 T-FTIR 谱图具有丰富的特征吸收峰。另外，若样品化合物被过度稀释，信噪比相对较小，部分基团振动吸收峰可能较小，甚至缺失，进而影响其辨析。

　　由此可见，T-FTIR 光谱技术对纯度较高和成分复杂的土壤样品均适用，但其对试样锭片的制作要求较高，对样品的用量和浓度均有一定的限制。

　　（3）DR-FTIR 光谱技术在有机化合物和土壤样品中的差异表现

　　在 DR-FTIR 测试中，无论是有机化合物还是成分复杂的土壤样品均能获得丰富的有效特征吸收峰（图 3-34，图 3-37）。根据 DR-FTIR 测试原理，红外光照射到粉末样品表层时，一部分光在样品颗粒表面反射，因反射光束没有进入样品颗粒内部，所以不负载样品的任何信息，另一部分光会进入样品内部，并在样品内部经过多次透射、折射和反射后，从样品表面各个方向出来组成漫反射光汇集于检测器（Haberhauer and Gerzabek，1999）。因此，漫反射光通过与样品内分子的紧密接触而充分负载其分子组成和结构信息（Parikh and Chorover，2005）。所以，DR-FTIR 光谱技术对样品的纯度无特殊要求，对有机化合物和成分复杂的土壤样品均适用，且样品用量少，无需制备样品。

　　2）对比分析同一试样在不同光谱技术中的差异表现

　　（1）基团振动吸收峰的峰位

　　有机化合物同一基团红外光谱在不同光谱技术中存在差异。在 ATR-FTIR（图 3-31）、T-FTIR（图 3-33）和 DR-FTIR（图 3-34）的谱图中，苯甲酸羧基中羰基的 C=O 伸缩振动吸收峰的峰位分别为 1682cm^{-1}、1686cm^{-1} 和 1715cm^{-1}，硬脂酸羧基中羰基的 C=O 伸缩振动吸收峰的峰位分别为 1698cm^{-1}、1703cm^{-1} 和 1718cm^{-1}。尽管光谱技术测量原理的不同会导致同一基团的峰位在不同光谱技术中表现不同，但这种差异并不大，不影响其辨析，因为红外光谱主要取决于有机化合物分子结构。3 种光谱技术下苯甲酸和硬脂酸的 C=O 吸收峰的峰位均在其振动范围（1760~1660cm^{-1}）内（翁诗甫和徐怡庄，2016）。

　　土壤样品的特征吸收峰在 T-FTIR 和 DR-FTIR 谱图中的表现有较大差异。在 2000~1600cm^{-1} 波段中，辽东栎林地土壤的 DR-FTIR 谱图有 4 个特征吸收峰（1994cm^{-1}、1869cm^{-1}、1794cm^{-1}、1620cm^{-1}），而 T-FTIR 谱图只有 1 个特征吸收峰（1656cm^{-1}）。这与它们的样品预处理有关。相比于 DR-FTIR，T-FTIR 对土壤样品的预处理多一道工序，即将土壤样品与 KBr 均匀混合后压制成锭片试样。样品的稀释会导致信噪比的降低,致使一些基团未被识别。因此,DR-FTIR 比 T-FTIR 更敏感,对多组分复杂样品可以监测出更多的特征吸收峰。

(2)红外光谱定量分析

红外光谱定量分析的理论依据是朗伯-比尔定律。在 T-FTIR 谱图中,吸光度与样品组分百分含量成正比,也与样品厚度成正比(翁诗甫和徐怡庄,2016)。在 DR-FTIR 谱图中,受镜面反射光的影响,吸光度和样品组分含量的关系不符合朗伯-比尔定律。因此,需将吸光度光谱进行 Kubelka-Munk 函数转换以减少或消除与波长有关的镜面反射效应,转换后的 Kubelka-Munk 函数值与样品组分含量呈线性关系,因而可以定量分析(Bekiaris et al.,2020)。

由图 3-38 知,典型波段吸收峰面积的比例随草地土壤样品质量分数的增加而逐渐升高,其中 DR-FTIR 的线性拟合度高于 T-FTIR。与 DR-FTIR 光谱技术相比,T-FTIR 光谱技术在样品制备过程中增加了 KBr 稀释与压片工艺,其影响主要表现为:①研磨过程中样品和 KBr 混合的均匀性,以及压片过程中样品厚度的均一性都会受到挑战,有可能引入实验误差;②KBr 对样品的稀释会降低信噪比,影响基团振动峰的峰形、峰位和峰强,减弱其与组分的线性关系。

综上所述,ATR-FTIR 光谱技术仅适用于纯度较高的物质分析,对成分复杂的土壤样品不适用;T-FTIR 光谱技术可用于分析纯度较高的物质和成分复杂的土壤样品,但需要采用 KBr 压片法,样品制备工艺相对烦琐;DR-FTIR 光谱技术可直接用于测定有机化合物和成分复杂的土壤样品,不用 KBr 稀释,无复杂制样工艺,简单易操作;相比于 T-FTIR,DR-FTIR 更有利于土壤样品的定量分析。

3.3.2 结合中红外漫反射光谱技术研究有机碳形成的物理、化学和微生物机制

土壤中添加有机质,可以诱导微生物的活性,促进水稳性团聚体的产生,引发土壤基本理化性质的变化。有机质分解过程中有机碳的固定和转化极其复杂。为了探讨土壤有机碳形成的物理、化学和微生物机制,采用添加有机质的室内控制试验,通过监测培育过程中土壤关键理化性质和微生物活性,以及有机化合物关键官能团/基团的变化特征,来阐述有机碳固定与转化的过程。

3.3.2.1 实验设计

采用低有机碳含量的黏土作为研究对象,添加不同数量(0g C/kg、10g C/kg、20g C/kg、30g C/kg)、不同类型的植物残体(苜蓿 C:N=16.7,大麦秸秆 C:N=95.6),在实验室环境下进行 3 个月的定温(20℃±1℃)、定湿(土壤田间持水量的 70%)培育实验,实验重复 3 次。

培育过程中采用 NaOH 的 CO_2 捕获法监测土壤呼吸率(dCO_2-C),并计算累计呼吸量(aCO_2-C)。每隔一周更新土壤空气,每隔两周搅动土壤使其均匀混合以模拟播种和耕作行为所致的土壤扰动(Kirkby et al.,2013)。每 14 天采集的培育土样,使用元素

分析仪测定其总碳（TC）、全氮（TN）和碳氮比（C：N），使用傅里叶变换红外光谱仪测定中红外漫反射光谱。受限于实验规模，培育土样有限，因此，结合文献调研结果，仅针对第 14 天、第 28 天、第 56 天和第 84 天采集的土样进行团聚体水稳定性的分析，即用湿筛法测定土壤平均重量直径（MWD）。

对土壤红外光谱解析时，为了减少任何与波长相关的镜面反射效应，将吸光度光谱转换为 Kubelka-Munk 光谱后再进行官能团/基团的定性/定量分析。结合红外光谱分析手册和相关文献，在实验样品的红外光谱特征解译基础上，选定典型振动基团及其振动吸收峰波段（表 3-7），并计算典型波段峰面积和不同波段间的峰面积比值（ratio of peak area，RPA），通过分析培育过程中 RPA 与植物残体类型和添加量的对应关系，探讨 RPA 和土壤理化性质（MWD、TC、TN、C：N）以及微生物活性（dCO_2-C 和 aCO_2-C）的相关性，阐明在植物残体输入下土壤有机碳固定与转化的过程。

表 3-7　土壤有机化合物主要基团及其振动频率

波段名称	波段/cm^{-1}	主要基团及其振动频率
B3000_2800	3000～2800	烷基和糖类 C—H 伸（3000～2800cm^{-1}）；醛基 C—H 伸（2900～2700cm^{-1}）；铵盐类 $NH_3^+/NH_2^+/NH^+$和氨基酸类 NH_3^+/NH_2^+伸（3300～2000cm^{-1}）；羧基 O—H 伸（3300～2400cm^{-1}）；PO—H 伸（3200～2000cm^{-1}）
B1830_1747	1830～1747	酸酐类 C＝O 伸（1860～1750cm^{-1}）
B1747_1500	1747～1500	C＝O 伸：酮（1750～1650cm^{-1}），醌（1680～1630cm^{-1}），醛（1740～1630cm^{-1}），羧基（1760～1660cm^{-1}），酯（1770～1680cm^{-1}），酰胺（1685～1630cm^{-1}）；羧酸盐 COO 反对称伸（1620～1540cm^{-1}）；铵盐类 $NH_4^+/NH_3^+/NH_2^+$变（1720～1470cm^{-1}）；伯酰胺 NH_2变（1640～1600cm^{-1}），仲酰胺 C—N—H 弯（1560～1520cm^{-1}）；氨基酸类 COO 反对称伸及 NH_3^+不对称变/NH_2^+变（1660～1555cm^{-1}）；胺类 $NH_3/NH_2/NH$ 变（1680～1575cm^{-1}）；硝基—NO_2 反对称伸（1560～1500cm^{-1}）
B1500_1400	1500～1400	烷基和糖类 C—H 变（1480～1300cm^{-1}）；醛基 C—H 变（1410～1390cm^{-1}）；醇 COH 面内弯（1430～1400cm^{-1}）；羧基 COH 面内弯（1430～1400cm^{-1}）；羧酸盐 COO 对称伸（1420～1390cm^{-1}）；铵盐类 NH_4^+不对称变（1500～1385cm^{-1}）和 NH_3^+对称变（1545～1470cm^{-1}）；氨基酸类 NH_3^+对称变（1545～1480cm^{-1}）；伯酰胺 C—N 伸（1430～1350cm^{-1}）
B1400_1300	1400～1300	烷基和糖类 C—H 变（1480～1300cm^{-1}）；醛—C H 面内弯（1410～1390cm^{-1}）；羧酸盐 COO 对称伸（1420～1390cm^{-1}）；醌 C＝O 和芳环连接的 C—C 伸（1340～1280cm^{-1}）；铵盐类 NH_4^+不对称变（1500～1385cm^{-1}）；胺类 NH_3 对称变（1309cm^{-1}）；C—N 伸：伯酰胺（1430～1350cm^{-1}），芳香胺（1360～1200cm^{-1}）；硝基—NO_2 对称伸（1390～1330cm^{-1}）
B1300_1070	1300～1070	C—O 伸：酯（1290～1000cm^{-1}），醚（1300～1100cm^{-1}），酸酐（1300～1050cm^{-1}）；C—OH 伸：酚（1300～1150cm^{-1}），醇（1100～1000cm^{-1}），羧基（1310～1250cm^{-1}）；糖类 C—OH/C—O 伸（1150～1000cm^{-1}）；C—C 伸：烷基（1250～1020cm^{-1}），芳香醛 CO—C（1200cm^{-1}），酮 CO—C（1280～1220cm^{-1}），芳香醌 CO—C（1340～1280cm^{-1}）；C—N 伸：酰胺（1280～1200cm^{-1}），胺类（1360～1070cm^{-1}）；P＝O 伸（1320～1105cm^{-1}）

注：振动频率参考翁诗甫和徐怡庄（2016）及 Stuart（2004）。表中"伸"指伸缩振动，"变"指变角振动，"弯"指弯曲振动

3.3.2.2　培育过程中典型土壤性质的变化特征

土壤在添加苜蓿和大麦秸秆后，累计呼吸量（aCO_2-C）、总碳（TC）、全氮（TN）、碳氮比（C：N）增加（图 3-39）。相比于大麦秸秆，苜蓿添加处理在相同碳输入水平下产生更多的 aCO_2-C 和 TN，因此导致土壤更低的 TC 和 C：N。培育过程中，aCO_2-C 随培育时间延长而呈指数增长，TC 呈指数减少，C：N 总体上呈减少趋势，其中苜蓿添加处理土壤的 C：N 在第 14 天后低于对照土壤。

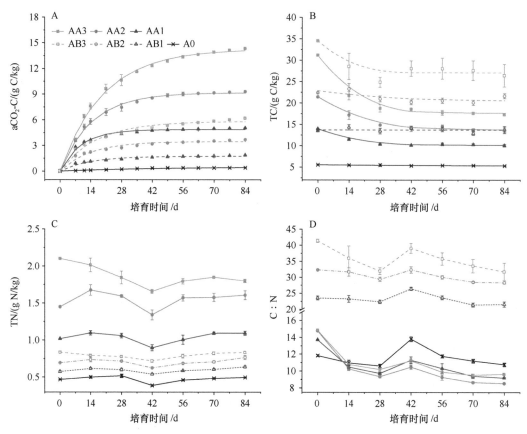

图3-39 培育过程中土壤累计呼吸量（aCO₂-C）、总碳（TC）、全氮（TN）、碳氮比（C∶N）的变化

A0 为对照土样，即未加植物残体的黏土，AA1、AA2、AA3 分别为添加苜蓿 10g C/kg、20g C/kg、30g C/kg 的土样，
AB1、AB2、AB3 分别为添加大麦秸秆 10g C/kg、20g C/kg、30g C/kg 的土样。下同

土壤呼吸总量（R_t）随着植物残体碳添加量的增加而线性增长（$R^2 > 0.97$，图 3-40），表明植物残体碳的添加量决定了微生物的活性（Zhu et al.，2017）。在植物残体碳添加量对 R_t 增长速率的影响上，苜蓿（0.462）远高于大麦秸秆（0.178），表明前者对微生物

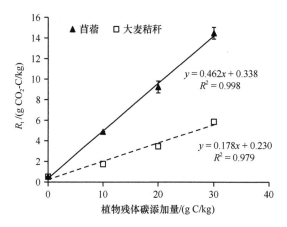

图3-40 土壤呼吸总量（R_t）与植物残体碳添加量的关系

活性的诱导能力高于后者，因此，大麦秸秆因土壤呼吸而损失的有机碳较少，有机碳固定的较多。

添加植物残体碳后土壤的平均重量直径（MWD）增加了 2～3 倍（图 3-41）。大麦秸秆添加处理后的土壤 MWD 在培育过程中差异显著，MWD 所增加的量与植物残体碳添加量几乎成正比。除 30g C/kg 的碳添加水平外，苜蓿添加后的土壤 MWD 比大麦秸秆的高。

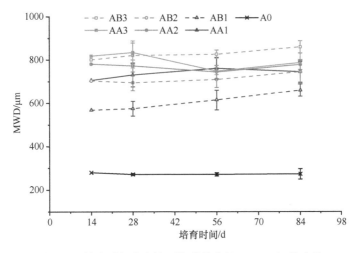

图 3-41　培育过程中土壤平均重量直径（MWD）的变化

3.3.2.3　红外光谱解析

1. 黏土、苜蓿和大麦秸秆的红外光谱

黏土、苜蓿和大麦秸秆的红外光谱如图 3-42 所示。黏土矿物质以高岭石[$Al_2Si_2O_5(OH)_4$]为主，呈现以下特征的红外光谱：3698cm^{-1}、3656cm^{-1} 和 3624cm^{-1} 处的吸收峰为八面体表面 O—H 基团的伸缩振动，1016cm^{-1} 处的吸收峰为 Si—O 伸缩振动，917cm^{-1} 处的吸收峰为 Al—O—H 弯曲振动，699cm^{-1} 处的吸收峰为 Si—Al 伸缩振动（Stuart，2004；李小红等，2011）。芳环振动倍频/合频区（2000～1750cm^{-1}）的吸收峰表明，土壤有较多的芳香化合物（Stuart，2004），其在 813cm^{-1} 处有芳环面外 C—H 弯曲振动吸收峰，并在 1613cm^{-1}、1528cm^{-1} 和 1483cm^{-1} 以及 1415cm^{-1} 处有芳环骨架振动吸收峰，分别对应三组区域：1625～1550cm^{-1}、1550～1430cm^{-1} 和 1430～1365cm^{-1}（翁诗甫和徐怡庄，2016）。1787cm^{-1} 处的 C=O 与 1159cm^{-1} 处的 C—O 伸缩振动吸收峰表示黏土有较多的酸酐类化合物，使土壤呈弱酸性（pH=6.5），因为其易与水反应生成有机化合物中酸性最强的羧酸。1349cm^{-1} 处的吸收峰表明，黏土含有一定量的亚硝胺，因为亚硝胺 N—N=O 基团中 N=O 伸缩振动频率位于 1375～1310cm^{-1}，而且自然界中亚硝酸盐很容易与胺化合反应生成为亚硝胺。

糖类在 3600～3050cm^{-1}、3000～2800cm^{-1}、1480～1300cm^{-1} 处分别有 O—H、C—H 伸缩振动和 C—H 弯曲振动的吸收峰，在 1150～1000cm^{-1} 处有 C—OH、C—O 伸缩振动吸收峰（翁诗甫和徐怡庄，2016）。大麦秸秆和苜蓿均含有丰富的糖类，其中，大麦秸秆在 3429cm⁻¹ 处有糖类 O—H 伸缩振动吸收峰，在 2940cm⁻¹、2898cm⁻¹ 和 1460cm⁻¹、1428cm⁻¹、1374cm⁻¹ 处分别有脂肪族 CH₃、CH₂ 的伸缩振动和变角振动吸收峰，在 1168cm⁻¹、1129cm⁻¹ 和 1085cm⁻¹ 处有 C—C 伸缩振动吸收峰（图 3-42）。1300～1000cm⁻¹ 的吸收峰表明，纤维素、半纤维素的含量表现为大麦秸秆＞苜蓿＞黏土（Stuart, 2004）。

1735cm⁻¹ 处的 C=O 伸缩振动吸收峰表明，醛、酮或酯的含量表现为苜蓿＞大麦秸秆＞土壤。1690～1500cm⁻¹ 处的振动吸收峰多数与含氮化合物的官能团有关（表 3-7），如酰胺类化合物的 C=O 伸缩振动（1685～1635cm⁻¹）、亚硝酸盐的 N=O 伸缩振动（1680～1650cm⁻¹）、肟的 C=N 伸缩振动（1690～1620cm⁻¹），反映了苜蓿的高氮（TN=25.86g/kg）特点。大麦秸秆的木质素在 1600cm⁻¹ 和 1508cm⁻¹ 处有吸收峰（Stuart, 2004）。

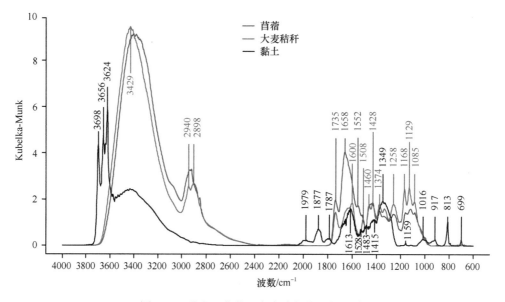

图 3-42　黏土、苜蓿和大麦秸秆的红外光谱

2. 土壤培育前后红外光谱的变化

添加植物残体后，土壤红外光谱的峰形变化不明显，但部分峰强变化显著（图 3-43）。培育前土壤在添加植物残体后，其 1850～1750cm⁻¹ 和 1370～1300cm⁻¹ 处的峰强由于物理混合稀释的影响而显著降低；而添加大麦秸秆的土壤 AB3 在 1700～1500cm⁻¹ 处的峰强显著低于对照土样 A0，与其物理混合的增稠效应相反，因此土壤与大麦秸秆在加水搅拌后发生了化学反应，使该波段的有机物发生明显变化。培育 84 天后，1700～1300cm⁻¹ 处峰强在土样间的相对关系发生了明显变化，其中添加苜蓿的土壤 AA3 的吸收峰最高，这与培育过程中发生的一系列生化反应密切相关。

3.3.2.4　典型波段峰面积比值

1. 土壤培育前典型波段峰面积的比值

图 3-44 为土壤培育前（第 0 天）典型波段峰面积与 B3000_2800 峰面积比值 RPA 和

植物残体质量分数的对应关系。由于苜蓿和大麦秸秆含有较多的糖类，其 B3000_2800 峰面积较大，因此各波段 RPA 均随植物残体添加量的增加而递减。培育土样 B1500_1400：B3000_2800 和 B1400_1300：B3000_2800 的 RPA 实测值接近其理论计算的物理混合值，但 B1300_1070：B3000_2800 的 RPA 实测值显著低于其理论值。RPA 实测值与理论值的差异在大麦秸秆的添加处理中表现得尤为明显。大麦秸秆添加土样 B1747_1500：B3000_2800、B1560_1500：B3000_2800、B1300_1070：B3000_2800 的 RPA 实测值与其理论值的差异均显著大于苜蓿添加土样，因此，土壤添加大麦秸秆后发生了化学反应，导致该波段的有机物发生显著变化。

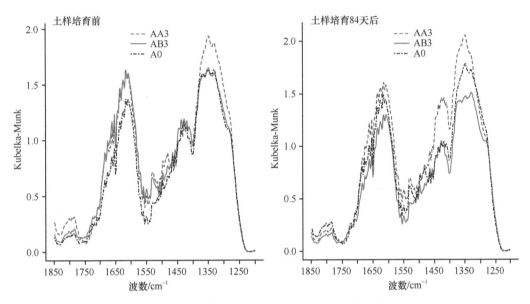

图 3-43 土样培育前和培育 84 天后的红外光谱

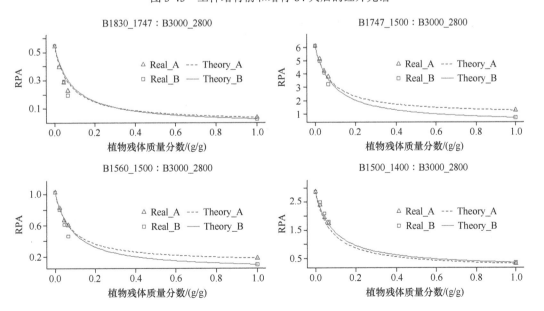

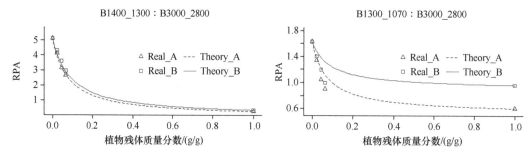

图 3-44　土壤培育前（第 0 天）峰面积比值（RPA）与植物残体质量分数的对应关系

Real_A 和 Real_B 分别表示土壤添加苜蓿和大麦秸秆后的 RPA 实测值；

Theory_A 和 Theory_B 分别表示理论计算土壤添加苜蓿和大麦秸秆后的 RPA 物理混合值

2. 土壤培育过程中典型波段峰面积比值的变化特征

1300～1070cm^{-1} 处振动吸收峰所涉基团主要为酚类化合物的 C—O（1300～1150cm^{-1}）、酰胺类化合物的 C—N（1280～1200cm^{-1}）、烷基的 C—C（1250～1020cm^{-1}），涵盖了绝大多数土壤有机化合物。通过分析培育土样（n=49）红外光谱波段峰面积可以发现，1300～1070cm^{-1} 的峰面积变异系数较小，约为 0.035，因此，培育时期土壤生化反应所致官能团/基团的转移/变换对其峰面积影响很小，该波段的峰面积可作为参照，用于计算其他波段峰面积与之的比值。

由峰面积比值（RPA）和植物残体质量分数、培育时间的二元线性回归参数（表 3-8）可知，只添加苜蓿土壤的 B3000_2800、B1500_1400 和 B1400_1300 与培育时间密切相关，其中 B3000_2800 的 RPA 随培育时间的延长呈缓慢减小趋势，降低速率约为 0.001d^{-1}，B1500_1400 和 B1400_1300 的 RPA 随培育时间的延长而增加，其增长速率分别为 0.003d^{-1} 和 0.006d^{-1} 左右。由此可知，84 天的培育时间对 RPA 的影响小于 0.52。

表 3-8　典型波段峰面积与 B1300_1070 的比值 RPA 和植物残体质量分数、培育时间的线性关系

波段名称	添加的植物残体	线性模型：RPA = $C_0 + C_m \times X_m + C_d \times X_d$			
		R^2	C_0	C_m/(g/g)	C_d/d^{-1}
B3000_2800		0.84	0.73***	5.49***	−9.93E-4*
B1830_1747		0.69	0.32***	−0.79***	−1.19E-5
B1747_1500	苜蓿	0.73	3.66***	12.07***	2.04E-4
B1500_1400		0.80	1.61***	8.49***	2.78E-3**
B1400_1300		0.49	2.83***	2.40	6.18E-3***
B3000_2800		0.85	0.67***	3.81***	1.38E-4
B1830_1747		0.89	0.32***	−1.58***	−4.36E-6
B1747_1500[a]	大麦秸秆	0.41	3.62***	−5.10***	3.68E-4
B1500_1400		0.02	1.72***	0.18	−2.85E-4
B1400_1300		0.56	3.06***	−2.59***	−5.50E-4

注：X_m、X_d 分别表示植物残体质量分数（g/g）和土壤培育时间（d）；C_0、C_m、C_d 为回归系数；*** 表示 $P<0.001$，** 表示 $P<0.01$，* 表示 $P<0.05$；[a] 残差非正态分布

植物残体添加处理中，土样 B3000_2800、B1747_1500、B1500_1400 和 B1830_1747

的 RPA 随着苜蓿添加量的增加而显著增大/减小,其变化速率分别约为 5.49g/g、12.07g/g、8.49g/g 和−0.79g/g;土样 B3000_2800 的 RPA 随着大麦秸秆添加量的增加而显著增大(3.81g/g),B1830_1747、B1747_1500 和 B1400_1300 的 RPA 则随着大麦秸秆添加量的增加而显著减小,其降低速率为 1.58～5.10g/g。土样 B1400_1300 和 B1500_1400 的 RPA 分别与苜蓿和大麦秸秆添加量的关系不显著。

通过对比可以发现,C_d 的绝对值远小于 C_m,因此,植物残体添加量对 RPA 的影响明显大于培育时间。例如,苜蓿添加处理的土样中,84 天的培育期使 B3000_2800 的 RPA 降低约 0.083,远小于苜蓿添加量对其影响的系数(约 5.49)(表 3-8)。根据 B3000_2800 的 RPA 线性回归模型可以估算出,在当前良好的实验控制条件下,1kg 黏土中以 10g C/kg 的碳水平添加的苜蓿(约 22.72g),需要 123 天左右才能完全降解。

3. 典型波段峰面积比值与土壤性质间的关系

土壤培育过程中 5 个典型波段峰面积和 B1300_1200 峰面积的比值(RPA)的相互间关系如图 3-45 所示,B3000_2800 和 B1830_1747 的 RPA 相互间极显著负相关,B1747_1500 和 B1500_1400 的 RPA 相互间极显著正相关。在苜蓿添加处理的土样中,B3000_2800、B1747_1500 和 B1500_1400 的 RPA 互为极显著正相关;而 B1400_1300 的 RPA 只与 B1500_1400 显著正相关。在大麦秸秆添加处理的土样中,B1830_1747、

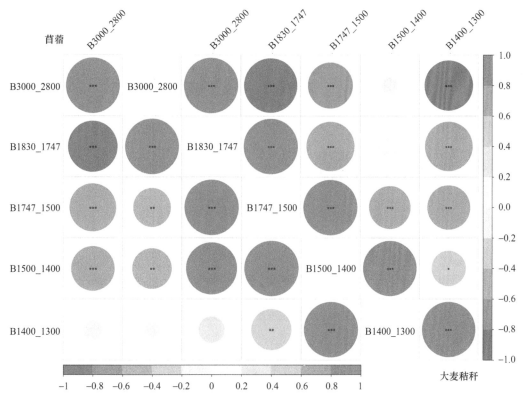

图 3-45　典型波段峰面积比值间的相关性

***表示 $P<0.001$,**表示 $P<0.01$,*表示 $P<0.05$。下同

B1747_1500、B1500_1400 和 B1400_1300 的 4 个波段中，除 B1500_1400 和 B1830_1747 的 RPA 关系不显著外，其余 RPA 相互间均极显著正相关；B3000_2800 的 RPA 和 B1830_1747、B1747_1500 及 B1400_1300 的 RPA 之间显著负相关。RPA 间的相关性主要取决于它们与植物残体添加量的线性关系，因为植物残体添加量对 RPA 的影响大于培育时间。例如，在苜蓿添加处理的土样中，B3000_2800、B1747_1500 和 B150_1400 的 C_m 均为较大的正值，而 B1830_1747 的 C_m 为负值（表 3-8），因此前者两两之间极显著正相关，它们与后者极显著负相关。

图 3-46 为土壤典型波段峰面积比值（RPA）和土壤性质的相关性。在大麦秸秆添加处理中，土壤 aCO_2-C、TC、TN、C∶N 和 MWD 均与 B3000_2800 的 RPA 极显著正相关，与 B1830_1747、B1747_1500 和 B1400_1300 的 RPA 极显著或显著负相关；土壤 dCO_2-C 与 B1747_1500、B1400_1300 的 RPA 显著负相关。在苜蓿添加处理中，土壤 dCO_2-C 与 B3000_2800、B1747_1500 的 RPA 极显著正相关；土壤 aCO_2-C、TC、TN、MWD 分别与 B3000_2800、B1747_1500、B1500_1400 的 RPA 极显著正相关，与 B1830_1747 的 RPA 极显著负相关；土壤 C∶N 与 B1500_1400、B1400_1300 的 RPA 极显著负相关；B1400_1300 的 RPA 与 aCO_2-C 显著正相关。

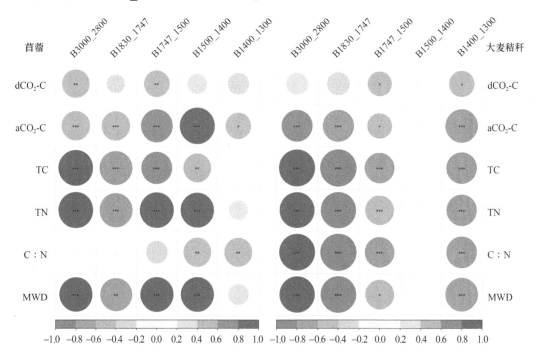

图 3-46 典型波段峰面积比值和部分土壤性质的相互关系

图 3-47 为培育过程中土壤性质间的相关性。在大麦秸秆添加处理中，土壤 aCO_2-C、TC、TN、C∶N、MWD 相互间极显著正相关；土壤 dCO_2-C 与 TC、TN、C∶N 显著正相关。在苜蓿添加处理中，土壤 aCO_2-C、TC、TN、MWD 相互间极显著或显著正相关；土壤 dCO_2-C 仅与 TN 显著正相关；C∶N 与 aCO_2-C、MWD 极显著负相关。

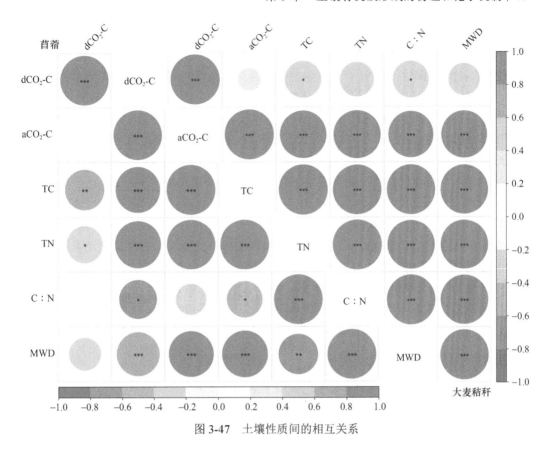

图 3-47　土壤性质间的相互关系

3.3.2.5　有机碳固定与转化的物理、化学、微生物学过程

植物残体含有丰富的糖类和含氮化合物，因此可为土壤提供充足的碳源、氮源；黏土本身含有较多的酸酐，可为植物残体添加后发生的化学和生化反应奠定物质基础（图 3-42）。培育实验设置为微生物的生长和活动提供了优越条件，其中均匀搅拌为微生物充分获取土壤中的水、气、碳、氮等创造途径；定温（20℃±1℃）、定湿（土壤田间持水量的 70%）和充足的氧气（定期更新）为微生物活动提供优越环境。

1. 植物残体添加后有机化合物间的化学反应

土壤添加植物残体后加水均匀搅拌时会发生有机化合物的水解、N-酰化和硝基还原等反应。土壤中的酸酐极易与水反应生成相应的羧酸；酸酐和羧酸极易被胺 N-酰化为酰胺，而胺（R—NH₂）可由硝基化合物（R—NO₂）通过还原反应生成（邢其毅等，2005）。糖类的水解使糖苷键断裂形成糖羟基，例如，一个麦芽糖转变为两个葡萄糖的水解反应。这些反应为微生物在调整期合成其分子结构成分奠定了基础，为其激活提供了物质保障。几丁质是真菌细胞壁主要成分，其基本结构单元为 N-乙酰葡糖胺[N-acetyl-D-(+)-glucosamine]；细菌细胞壁主要成分为肽聚糖，其基本结构的双糖单元由 N-乙酰葡糖胺和 N-乙酰胞壁酸（N-acetylmuramic acid）组成。N-乙酰葡糖胺和 N-乙酰胞壁酸需要葡萄糖单元（C₆H₁₀O₅—）、N-乙酰基（CH₃CONH—）和羧基（—COOH）。α-氨基酸是构成蛋白质（酶）的基本单位，需要氨基（—NH$_2$）和羧基。通过水解反应，弱酸土壤中的酸酐转换成重要的有机化合物——羧酸，羧酸可提供关键的羧基；植物残体中的糖类可释放葡萄糖，为微生物分子合成提供糖基，为生命体活动提供能源。由硝基化合物还原产生的胺及植物残体自身的铵类化合物可提供氨基，并保障 N-酰基的合成。

化学反应引发官能团/基团的迁移/消失会导致典型波段峰面积比值（RPA）的变化。水解和 N-酰化反应使酸酐 C—O 断裂，其羧基（C=O）迁移至羧酸和酰胺，从而减少 B1300_1070 和 B1830_1747 的峰面积及相应的峰面积比值（表 3-7，图 3-44）。形成肽聚糖所需的 β-1,4-糖苷键会减少糖类 C—OH 键，导致 B1300_1070 的 RPA 进一步降低，因此与物理混合值的差异最为显著（图 3-44）。另外，大麦秸秆含氮量低、含胺少，因此，大麦秸秆添加处理的土壤进行 N-酰化反应时需要利用硝基化合物的还原反应来补充胺，而硝基化合物的硝基（—NO$_2$）在 1560～1500cm^{-1} 处有反对称伸缩振动吸收峰（翁诗甫和徐怡庄，2016），所以该还原反应会减少土壤中的硝基，从而减小 B1560_1500 和 B1747_1500 的 RPA（图 3-44）。上述反应均未使 B3000_2800 波段内的烷基、糖类 C—H 等相关基团发生数量变化，其峰面积基本不变，因此作为参照，其他波段峰面积与之的比值 RPA 和峰面积保持一致的变化趋势。

2. 植物残体添加量决定了有机碳固定和转化的数量

植物残体是土壤有机碳的重要来源。由于植物残体的 TC、TN 均大于黏土，因此植物残体提供的碳源、氮源与其添加量成正比，所以土壤 TC、TN 随植物残体碳添加量的增加而增加（图 3-39B 和 C）。B3000_2800 波段集合了糖类 C—H 伸缩振动吸收峰，能够反映为微生物提供能量的糖类的数量，其峰面积比值（RPA）随植物残体添加量的增加而线性增加（表 3-8）。在有机碳诱导下，微生物活性与有机碳含量正相关，土壤 aCO$_2$-C 与 B3000_2800 的 RPA 极显著正相关（图 3-46），且随植物残体添加量的增加而增加（图 3-39A）。土壤 TC 也和 B3000_2800 的 RPA 极显著正相关（图 3-46），因此土壤有机碳固定和转化的数量取决于植物残体的添加量。

3. 植物残体的性质影响土壤有机碳固定和转化的比例关系

苜蓿和大麦秸秆的 TC 相近，但苜蓿的 TN 较高，含有较多的含氮化合物（图 3-42），其 C∶N 较小，有更多的易分解有机碳可在土壤中被快速转化，并通过土壤呼吸流失，因此，在同等碳输入水平下，苜蓿添加处理的土壤通过呼吸流失的有机碳比大麦秸秆添加处理的土壤多，其累计呼吸量（aCO$_2$-C）大，固定的碳（TC）少（图 3-39），所以有机碳的损失量与固定量的比值（aCO$_2$-C/TC）较高。培育过程中土壤 aCO$_2$-C/TC 值先增加后减小。添加苜蓿、大麦秸秆 10～30g C/kg 的土壤 aCO$_2$-C/TC 值在第 14 天时基本达到最大，分别为 2.26%～2.50%、0.56%～0.86%，在土壤培育 84 天后则分别降至 0.06%～0.17%、0.03%～0.09%。在苜蓿添加处理中，土壤 C∶N 与 aCO$_2$-C 极显著负相关，与 TC 关系不显著；而在大麦秸秆添加处理中，土壤 C∶N 与 aCO$_2$-C、TC 均极显著正相关（图 3-47）。

基团的变化反映了有机碳转化在有机化合物含量上的差异。由 B3000_2800 的 RPA

回归参数可知，苜蓿比大麦秸秆含有较多的易分解糖类（图 3-42），在培育过程中被显著降解，因此其土壤 RPA 与培育天数呈显著的线性负相关关系，其 C_m 值大于大麦秸秆添加处理的土壤，后者 RPA 与培育天数的线性关系不显著（表 3-8）。尽管苜蓿和大麦秸秆比对照土壤含有更多的在 B1747_1500 波段有基团振动吸收峰的含氮化合物（图 3-42），但是，与苜蓿添加处理的作用效果相反，大麦秸秆添加处理使土壤的该类含氮化合物含量逆向减少，其 RPA 的 C_m 值为负数（表 3-8）。大麦秸秆添加处理对土壤酸酐类化合物的消耗程度要大于苜蓿添加处理，其 B1830_1747 的 RPA 的 C_m 表现出更大的负值。

4. 土壤微生物是有机碳转化的主要驱动和分解者

土壤微生物产生的水解酶能够加速植物残体中碳水化合物的水解并释放出葡萄糖。微生物将葡萄糖通过糖酵解（EMP）等途径分解产生丙酮酸（$CH_3COCOOH$）后经有氧呼吸将其转化为水（H_2O）和二氧化碳（CO_2）。随培育天数的增加，土壤累计呼吸量 aCO_2-C 和 TC 由于有机质的微生物降解而分别增加和减少（图 3-39A 和 B）。另外，微生物的 C∶N 较低（5.52～6.80），平均值仅为 6.12，其中，细菌和真菌分别为 4.4 和 8.3（Mouginot et al.，2014）。对于苜蓿添加处理的土壤，其 C∶N 由于有机质被快速降解而迅速降低，并在土壤培育第 14 天时低于对照土壤（图 3-39D）。从基团变化来看，糖类被降解，苜蓿添加处理的土壤中 B3000_2800 的 RPA 随培育天数的增加而线性递减（表 3-8），与土壤 dCO_2-C、aCO_2-C 极显著正相关（图 3-46）。相比之下，大麦秸秆添加处理之中，土壤的微生物量由于氮的限制而较少，因而作用有限，除添加 30g C/kg 的处理外，土壤 C∶N 变化很小（图 3-39D），因此 B3000_2800 的 RPA 和培育天数的线性关系不显著（表 3-8），和土壤 dCO_2-C 的相关性也不显著（图 3-46）。

对于苜蓿添加处理的土壤，由于氨基酸、硝基化合物、酰胺及胺类等含氮化合物对微生物的活性有极大贡献，因此其振动吸收峰对应波段 B3000_2800、B1747_1500、B1500_1400、B1400_1300 的 RPA 均与 aCO_2-C 显著正相关（表 3-8，图 3-46）。此外，由于易分解有机碳在微生物的消耗下急速减少，尤其 28 天后变得稀缺，因此土壤碳氮比少于对照土壤（图 3-39D），此时，部分微生物在死亡后其残体成为新的微生物碳源、氮源。综合影响下，土壤 dCO_2-C 仅与 B3000_2800、B1747_1500 的 RPA 极显著正相关（图 3-46）。

对于大麦秸秆添加处理的土壤，尽管大麦秸秆比土壤含有较多的硝基化合物，在 B1747_1500 和 B1400_1300 波段有相对较强的振动吸收峰（图 3-42），但是由于其含量较低，受土壤微生物对该化合物的转化和消耗的影响，B1747_1500 和 B1400_1300 的 RPA 随植物残体添加量的增加反而减少（表 3-8），因此与土壤 dCO_2-C、aCO_2-C 显著负相关（图 3-46）。

总体上，土壤微生物的激活、生长、繁殖等均需要糖类（B3000_2800）以及酸酐（B1830_1747）水解后提供的羧基，因此，不论是苜蓿还是大麦秸秆，其添加处理后土壤的 RPA 与土壤 aCO_2-C 分别极显著正相关、负相关（图 3-46）。其中，大麦秸秆添加处理的土壤没有像苜蓿添加处理的那样有微生物残体作为补充，因此，土壤微生物对酸酐水解成羧酸提供羧基的需求较大，B1830_1747 的 RPA 在 C_m 上表现出更大的负值（表 3-8）。

5. 团聚体能够为土壤有机碳提供一定的物理保护作用

植物残体水解释放出来的多糖、寡糖等均有黏性，有助于土壤团聚体的形成。微生物体，包括菌丝、细胞壁，可吸附并胶结土壤颗粒，也是重要的团聚体胶结物质。因此，在添加植物残体后不久，土壤就形成一定含量的水稳性团聚体，其 MWD 在土壤培育14 天时即可达到对照土样的 3 倍之多（图 3-41）。

大麦秸秆添加处理的土壤有充足的碳，但氮相对缺乏，因此微生物的活性有限。由于团聚体对其内的糖类及微生物活性相关的氨基酸类有一定的封存作用，微生物可获取的含氮有机物减少，因而活性减小，在培育 28 天后，dCO_2-C 明显降低，aCO_2-C 的上升趋势减缓（图 3-39），而 MWD 由于持续的水解释放出来的糖类的胶结作用而缓缓增加（图 3-41）。另外，由于团聚体对氨基酸类的封存作用，其含量缓慢增加，因此，对于含有氨基酸类 N—H 伸缩振动吸收峰的 B3000_2800 波段（表 3-7），其 RPA 随培育天数的增加有轻微的增加（表 3-8），并与土壤 MWD 有极显著的正相关关系（图 3-46）。

添加首蓿的土壤初时有充足的碳、氮，微生物大量繁殖，其菌丝成为土壤团聚体的重要胶结物质之一，促进了土壤团聚体的形成和 MWD 的增加。然而，有机质的大量消耗使得碳氮比在土壤培育第 14 天开始就低于对照土壤（图 3-39）。由于有机碳的相对不足，部分微生物开始死亡，其菌丝及其他残体成为新的碳源、氮源。微生物部分残体在土壤团聚体内受其封存保护，因此，固定的有机碳中，有一部分属于氨基酸类化合物，所以 TC 与 B3000_2800、B1747_1500、B1500_1400 的 RPA 极显著正相关（图 3-46）。未受团聚体封存保护的微生物残体，会被其他活的微生物分解，导致胶结物质减少，使土壤 MWD 减小。随着胶结物质的增加和减少，土壤 MWD 处于上下波动变化中。添加首蓿 30g C/kg 的土壤，其 MWD 先递增，然后在第 28 天减少，随后第 56 天又开始增加直到第 84 天培育实验结束（图 3-41）。

3.4 小　　结

黄土高原植被恢复中土壤有机碳及其组分在不同粒级团聚体中的分布存在异质性。宁南黄土丘陵区人工植被恢复和自然植被恢复下中间粒级（5～0.25mm）团聚体的有机碳、微生物生物量碳、易氧化有机碳、颗粒态有机碳、腐殖质碳含量较高，轻组有机碳为 2～0.25mm 粒级团聚体最高。对延河流域的研究发现，各种形态有机碳含量随着团聚体粒级的增大呈先增加后减少的趋势，或随粒级的增大而呈增加的趋势，以 2～0.25mm 和＜0.25mm 团聚体中含量较高，辽东栎群落土壤＜0.25mm 团聚体中腐殖质碳含量大于其他粒级团聚体，说明微团聚体中，碳主要以高度腐化的腐殖质形态存在，由于其不易矿化而大量积累。

土壤团聚体和土壤有机碳积累相互作用。植被恢复过程中有机碳不断增加，团聚体的稳定性随之增强，但是当土壤有机碳含量增大到 18.13g/kg 时，平均重量直径最大，当土壤有机碳含量高于 18.13g/kg 时，土壤平均重量直径没有增加反而减小，土壤团聚体稳定性减弱。对宁南山区的研究发现,土壤结构影响土壤有机碳的累积,>5mm、5~2mm、1~0.25mm 团聚体的增加可促进土壤有机碳的积累,1~0.25mm 团聚体的增加和<0.25mm 团聚体的减少可以促进土壤微生物生物量碳、腐殖质碳、富里酸碳含量的增加。对延河流域的研究发现,土壤团聚体的粒级分布决定了土壤结构,土壤结构影响土壤有机碳的积累和转化,5~2mm 团聚体的减少和 2~0.25mm 团聚体的增加可以促进土壤有机碳含量、活性有机碳含量和腐殖质碳含量的增加。

对陕北黄土高原土壤有机碳和活性有机碳的研究发现,土壤有机碳和活性有机碳的分布与土壤碳磷比、氮磷比密切相关。

理论分析傅里叶变换红外光谱仪及其 3 种主要测量技术,即透射光谱技术、衰减全反射光谱技术和漫反射光谱技术的工作原理。在此基础上,采用有机化合物、单一土壤及混合土壤对这 3 种光谱技术进行性能测试,结果表明漫反射光谱技术更适用于土壤光谱的定性和定量分析,该结论为采用漫反射光谱技术研究影响土壤有机碳形成的主要官能团/基团提供了理论依据。

实验分析了植物残体添加和分解对土壤团聚体稳定性、碳、氮、微生物活性等的影响;通过对实验土壤和植物残体的红外漫反射光谱的解析,阐明其所含典型有机化合物的类别和相应的官能团/基团,在此基础上,建立了土壤典型波段峰面积比值与植物残体的添加量及分解时间的二元线性模型;通过分析其与土壤物理、化学和微生物性质的相互关系,阐明植物残体输入下土壤有机碳固定和转化的物理、化学、微生物过程,为相关研究提供了方法参照和数据支撑。

参 考 文 献

程曼, 朱秋莲, 刘雷, 等. 2013. 宁南山区植被恢复对土壤团聚体水稳定及有机碳粒径分布的影响. 生态学报, 33(9): 10.

董扬红, 曾全超, 李娅芸, 等. 2015. 黄土高原不同植被类型土壤活性有机碳组分分布特征. 草地学报, 23(2): 277-284.

蒋先明, 何伟平. 1992. 简明红外光谱识谱法. 桂林: 广西师范大学出版社: 114.

李小红, 江向平, 陈超, 等. 2011. 几种不同产地高岭土的漫反射傅里叶红外光谱分析. 光谱学与光谱分析, 31(1): 114-118.

刘密新, 罗国安, 张新荣, 等. 2002. 仪器分析. 北京: 清华大学出版社: 381.

卢湧宗, 邓振华. 1989. 实用红外光谱解析. 北京: 电子工业出版社: 239.

马瑞萍, 刘雷, 安韶山, 等. 2013. 黄土丘陵区不同植被群落土壤团聚体有机碳及其组分的分布. 中国生态农业学报, 21(3): 324-332.

苏静, 赵世伟. 2005. 植被恢复对土壤团聚体分布及有机碳、全氮含量的影响. 水土保持研究, 12(3): 44-46.

翁诗甫, 徐怡庄. 2016. 傅里叶变换红外光谱分析. 3 版. 北京: 化学工业出版社: 508.

邢其毅, 裴伟伟, 徐瑞秋, 等. 2005. 基础有机化学. 3 版. 北京: 高等教育出版社.

张明洋, 朱兆龙, 李好好, 等. 2022. 不同傅里叶变换红外光谱法研究土壤光谱特征的比较与应用. 水土保持研究, 29(6): 1-8.

朱秋莲, 程曼, 安韶山, 等. 2013. 宁南山区植被恢复对土壤团聚体特征及腐殖质分布的影响. 水土保持学报, 27(4): 6.

Bekiaris G, Peltre C, Barsberg S T, et al. 2020. Three different Fourier-transform mid-infrared sampling techniques to characterize bio-organic samples. J Environ Qual, 49(5): 1310-1321.

Ge Y, Thomasson J A, Morgan C L S. 2014. Mid-infrared attenuated total reflectance spectroscopy for soil carbon and particle size determination. Geoderma, 213: 57-63.

Griffiths P R. 1983. Fourier transform infrared spectrometry. Science, 222(4621): 297-302.

Haberhauer G, Gerzabek M H. 1999. Drift and transmission FT-IR spectroscopy of forest soils: an approach to determine decomposition processes of forest litter. Vib Spectrosc, 19(2): 413-417.

Kirkby C A, Richardson A E, Wade L J, et al. 2013. Carbon-nutrient stoichiometry to increase soil carbon sequestration. Soil Biol Biochem, 60: 77-86.

Milosevic M. 2004. Internal reflection and ATR spectroscopy. Appl Spectrosc Rev, 39(3): 365-384.

Mouginot C, Kawamura R, Matulich K L, et al. 2014. Elemental stoichiometry of fungi and bacteria strains from grassland leaf litter. Soil Biol Biochem, 76: 278-285.

Parikh S J, Chorover J. 2005. FTIR spectroscopic study of biogenic Mn-oxide formation by *Pseudomonas putida* GB-1. Geomicrobiol J, 22(5): 207-218.

Stuart B H. 2004. Infrared Spectroscopy: Fundamentals and Applications. London: John Wiley & Sons Ltd.: 203.

Zhu Z, Angers D A, Field D J, et al. 2017. Using ultrasonic energy to elucidate the effects of decomposing plant residues on soil aggregation. Soil Till Res, 167: 1-8.

Zhu Z, Minasny B, Field D J, et al. 2023. Using mid-infrared diffuse reflectance spectroscopy to investigate the dynamics of soil aggregate formation in a clay soil. CATENA, 231: 107366.

第4章 光合碳在植物–土壤系统中的转化过程

土壤碳库容约是植物和大气碳库容之和，土壤有机碳（SOC）占土壤碳库的绝大部分，因此 SOC 循环与固持在全球碳循环过程中起着极其重要的作用。根际沉积碳和枯落物分解来源碳是 SOC 的主要来源，根际沉积碳为土壤微生物提供营养物质和能量，形成它们的结构和功能，从而促进土壤微生物对 SOC 的合成与分解（Christophe，2009）。森林和草地是陆地生态系统的关键组成部分，量化森林和草地植被根际沉积碳对 SOC 的贡献，对于预测气候变化背景下土壤有机碳储量具有重要意义。枯落物是全球重要的碳汇，土壤微生物既是枯落物分解的原动力，又是土壤养分积累和释放的库源（Paul and Clark，1989）。枯落物分解过程中土壤微生物会根据底物质量调整群落结构并合成特定胞外酶分解枯落物，使枯落物碳和其他养分为自身生长代谢所用。其分解过程中自身产生 CO_2 的同时还会对土壤矿化产生影响，该现象称为激发效应（Kuzyakov and Domanski，2000；Guenet et al.，2010）。越来越多的研究结果表明，微生物死亡残体碳具有更长的驻留时间，且在土壤中更稳定，对 SOC 长期的固持和积累意义更大（Kiem and Kögel-Knabner，2003；Potthoff et al.，2008；Ludwig et al.，2015）。由于 SOC 和土壤微生物时空分布的较强异质性，传统研究精度不能定量检测碳在植物–微生物–土壤系统中的流动；土壤这种"灰箱"，甚至是"黑箱"特质使多数研究忽略了微生物在 SOC 循环与固持中的枢纽作用。近年来，随着稳定同位素技术、分子生物学技术等的发展与结合，土壤微生物对 SOC 形成的作用机理的研究得到长足发展。

实施退耕还林还草以来，黄土高原地区的植被恢复取得显著效果，SOC 含量显著增加。云雾山国家级自然保护区和子午岭林区经过多年的植被恢复，已经形成较大范围且连片的草地和次生森林景观，可代表黄土高原草地和森林生态系统土壤碳循环的现状。不同封育年限草地 SOC 含量差异较大，主要原因是随着封育年限的增大，地上和地下生物量逐渐增大。子午岭林区随着植被恢复，不同树种 SOC 含量差异较大。研究不同封育年限草地和不同树种新近光合碳（一定时期内植物通过光合作用吸收的碳）在植物–土壤系统中的分配，对于探究 SOC 的形成与固持具有重要意义。

稳定碳同位素（^{13}C）标记法是一种从源头（光合作用）追踪碳在植物–土壤系统中变化的最准确的方法。本章以宁夏云雾山国家级自然保护区和子午岭任家台林场为研究地，利用原位 ^{13}C 稳定同位素脉冲标记技术，量化光合碳在植物–土壤系统中的分配；对 ^{13}C 标记后的乔木叶片进行分解试验，通过监测分子生物学（微生物活体和残体标志物）、土壤胞外酶活性、微生物碳利用效率及周转期等指标，探究枯落物分解过程中活体微生物群落结构变化、周转过程和微生物残体碳变化特征，为阐明枯落物分解–微生物–土壤有机碳的作用机制提供技术参考和理论依据。从区域角度探明植物–微生物–土壤系统有机碳的周转与存留，可为深入理解 SOC 的形成与固持提供理论依据，同时为评估全球碳循环及应对气候变化提供数据支撑。

4.1 碳同位素方法在生态系统有机碳动态研究中的应用

近几年，随着研究手段的不断更新，新技术层出不穷，特别是稳定碳同位素技术的发展为光合碳在植被–土壤系统中的分配提供了可靠、有效的证据。与放射性同位素不同，稳定同位素天然存在且不具有放射性，其安全可靠性使得研究可在自然状态下进行。关于稳定同位素在植物中的应用可追溯至 1974 年，研究者将植物稳定碳同位素与大气 CO_2 浓度变化相结合为研究碳循环提供了新思路（Farmer and Baxter，1974）。C_3 植物的 $\delta^{13}C$ 为–35‰～–20‰，C_4 植物的 $\delta^{13}C$（–17‰～–9‰）大于 C_3 植物。SOC 的 $\delta^{13}C$ 与其地上植被 $\delta^{13}C$ 较接近，可以根据土壤 $\delta^{13}C$ 来判断其 SOC 来源。同时，当具有不同 $\delta^{13}C$ 的植物生长时必然导致 SOC 的 $\delta^{13}C$ 的改变。研究者发现，将 C_3 植被转化为 C_4 植被后，即便经过长时间耕作，土壤中来源于早期植物的碳仍占总 SOC 的绝大部分（Jolive et al.，1997）。因此，将经过 ^{13}C 标记后的物质（如叶片、秸秆或残茬）看作不同与原来地上植被进行分解试验，可量化植物对 SOC 的贡献并明晰 SOC 的转化过程，且该方法已得到许多研究证实（窦森等，2003；Glaser et al.，2012；Bai et al.，2021）。

4.1.1 利用碳同位素方法研究植物–土壤–微生物系统中光合碳的循环与周转

绿色植物通过光合作用吸收空气中的 CO_2 所固定的碳是陆地生态系统唯一碳源，光合碳通过叶片吸收，经韧皮部进入根系后，以根系分泌物和根系枯落物分解的形式进入土壤。目前，植物吸收的 CO_2 总量超过了呼吸作用产生的 CO_2 总量，因此陆地表面起到了碳汇的作用（Kiona，2018）。植物将较多的光合产物通过根系转移到土壤是碳固存的重要途径（van Dam and Bouwmeester，2016；Warren，2016），因此植物是连接碳在生物及非生物组分循环的重要纽带，光合碳在植被器官中的分配对于探究植被碳库具有重要意义。量化光合碳在植物与土壤之间的循环对于明晰碳的周转与存留、预测温室效应下植被及土壤碳库具有重要意义。

土壤有机碳的不同组分（如活性有机碳和非活性有机碳）具有不同的物理化学属性和驻留时间，传统的土壤分析方法很难精确地监测到气候变化或土地利用变化对土壤碳储量的影响（Paul et al.，2002；DelGaldo et al.，2003），其测量所产生的不确定性误差比土壤碳储量的差异还要大。近几年，研究手段不断更新，新技术层出不穷，特别是稳定碳同位素技术的发展为研究光合碳在植物–土壤系统中的分配提供了可靠、有效的保障。同位素测量方法比土壤分析方法能更加灵敏地揭示土壤碳循环的干扰和恢复过程（de Camargo et al.，1999）。具有相同质子数、不同中子数（或不同质量）的同一元素的不同核素互称为同位素，包括稳定同位素和放射性同位素。碳在自然界中主要以 ^{12}C 的形式存在，其同位素包括 ^{13}C 和 ^{14}C。其中，^{12}C、^{13}C 为稳定同位素，而 ^{14}C 为放射性同位素。^{12}C 和 ^{13}C 的自然丰度分别为 98.89% 和 1.11%。与放射性同位素不同，稳定同位素天然存在且不具有放射性，其安全可靠性使得研究可在自然状态下进行。关于稳定同位素在植物中的应用可追溯至 1974 年，植物稳定碳同位素与大气 CO_2 浓度变化的结合为研究碳循环提供了新思路（Farmer and Baxter，1974）。C_3 植物稳定碳同位素比值（$\delta^{13}C$）的变化范围为 $-35‰\sim-20‰$，低于 C_4 植物（$-17‰\sim-9‰$）。SOC 的 $\delta^{13}C$ 与地上植被的 $\delta^{13}C$ 接近，不同 $\delta^{13}C$ 的植物生长时会导致 SOC 的 $\delta^{13}C$ 的改变，因而可以根据土壤的 $\delta^{13}C$ 来判断其 SOC 来源。

　　植物通常需要 2～4 周完成数小时内光合碳在叶、茎、根及土壤中的稳定转化与分配（王智平和陈全胜，2005）。近来许多学者致力于探求光合碳在植物–土壤系统中的分配。由于乔木较高大，^{13}C 原位标记多应用于草本植被和农作物。Kuzyakov（2006）的试验表明，经过 26d 的生长，玉米通过根系输送到地下的碳约为 $4g/m^2$，且在距离根外 10mm 处可以检测到根系分泌物；何敏毅等（2008）运用同位素示踪技术发现，玉米将吸收的 38%的碳分配至地下，且其中约有 7%转化为 SOC。对水稻的研究发现，在水稻的整个生长期内，约有 $200kg/hm^2$ 的光合碳转化为 SOC（Lu et al.，2002）。Bai 等（2021）对黄土高原过度放牧草地及封育 5 年、10 年和 30 年的草地进行 ^{13}C 标记后发现，封育草地植物地上部 ^{13}C 分配比例高于过度放牧地，而植物–土壤呼吸消耗低于过度放牧地，表明退耕还林还草措施通过增加光合碳在植物–土壤系统的分配、降低呼吸消耗来增加 SOC。也有学者利用 ^{13}C 标记后的植物样品做分解试验。研究者发现，将 C_3 植物转化为 C_4 植物后，即便经过长时间耕作，土壤中来源于早期植物的碳仍占总 SOC 的绝大多数（Jolive et al.，1997）。因此，将经过 ^{13}C 标记后的物质（如叶片、秸秆或残茬）进行分解试验，可量化植物对 SOC 的贡献并明晰 SOC 转化过程，且该方法已得到研究者证实（窦森等，2003；Glaser et al.，2012）。Benesch 等（2015）利用 ^{13}C 标记后的镰叶罗汉松、非洲李和墨西哥柏树叶片做分解试验发现，多数标记 ^{13}C 滞留在标记叶片中，随后进入土壤，只有少量 ^{13}C 进入土壤微生物生物量碳中。

　　光合碳分配不仅改变植株个体的生长，还通过影响枯落物的质量和分解速率，碳、氮储存，以及植物–大气气体交换等对陆地生化过程产生重要影响。影响光合碳在体内分配的因素主要包括两方面：一是受植物个体发育影响的表层的分配可塑性，即由于植物的异速生长，光合产物分配格局发生改变；二是内在的分配可塑性，即当植物各器官都处于平衡状态时，外部因素才会真正影响光合产物的分配（平晓燕等，2010）。环境中 CO_2 浓度升高时会增加土壤中以根系分泌物等形式输入的碳（傅声雷和 Howard，2006）。Xu 等（2007）研究发现，CO_2 浓度升高后，中间锦鸡儿分配到地下的碳量增加，进一步分析其 ^{13}C 分馏情况发现，CO_2 浓度升高减少了 ^{13}C 在叶片的分馏，增加了其在根中的分馏。主要原因是 CO_2 浓度升高引起的氮限制作用，使得植物将更多的光合产物分配给根以确保养分的供应。另外，CO_2 浓度升高使得植物叶片淀粉含量增加，叶片和根之间的膨压梯度导致相对较多的光合产物向根系分配（Farrar and Williams，1991）。但是，Runion 等（1999）研究发现在高浓度 CO_2 中生长的长叶松碳分配格局并没有发生明显变化。干旱对光合碳分配的影响与干旱程度有关，一般认为，中等程度的干旱会促进光合碳向地下运输，当水分有限时，植物会优先考虑根系，这导致在干旱条件下根茎比持续增加，植物向根系分配更多的生物量（Poorter et al.，2012；Brunner et al.，2015）；重度或者长时间干旱通过降低根瘤菌对碳的需求或减少光合 CO_2 吸收，而降低了光合碳对根际和相关微生物的分配（Gaul et al.，2008；Hommel et al.，2016）。王云龙等（2004）通过室内培养实验发现，干旱促进早期羊草碳向根的分配。韦莉莉等（2005）应用 ^{13}C 稳定同位素标记的方法对水分胁迫下杉木光合碳分配变化进行了研究，结果显示，干旱条件下光合碳向地下，尤其是细根分配增多。但是通过对乔木幼苗进行 ^{13}C 标记发现，干旱减少了光合碳向地下部的分配（Ruehr et al.，2009；Barthel et al.，2011；Hagedorn et al.，2016）。

利用计算生态系统各组分碳含量的方法可以估算碳的静态分布，而若想追踪光合碳在某一生态系统或者特定植物种类中的动态分布，探究土壤碳来源与转化，稳定碳同位素标记技术是一种比较理想的方法。应用 ^{13}C 脉冲标记法来探究森林生态系统光合碳分配，可以量化植物-土壤各部分碳分配，估算根系对 SOC 的贡献，确定根系碳进入 SOC 不同组分的量；利用标记叶片进行分解试验，可量化叶片分解对 SOC 的贡献，同时结合分子生物学技术可探究在此过程中微生物的作用机制。

4.1.2 利用稳定同位素探针技术研究有机碳动态与周转

稳定同位素探针技术是对复杂环境中微生物物种组成及其生理功能耦合分析的有力工具。利用稳定同位素探针[磷脂脂肪酸稳定同位素探针（phospholipid fatty acid-stable isotope probing，PLFA-SIP）、氨基糖稳定同位素探针（amino sugar-stable isotope probing，AS-SIP）]技术可以将微生物种群和微生物残体碳与特定的生物地球化学过程联系起来（Boschker et al.，1998）。微生物特定属性 PLFA 定性、定量数据库缺乏，以及个别种属的 PLFA 构型相互叠加，掩盖了一些重要的微生物信息，使得 PLFA 技术的应用及发展受限，而 ^{13}C 示踪剂与 PLFA 的耦合能够反映微生物种群对环境变化的响应，已被广泛应用于植物-土壤系统的碳通量追踪（Apostel et al.，2013，2015，2018；Peixoto et al.，2020）。由于标记 ^{13}C 被整合到微生物的 PLFA 中，通过带有 ^{13}C 标记的底物，可以跟踪不同微生物种群对底物的利用情况。活体微生物生物量碳虽然只占总土壤有机碳的 2%～4%（Jenkinson and Ladd，1981），但其是一个高度活跃的非均质碳池（Malik et al.，2015）。细菌和真菌为胞外酶的主要生产者，负责将复杂的凋落物化合物降解为低聚物和单体（Demoling et al.，2007；Fernandez et al.，2016）。

利用 ^{13}C 标记的底物，我们可以跟踪不同微生物组对它们的利用，同时标记后的 PLFA 和氨基糖可以进入土壤微生物食物网。Watzinger 等（2014）利用 ^{13}C 标记生物炭监测其降解和代谢的微生物群落发现，放线菌 PLFA 和革兰氏阴性细菌 PLFA 与生物炭分解有关。Gunina 等（2017）通过向土壤中添加 ^{13}C 标记后的葡萄糖估测了 PLFA 和细胞液的周转期分别为 47d 和 150d。Apostel 等（2015）通过 ^{13}C 特定位置标记后分析了土壤中己糖和戊糖转化的生物化学特征。Ge 等（2017）通过对水稻原位标记后发现，光合碳向土壤微生物生物量的转化是相当快的过程，且真菌 PLFA、细菌 PLFA 和放线菌 PLFA 中富集的 ^{13}C 随着氮肥的添加逐渐增多。通过用 ^{13}C 标记叶片培养发现，氨基糖合成较快，其中氨基葡萄糖的 δ^{13}C 增长率高于胞壁酸（Decock et al.，2009），而以 ^{13}C 标记的葡萄糖为添加底物时，胞壁酸 δ^{13}C 增长率高于氨基葡萄糖（Glaser and Gross，

2005；He et al.，2005）。植被生长环境中 $^{13}CO_2$ 的量增加时，$^{13}CO_2$ 可被土壤中的微生物截获，在氨基葡萄糖和氨基半乳糖中均检测到 ^{13}C 富集（Miltner et al.，2005）。因为不同氨基糖种类代表不同微生物群落（真菌和细菌），因此特定氨基糖动态可反映不同微生物群落对底物的响应。细菌优先利用易分解底物，而真菌则倾向于优先利用抗分解的组分（Myers et al.，2001；Waldrop and Firestone，2004）。

4.2　云雾山不同封育年限草地光合碳在植物–土壤系统中的周转

草地生态系统拥有仅次于森林生态系统的碳储量，大约占陆地总碳储量的 15.2%（李凌浩，1998）。许多研究表明，与地上植被相比，有机碳更多地分布到草地植被的根系当中。哈琴等（2013）对内蒙古赛罕乌拉国家级自然保护区不同草地的碳分配的研究发现，草地地下根系碳含量占植被总碳含量的 83.94%～94.43%。张智袁等（2017）对山西 4 种主要草地类型的碳分布特征进行了研究，发现地下根系碳含量约占该生态系统有机碳含量的 18%，地上部分碳含量仅占 2%，草地生态系统地上–地下生物量的不同使有机碳更多地分布在植物根系中。草地生态系统中，有机碳主要分布在土壤中，土壤有机碳含量约占该生态系统中有机碳总量的 90%，是草地生态系统中最重要的碳库（钟华平等，2005）。草地植被通过地上部和土壤呼吸消耗的碳是光合碳损失的重要途径。关于光合碳在不同封育年限草地地上–地下系统间的分配还有待研究。

4.2.1　草地植被 ^{13}C 稳定同位素原位标记方法

稳定同位素示踪技术作为一种新型的研究手段被广泛运用到光合碳的研究中。脉冲标记是指一次性注入一定量的标记物质（如 $^{13}CO_2$），在一定时期追踪 ^{13}C 在植物组织或者土壤有机碳中的分配。此方法较为适合原位条件下研究光合碳的分配与转化（王智平和陈全胜，2005）。我们选取云雾山过度放牧地及封育 5 年、10 年和 30 年的草地为研究对象，各研究区优势种均为长芒草，植被生物量和碳储量及土壤碳储量信息见表 4-1。每个封育年限设置 6 个样方（3 个标记和 3 个对照），对 4 个不同封育年限的样地进行原位 ^{13}C 脉冲标记。标记原理为利用 $Na_2{}^{13}CO_3$ 与稀盐酸反应生成 $^{13}CO_2$，叶片通过光合作用吸收装置中的 $^{13}CO_2$。脉冲标记装置由透明 PVC 板嵌在铁架上制成的箱体和铁制底座构成，整个箱体所有连接缝隙用中性硅酮密封，以保证其密闭性（图 4-1）。根据研究区草地生长情况，将标记装置的大小设计为 1m×1m×0.5m。箱体侧方留有 2 个圆孔，一个用于向内部风扇供电，另一个用于向标记装置内加盐酸产生 $^{13}CO_2$ 气体。标记大概持续 6h（11:00～17:00），在标记后 3d、10d、19d 和 30d 采集植物和土壤样品测定其 $\delta^{13}C$。

标记完成后，移除标记装置，将圆柱形不透明容器（直径 10cm，高 25cm）放入标记样方内，剪掉容器内植物地上部，向容器内放入装有 1mol/L NaOH 溶液的白色塑料瓶，用于吸收土壤呼吸产生的 CO_2（Hafner et al.，2012）。在标记后的 3d、10d、19d 和 30d，采集并置换盛有 NaOH 溶液的白色塑料瓶。取出 5mL NaOH 溶液，用稀盐酸（0.5mol/L）

滴定，测定土壤呼吸产生的 CO_2 量；向剩余的 NaOH 溶液中加入 1mol/L $SrCl_2$，产生 $SrCO_3$ 沉淀后测定其 $\delta^{13}C$。

表 4-1 采样期内过度放牧草地及封育草地生物量及碳储量

研究区	标记后天数	生物量			碳储量				
		地上部/(g/m²)	地下部/(g/m²)	根茎比	地上部有机碳/(g/m²)	根系有机碳/(g/m²)	土壤有机碳/(g/m²)	土壤微生物生物量碳/(mg/m²)	土壤可溶性有机碳/(mg/m²)
过度放牧草地	3				16.4±0.9c	119.1±8.7c	4.1±0.2b	41.9±3.1b	29.8±2.5b
	10	38.1±4.0c	315.3±17.7c	8.3	16.2±1.2c	119.2±9.1c	3.9±0.3b	42.2±3.2b	30.1±1.5b
	19				16.3±1.1c	118.9±9.8c	4.3±0.4b	42.4±2.5b	30.3±1.2b
	30				16.2±1.2c	118.8±11.7c	4.2±0.5b	42.6±3.5b	30.2±1.8b
封育5年草地	3				44.8±1.7b	302.9±25.2b	22.2±0.4a	104.8±3.1a	62.8±4.5a
	10	106.1±9.1b	787.8±12.8b	7.4	45.2±2.2b	300.9±18.1b	21.0±0.7a	106.1±2.1a	63.8±5.5a
	19				45.3±2.3b	301.9±17.7b	20.9±0.5a	105.8±5.1a	64.1±3.2a
	30				46.2±1.3b	301.8±18.7b	21.2±0.7a	105.4±6.1a	62.9±9.5a
封育10年草地	3				53.9±3.3b	318.1±22.7b	23.8±0.1a	105.4±7.3a	61.2±3.4a
	10	124.9±8.1b	792.9±15.1b	6.3	53.2±4.3b	316.1±23.8b	21.8±0.4a	106.4±5.9a	62.2±5.4a
	19				53.3±2.4b	317.5±20.7b	22.1±1.1a	104.9±7.3a	60.9±8.2a
	30				53.4±2.6b	316.7±22.6b	23.5±1.3a	103.9±2.9a	59.5±7.4a
封育30年草地	3				69.1±4.1a	372.0±21.2a	22.0±1.1a	111.9±9.5a	69.0±6.0a
	10	158.9±7.2a	961.6±21.9a	6.1	68.6±5.1a	369.6±29.2a	26.0±1.2a	113.9±10.5a	70.5±6.3a
	19				70.1±7.4a	375.6±31.2a	24.6±0.7a	112.1±12.5a	68.5±2.6a
	30				70.6±9.1a	372.6±30.2a	23.4±1.7a	113.7±11.5a	69.1±3.6a

注：数据为平均值±标准误，同列不含有相同小写字母的表示同一采样期不同封育年限草地差异显著（$P<0.05$）

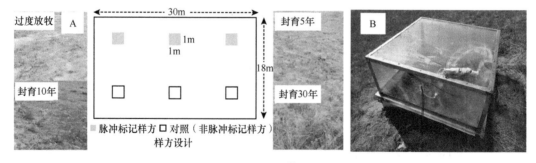

图 4-1 标记样方设置（A）及 ^{13}C 脉冲标记装置（B）

4.2.2 不同封育年限草地光合碳在植物–土壤系统中的分配

如图 4-2 所示，过度放牧草地同封育年限草地光合碳在植物地上部的同化率随时间延长而呈持续降低的趋势。草地光合碳在植物地上部的分配比例随时间延长而持续下降，在标记后的 3～10d 下降最快。过度放牧草地在 19～30d 下降较快。标记后 30d，光合碳在植物地上部的分配比例随封育年限的增加而增加，且过度放牧草地显著低于封育草地。光合碳在植物地上部的同化率在封育 30 年最高（36.53%），并显著高于过

度放牧草地和其他封育年限草地；过度放牧草地的同化率（7.87%）显著低于其他 3
种草地。

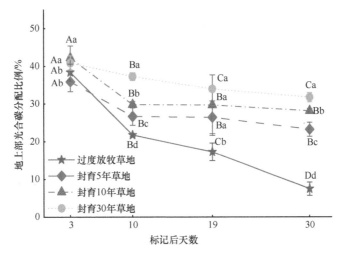

图 4-2　采样期内光合碳在草地地上部的分配比例

不含有相同大写字母的表示同一封育草地不同采样时间之间差异显著（$P<0.05$），
不含有相同小写字母的表示在同一采样时间不同封育草地之间差异显著（$P<0.05$）。下同

　　过度放牧草地根系中光合碳分配比例呈现先降低后增大至稳定的变化趋势，封育 5
年、10 年、30 年草地根系光合碳分配比例呈先升高后降低的趋势，在标记后 10d 达到
最高值，分别为 22.06%、30.27%、14.20%，并且封育 10 年草地光合碳分配比例显著高
于封育 30 年草地和过度放牧草地（图 4-3）。与封育草地相比，过度放牧草地的根系光
合碳分配比例显著低于 3 种封育草地。标记 30d 内，过度放牧草地和封育 30 年草地光
合碳在根系中的分配比例随时间无显著变化。脉冲标记后 30d，封育 10 年草地光合碳在
根系的分配比例最高。

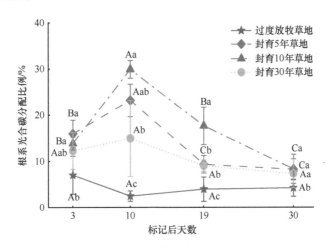

图 4-3　采样期内光合碳在草地根系的分配比例

　　封育草地光合碳在土壤中的分配比例如图 4-4 所示。封育 5 年、10 年、30 年草地

土壤中光合碳分配比例呈现先降低后逐渐稳定的变化趋势，标记后 3d 达到最大值，分别为 36.36%、27.63%、27.58%，随后逐渐下降，并在标记后 19d 同化率保持稳定。过度放牧草地土壤光合分配比例在标记后 10d 达到最大值，为 21.42%，随后呈现下降趋势，在标记后 19d 呈稳定趋势。标记后 30d，过度放牧草地土壤的光合碳分配比例最低（13.87%），封育 5 年草地土壤的光合碳分配比例（30.24%）显著高于过度放牧草地和封育 30 年草地。

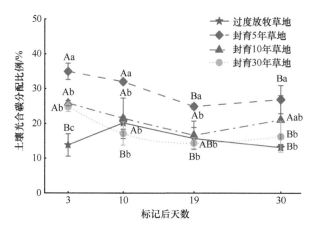

图 4-4　采样期内光合碳在草地土壤的分配比例

光合碳通过呼吸（植物地上部和土壤呼吸）损失的比例如图 4-5 所示。采样期内，过度放牧草地和封育 30 年草地光合碳通过地上部呼吸损失比例均高于封育 5 年和 10 年草地，且标记后 30d，过度放牧草地光合碳通过地上部呼吸损失比例显著高于封育草地。标记后 30d，过度放牧草地、封育 5 年草地、封育 10 年草地、封育 30 年草地光合碳通过土壤呼吸损失的比例分别为 39.2%、13.8%、16.9%、15.6%。在采样期内，过度放牧草地光合碳通过土壤呼吸损失的比例显著高于封育草地。

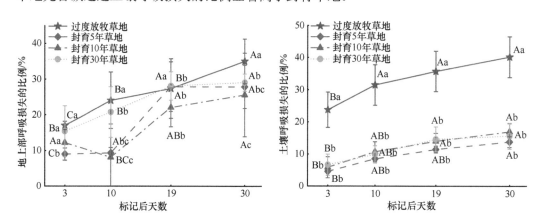

图 4-5　采样期内光合碳通过地上部和土壤呼吸损失的比例

用第一动力学模型来模拟土壤呼吸产生的 CO_2 速率与标记后天数间的关系发现，过度放牧草地、封育 5 年草地、封育 10 年草地、封育 30 年草地光合碳在地下平均驻留时间（mean residence time，MRT）分别为 10d、20d、17d、14d（图 4-6）。

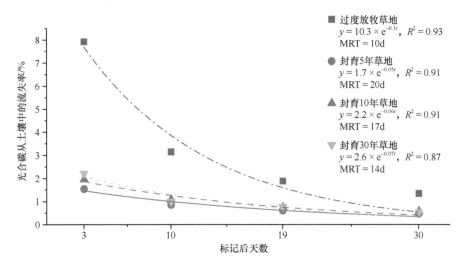

图 4-6　土壤呼吸产生的 CO_2 速率与标记后天数间的关系

用第一动力学模型拟合曲线，并用于解释非结构性碳在土壤呼吸中的平均驻留时间（MRT）

　　通过整合整个采样期内光合碳在植物−土壤系统及通过地上部和土壤呼吸损失的分配比例发现，脉冲标记后 30d，过度放牧草地、封育 5 年草地、封育 10 年草地、封育 30 年草地，通过呼吸释放的光合碳比例分别达到 75%、42%、43%、45%（图 4-7）；地上部分配比例分别为 7.4%、23%、28%、32%；根系中分配比例分别为 4.2%、8.2%、8.3%、7.3%；进入土壤有机碳中的比例分别为 13%、27%、21%、16%。

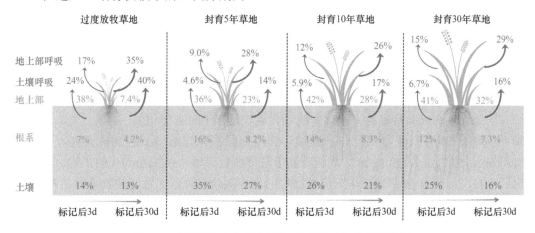

图 4-7　采样期内光合碳在植物−土壤系统间的分配比例

　　通过 ^{13}C 同位素脉冲标记光合碳在植物−土壤系统的分配比例发现，草地恢复年限在碳同化速率和近期光合碳向土壤转移方面存在显著差异。封育草地地上部和根系中的光合碳分配比例显著高于过度放牧草地，该结果与已有研究结果较一致（Li et al.，2016）。Gong 等（2014）通过 ^{13}C 脉冲标记自然草地发现，在示踪期结束时，草地地上部 ^{13}C 分配比例为 27%～74%。本研究关于封育草地的结果与此研究结果较一致，但是过度放牧草地研究结果小于 Gong 等（2014）的结果，表明封育促进了光合碳在地上部的分配。放牧围封增加了草地地上部生物量，大大提高了总光合面积，因此可以推测也提高了地上部 ^{13}C 的分配比例（Gao et al.，2008）。封育使草地形成密集的根系，通过增加根系吸收光合碳来促进养分的吸收（Miehe et al.，2019）。

封育 5 年和 10 年草地土壤有机碳富集的 ^{13}C 分配比例均高于封育 30 年和过度放牧草地，主要是由于过度放牧草地通过地上部和土壤呼吸消耗，封育 30 年草地遗留在地上部和通过地上部呼吸损失的光合碳高于封育 5 年和封育 10 年。过度放牧草地退化严重，土壤结构遭到破坏，从而不利于土壤中碳的固定，导致示踪期结束时光合碳的大量损失（Wei et al.，2016；Abdalla et al.，2018）。光合碳被植物地上部同化后，主要通过呼吸损失和地下分配两种方式损失（Zou et al.，2014）。在标记后的 3d 内，^{13}C 的损失比例逐渐增大，主要是由于在标记后 ^{13}C 同化物在植物体内的含量较高，这与许多学者的研究结果类似（De Deyn et al.，2008；Wu et al.，2010）。封育 30 年草地地上部生物量显著高于封育 5 年和 10 年草地，这是封育 30 年草地地上部呼吸消耗较高的主要原因。总的来说，光合碳在封育草地的损失比例低于过度放牧草地，说明了植被恢复能够降低草地生态系统光合碳的损失，使更多的光合碳保留在植物-土壤系统内。

一般认为根系是草地生态系统中最重要的碳库，光合碳分配到根系中的比例要高于土壤（Kaštovská and Šantrůčková，2007；Ingrisch et al.，2015；Xu et al.，2017）。但在本研究中，光合碳在土壤有机碳中的分配比例大于根系。许多学者研究表明，不同植物拥有不同的光合特性，光合碳的分配方式也不同：相比于一年生植物，由于多年生植物根系通常较为发达，所以多年生植物通常能够将更多的同化物转移到根系中，以便根系能提供更多的养分供植株持续生长（Kuzyakov，2006；Wu et al.，2010）。本研究中样方内的优势种长芒草为多年生植物，与已有研究结果不一致，这证实了黄土高原草地光合碳分配模式与当地干旱等环境条件相适应，证明光合碳分配是依赖植物物种和生态系统的。

4.2.3 不同封育年限草地土壤有机碳富集的光合碳的绝对含量

草地土壤有机碳富集的光合碳的绝对含量与封育年限密切相关。封育 5 年、10 年、30 年草地土壤有机碳富集的光合碳绝对含量在脉冲标记后 3d 达到最大值，分别为 71.4g/m^2、57.7g/m^2、39.1g/m^2，均显著高于过度放牧草地（16.3g/m^2）（图 4-8）。脉冲标记后 30d，封育 5 年草地土壤有机碳富集的光合碳绝对含量比过度放牧草地、封育 10 年草地、封育 30 年草地分别高 67%、14%、53%。

土壤微生物生物量碳和可溶性有机碳含量呈现过度放牧草地＜封育 10 年草地＜封育 5 年草地＜封育 30 年草地的变化趋势（表 4-1）。封育 5 年、10 年、30 年草地土壤微生物生物量碳富集的光合碳的绝对含量分别比过度放牧草地高 149%、146%、166%，可溶性有机碳富集的光合碳的绝对含量分别比过度放牧草地高 111%、99%、130%。封育草地土壤微生物生物量碳和可溶性有机碳中富集的光合碳绝对含量高于过度放牧草地（图 4-9）。

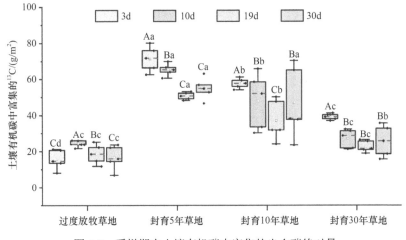

图 4-8 采样期内土壤有机碳中富集的光合碳绝对量

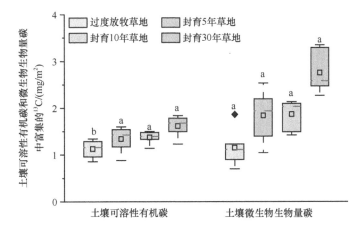

图 4-9 采样期内土壤可溶性有机碳和微生物生物量碳中富集的光合碳绝对含量

不同年限封育草地土壤有机碳中富集的光合碳绝对含量均高于过度放牧地，与已有研究结果较一致（Hafner et al.，2012；Zou et al.，2014；Zhao et al.，2015；Wilson et al.，2018）。很多研究表明封育能够提高土壤有机碳的含量（Wu et al.，2010；Deng et al.，2014；Li et al.，2016），主要是由于封育阻挡了人类和动物活动的干扰，提高了地上部生物量，而地上部的分解是土壤有机碳的重要来源，地上部生物量提高后由于其分解作用增加，从而提高了土壤有机碳的含量（De Deyn et al.，2008）。除此之外，根系的分解和根际沉积碳是草地土壤有机碳的主要来源，草地封育有利于植物根系的生长，从而促进了土壤有机碳的积累。封育 5 年草地土壤有机碳中富集的光合碳绝对含量分别是封育 10 年、30 年草地的 1.4 倍、2.4 倍。研究发现，封育年限是决定土壤有机碳增量的主要因素：过度放牧抑制了植物生长、减少了地下碳分配（Han et al.，2008），中度封育（年限在 5～15 年）的植物生长、碳固持和土壤质量比封育年限在 20 年以上的高（Belsky et al.，1993；Bilotta et al.，2007；Hu et al.，2018）。He 等（2009）的研究表明，超过 20 年的封育，草地土壤碳积累潜力降低。

另外，光合碳的分配模式随植物器官的年龄而变化，特别是在多年生植物中（Kozlowski，1971）。Amos 和 Walters（2006）选择不同年限研究区的优势种，均为长芒草，但是生长年限不一样，植物在快速生长的早期阶段，年幼植株比成熟植株有更高的根茎比，导致更多的光合碳分配到根部。而成熟的植物减少了碳在地下的分配，并增强了碳在维护一些"职责"（如"站立"）部位的生物量和地上呼吸中的分配（Kozlowski，1971；Genet et al.，2010）。与封育 5 年和 10 年草地相比，封育 30 年草地通过地上部呼吸损失的光合碳比例更高也验证了这一理论。光合碳在土壤中的平均驻留时间（MRT）在封育 10 年草地中最长，分别是过度放牧草地、封育 5 年、30 年草地的 3.8 倍、3.0 倍、2.3 倍。过度放牧草地光合碳在土壤中的 MRT 最短，说明了光合碳在过度放牧草地有较快的周转率，过度放牧不利于光合碳在土壤中的固定。封育 30 年草地经过长时间的封育，光合碳在土壤中的 MRT 较短，可能是由于其地下生物量较大，土壤微生物活性较高（Trumbore et al.，1996；Rinnan and Bååth，2009）。本研究中，光合碳向草地土壤中的固定在封育前中期效果最好。

4.3 子午岭不同树种间光合碳在植物–土壤系统中的周转

植物光合碳一方面经植物叶片—茎运输至地下部为根系生长提供碳源，另一方面以根系沉积物的形式向根际（一般指离根轴表面几毫米范围内，是根系–微生物–土壤系统相互作用的微区域）土壤环境中输出碳（Bais et al.，2006）。在森林生态系统中，约有 1% 到 10% 的光合产物转化为根际沉积碳作用于 SOC（Qiao et al.，2014；Yin et al.，2014），但不同树种差异显著。研究黄土高原子午岭林区不同树种光合碳在植物–土壤系统中的分配，对于探究该区 SOC 的形成和固持具有重要意义。

4.3.1 森林植被 [13]C 稳定同位素原位标记方法

参照 Glaser 等（2012）的标记装置，对子午岭林区建群种山杨和辽东栎进行 [13]C 稳定同位素原位标记试验（图 4-10）。分别在不同坡向选取 3 个地势平坦的山杨和辽东栎样地。鉴于原位操作的难度，本研究的原位标记试验研究对象为幼苗植株（高约 3m，树龄 3～5 年）。山杨和辽东栎分别选择 3 个样地，每个样地分别选择 3 株长势良好的植株，提前清除样地内多余的杂草。将 3 个分别装有 21g $Na_2^{13}CO_3$（99atom% [13]C）和 1 个装有 Na_2CO_3 的 250mL 的聚乙烯瓶子固定在树干上（均匀分布在树干的四周及上下部位）。为了创造均匀的 $^{13}CO_2$ 环境，将 4 个小电扇分别固定在瓶子下方，同时将 CO_2 探测仪固定在树枝上检测装置内 CO_2 浓度，并准备一次性注射器。标记当天 8:00 左右到达样地，为了使碳酸氢钠充分与稀硫酸反应，将约 50mL 蒸馏水加入聚乙烯瓶中使 $Na_2^{13}CO_3$ 和 Na_2CO_3 充分溶解。将树苗密封在用 PVC 做的装置中（4m×1.5m×1.5m，透光不透气），分别在装置四周打孔用于通入稀硫酸，尽量保证装置的密封性。标记开始前将树苗置于装置中约半小时使其通过呼吸作用尽量消耗掉装置中的 CO_2。当装置内 CO_2 浓度为 324mg/m³ 时（9:00 左右），通过注射器加入 400mL 1mol/L 的 H_2SO_4（4 次，每次 100mL），每次间隔 1.5h，最后一次加入 2h 后去掉密闭装置，于 17:00 左右撤掉标记装置。

图 4-10　乔木原位标记示意图

根据已有关于 ^{13}C 稳定同位素脉冲标记探究光合碳在植物–土壤系统分配的研究结果，一般在标记当天即能在土壤中检测到 ^{13}C 信号，且 20d 左右能在土壤中检测到 ^{13}C 信号最大值（Pausch and Kuzyakov，2018；Zang et al.，2019）。因此，本研究选取在标记后的当天、5d、12d、21d 后采集植物和土壤样品。植物样品包括叶片、茎和根系。采集 0~10cm、10~20cm 及根际土（将附着在根系上的土壤视为根际土），每个标记树木每个土层土壤样品采集 3 个重复。在距离标记树木至少 10m（防止标记过程中污染）（Glaser et al.，2012）的地方采集对照植物及土壤样品。植物样品在 105℃下杀青半小时后于 65℃下烘干至恒重，用球磨仪粉碎后过 1mm 筛进行后续试验。将土壤样品均匀分成两部分：一部分风干后测定土壤有机碳含量，再用稀盐酸处理后测定 ^{13}C 含量；一部分置于 4℃冰箱中，在 1 周之内完成土壤微生物生物量碳含量、微生物生物量氮含量、微生物生物量磷含量的测定。在标记当天采集 2kg 左右 ^{13}C 标记及未标记的叶片进行后续分解试验，同时在未标记山杨及辽东栎林下采集去除枯枝落叶层后的 0~20cm 土样用于室内分解试验。

4.3.2　乔木光合碳在植物–土壤系统中的分配

经过 6h 的脉冲标记，山杨、辽东栎叶片中 δ^{13}C 分别为 568‰、1037‰（图 4-11），之后叶片中 δ^{13}C 逐渐降低，标记后 21d 山杨、辽东栎叶片中 δ^{13}C 分别降至 4.2‰、68‰。山杨、辽东栎茎中 δ^{13}C 均在标记后 5d 达到最大值（143‰和 176‰），且此时山杨茎中的 δ^{13}C 分别是标记当天、标记后 12d、标记后 21d 的 δ^{13}C 的 1.7 倍、1.2 倍、2.2 倍；辽东栎茎中的 δ^{13}C 分别是标记当天、标记后 12d、标记后 21d 的 δ^{13}C 的 3.4 倍、8.8 倍、5.7 倍。

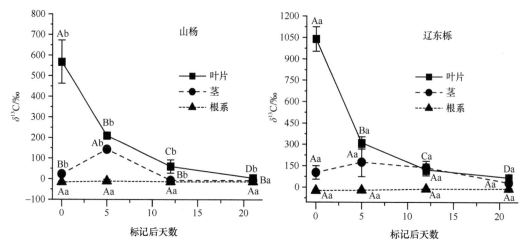

图 4-11　山杨和辽东栎采样期内叶片、茎和根系中 $\delta^{13}C$ 的变化

不含有相同大写字母的表示同一树种在不同采样时间差异显著（$P<0.05$），
不含有相同小写字母的表示同一采样时间山杨和辽东栎差异显著（$P<0.05$）。下同

　　山杨和辽东栎根系中 $\delta^{13}C$ 在采样期间呈现缓慢增加的趋势，标记后 21d 山杨、辽东栎根系中 $\delta^{13}C$ 分别为-10‰、-13‰，且分别比标记当天根系 $\delta^{13}C$ 高57%、15%。标记后 21d，辽东栎叶片、茎、根系中 $\delta^{13}C$ 分别比山杨高 94%、121%、35%。

　　标记后 21d，山杨叶片中 ^{13}C 的分配比例从 89%下降至 40%，辽东栎叶片中 ^{13}C 分配比例从 88%下降至 45%（图 4-12）。与标记完成时相比，标记后 21d，茎中和根系中 ^{13}C 分配比例都有所提高，山杨、辽东栎茎中 ^{13}C 分配比例从 10%分别上升至 50%、40%，根系中 ^{13}C 分配比例分别从 0.4%上升至 9.5%、从 1.5%上升至 15%。

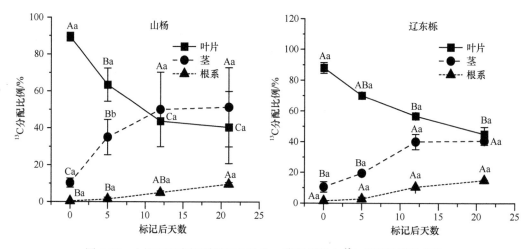

图 4-12　山杨和辽东栎采样期内叶片、茎和根系中 ^{13}C 分配比例的变化

　　山杨、辽东栎 0～10cm 土层土壤有机碳 ^{13}C 绝对含量均在标记后 5d（96mg/kg、84mg/kg）显著高于其他采样时间，此时山杨土壤有机碳 ^{13}C 绝对含量分别是标记当天、标记后 12d、标记后 21d 的 3.3 倍、7.7 倍、5.6 倍，辽东栎土壤有机碳 ^{13}C 绝对含量分别是标记当天、标记后 12d、标记后 21d 的 1.5 倍、2.5 倍、2.1 倍（图 4-13）。

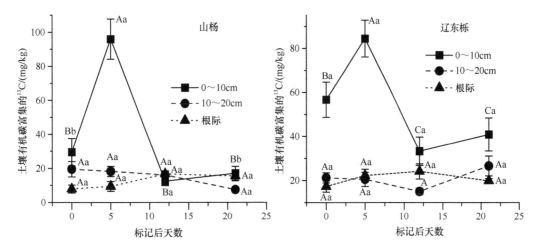

图 4-13　山杨和辽东栎采样期内 0～10cm、10～20cm 土层及根际土壤有机碳富集的 ^{13}C 绝对含量的变化

山杨 10～20cm 土壤有机碳 ^{13}C 绝对含量在标记当天高于标记后 5d、标记后 12d、标记后 21d，辽东栎 10～20cm 土壤有机碳 ^{13}C 绝对含量标记后 21d 分别是标记当天、标记后 5d、标记后 12d 的 1.3 倍、1.3 倍、1.8 倍。

山杨、辽东栎根际土壤有机碳 ^{13}C 绝对含量标记后 12d 分别高于标记当天土壤有机碳 ^{13}C 绝对含量 28%、53%。标记后 21d，辽东栎 0～10cm、10～20cm、根际土壤有机碳 ^{13}C 绝对含量分别为 41mg/kg、27mg/kg、20mg/kg，分别高于山杨 0～10cm、10～20cm、根际土壤有机碳 ^{13}C 绝对含量 58%、72%、22%。

山杨和辽东栎土壤微生物生物量碳中 ^{13}C 绝对含量（^{13}C-MBC）在采样期均呈现增大的趋势（图 4-14A，图 4-14B）。在标记后 21d，山杨 0～10cm 土壤 ^{13}C-MBC 分别是标记当天、标记后 5d、标记后 12d 土壤 ^{13}C-MBC 的 2.2 倍、1.7 倍、1.3 倍，辽东栎 0～10cm 土壤 ^{13}C-MBC 分别是标记当天、标记后 5d、标记后 12d 土壤 ^{13}C-MBC 的 4.0 倍、1.8 倍、1.7 倍。10～20cm 土壤 ^{13}C-MBC 在标记后 12d 趋于稳定，此时山杨、辽东栎土壤 ^{13}C-MBC 分别比标记当天高 59%、48%。山杨、辽东栎根际土壤 ^{13}C-MBC 在标记后 21d 分别比标记当天高 28%、57%。采样完成时，辽东栎 0～10cm、10～20cm、根际土壤 ^{13}C-MBC 分别比山杨高 34%、46%、7%。

山杨 0～10cm、10～20cm、根际土壤可溶性有机碳中 ^{13}C 绝对含量（^{13}C-DOC）均在标记后 12d 达到最大值，分别高于标记当天 71%、55%、83%（图 4-14C）。辽东栎 0～10cm、根际土壤 ^{13}C-DOC 均在标记后 12d 达到最大值，分别高于标记当天 75%、78%（图 4-14D）。辽东栎 10～20cm 土层 ^{13}C-DOC 在标记后 5d 达到最大值，且从标记后 12d 至标记后 21d 又有所上升。采样完成时，辽东栎 0～10cm、根际土壤 ^{13}C-DOC 分别为 0.1mg/kg、0.03mg/kg，分别比山杨 0～10cm、根际土壤 ^{13}C-DOC 高 56%、32%。

通过对山杨和辽东栎叶片富集的 ^{13}C 分配比例与采样期进行拟合发现，山杨和辽东栎叶片富集的 ^{13}C 比例随采样期的变化均符合一阶指数衰减模型（图 4-15），拟合方程分别为 $y=40+47\times e^{-0.09x}$（$R^2=0.94$）和 $y=37+53\times e^{-0.15x}$（$R^2=0.88$），且得到山杨及辽东栎叶片半衰期时叶片中 ^{13}C 富集比例分别为 40% 和 37%。

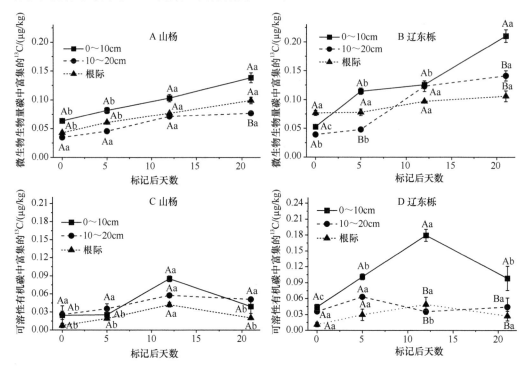

图 4-14 山杨和辽东栎采样期内 0～10cm 和 10～20cm 土层、根际土壤微生物生物量碳及可溶性有机碳 ^{13}C 绝对含量的变化

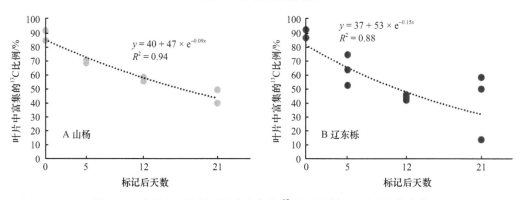

图 4-15 山杨和辽东栎叶片中富集的 ^{13}C 比例随标记后时间的变化

　　将叶片中与根系中富集的 ^{13}C 比例做相关性分析发现，山杨叶片与根系中富集的 ^{13}C 比例符合以 e 为底的指数函数（$y=324.9×e^{-0.08x}$，R^2=0.83）（图 4-16A），辽东栎叶片中与根系中富集的 ^{13}C 比例符合幂指数函数（$y=657\ 419x^{-2.92x}$，R^2=0.89）（图 4-16B）。根据拟合关系得出，在山杨叶片半衰期时，山杨根系中 ^{13}C 比例为 17%，在辽东栎叶片半衰期时，辽东栎根系中 ^{13}C 比例为 16%。

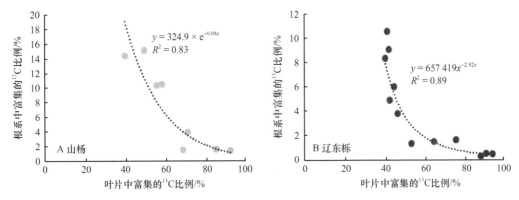

图 4-16　山杨和辽东栎叶片中和根系中富集的 ^{13}C 比例关系

将叶片与土壤中富集的 ^{13}C 分配比例做相关性分析发现，山杨叶片与土壤中富集的 ^{13}C 比例符合以 e 为底的指数函数（$y=4.1\times e^{-0.05x}$，$R^2=0.91$）（图 4-17A），辽东栎叶片与土壤中富集的 ^{13}C 比例符合幂指数函数（$y=9115x^{-2.39x}$，$R^2=0.72$）（图 4-17B）。根据拟合关系得出，在山杨叶片半衰期时，山杨土壤中 ^{13}C 分配比例为 1.6%；在辽东栎叶片半衰期时，辽东栎土壤中 ^{13}C 分配比例为 0.6%。

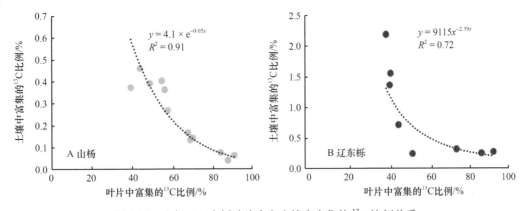

图 4-17　山杨、辽东栎叶片中和土壤中富集的 ^{13}C 比例关系

通过将山杨和辽东栎土壤中（根际沉积碳）与根系中 ^{13}C 分配比例做相关性分析发现，山杨和辽东栎土壤中与根系中 ^{13}C 分配比例均可用线性函数拟合（图 4-18）。山杨、辽东栎分别有 4.0%、11% 的根系碳转化为根际沉积碳。

通过对比采样期内光合碳在植物–土壤系统中的分配比例发现，脉冲标记后 21d，光合碳主要遗留在叶片和茎中；山杨进入根系、土壤中的 ^{13}C 分配比例分别为 9.5%、0.07%；辽东栎进入根系、土壤中的 ^{13}C 分配比例分别为 15%、0.24%。根据孙利鹏（2018）和邓强（2015）的研究结果，幼年山杨、辽东栎年均根系变化量分别为 240g/m^2、560g/m^2，因此山杨、辽东栎根系碳年均变化量分别为 240g/m^2、560g/m^2。黄土高原森林平均生长期为 150d，假设在 150d 生长期中，地下分配的比例相同，在 0～20cm 土层，5 年生山杨、辽东栎净根际沉积碳估量分别为 4.2g/(m^2·a)、28g/(m^2·a)（图 4-19）。

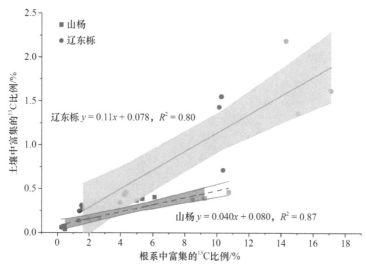

图 4-18　山杨、辽东栎根系中和土壤中富集的 ^{13}C 比例关系

黑色、红色、蓝色、绿色方框分别表示标记当天、5 天、12 天、21 天后山杨根系中和土壤中富集的 ^{13}C 比例；
黑色、红色、蓝色、绿色圆圈分别表示标记当天、5 天、12 天、21 天后辽东栎根系中和土壤中富集的 ^{13}C 比例

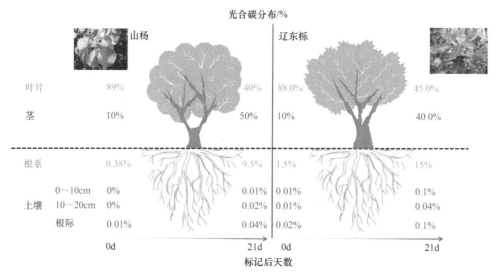

树龄为5年左右的山杨和辽东栎0～20cm土层年均净根际沉积碳和净地下输入碳分别为：

净根际沉积碳：4.2g/m^2　　　　　　净根际沉积碳：28g/m^2
净地下输入碳：109g/m^2　　　　　　净地下输入碳：283g/m^2

图 4-19　山杨和辽东栎植物–土壤系统中富集的 ^{13}C 比例

　　关于森林地上部碳循环的研究逐渐得到重视（Högberg et al.，2008；Wu et al.，2010；Epron et al.，2012；Keel et al.，2012）。树种显著影响了光合碳在植物–土壤系统中的分配，脉冲标记完成后，辽东栎叶片和茎吸收的光合碳约是山杨的 2 倍，说明辽东栎光合产物的运输比山杨更快。净光合速率是直接影响植物吸收 CO_2 的直接原因，黄土高原地区辽东栎叶片净光合速率显著高于山杨叶片（秦娟和上官周平，2006）。在相同生长条件下，辽东栎叶片气孔导度及胞间 CO_2 浓度显著高于山杨，是导致辽东栎净光合速率显

著高于山杨的主要因素（Sionit et al.，1984；秦娟和上官周平，2006）。同时，叶绿素是光能转化为化学能的主要色素，直接影响植物光合作用，辽东栎叶片叶绿素含量显著高于山杨（Gitelson et al.，2003）。另外，辽东栎叶片氮和磷含量高于山杨，研究发现，较高的叶片氮和磷含量通过影响光合过程中的光反应及暗反应而导致较高的净光合速率（Yoshida and Coronel，1976；Archontoulis et al.，2012；Miner and Bauerle，2019）。标记后 21d 采样发现，辽东栎叶片及茎中 $\delta^{13}C$ 高于山杨，且辽东栎标记叶片和茎与未标记间的差别大于山杨，这些差距是引起辽东栎根系 $\delta^{13}C$ 高于山杨的主要原因。

　　叶片和茎是储存光合碳的主要场所，但标记后 21d 有 10%～15%的光合碳进入地下部（根系及土壤），本研究结果低于其他关于光合碳在草地（Hafner et al.，2012；Liu et al.，2020）及农作物（Ge et al.，2012，2014；Zang et al.，2019）地下分布的研究结果。这可以用建立已久的森林根系的稳定性（Reichstein et al.，2013）及由森林植被根系木质化水平高引起低周转率来解释（Freschet et al.，2013）。由于植被生理特性的不同，辽东栎叶片富集的光合碳高于山杨，导致进入土壤中的光合碳高于山杨。在辽东栎建群种中，地上部枯落物输入量和地下根际沉积碳量的逐渐增加为 SOC 的固存及防止碳流失而形成新的小气候区（Guo and Gifford，2002；Deng et al.，2014）。

　　虽然植被类型的不同导致光合碳在植物–土壤系统的运输速度有差异，但是对山杨和辽东栎的研究结果都强调了光合碳在植物–土壤系统中迁移得相当快（Högberg et al.，2008；Epron et al.，2012）。植物通过光合作用形成根际沉积碳运输到土壤，这是 SOC 的主要来源之一，尤其是作为 SOC 活性碳库的微生物生物量碳（MBC）和可溶性有机碳（DOC）（Amiotte-suchet et al.，2007）。^{13}C 之所以在 MBC 和 DOC 中出现，是由于光合产物迅速地直接通过菌根网络或根系分泌物转移到土壤微生物中（Högberg et al.，2010）。土壤微生物生物量包含菌根真菌的根外菌丝，有报道发现光合碳能迅速转移到外生菌根中（Esperschuetz et al.，2009；Högberg et al.，2010）。因此，在光合速率和地下碳分配方面较高的可塑性可能是顶极群落（辽东栎）在植被恢复过程中作为优越的"居住者"，能够与其他生长较快的物种争夺光照和养分的原因。

　　由于原位操作系数难度大，乔木原位根际沉积碳的量化一直是难题，本研究在可操作性范围内选取幼年山杨和辽东栎进行原位 ^{13}C 脉冲标记，估算出山杨和辽东栎根际沉积碳分别为 8.0g/(m²·a) 和 41g/(m²·a)，当把根系碳和土壤碳均考虑在内时，山杨和辽东栎地下碳储量年均变化分别为 113g/m² 和 296g/m²。山杨和辽东栎的差异主要归因于植物生长、繁殖和资源获取的生态策略（Kaštovská et al.，2017）。山杨是该地区森林先锋物种，辽东栎是顶极物种，先锋植物在植被恢复早期条件较差时生长，具有适应能力强、生长快、扩散能力强、种子产量大等特点，但不适应植物间相互遮阴及根际竞争，易受后来物种排挤（李建华，2007）。植被演替进程中，提高了土壤碳及其他养分含量，影响了地上植被的生长发展，直至孕育出顶极优势物种。植被特性是影响 SOC 固定量的重要因素（Gong et al.，2009；Deng et al.，2014），已有研究大多通过采集不同恢复年限植被，判定植被特性与 SOC 含量的关系（Guo and Gifford，2002；Chang et al.，2011；Bai et al.，2020）。研究发现，与 ^{14}C 标记相比，洗根分离根际土的传统方法低估了真实根际沉积碳的 20%～60%（Sauerbeckand and Johnen，1976）。本研究山杨和辽东栎净根际沉积碳占总地下碳的 4.5% 和 7.1%，该比例小于同样应用 ^{13}C 标记的草地和农作物得到的结果（Watanabe et al.，2004；Zang et al.，2018，2019；Liu et al.，2019，2020）。由于森林植被根系的木质化特性，全球森林的平均根周转期是草地和作物的 5.3 倍和 5.5 倍，所以森林根碳转移到土壤所需的时间比草地和作物长（Gill and Jackson，2000）。另外，与草地和作物相比，森林 SOC 的主要来源是枯落物分解（Aber and Melillo，1980；Berg，2000；Freschet et al.，2013）。

4.4 枯落物分解对土壤有机碳收支的影响

森林生态系统有近 90% 的净初级生产力最终以落叶、根及木材的形式进入土壤。枯落物分解是森林生态系统中主要的 SOC 来源，枯落物分解过程中的参数可作为生态系统生态功能和服务的指标，枯落物组成和属性对于控制碳和营养物质（如氮、磷）的形成至关重要（Cotrufo et al.，2015）。枯落物分解产生的碳及营养元素为维持植物生长提供所需的物质，也是土壤碳及营养元素来源的主要途径（Berg，2014；Keiluweit et al.，2015）。同时，在土壤微生物的作用下，枯落物分解可产生大量 CO_2，对气候变化的调节具有重要作用（Cotrufo et al.，2015）。枯落物分解过程中土壤矿化作用所产生的 CO_2 在枯落物分解不同阶段表现各异，主要原因是随着分解的进行，枯落物的质与量均发生了变化（Crow et al.，2009；Kuzyakov，2010）。分解叶片碳、氮、磷含量及其化学计量比是影响激发效应强度和方向的重要因素（Fontaine et al.，2003；Hamer and Marschner，2005；Wang et al.，2014；Sun et al.，2019），但目前尚无定论，且多数研究不能区分枯落物分解过程中土壤矿化所产生的 CO_2 来源于枯落物和来源于土壤的比例。探明枯落物质与量如何影响 SOC 的形成与固持、土壤矿化作用，对于预测枯落物分解不同阶段及不同枯落物产量地区的土壤矿化量具有重要意义。

4.4.1 枯落物分解对土壤有机碳的贡献

由于山杨、辽东栎标记后叶片 $\delta^{13}C$ 和土壤 $\delta^{13}C$ 存在显著差异，因此可以用标记后的叶片进行分解试验来量化叶片分解过程中叶片来源碳对土壤有机碳的贡献。山杨、辽东栎标记后的叶片在分解 163d 过程中叶片 $\delta^{13}C$ 均以对数函数形式下降（图 4-20A）。与山杨相比，辽东栎的叶片 $\delta^{13}C$ 下降得更快。

与叶片 $\delta^{13}C$ 相似，山杨和辽东栎的叶片 ^{13}C 绝对含量（^{13}C-LOC）也均以对数函数形式下降（图 4-20B）。分解 4d 后，山杨 ^{13}C-LOC 为 0.19g/kg，是分解 163d 后 ^{13}C-LOC 的 2 倍；辽东栎 ^{13}C-LOC 为 0.35g/kg，是分解 163d 后 ^{13}C-LOC 的 2.5 倍。

叶片分解过程中，土壤 $\delta^{13}C$ 均高于未标记土壤 $\delta^{13}C$（图 4-21）。山杨和辽东栎土壤 $\delta^{13}C$ 均在分解第 14 天达到最大值，且辽东栎是山杨的 1.7 倍（27‰ 与 46‰）。山杨土壤 $\delta^{13}C$ 在分解第 7 天到第 14 天上升最快，分解第 14 天 $\delta^{13}C$ 比第 7 天 $\delta^{13}C$ 高 74%。辽东栎土壤 $\delta^{13}C$ 在分解第 4 天到第 7 天上升最快，分解第 7 天 $\delta^{13}C$ 比第 4 天 $\delta^{13}C$ 高 131%。山杨和辽东栎土壤 $\delta^{13}C$ 在叶片分解后期均有所增大。

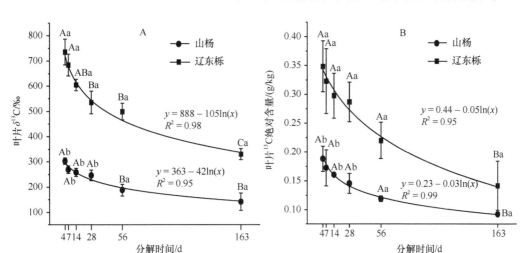

图 4-20　山杨、辽东栎叶片分解过程中叶片 δ^{13}C 及 ^{13}C 绝对含量动态变化特征

不含有相同大写字母的表示同一树种在不同分解时间差异显著（$P<0.05$），
不含有相同小写字母的表示同一分解时间山杨和辽东栎差异显著（$P<0.05$）。下同

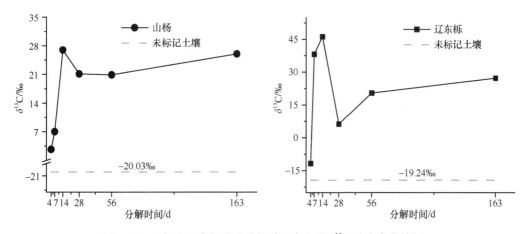

图 4-21　山杨和辽东栎叶片分解过程中土壤 δ^{13}C 动态变化特征

山杨和辽东栎土壤有机碳中富集的叶片来源碳绝对含量（^{13}C-SOC）均在叶片分解第 14 天达到最大值，且辽东栎 ^{13}C-SOC 比山杨 ^{13}C-SOC 高 0.8 倍（2.0g/kg vs 1.1g/kg）（图 4-22A 和 B）。与土壤 δ^{13}C 变化趋势一致，山杨土壤 ^{13}C-SOC 在分解第 7 天到第 14 天上升最快。辽东栎土壤 ^{13}C-SOC 在分解第 4 天到第 7 天上升最快，分解第 7 天 ^{13}C-SOC 比第 4 天 ^{13}C-SOC 高 89%，在分解末期 ^{13}C-SOC 增大。

山杨和辽东栎土壤腐殖质碳中富集的叶片碳绝对含量（^{13}C-Humus carbon）变化趋势基本一致（图 4-22C 和 D）。山杨土壤 ^{13}C-Humus carbon 在叶片分解第 7 天达到最大值，为 0.28g/kg，显著高于第 4 天、28 天、163 天（$P<0.05$）。辽东栎土壤 ^{13}C-Humus carbon 在叶片分解第 14 天达到最大值，为 0.25g/kg，显著高于第 4 天、7 天、56 天、163 天（$P<0.05$），且在分解末期又有所增大。在 163d 的叶片分解过程中，辽东栎土壤 ^{13}C-Humus carbon 高于山杨 ^{13}C-Humus carbon。

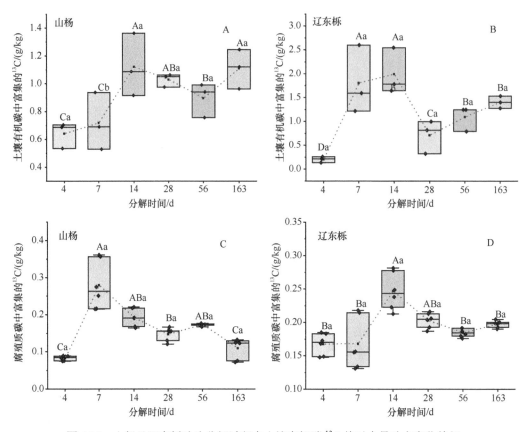

图 4-22　山杨及辽东栎叶片分解过程中土壤有机碳 ^{13}C 绝对含量动态变化特征

　　山杨土壤微生物生物量碳中富集的叶片碳绝对含量（^{13}C-MBC）在叶片分解第 28 天达到最大值（图 4-23A），为 1.5mg/kg，显著高于其他采样时间（$P<0.05$）。辽东栎土壤 ^{13}C-MBC 在叶片分解第 14 天达到最大值（图 4-23B），为 3.3mg/kg，显著高于其他采样时间土壤 ^{13}C-MBC。在叶片分解第 163 天辽东栎土壤 ^{13}C-MBC 达到最小值，且小于叶片分解第 4 天土壤 ^{13}C-MBC。除了分解末期，辽东栎土壤 ^{13}C-MBC 均高于山杨。

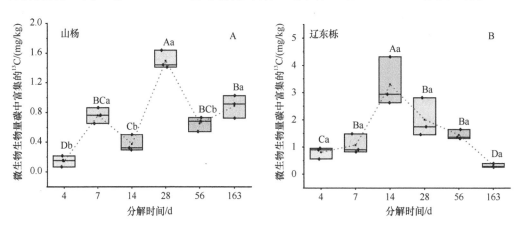

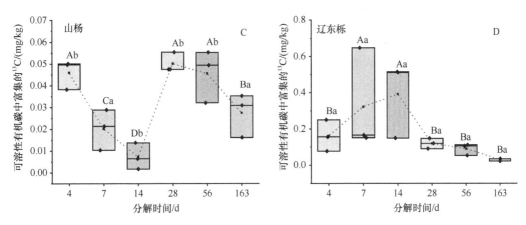

图 4-23　山杨及辽东栎叶片分解过程中土壤微生物生物量碳及可溶性有机碳 ^{13}C 绝对含量动态变化

山杨土壤可溶性有机碳中富集的叶片碳含量（^{13}C-DOC）在叶片分解前期逐渐降低（图 4-23C），在分解第 28 天达到最大值，为 0.05mg/kg。辽东栎土壤 ^{13}C-DOC 在叶片分解前期逐渐增高且在叶片分解第 14 天达到最大值（图 4-23D），为 0.39mg/kg。总体来看，辽东栎土壤 ^{13}C-DOC 高于山杨土壤 ^{13}C-DOC。

4.4.2　枯落物分解对土壤矿化作用的影响

山杨和辽东栎叶片分解过程中土壤矿化速率均高于对照空白土壤，且均呈现先增加后减小的变化趋势（图 4-24）。在叶片分解过程中，山杨土壤矿化速率均高于辽东栎，但在分解末期，几乎趋于一致。在分解第 7 天，山杨土壤日矿化速率达到最大，为 132mg/(kg·d)，显著高于此时辽东栎土壤矿化速率[101mg/(kg·d)]和空白土壤矿化速率[31mg/(kg·d)]。辽东栎土壤矿化速率在分解第 14 天达到最大值，为 110mg/(kg·d)，显著高于空白土壤矿化速率[25mg/(kg·d)]。在叶片分解第 56～163 天，山杨土壤、辽东栎土壤和空白土壤矿化速率接近一致。

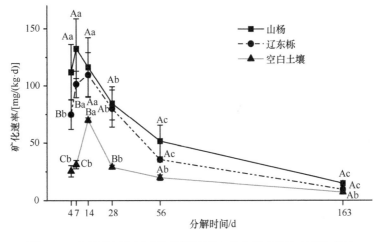

图 4-24　山杨及辽东栎叶片分解过程中的土壤矿化速率变化趋势

　　山杨和辽东栎分解过程中通过土壤矿化作用产生的 CO_2 的 $\delta^{13}C$ 随着采样时间先增大，后逐渐趋于稳定（图 4-25）。在分解前 28d 内，山杨和辽东栎 CO_2 的 $\delta^{13}C$ 几乎一致，在分解第 56 天辽东栎土壤矿化产生的 CO_2 的 $\delta^{13}C$ 高于山杨，但二者差异不显著，在分解第 163 天，辽东栎土壤矿化产生的 CO_2 的 $\delta^{13}C$ 高于山杨。

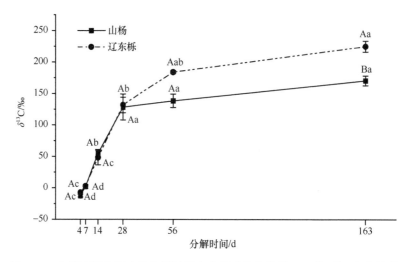

图 4-25　山杨及辽东栎叶片分解过程中土壤矿化产生的 CO_2 的 $\delta^{13}C$ 变化趋势

　　叶片分解过程中，土壤矿化产生的 CO_2 一方面来源于叶片下的土壤，一方面来源于叶片。山杨和辽东栎叶片分解过程中土壤矿化产生的 CO_2 来源于叶片的比例随着分解的进行逐渐增大（图 4-26）。山杨和辽东栎叶片分解过程中土壤矿化产生的 CO_2 来源于叶片的比例变化范围分别为 1.5%～44% 和 1.7%～44%，在 163d 的分解过程中一直处于上升趋势，且均为从分解 7d 到 14d 来源于叶片的比例变化最大。在叶片分解前 56d，辽东栎土壤矿化产生的 CO_2 来源于叶片的比例均高于山杨，在分解末期基本持平。

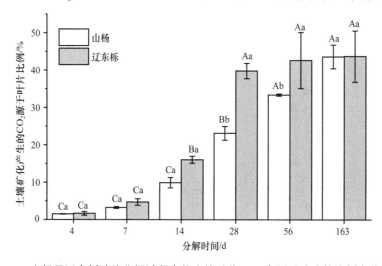

图 4-26　山杨及辽东栎叶片分解过程中的土壤矿化 CO_2 来源于叶片的比例变化趋势

通过与不加叶片的空白对照相比发现，山杨和辽东栎土壤添加叶片后均对原有土壤有机质分解产生显著激发效应（图 4-27）。山杨、辽东栎土壤分解的激发效应变化范围分别为 61%～369%、6.9%～339%。山杨和辽东栎土壤分解的激发效应随着叶片分解均呈现先增大后减小的趋势，且山杨和辽东栎土壤激发效应最大值均出现在叶片分解第 14 天，分别为 369% 和 339%。

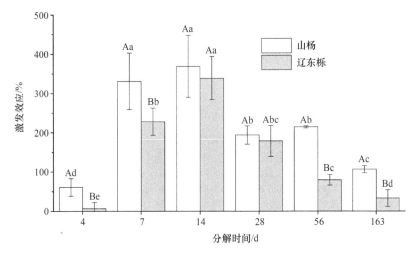

图 4-27　山杨及辽东栎叶片添加对土壤矿化作用的激发效应变化趋势

在叶片分解过程中，山杨叶片添加对土壤分解产生的激发效应均高于辽东栎叶片，且在分解初期（分解前 7d）和分解末期（分解第 56 天到分解第 163 天）两者差距较大。在分解第 4 天，山杨土壤分解的激发效应比辽东栎土壤分解的激发效应高 89%；在分解第 28 天，山杨土壤分解的激发效应与辽东栎土壤分解的激发效应相差最小，山杨比辽东栎高 7.8%。

将土壤矿化作用、激发效应和土壤矿化作用产生的 CO_2 来源于叶片的比例与土壤和叶片微生物生物量碳、微生物生物量氮、微生物生物量磷及其生态化学计量比做冗余分析（redundancy analysis，RDA），结果发现，山杨土壤微生物生物量碳、微生物生物量氮、微生物生物量磷及其生态化学计量比和叶片碳、氮、磷含量及其生态化学计量比对土壤激发效应、土壤矿化速率和土壤矿化产生的 CO_2 来源于叶片的比例在 X 轴解释率为 66.5%，在 Y 轴解释率为 23.8%（图 4-28A）。通过 Prdal-RDA 结果分析发现，土壤微生物生物量碳、微生物生物量氮、微生物生物量磷含量及其生态化学计量比和叶片碳、氮、磷及其生态化学计量比对土壤激发效应、土壤矿化速率和土壤矿化产生的 CO_2 来源于叶片的比例的解释率分别为 60.8%、58.8%（图 4-28B）。

山杨叶片残留量、MBN、MBC∶MBP 和叶片氮含量是土壤激发效应、土壤矿化速率和土壤矿化产生的 CO_2 来源于叶片的比例的显著影响因素（$P < 0.05$），解释率分别为 40.8%、15.5%、14% 和 12.2%（表 4-2）。

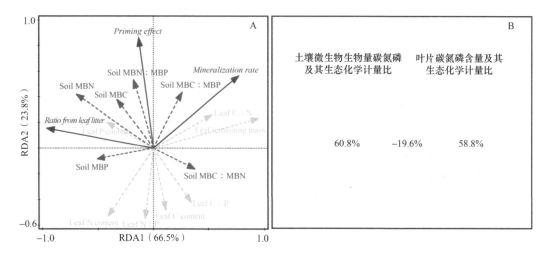

图 4-28 山杨土壤微生物生物量碳氮磷及其生态化学计量比、叶片碳氮磷含量及其生态化学计量比对
山杨土壤矿化作用的激发效应、矿化速率及产生的 CO_2 来源于叶片的比例的冗余分析及 Prdal-RDA

Ratio from leaf litter：来源于叶片的比例；Soil MBN：土壤微生物生物量氮；Soil MBC：土壤微生物生物量碳；Soil MBN：
MBP：土壤微生物生物量氮磷比；Priming effect：激发效应；Soil MBC：MBP：土壤微生物生物量碳磷比；Mineralization rate：
矿化速率；Leaf C：N：叶片碳氮比；Leaf remaining mass：叶片残留量；Soil MBC：MBN：土壤微生物生物量碳氮比；Leaf
C：P：叶片碳磷比；Leaf C content：叶片碳含量；Leaf N：P：叶片氮磷比；Leaf N content：叶片氮含量；Soil MBP：土
壤微生物生物量磷；Leaf P content：叶片磷含量。在左图中，受影响指标以斜体表示。图 4-30 同此

表 4-2 RDA 结果中土壤微生物生物量碳氮磷及其生态化学计量比、叶片碳氮磷含量及其生态化学计
量比对土壤激发效应、产生的 CO_2 来源于叶片的比例及土壤矿化速率的解释率

因素	解释率/%	F 值	P 值
叶片残留量	<u>40.8</u>	24.8	0.002
土壤微生物生物量氮（MBN）	<u>15.5</u>	9.8	0.004
土壤微生物生物量碳磷比（MBC：MBP）	<u>14</u>	2.8	0.016
叶片氮含量	<u>12.2</u>	1.6	0.018
土壤微生物生物量氮磷比（MBN：MBP）	1.3	1	0.37
土壤微生物生物量磷（MBP）	3.7	3.3	0.07
叶片碳磷比	2.6	2.7	0.098
土壤微生物生物量碳（MBC）	0.8	0.8	0.432
叶片碳氮比	0.5	0.5	0.598
叶片磷含量	0.4	0.4	0.696
叶片碳含量	1	0.8	0.436
土壤微生物生物量碳氮比（MBC：MBN）	1	0.8	0.43
叶片氮磷比	0.1	<0.1	0.92

注：标注下划线的解释率对应于具有显著影响的因素（$P<0.05$）或极显著影响的因素（$P<0.01$）

　　叶片残留量是影响土壤矿化速率、激发效应和矿化产生的 CO_2 来源于叶片的比例的
最主要因子，因此将山杨叶片残留量分别与山杨土壤矿化速率、激发效应和矿化产生的
CO_2 来源于叶片的比例分别做相关性分析，结果发现，叶片残留量与激发效应间没有明
显的相关性（图 4-29A）；叶片残留量与矿化速率间的关系可以用以 e 为底的指数函数较
好地拟合，相关关系为 $y=0.65e^{0.78x}$（$R^2=0.75$）（图 4-29B）；叶片残留量与矿化产生的

CO_2 来源于叶片的比例间呈显著的线性相关关系（$P<0.05$），相关关系为 $y=217-31x$（$R^2=0.75$），即随着叶片残留量的减少，矿化产生的 CO_2 来源于叶片的比例呈直线下降（图 4-29C）。

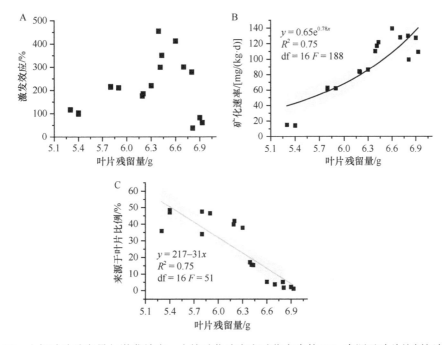

图 4-29　山杨叶片残留量与激发效应、土壤矿化速率和矿化产生的 CO_2 来源于叶片比例间的关系

RDA 结果表明，辽东栎土壤微生物生物量碳、微生物生物量氮、微生物生物量磷含量及其生态化学计量比和叶片碳、氮、磷含量及其生态化学计量比对土壤激发效应、土壤矿化速率和土壤矿化产生的 CO_2 来源于叶片的比例在 X 轴解释率为 43.9%，在 Y 轴解释率为 37%（图 4-30A）。通过 Prdal-RDA 结果分析发现，土壤微生物生物量碳、微生物生物量氮、微生物生物量磷含量及其生态化学计量比和叶片碳、氮、磷含量及其生态化学计量比对土壤激发效应、土壤矿化速率和土壤矿化产生的 CO_2 来源于叶片的比例的解释率分别为 58.6%、33.1%（图 4-30B）。辽东栎叶片残留量、土壤 MBC∶MBN、土壤 MBN∶MBP 是土壤激发效应、土壤矿化速率、土壤矿化产生的 CO_2 来源于叶片的比例的显著影响因素，解释率分别为 42.4%、11.8%、10.8%（表 4-3）。

将辽东栎叶片残留量分别与辽东栎土壤矿化速率、激发效应和矿化产生的 CO_2 来源于叶片的比例做相关性分析，发现叶片残留量与激发效应没有明显的相关性（图 4-31A）；叶片残留量与矿化速率间的关系可以用幂函数较好地拟合，相关关系为 $y=0.023x^{4.47}$（$R^2=0.79$）（图 4-31B）；叶片残留量与矿化产生的 CO_2 来源于叶片的比例间呈显著的线性相关关系，相关关系为 $y=114-17x$（$R^2=0.96$），即随着叶片残留量的减少，矿化产生的 CO_2 来源于叶片的比例直线下降（图 4-31C）。

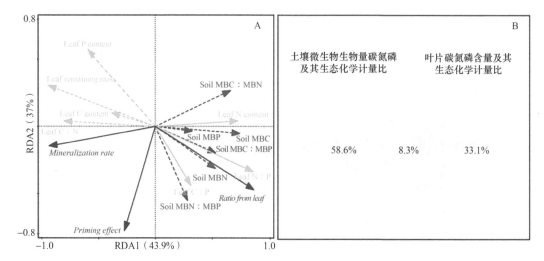

图 4-30　辽东栎土壤微生物生物量碳氮磷及其生态化学计量比、叶片碳氮磷含量及其生态化学计量比对山杨土壤矿化作用的激发效应、矿化速率及产生的 CO_2 来源于叶片的比例的冗余分析及 Prdal-RDA

表 4-3　辽东栎叶片分解过程中土壤微生物生物量碳氮磷及其生态化学计量比、叶片碳氮磷含量及其生态化学计量比对辽东栎土壤矿化作用的激发效应、矿化速率及产生 CO_2 来源于叶片的比例的解释率

因素	解释率/%	F 值	P 值
叶片残留量	<u>42.4</u>	11.8	<u>0.002</u>
土壤微生物生物量碳氮比	<u>11.8</u>	3.9	<u>0.02</u>
土壤微生物生物量氮磷比	<u>10.8</u>	4.3	<u>0.04</u>
叶片磷含量	5.3	2.3	0.15
土壤微生物生物量氮	2.3	1	0.296
土壤微生物生物量磷	1.8	0.8	0.368
叶片碳氮比	1.1	0.4	0.506
土壤微生物生物量碳	1.2	0.5	0.5
土壤微生物生物量碳磷比	0.8	0.3	0.656
叶片碳磷比	0.4	0.1	0.756
叶片碳含量	2.3	0.7	0.436
叶片氮含量	0.6	0.2	0.778
叶片氮磷比	1.9	0.5	0.544

　　全球通过枯落物分解进入土壤中的碳含量大约为 50Gt/年（Loranger et al.，2002；Palviainen et al.，2004）。在森林生态系统中，枯落物分解，且主要为叶片分解，是 SOC 的主要来源（Aerts，2006）。山杨和辽东栎叶片 [13]C 绝对含量及相对含量均随着叶片分解而降低，这为分解过程中叶片碳释放提供了直接数据支撑。由于山杨和辽东栎叶片分解试验所用土壤一样，分解过程中 SOC 及有机碳组分的变化是由叶片的不同引起的。山杨和辽东栎叶片分解过程中土壤 $\delta^{13}C$ 呈现波折增长的趋势。叶片分解前期 $\delta^{13}C$ 增大的原因是标记叶片中较多的高 [13]C 化合物进入了土壤，而随着分解的进行，高 [13]C 化合物的矿化和一些低 [13]C 化合物（木质素）相对含量的增大，导致 $\delta^{13}C$ 的下降（窦森等，2003）。在分解末期 SOC 的 $\delta^{13}C$ 略微上升，猜测是后期微生物的周转引起的残体来源碳

的增多或者是植物大分子来源碳的物理搬运，具体原因还需讨论。与山杨土壤 ^{13}C-SOC 相比，辽东栎土壤 ^{13}C-SOC 增加更快且增加量更大，表明辽东栎叶片分解过程中土壤对叶片释放的有机碳的富集能力高于山杨。不同植物种类，其叶片的化学组成不同，主要表现为枯落物的碳氮磷含量、碳氮比和木质素/氮含量比的差异，这些差异会对叶片下的土壤微生物群落组成及微生物活性产生不同影响，从而引起土壤中有机碳固持和矿化作用的差异（Post et al.，1996；杨万勤，2006）。叶片全氮含量和碳氮比是影响叶片分解速率的主要因素，高氮含量和低碳氮比的叶片更容易分解，表现为在分解过程中有较大的分解速率。本研究辽东栎叶片氮含量高于山杨但辽东栎叶片碳氮比低于山杨。

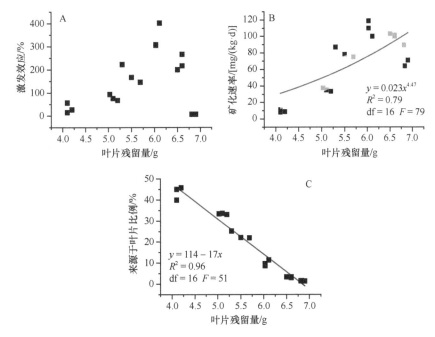

图 4-31　辽东栎叶片残留量与激发效应、土壤矿化速率和矿化产生的 CO_2 来源于叶片比例间的关系

　　山杨和辽东栎土壤 ^{13}C-Humus carbon 在叶片分解前期增加较快，随着分解的进行，逐渐趋于稳定，与窦森等（2003）的研究结果较一致。叶片分解时由于施入外源碳源引起新形成的腐殖质增多，腐殖化程度增高，加快了土壤腐殖质的活化和更新。虽然土壤腐殖质碳是土壤中较稳定的碳组分，但在微生物作用下也存在矿化分解过程（Anderson and Paul，1984）。本研究 ^{13}C-MBC 和 ^{13}C-DOC 均呈现波动上升的变化趋势，这为叶片分解产生的有机物质对土壤 MBC 和 DOC 的贡献提供了直接数据支撑。辽东栎土壤 ^{13}C-Humus carbon、^{13}C-MBC 和 ^{13}C-DOC 均高于山杨。胡亚林等（2005）认为添加的有机物质的化学性质是决定土壤有机碳组分含量变化的内在原因，低碳氮比的枯落物具有较快的分解速率，可为土壤微生物提供较多的可利用养分，因此土壤微生物量增加较多。

　　土壤矿化是全球碳循环的主要通量过程，主要包括根（根及根际微生物）呼吸和异养（土壤动物及土壤微生物）呼吸（Tang et al.，2005），枯落物分解过程产生的 CO_2 占了其中很大部分（Olson，1963）。全球土壤矿化过程每年产生的 CO_2 约为 68Pg，其中约有 50Pg 来自枯落物及土壤有机质的分解（Raich and Schlesinger，1992）。山杨和辽东栎叶片分解前 14d 土壤矿化速率逐渐增大，随着分解的进行，土壤矿化速率逐渐降低并趋于稳定，这与吕真真等（2019）和李艾蒙（2020）的研究结果一致。分解前期，叶片中易分解有机物质（糖类和蛋白质）含量较高且快速分解并释放能量，影响土壤微生物的结构和功能，推动土壤微生物对 SOC 的分解。随着分解的进行，叶片中可供微生物代谢的易分解有机物质含量逐渐降低，养分的供给逐渐成为限制微生物活性的因素，导致 SOC 矿化速率降低至相对稳定（Blagodatskaya and Kuzyakov，2008）。本研究发现，土壤矿化产生的 CO_2 的 $\delta^{13}C$ 随着采样时间延长而逐渐增大并趋于稳定，说明添加叶片对矿化作用的贡献逐渐增大后趋于稳定，产生的 CO_2 来源于叶片的比例变化趋势的研究结果验证了这一点。叶片分解前 56d，辽东栎 CO_2 来源于叶片的比例高于山杨，说明与山杨相比，土壤微生物更倾向于利用低碳氮比的辽东栎叶片，但随着叶片分解，山杨叶片碳氮比逐渐降低至微生物"喜食"的范围，微生物加快对山杨叶片的利用。

添加叶片显著提高了土壤矿化速率，即叶片输入刺激了土壤中原有有机质的分解，与以往研究结果（Sulzman et al.，2005；Fanina et al.，2020；Wang et al.，2020）一致。Kuzyakov（2010）认为外源有机质的输入增加了土壤中可被微生物利用的能量来源，进而作用于 SOC 的分解过程，从而形成了激发效应的内在驱动力。外源有机质的输入在短时期内使原有 SOC 矿化发生改变的现象称为激发效应（Kuzyakov and Domanski，2000），该定义表明激发效应持续时间长短仍是该研究领域需要解决的问题。本研究发现，山杨及辽东栎叶片输入对土壤矿化作用的激发效应在分解前 14d 逐渐增大，后逐渐减小，在 163d 的培养时间内均处于正激发效应阶段。激发效应的存在使得外源添加物对 SOC 循环的影响变得更复杂（王清奎等，2020）。叶片输入对土壤矿化的作用是一个复杂的生物学过程，其能通过多种直接或间接的途径对土壤矿化产生影响（Wang et al.，2018；Sun et al.，2019）。Wang 等（2020）通过添加稻草和根系发现，在 360d 的培养期间均为正激发。王志明等（1998）发现土壤中添加新鲜有机碳源后，分解前期表现为正激发，之后转为负激发。

外源添加物总量、外源有机质碳氮比及土壤微生物生物量碳氮比是影响激发效应的重要因素，表现为不同性质外源有机物质添加对激发效应的方向与强度的影响不同（Crow et al.，2009；Paterson and Sim，2013）。本研究 RDA 结果显示土壤激发效应、土壤矿化速率和土壤矿化产生的 CO_2 来源于叶片的比例能被土壤微生物生物量碳氮磷及其生态化学计量比和叶片残留量、叶片碳氮磷及其生态化学计量比很好地解释，且山杨和辽东栎叶片残留量均是影响土壤激发效应、土壤矿化速率和土壤矿化产生的 CO_2 来源于叶片的比例最主要的因素。通过进一步拟合发现，叶片残留量与土壤矿化速率和矿化产生的 CO_2 来源于叶片的比例有显著的相关性，但是叶片残留量与激发效应的关系不明显，这与 Guenet 等（2010）的研究结果一致。但 Zhang 等（2013）通过整合来自 22 项研究的实验数据发现，外源添加物的质量对激发效应具有显著影响。同时研究者发现，在一定的外源碳含量添加范围内，均发现激发效应随碳输入量的增加而增大（Paterson and Sim，2013；Wang et al.，2015）。王清奎等（2020）认为，可能存在外源添加物添加量形成激发效应的最小阈值及导致土壤微生物对碳利用能力的最大阈值。

4.5　枯落物分解过程中微生物群落结构的变化及其对土壤有机碳的贡献

枯落物分解对土壤养分的影响主要通过两种途径实现：①通过淋溶、自然粉碎过程，为土壤提供可溶性碳、氮及其他养分元素；②通过调节土壤微生物和酶活性来影响土壤化学、生物学及物理学特性（胡亚林等，2005），进而改变土壤的生态环境及功能。在这两个途径中，植物源碳都需要经过土壤微生物的作用转化为 SOC，因此土壤微生物在枯落物分解过程中起着重要作用（Singh et al.，2010；Schmidt et al.，2011）。土壤微生物通过有机体水平的生存策略、群落水平的竞争与协同作用以及生态系统水平的反馈控制机制来调控土壤碳动态过程。鉴别土壤微生物群落对碳库的挑战包括：识别碳库和碳循环的主要参与者；确定在遗传基础的机制下参与碳固持的微生物群落；植物和土壤微生物在时空尺度间作用机制；微生物群落整合模式和微生物来源碳对 SOC 的贡献（Schimel and Schaeffer，2012；Trivedi et al.，2013；Wieder et al.，2015）。土壤微生物在土壤碳转化和稳定中的作用已被广泛认识（Liang and Balser，2011；Miltner et al.，2012），定量评估枯落物分解过程中微生物来源碳仍有待解决。

4.5.1　枯落物分解过程中微生物群落结构的变化

叶片分解过程中共检测出 23 种磷脂脂肪酸（PLFA），根据分类标准，共对 15 种 PLFA 进行分类。山杨叶片分解过程中，i17:0 脂肪酸含量均高于其他脂肪酸（图 4-32A～F），含量为 17.1～40.9μg/g，占总磷脂脂肪酸含量的 22.3%～40.3%。其次为 18:1ω7c，含量为 7.2～11.5μg/g，占总磷脂脂肪酸含量的 7.0%～12.1%。在山杨叶片分解的第 7 天和第 163 天，10Me17:0 脂肪酸含量均为 0μg/g。与山杨叶片相似，辽东栎叶片分解过程中 i17:0 和 18:1ω7c 含量均高于其他脂肪酸含量（图 4-32G～L），i17:0 含量为 3.9～34.2μg/g，占总磷脂脂肪酸含量的 8.2%～38.9%；18:1ω7c 含量为 6.6～10.4μg/g，占总磷脂脂肪酸含量的 7.9%～16.7%；其他磷脂脂肪酸含量在山杨及辽东栎叶片分解过程中变化不明显。

山杨叶片分解过程中总 PLFA 含量为 44.9～72.9μg/g（表 4-4），在分解第 163 天达到最大值。山杨土壤细菌 PLFA 含量为 33.9～67.8μg/g，在叶片分解第 163 天显著高于其他采样时间，其中革兰氏阳性细菌 PLFA 含量为 12.6～44.8μg/g、革兰氏阴性细菌 PLFA 含量为 19.5～26.6μg/g。真菌 PLFA 含量为 2.1～4.3μg/g，在叶片分解第 56 天其含量显著高于其他采样时间。细菌 PLFA 中以革兰氏阴性细菌为主转化为以革兰氏阳性细菌为主。革兰氏阳性细菌 PLFA 含量与革兰氏阴性细菌 PLFA 含量比值为 0.6～2.0，真菌 PLFA 与细菌 PLFA 含量之比为 0.05～0.07。

辽东栎叶片分解过程中总 PLFA 含量为 71.0～100.7μg/g（表 4-4），细菌 PLFA 含量为 63.4～92.1μg/g，革兰氏阴性细菌 PLFA 含量为 20.5～28.7μg/g，均在分解第 14 天显著高于其他采样时间。革兰氏阳性细菌 PLFA 含量为 41.7～64.8μg/g，呈现先增大后减小的变化趋势，在分解的第 7 天和第 14 天其含量显著高于其他采样时间。真菌 PLFA 含量为 2.9～3.8μg/g。革兰氏阳性细菌 PLFA 含量与革兰氏阴性细菌 PLFA 含量比值为 1.9～3.1，真菌 PLFA 与细菌 PLFA 含量之比为 0.04～0.05。

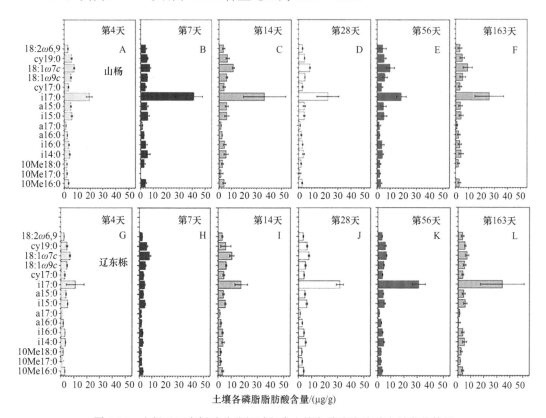

图 4-32　山杨及辽东栎叶片分解过程中土壤各磷脂脂肪酸含量变化特征

表 4-4　山杨和辽东栎叶片分解过程中土壤微生物类群变化特征

	项目	分解时间					
		4d	7d	14d	28d	56d	163d
山杨	总磷脂脂肪酸/(μg/g)	44.9±6.3	55.8±8.9	72.2±12.3*	67.7±12.2	71.0±19.5*	72.9±28.8*
	细菌磷脂脂肪酸/(μg/g)	33.9±5.2	35.6±2.4	45.1±9.5	62.0±11.2	63.8±17.3	67.8±27.0*
	真菌磷脂脂肪酸/(μg/g)	2.1±0.3	2.5±0.3	3.2±0.5	3.0±0.3	4.3±2.7*	3.3±1.5
	革兰氏阳性细菌（G⁺）磷脂脂肪酸/(μg/g)	12.6±3.2	16.1±0.8	18.6±3.2	41.1±10.4*	39.5±9.5	44.8±18.3*
	革兰氏阴性细菌（G⁻）磷脂脂肪酸/(μg/g)	21.3±3.1	19.5±1.8	26.6±6.7	20.8±0.9	24.3±8.2	23.0±8.8
	放线菌磷脂脂肪酸/(μg/g)	5.0±2.4	6.4±0.7	7.6±1.1	5.7±1.3	7.2±2.1	5.1±1.9
	G⁺磷脂脂肪酸/G⁻磷脂脂肪酸	0.6	0.8	0.7	2	1.7	1.9
	真菌磷脂脂肪酸/细菌磷脂脂肪酸	0.06	0.07	0.07	0.05	0.06	0.05
辽东栎	总磷脂脂肪酸/(μg/g)	71.0±7.0	91.9±31.9	100.7±27.1*	93.7±7.3	84.7±10.2	87.3±27.4
	细菌磷脂脂肪酸/(μg/g)	63.4±6.2	85.6±29.8	92.1±26.8*	80.8±7.1	72.7±9.8	76.4±24.8
	真菌磷脂脂肪酸/(μg/g)	2.9±0.3	3.8±1.1	3.7±0.9	3.6±0.3	3.2±0.5*	3.5±1.0
	革兰氏阳性细菌（G⁺）磷脂脂肪酸/(μg/g)	41.7±4.6	64.8±28.3*	63.4±23.1*	56.8±5.1	52.2±7.8	54.9±21.4

续表

项目		分解时间					
		4d	7d	14d	28d	56d	163d
辽东栎	革兰氏阴性细菌（G⁻）磷脂脂肪酸/(μg/g)	21.7±1.8	20.7±2.2	28.7±3.7*	23.9±2.0	20.5±2.0	21.5±3.6
	放线菌磷脂脂肪酸/(μg/g)	7.7±0.8	6.4±2.1	8.6±0.7	9.3±1.0	8.8±0.4	7.4±1.7
	G⁺磷脂脂肪酸/G⁻磷脂脂肪酸	1.9	3.1	2.2	2.4	2.5	2.5
	真菌磷脂脂肪酸/细菌磷脂脂肪酸	0.05	0.05	0.04	0.04	0.04	0.05

注：*表示不同分解时间的 PLFA 含量之间差异显著（$P<0.05$）

通过测定磷脂脂肪酸 ^{13}C 来看，a15:0、i17:0 和 18:1ω9c，a15:0、i17:0 和 18:1ω7c，a15:0、18:1ω7c 和 18:1ω9c，i17:0、18:1ω9c 和 a15:0，i17:0、18:1ω9c 和 18:2ω6,9，i17:0、18:1ω7c 和 18:2ω6,9 分别为山杨叶片分解的第 4 天、第 7 天、第 14 天、第 28 天、第 56 天、第 163 天的主要活性土壤磷脂脂肪酸种类（图 4-33A～F）。在山杨叶片分解的第 4 天和第 7 天，^{13}C-a15:0 含量最高，分别占 ^{13}C-PLFA 总量的 18.4% 和 26.0%；在山杨叶片分解的第 14 天 ^{13}C-18:1ω9c 含量最高，占 ^{13}C-PLFA 总量的 18.5%；在山杨叶片分解的第 28 天、56 天、163 天，^{13}C-i17:0 含量最高，分别占 ^{13}C-PLFA 总量的 10.9%、8.3%、25.7%。

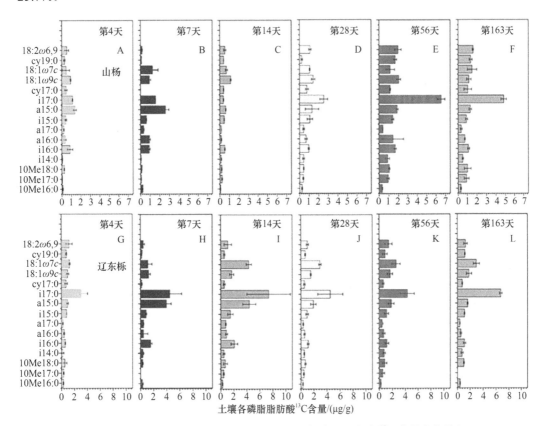

图 4-33　山杨及辽东栎叶片分解过程中土壤各磷脂脂肪酸 ^{13}C 含量变化特征

在辽东栎叶片分解的第 4、7、14、28、56、163 天的主要活性土壤磷脂脂肪酸种类分别为 i17:0，i17:0 和 a15:0，18:1ω7c、i17:0 和 a15:0，18:1ω7c 和 i17:0，18:1ω7c 和 i17:0，18:1ω7c 和 i17:0（图 4-33G～L）。在辽东栎叶片分解过程中的不同采样时期，^{13}C-i17:0 含量均最高，且在叶片分解的第 4、7、14、28、56、163 天，^{13}C-i17:0 含量分别占 ^{13}C-PLFA 总量的 24.4%、28.0%、27.2%、24.7%、22.5%、30.7%。

4.5.2 枯落物分解过程中微生物残体碳的变化

山杨和辽东栎叶片分解过程中共检测出 3 种氨基糖，分别是氨基葡萄糖（glucosamine，GluN）、氨基半乳糖（galactosamine，GalN）和胞壁酸（muramic acid，MurN），GluN 来源于真菌几丁质和脱酰基几丁质，真菌是主要来源；MurN 来源于细菌中脂多糖和细胞壁中肽聚糖，细菌是唯一来源；GalN 主要由细菌合成。山杨叶片分解过程中，土壤 GluN 含量为 1013～1396mg/kg，MurN 含量为 31～62mg/kg，GalN 含量为 115～155mg/kg（图 4-34A）。辽东栎土壤 GluN 含量为 1163～1727mg/kg，MurN 含量为 36～94mg/kg，GalN 含量为 174～548mg/kg（图 4-34B）。山杨叶片分解过程中，土壤氨基糖总量为 1178～1604mg/kg（图 4-34C），在叶片分解第 28 和 56 天显著高于其他采样时间；辽东栎氨基糖总量为 1679～2369mg/kg，在叶片分解第 28 天显著高于其他采样时间。

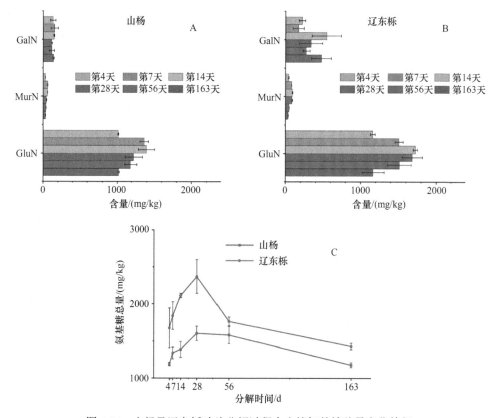

图 4-34　山杨及辽东栎叶片分解过程中土壤氨基糖总量变化特征

山杨和辽东栎土壤 MurN 间无显著差异；在叶片分解第 7、14 和 28 天，辽东栎土壤 GluN 含量显著高于山杨；在叶片分解第 4、7、14 和 28 天，辽东栎土壤 GalN 含量显著高于山杨。

通过计算，将氨基葡萄糖、氨基半乳糖、胞壁酸整合为细菌残体碳和真菌残体碳（图 4-35）。叶片分解过程中，山杨土壤细菌残体碳含量为 1.4～2.8g/kg（图 4-35A），辽东栎土壤细菌残体碳含量为 1.6～4.2g/kg。山杨土壤真菌残体碳含量为 8.7～11.8g/kg（图 4-35B），在叶片分解第 28 天达到最大值且显著高于叶片分解第 4 天和第 163 天。辽东栎土壤真菌残体碳含量为 9.9～14.3g/kg，在叶片分解第 28 天达到最大值，且显著高于叶片分解第 4、56、163 天。山杨土壤真菌与细菌残体碳的比例为 4.1～6.2（图 4-35C），辽东栎土壤真菌与细菌残体碳的比例为 3.3～6.2，分别在叶片分解第 163 天、第 4 天达到最大值。山杨土壤总残体碳含量为 10～15g/kg（图 4-35D），在叶片分解第 28 天达到最大值，且显著高于叶片分解第 4 和 163 天。辽东栎土壤总残体碳含量为 12～19g/kg，在叶片分解第 28 天达到最大值，且显著高于叶片分解第 4 和 163 天。

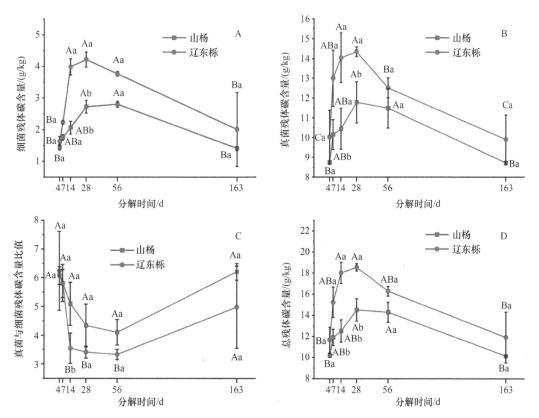

图 4-35　山杨及辽东栎叶片分解过程中土壤真菌和细菌残体碳含量变化特征

在叶片分解前中期，辽东栎土壤细菌残体碳、真菌残体碳和总残体碳含量均高于山杨，随着叶片分解，山杨土壤和辽东栎土壤细菌残体碳、真菌残体碳和总残体碳含量间的差异逐渐减小。在叶片分解中后期，山杨土壤真菌与细菌残体碳比例高于辽东栎。

在山杨和辽东栎土壤中均只检测到 GluN 和 MurN 中 ^{13}C 含量的变化。山杨叶片分解过程中，土壤 MurN 中 ^{13}C（^{13}C-MurN）含量为 1.76～2.59mg/kg（图 4-36A），在叶片分解第 14 天达到最大值；^{13}C-GluN 含量为 0.15～0.25mg/kg，在叶片分解第 7 天达到最大值；氨基糖中 ^{13}C（^{13}C-AS）含量为 1.9～2.8mg/kg，在叶片分解第 14 天达到最大值。辽东栎土壤 ^{13}C-MurN 含量为 2.1～3.4mg/kg（图 4-36B），在叶片分解第 14 天达到最大值；^{13}C-GluN 含量为 0.15～0.25mg/kg，在叶片分解第 7 天达到最大值；^{13}C-AS 为含量 2.4～3.5mg/kg，在叶片分解第 14 天达到最大值。辽东栎土壤 ^{13}C-MurN 和 ^{13}C-AS 含量在叶片分解过程中均高于山杨，但二者差异不显著；在叶片分解末期，山杨土壤 ^{13}C-GluN 含量高于辽东栎，但二者差异不显著。

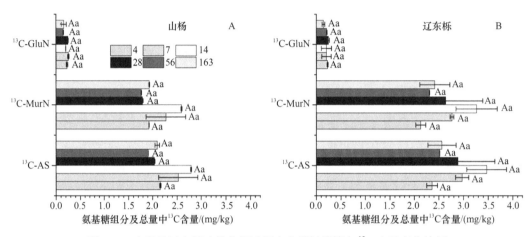

图 4-36　山杨及辽东栎叶片分解过程中土壤氨基糖中 ^{13}C 含量变化特征

　　叶片分解过程中，山杨土壤细菌残体碳中 ^{13}C 含量为 6.6～11mg/kg（图 4-37A），在叶片分解第 7 天达到最大值；辽东栎土壤细菌残体碳中 ^{13}C 含量为 11～14mg/kg，在叶片分解第 4 天达到最大值。山杨土壤真菌残体碳中 ^{13}C 含量为 14～33mg/kg（图 4-37B），在叶片分解第 163 天达到最大值；辽东栎土壤真菌残体碳中 ^{13}C 含量为 24～38mg/kg，在叶片分解第 14 天达到最大值。山杨和辽东栎土壤真菌、细菌残体碳中 ^{13}C 含量比值分别为 1.4～5.1 和 1.8～3.2（图 4-37C），均在叶片分解第 163 天达到最大值。山杨土壤总残体碳中 ^{13}C 含量为 25～41mg/kg，在叶片分解第 163 天达到最大值（图 4-37D）；辽东栎土壤总残体碳中 ^{13}C 含量为 38～51mg/kg，在叶片分解第 14 天达到最大值。

　　山杨和辽东栎土壤细菌残体碳中 ^{13}C 含量、真菌残体碳中 ^{13}C 含量、真菌与细菌残体碳中 ^{13}C 含量比值和总残体碳中 ^{13}C 含量均随着叶片的分解逐渐稳定。辽东栎土壤细菌残体碳、真菌残体碳和总残体碳中 ^{13}C 含量均高于山杨，但随着叶片分解二者差距逐渐减小。叶片分解前 28 天，山杨土壤真菌与细菌残体碳中 ^{13}C 含量比值小于辽东栎，之后山杨土壤真菌与细菌残体碳中 ^{13}C 含量比值大于辽东栎。

　　在山杨和辽东栎叶片分解前中期，土壤氨基糖含量增大，随着叶片分解的进行，土壤氨基糖含量逐渐降低。叶片的输入促进了土壤微生物群落的建立并提高了微生物的数量和活性（Högberg and Read，2006），但土壤氨基糖不仅具有抗分解能力，而且具一定的可分解性（Amelung，2003；Liang and Balser，2008），可在 SOC 周转中为微生物提

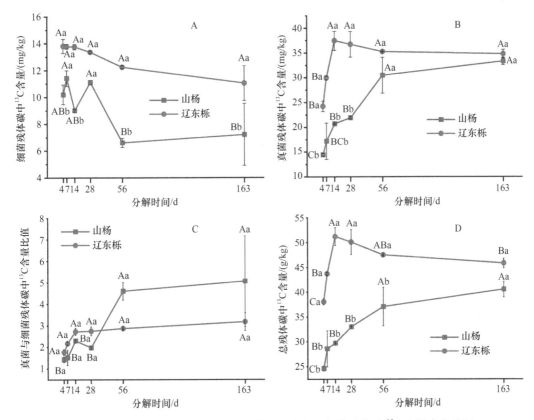

图 4-37　山杨及辽东栎叶片分解过程中土壤真菌、细菌残体碳 ^{13}C 含量变化特征

供碳源和氮源（He et al.，2011），所以氨基糖的积累实质上是合成和分解达到平衡的结果。山杨和辽东栎土壤中真菌来源的 GluN 占总氨基糖的绝大多数且对叶片添加最敏感，MurN 含量最低且在叶片分解过程中变化不明显。这与真菌和细菌细胞壁性质不同有关，可利用碳源的存在对提高 GluN 具有显著正效应，这与外源添加物有效性使真菌菌丝保留或者加速生长有关（Zhang and Amelung，1996；Ding et al.，2013）；而 MurN 具有循环快且稳定性低的特点，在土壤中的积累量相对较少（He et al.，2005；Appuhn and Joergensen，2006）。

根据 Appuhn 和 Joergensen（2006）及 Liang 等（2019）的计算方法，我们得出山杨和辽东栎土壤真菌和细菌残体碳及总残体碳含量均随着叶片分解先增大后减小，且在分解前 28 天，山杨和辽东栎土壤细菌残体碳分别增加 61.4%和 47.1%，真菌残体碳分别增加 30.1%和 25.8%，说明细菌残体碳对外源添加物的反应较真菌更敏感及强烈。细菌具有个体小、代谢强和繁殖快的特点，而真菌体积较大且繁殖较慢（Henriksen and Breland，1999）。随着叶片分解的进行，叶片中可被微生物利用的底物逐渐耗竭，不仅细菌残体碳表现出分解特性，真菌残体碳也在叶片分解后期被微生物分解。研究表明，当土壤中碳源极度缺乏时真菌残体碳会发生分解来弥补微生物代谢及生长所需碳源的不足（丁雪丽等，2009；Ding et al.，2013）。

辽东栎土壤真细菌残体碳和总残体碳含量均高于山杨，但是与细菌残体碳相比，山杨真菌残体碳相对贡献高于辽东栎。土壤中活体微生物生物量对 SOC 的贡献量很少（<2%），但微生物主要通过"体内周转"过程以微生物残体形式稳定存在于土壤中（Schimel and Schaeffer，2012；Liang et al.，2017）。输入的叶片分解形成"热点"（Kuzyakov and Blagodatskaya，2015），为土壤微生物的生长繁殖带来额外的底物（Ferreras et al.，2006），然而外源添加物的质量与氨基糖的积累密切相关（Paul and Clark，1988）。细菌和真菌的含碳量均约为 40%，由于细菌含氮量高于真菌，细菌碳氮比一般为 3：1～5：1，真菌碳氮比一般为 10：1～15：1（Paul and Clark，1988）。辽东栎叶片碳氮比（20：1～27：1）低于山杨叶片碳氮比（29：1～37：1），细菌和真菌均对辽东栎叶片有较高的"亲食性"。

土壤中来源于死亡的真菌和细菌细胞壁的组分占 SOC 含量的 50%，在土壤中的存留时间可达 90 年（Glaser et al.，2006）。高稳定性和高 SOC 占比，使氨基糖动态表达出一种对土壤微生物长期作用过程的"记忆效应"（Zhang and Amelung，1996），依据此"记忆效应"可以评价土壤微生物群落（主要是真菌和细菌）结构在 SOC 循环过程中的持续作用效应（Six et al.，2006；Throckmorton et al.，2015）。然而仅基于氨基糖含量的变化结果，无法探究某一特定过程氨基糖的动态变化及微生物来源碳的相对变化。同时，也无法区分氨基糖的合成过程中消耗的碳和养分是"土壤固有"还是"外源输入"（Amelung et al.，2008）。土壤氨基糖测定技术与气相色谱/质谱联用（GC/MS）技术的结合为研究稳定同位素（如 ^{13}C）标记后的土壤微生物转化提供了有力证据（Zhang et al.，2007；He et al.，2011）。根据氨基糖中稳定同位素进入情况，来阐明外源添加物进入微生物的转化过程及真菌和细菌对 SOC 的相对贡献。通过对标记后的山杨和辽东栎叶片进行分解试验发现，真菌残体碳中 ^{13}C 含量高于细菌残体碳中 ^{13}C 含量。虽然细菌对外源添加物反应迅速，可短时间内在土壤中积累，然而 MurN 稳定性较差且循环较快（Liang et al.，2017），在本研究中，尤其在辽东栎土壤中 MurN 中 ^{13}C 含量变化不大，可能是细菌来源碳代谢迅速的结果。辽东栎土壤真菌残体碳、细菌残体碳和总残体碳中 ^{13}C 含量均高于山杨，随着叶片分解的进行，山杨和辽东栎土壤真菌、细菌残体碳中 ^{13}C 含量均趋于稳定，且山杨和辽东栎土壤真菌残体碳中和总残体碳中 ^{13}C 含量在叶片分解末期差异最小。

4.6　小　结

根际沉积物和枯落物分解是土壤有机碳关键来源，对陆地生态系统碳循环具有重要影响。本章围绕草地和森林根际沉积物和枯落物分解过程中，土壤有机碳含量和微生物群落变化这一科学问题，通过 ^{13}C 稳定同位素标记、生物标志物、分子生物学等技术，重点研究了新近光合碳在植物–土壤–微生物系统的分配、根际沉积碳和枯落物碳对土壤有机碳的贡献。

在对草地脉冲标记后 30d 内采样过程中发现，过度放牧草地显著降低了光合碳在植物–土壤系统中的分配，但增加了地上部和土壤呼吸消耗。过度放牧导致吸收的碳矿化为 CO_2 的速度比封育草地更快，引起进入大气中 CO_2 浓度增大。与过度放牧相比，封育增加了植物–土壤系统中碳的分配，从而对碳的固存产生了积极影响。长期封育增加了地上部吸收碳的量以及土壤可溶性有机碳和微生物生物量碳的有效性，但降低了地下部吸收碳的有效性。

在对山杨和辽东栎脉冲标记后 21 天内采样过程中发现，山杨和辽东栎的叶片吸收的光合碳在几天内通过茎运输到根系，随后迅速分泌到土壤有机碳中。脉冲标记 6h 后，辽东栎叶片中 ^{13}C 含量约为山杨的 2 倍。从同化后 6h 到 21d，叶片 ^{13}C 分配比例下降，而茎和根 ^{13}C 分配比例增加。同样，辽东栎土壤有机碳、微生物生物量碳和可溶性有机碳 ^{13}C 含量是山杨的 2 倍，说明顶极物种对根源有机化合物的利用率更高。5 年生山杨、辽东栎的年均净地下输入碳分别为 109g/m^2、283g/m^2，其中 0～20cm 土层的年均净根际沉积碳分别为 4.2g/m^2、28g/m^2。因此，森林系统的植物和土壤碳储量将随着先锋物种向顶极物种优势的过渡而增加。

利用 ^{13}C 标记后的叶片进行分解试验发现，山杨和辽东栎分解叶片 δ^{13}C 均以对数函数形式下降；土壤 δ^{13}C 和 ^{13}C-SOC 含量均呈现波折性增大的趋势，且均在叶片分解第 14 天达到最大值。山杨和辽东栎土壤矿化作用均先增大后减小，且均高于未放置叶片的对照土壤矿化作用，结果表明山杨和辽东栎添加均产生正激发效应。山杨土壤矿化作用高于辽东栎土壤，表明低质量枯落物添加导致更多的土壤有机碳损失。细菌 PLFA 含量，尤其是革兰氏阳性细菌 PLFA 含量占 PLFA 总量的大多数，表明细菌在枯落物分解过程中具有重要作用。山杨和辽东栎土壤细菌、真菌残体碳和总残体碳含量均随着叶片分解先增大后减小，且真菌残体碳占总残体碳的大多数。山杨和辽东栎细菌残体碳中富集的 ^{13}C 随着叶片分解先降低后趋于稳定；山杨真菌残体碳和总残体碳中富集的 ^{13}C 随着叶片分解逐渐增大。高质量枯落物添加引起土壤微生物残体碳的快速形成和积累，低质量枯落物添加过程中微生物残体碳稳定性增强。

参 考 文 献

邓强. 2015. 黄土高原 4 种植被区典型群落细根生物量和年生产量及其与环境因子关系研究. 杨凌: 中国科学院大学硕士学位论文.

丁雪丽, 何红波, 白震, 等. 2009. 不同供氮水平对施用玉米秸秆后黑土氨基糖转化的影响. 应用生态学报, 20: 2207-2213.

窦森, 张晋京, Eric E, 等. 2003. 用 δ^{13}C 方法研究玉米秸秆分解期间土壤有机质数量的动态变化. 土壤学报, 40: 329-334.

傅声雷, Howard F. 2006. 植物种类、大气二氧化碳和土壤氮素的交互作用或累加效应控制 "植物–土壤" 系统的碳分配. 中国科学 C 辑: 生命科学, 36(3): 273-282.

哈琴, 王明玖, 常国军, 等. 2013. 赛罕乌拉国家级自然保护区不同草地类型植被碳密度及其分配. 干旱区资源与环境, (4): 41-46.

何敏毅, 孟凡乔, 史雅娟, 等. 2008. 用脉冲标记法研究玉米光合碳分配及其向地下的输入. 环境科学, 2: 446-453.

胡亚林, 汪思龙, 黄宇, 等. 2005. 凋落物化学组成对土壤微生物学性状及土壤酶活性的影响. 生态学报, 25: 2662-2668.

李艾蒙. 2020. 外源玉米秸秆碳对土壤有机碳激发效应和温度敏感性的影响. 沈阳: 沈阳农业大学硕士学位论文.

李建华. 2007. 环境科学与工程技术辞典. 修订版下. 北京: 中国环境出版社.

李凌浩. 1998. 土地利用变化对草原生态系统土壤碳贮量的影响. 植物生态学报, 22(4): 300-302.

吕真真, 刘秀梅, 仲金凤, 等. 2019. 长期施肥对红壤性水稻土有机碳矿化的影响. 中国农业科学, 52: 2636-2645.

平晓燕, 周广胜, 孙敬松. 2010. 植物光合产物分配及其影响因子研究进展. 植物生态学报, 34(1): 100-111.

秦娟, 上官周平. 2006. 子午岭林区山杨-辽东栎混交林的生理生态效应. 应用生态学报, 17(6): 972-976.

孙利鹏. 2018. 子午岭天然辽东栎群落恢复影响土壤性质的过程和机制. 杨凌: 西北农林科技大学博士学位论文.

王清奎, 田鹏, 孙兆林, 等. 2020. 森林土壤有机质研究的现状与挑战. 生态学杂志, 39: 3829-3843.

王云龙, 许振柱, 周广胜. 2004. 水分胁迫对羊草光合产物分配及其气体交换特征的影响. 植物生态学报, 28(6): 803-809.

王志明, 朱培立, 黄东迈. 1998. ^{14}C 标记秸秆碳素在淹水土壤中的转化与平衡. 江苏农业学报, 14: 112-117.

王智平, 陈全胜. 2005. 植物近期光合碳分配及转化. 植物生态学报, 29(5): 845-850.

韦莉莉, 张小全, 侯振宏, 等. 2005. 杉木苗木光合作用及其产物分配对水分胁迫的响应. 植物生态学报, 29(3): 394-402.

杨万勤. 2006. 森林土壤生态学. 成都: 四川科学技术出版社.

张智袁, 李刚, 张宾宾, 等. 2017. 山西典型天然草地碳分布特征及碳储量估算. 草地学报, (1): 69-75.

钟华平, 樊江文, 于贵瑞, 等. 2005. 草地生态系统碳蓄积的研究进展. 草业科学, 22(1): 4-11.

Abdalla K, Mutema M, Chivenge P, et al. 2018. Grassland degradation significantly enhances soil CO_2 emission. Catena, 167: 284-292.

Aber J D, Melillo J M. 1980. Litter decomposition: measuring relative contributions of organic matter and nitrogen to forest soils. Can J Bot, 58: 416-421.

Aerts R. 2006. The freezer defrosting: global warming and litter decomposition rates in cold biomes. J Ecol, 94: 713-724.

Amelung W. 2003. Nitrogen biomarkers and their fate in soil. J Plant Nutr Soil Sci, 166(6): 677-686.

Amelung W, Brodowski S, Sandhage H A, et al. 2008. Combining biomarker with stable isotope analyses for assessing the transformation and turnover of soil organic matter. Adv Agron, 100: 155-250.

Amiotte-suchet P, Linglois N, Leveque J, et al. 2007. ^{13}C composition of dissolved organic carbon in upland forested catchments of the Morvan Mountains (France): Influence of coniferous and deciduous vegetation. J Hydrol, 335: 354-363.

Amos B, Walters D T. 2006. Maize root biomass and net rhizodeposited carbon: an analysis of the literature. Soil Sci Soc Am J, 70: 1489-1503.

Anderson D W, Paul E A. 1984. Organo-mineral complexes and their study by radio carbon dating. Soil Sci Soc Am J, 48: 298-301.

Apostel C, Dippold M, Glaser B, et al. 2013. Biochemical pathways of amino acids in soil: assessment by position-specific labeling and ^{13}C-PLFA analysis. Soil Biol Biochem, 67: 31e40.

Apostel C, Dippold M, Kuzyakov Y. 2015. Biochemistry of hexose and pentose transformations in soil analyzed by position-specific labeling and ^{13}C-PLFA. Soil Biol Biochem, 80: 199e208.

Apostel C, Herschbach J, Bore E K, et al. 2018. Food for microorganisms: position-specific ^{13}C labeling and ^{13}C-PLFA analysis reveals preferences for sorbed or necromass C. Geoderma, 312: 86-94.

Appuhn A, Joergensen R G. 2006. Microbial colonisation of roots as a function of plant species. Soil Biol Biochem, 38(5): 1040-1051.

Archontoulis S V, Yin X, Vos J, et al. 2012. Leaf photosynthesis and respiration of three bioenergy crops in relation to temperature and leaf nitrogen: how conserved are biochemical model parameters among crop species? J Exp Bot, 63: 895-911.

Bai X J, Guo Z H, Huang Y M, et al. 2020. Root cellulose drives soil fulvic acid carbon sequestration in the grassland restoration process. Catena, 191(1): 104575.

Bai X J, Yang X, Zhang S M, et al. 2021. Newly assimilated carbon allocation in grassland communities under different grazing enclosure times. Biol Fert Soils, 57: 563-574.

Bais H P, Weir T L, Perry L G, et al. 2006. The role of root exudates in rhizosphere interactions with plants and other organisms. Annu Rev Plant Biol, 57: 233-266.

Barthel M, Hammerle A, Sturm P, et al. 2011. The diel imprint of leaf metabolism on the $\delta^{13}C$ signal of soil respiration under control and drought conditions. New Phytol, 192(4): 925-938.

Belsky A J, Carson W P, Jensen C L, et al. 1993. Overcompensation by plants: herbivore optimization or red herring? Evol Ecol, 7: 109-121.

Benesch M, Glaser B, Dippold M, et al. 2015. Soil microbial C and N turnover under *Cupressus lusitanica* and natural forests in southern Ethiopia assessed by decomposition of ^{13}C- and ^{15}N-labelled litter under field conditions. Plant Soil, 388: 133-146.

Berg B. 2000. Litter decomposition and organic matter turnover in northern forest soils. Forest Ecol Manag, 133: 13-22.

Berg B. 2014. Decomposition patterns for foliar litter: a theory for influencing factors. Soil Biol Biochem, 78: 222-232.

Bilotta G S, Brazier R E, Haygarth P M. 2007. The impacts of grazing animals on the quality of soils, vegetation, and surface waters in intensively managed grasslands. Adv Agron, 94: 237-280.

Blagodatskaya E, Kuzyakov Y. 2008. Mechanisms of real and apparent priming effects and their dependence on soil microbial biomass and community structure: Critical review. Biol Fert Soils, 45: 115-131.

Boschker H T S, Nold S C, Wellsbury P, et al. 1998. Direct linking of microbial populations to specific biogeochemical processes by ^{13}C labelling of biomarkers. Nature, 392: 801-805.

Brunner I, Herzog C, Dawes M A, et al. 2015. How tree roots respond to drought. Front Plant Sci, 6: 547.

Chang R Y, Fu B J, Liu G H, et al. 2011. Soil carbon sequestration potential for "Grain for Green" Project in Loess Plateau, China. Environ Manag, 48: 1158-1172.

Christophe N. 2009. Rhizodeposition of organic C by plant: mechanisms and controls. Sustainable Agriculture, 23: 97-123.

Cotrufo M F, Soong J L, Horton A J, et al. 2015. Formation of soil organic matter via biochemical and physical pathways of litter mass loss. Nature Geoscience, 8: 776-779.

Crow S E, Lajtha K, Filley T R, et al. 2009. Sources of plant-derived carbon and stability of organic matter in soil: Implications for global change. Global Change Biol, 15: 2003-2019.

de Camargo P B, Trumbore S, Martinelli L, et al. 1999. Soil carbon dynamics in regrowing forest of eastern Amazonia. Global Change Biol, 5: 693-702.

De Deyn G B, Cornelissen J H, Bardgett R D. 2008. Plant functional traits and soil carbon sequestration in contrasting biomes. Ecol Lett, 11: 516-531.

Decock C, Denef K, Bode S, et al. 2009. Critical assessment of the applicability of gas chromatography-combustion-isotope ratio mass spectrometry to determine amino sugar dynamics in soil. Rapid Commun Mass Sp, 23(8): 1201-1211.

DelGaldo I, Six J, Peressotti A, et al. 2003. Assessing the impact of land-use change on soil C sequestration in agricultural soils by means of organic matter fractionation and stable C isotopes. Global Change Biol, 9: 1204-1213.

Demoling F, Figueroa D, Baath E. 2007. Comparison of factors limiting bacterial growth in different soils. Soil Biol Biochem, 39: 2485-2495.

Deng L, Liu G, Shangguan Z. 2014. Land-use conversion and changing soil carbon stocks in China's "Grain-for-Green" Program: a synthesis. Global Change Biol, 20: 3544-3556.

Ding X, Han X, Zhang X. 2013. Long-term impacts of manure, straw, and fertilizer on amino sugars in a silty clay loam soil under temperate conditions. Biol Fert Soils, 49(7): 949-954.

Epron D, Bahn M, Derrien D, et al. 2012. Pulse-labelling trees to study carbon allocation dynamics: a review of methods, current knowledge and future prospects. Tree Physiol, 32: 776-798.

Esperschuetz J, Buegger F, Winkler J B, et al. 2009. Microbial response to exudates in the rhizosphere of young beech trees (*Fagus sylvatica* L.) after dormancy. Soil Biol Biochem, 41: 1976-1985.

Fanina N, Alavoineb G, Bertrand I. 2020. Temporal dynamics of litter quality, soil properties and microbial strategies as main drivers of the priming effect. Geoderma, 377: 114576.

Farmer J G, Baxter M S. 1974. Atmosphere carbon dioxide levels as indicated by the stable isotope record in wood. Nature, 247: 273-275.

Farrar J F, Williams M L. 1991. The effects of increased atmospheric carbon dioxide and temperature on carbon partitioning, source-sink relations and relationship. Plant Cell Environ, 14(8): 819-830.

Fernandez A L, Sheaffer C C, Wyse D L, et al. 2016. Associations between soil bacterial community structure and nutrient cycling functions in long-term organic farm soils following cover crop and organic fertilizer amendment. Sci Total Environ, 566-567: 949-959.

Ferreras L, Gomez E, Toresani S, et al. 2006. Effect of organic amendments on some physical, chemical and biological properties in a horticultural soil. Bioresource Technology, 97(4): 635-640.

Fontaine S, Mariotti A, Abbadie L. 2003. The priming effect of organic matter: a question of microbial competition. Soil Biol Biochem, 35: 837-843.

Freschet G T, Cornwell W K, Wardle D A, et al. 2013. Linking litter decomposition of above- and below-ground organs to plant–soil feedbacks worldwide. J Ecol, 101: 943-952.

Gao Y Z, Giese M, Lin S, et al. 2008. Belowground net primary productivity and biomass allocation of a grassland in Inner Mongolia is affected by grazing intensity. Plant Soil, 307: 41-50.

Gaul D, Hertel D, Borken W, et al. 2008. Effects of experimental drought on the fine root system of mature Norway spruce. Forest Ecol Manag, 256(5): 1151-1159.

Ge T, Liu C, Yuan H, et al. 2014. Tracking the photosynthesized carbon input into soil organic carbon pools in a rice soil fertilized with nitrogen. Plant Soil, 392: 17-25.

Ge T, Yuan H, Zhu H, et al. 2012. Biological carbon assimilation and dynamics in a flooded rice-soil system. Soil Biol Biochem, 48: 39-46.

Ge T D, Li B Z, Zhu Z K et al. 2017. Rice rhizodeposition and its utilization by microbial groups depends on N fertilization. Biol Fert Soils, 53: 37-48.

Genet H, Breda N, Dufrene E. 2010. Age-related variation in carbon allocation at tree and stand scales in beech (*Fagus sylvatica* L.) and sessile oak (*Quercus petraea* (Matt.) Liebl.) using a chronosequence approach. Tree Physiol, 30: 177-192.

Gill R A, Jackson R B. 2000. Global pattern of root turnover for terrestrial ecosystems. New Phytol, 147: 13-31.

Gitelson A A, Gritz Y, Merzlyak M N. 2003. Relationships between leaf chlorophyll content and spectral reflectance and algorithms for non-destructive chlorophyll assessment in higher plant leaves. J Plant Physiol, 160: 271-282.

Glaser B, Benesch M, Dippold M, et al. 2012. *In situ* ^{15}N and ^{13}C labelling of indigenous and plantation tree species in a tropical mountain forest (Munessa, Ethiopia) for subsequent litter and soil organic matter turnover studies. Organic Geochemistry, 42: 1461-1469.

Glaser B, Gross S. 2005. Compound-specific $\delta^{13}C$ analysis of individual amino sugars: a tool to quantify timing and amount of soil microbial residue stabilization. Rapid Commun Mass Sp, 19(11): 1409-1416.

Glaser B, Miliar N, Blum H. 2006. Sequestration and turnover of bacterial- and fungal-derived carbon in a temperate grassland soil under long-term elevated atmospheric qCO_2. Global Change Biol, 12: 1521-1531.

Gong W, Yan X Y, Wang J Y, et al. 2009. Long-term manuring and fertilization effects on soil organic carbon pools under a wheat-maize cropping system in North China Plain. Plant Soil, 314: 67-76.

Gong X Y, Berone G D, Agnusdei M G, et al. 2014. The allocation of assimilated carbon to shoot growth: in situ assessment in natural grasslands reveals nitrogen effects and interspecific differences. Oecologia, 174: 1085-1095.

Guenet B, Neill C, Bardoux G, et al. 2010. Is there a linear relationship between priming effect intensity and the amount of organic matter input? Appl Soil Ecol, 46: 436-442.

Gunina A, Dippold M, Glaser B, et al. 2017. Turnover of microbial groups and cell components in soil: [13]C analysis of cellular biomarkers. Biogeosciences, 14: 271-283.

Guo L B, Gifford R M. 2002. Soil carbon stocks and land use change: a meta analysis. Global Change Biol, 8: 345-360.

Hafner S, Unteregelsbacher B, Seeber E, et al. 2012. Effect of grazing on carbon stocks and assimilate partitioning in a Tibetan montane pasture revealed by [13]CO_2 pulse labeling. Global Change Biol, 18: 528-538.

Hagedorn F, Joseph J, Peter M, et al. 2016. Recovery of trees from drought depends on belowground sink control. Nature Plants, 2: 16111.

Hamer U, Marschner B. 2005. Priming effects in different soil types induced by fructose, alanine, oxalic acid and catechol additions. Soil Biol Biochem, 37: 445-454.

Han G, Hao X, Zhao M, et al. 2008. Effect of grazing intensity on carbon and nitrogen in soil and vegetation in a meadow steppe in Inner Mongolia. Agr Ecosyst Environ, 125: 21-32.

He H, Xie H, Zhang X, et al. 2005. A gas chromatographic/mass spectrometric method for tracing the microbial conversion of glucose into amino sugars in soil. Rapid Commun Mass Sp, 19(14): 1993-1998.

He H, Zhang W, Zhang X, et al. 2011. Temporal responses of soil microorganisms to substrate addition as indicated by amino sugar differentiation. Soil Biol Biochem, 43: 1155-1161.

He N, Wu L, Wang Y, et al. 2009. Changes in carbon and nitrogen in soil particle-size fractions along a grassland restoration chronosequence in northern China. Geoderma, 150: 302-308.

Henriksen T M, Breland T A. 1999. Nitrogen availability effects on carbon mineralization, fungal and bacterial growth, and enzyme activities during decomposition of wheat straw in soil. Soil Biol Biochem, 31(8): 1121-1134.

Högberg M, Briones M, Keel S, et al. 2010. Quantification of effects of season and nitrogen supply on tree below-ground carbon transfer to ectomycorrhizal fungi and other soil organisms in a boreal pine forest. New Phytol, 187(2): 485-493.

Högberg P, Högberg M N, Göttlicher S G, et al. 2008. High temporal resolution tracing of photosynthate carbon from the tree canopy to forest soil microorganisms. New Phytol, 177: 220-228.

Högberg P, Read D J. 2006. Towards a more plant physiological perspective on soil ecology. Trends Ecol Evol, 21: 548-554.

Hommel R, Siegwolf R, Zavadlav S, et al. 2016. Impact of interspecific competition and drought on the allocation of new assimilates in trees. Plant Biology, 18(5): 785-796.

Hu P, Liu S J, Ye Y Y, et al. 2018. Effects of environmental factors on soil organic carbon under natural or managed vegetation restoration. Land Degrad Dev, 29: 387-397.

Ingrisch J, Biermann T, Seeber E, et al. 2015. Carbon pools and fluxes in a Tibetan alpine *Kobresia pygmaea* pasture partitioned by coupled eddy-covariance measurements and [13]CO_2 pulse labeling. Sci Total Environ, 505: 1213-1224.

Jenkinson D, Ladd J. 1981. Microbial biomass in soil: measurement and turnover // Jenkinson D, Ladd J. Soil Biochemistry. New York: Marcel Dekker: 415-471.

Jolivet C, Arrouays D, Andreux F, et al. 1997. Soil organic carbon dynamics in cleared temperate forest spodosols converted to maize cropping. Plant Soil, 191(2): 225-231.

Kaštovská E, Edwards K, Santruckova H. 2017. Rhizodeposition flux of competitive versus conservative graminoid: contribution of exudates and root lysates as affected by N loading. Plant Soil, 412: 331-344.

Kaštovská E, Šantrůčková H. 2007. Fate and dynamics of recently fixed C in pasture plant–soil system under field conditions. Plant Soil, 300: 61-69.

Keel S, Campbell C, Hogberg M, et al. 2012. Allocation of carbon to fine root compounds and their residence times in a boreal forest depend on root size class and season. New Phytol, 194: 972-981.

Keiluweit M, Nico P, Harmon M E, et al. 2015. Long-term litter decomposition controlled by manganese redox cycling. Proc Natl Acad Sci USA, 112: E5253-5260.

Kiem R, Kögel-Knabner I. 2003. Contribution of lignin and polysaccharides to the refractory carbon pool in C-depleted arable soils. Soil Biol Biochem, 35: 101-118.

Kozlowski T T. 1971. Growth and Development of Trees. New York: Academic Press.

Kuzyakov Y. 2006. Sources of CO_2 efflux from soil and review of partitioning methods. Soil Biol Biochem, 38: 425-448.

Kuzyakov Y. 2010. Priming effects: Interactions between living and dead organic matter. Soil Biol Biochem, 42: 1363-1371.

Kuzyakov Y, Domanski G. 2000. Carbon input by plants into the soil. Review. J Plant Nutr Soil Sci, 163: 421-431.

Kuzyakov Y, Evgenia B. 2015. Microbial hotspots and hot moments in soil: concept review. Soil Biol Biochem, 83: 184-199.

Li Q, Chen D, Zhao L, et al. 2016. More than a century of Grain for Green Program is expected to restore soil carbon stock on alpine grassland revealed by field ^{13}C pulse labeling. Sci Total Environ, 550: 17.

Liang C, Amelung W, Lehmann J, et al. 2019. Quantitative assessment of microbial necromass contribution to soil organic matter. Global Change Biol, 23: 234-241.

Liang C, Balser T C. 2008. Preferential sequestration of microbial carbon in subsoils of a glacial-landscape toposequence, Dane County, WI, USA. Geoderma, 148(1): 113-119.

Liang C, Balser T C. 2011. Microbial production of recalcitrant organic matter in global soils: implications for productivity and climate policy. Nature Reviews Microbiology, 9: 34-38.

Liang C, Schimel J, Jastrow J. 2017. The importance of anabolism in microbial control over soil carbon storage. Nature Microbiology, 2: 17105.

Liu M, Ouyang S, Tian Y, et al. 2020. Effects of rotational and continuous overgrazing on newly assimilated C allocation. Biol Fert Soils, 21: 345-365.

Liu Y, Ge T, Zhu Z, et al. 2019. Carbon input and allocation by rice into paddy soils: a review. Soil Biol Biochem, 133: 97-107.

Loranger G, Ponge J F, Imvert D, et al. 2002. Leaf decomposition in two semi evergreen tropical forests influence of litter quality. Biol Fert Soils, 35: 247-252.

Lu Y, Watanabe A, Kimura M. 2002. Input and distribution of photosynthesized carbon in a flooded rice soil. Global Biogeochemical Cycles, 16: 1-8.

Ludwig M, Achtenhagen J, Miltner A, et al. 2015. Microbial contribution to SOM quantity and quality in density fractions of temperate arable soils. Soil Biol Biochem, 81: 311-322.

Malik A, Dannert H, Griffiths R I, et al. 2015. Rhizosphere bacterial carbon turnover is higher in nucleic acids than membrane lipids: implications for understanding soil carbon cycling. Frontiers in Microbiology, 6: 268.

Miehe G, Schleuss P M, Seeber E, et al. 2019. The *Kobresia pygmaea* ecosystem of the Tibetan highlands-origin, functioning and degradation of the world's largest pastoral. Sci Total Environ, 648: 754-771.

Miltner A, Bombach P, Schmidt-Brücken B, et al. 2012. SOM genesis: microbial biomass as a significant source. Biogeochemistry, 111: 41-55.

Miltner A, Richnow H H, Kopinke F D, et al. 2005. Incorporation of carbon originating from CO_2 into different compounds of soil microbial biomass and soil organic matter. Isot Environ Health Stud, 41(2): 135-140.

Miner G L, Bauerle W L. 2019. Seasonal responses of photosynthetic parameters in maize and sunflower and their relationship with leaf functional traits. Plant Cell Environ, 42: 1561-1574.

Myers R T, Zak D R, White D C, et al. 2001. Landscape-level patterns of microbial community composition and substrate use in upland forest ecosystems. Soil Sci Soc Am J, 65: 359-367.

Kiona O. 2018. Hyperactive soil microbes might weaken the terrestrial carbon sink. Nature, 560: 32-33.

Olson J S. 1963. Energy storage and the balance of producers and decomposition in ecological systems. Ecology, 44: 332-341.

Palviainen M, Finer L, Kurka A M, et al. 2004. Release of potassium, calcium, iron and aluminium from

Norway spruce, Scots pine and silver birch logging residues. Plant Soil, 259: 123-136.

Paterson E, Sim A. 2013. Soil-specific response functions of organic matter mineralization to the availability of labile carbon. Global Change Biol, 19: 1562-1571.

Paul E A, Clark F E. 1988. Soil Microbiology and Biochemistry. San Diego: Academic Press.

Paul K I, Polgase P J, Nyakuengama J G, et al. 2002. Change in soil carbon following afforestation. Forest Ecology and Management, 168: 241-257.

Pausch J, Kuzyakov Y. 2018. Carbon input by roots into the soil: quantification of rhizodeposition from root to ecosystem scale. Global Change Biol, 24: 1-12.

Peixoto L, Elsgaard L, Rasmussen J, et al. 2020. Decreased rhizodeposition, but increased microbial carbon stabilization with soil depth down to 3.6 m. Soil Biol Biochem, 150: 108008.

Poorter H, Niklas K, Reich P, et al. 2012. Biomass allocation to leaves, stems and roots: meta-analyses of interspecific variation and environmental control. New Phytol, 193(1): 30-50.

Post W M, King A M, Wullschleger S D. 1996. Soil organic matter models and global estimates of soil organic carbon // Powlson D S, Smith P, Smith J U. Evaluation of Soil Organic Matter Models. Vol 38. Berlin, Heidelberg: Springer: 201-222.

Potthoff M, Dyckmans J, Flessa H, et al. 2008. Decomposition of maize residues after manipulation of colonization and its contribution to the soil microbial biomass. Biol Fert Soils, 44(6): 891-895.

Qiao N, Schaefer D, Blagodatskaya E, et al. 2014. Labile carbon retention compensates for CO_2 released by priming in forest soils. Global Change Biol, 20: 1943-1954.

Raich J W, Schlesinger W H. 1992. The global carbon dioxide efflux in soil respiration and its relationship to vegetation and climate. Tellus, 44(B): 81-99.

Reichstein M, Bahn M, Ciais P, et al. 2013. Climate extremes and the carbon cycle. Nature, 500: 287-295.

Rinnan R, Bååth E. 2009. Differential utilization of carbon substrates by bacteria and fungi in tundra soil. Appl Environ Microbiol, 75: 3611-3620.

Ruehr N K, Offermann C A, Gessler A, et al. 2009. Drought effects on allocation of recent carbon: From beech leaves to soil CO_2 efflux. New Phytol, 184(4): 950-961.

Runion G B, Entry J A, Prior S A, et al. 1999. Tissue chemistry and carbon allocation in seedings of *Pinus palustris* subjected to elevated atmospheric CO_2 and water stress. Tree Physiol, 19(4): 329-335.

Sauerbeckand D, Johnen B. 1976. The Turnover of Plant Roots during the Growth Period and its Influence on "Soil Respiration". J Plant Nutr Soil Sci, 139(3): 315-328.

Schmidt M W I, Torn M S, Abiven S, et al. 2011. Persistence of soil organic matter as an ecosystem property. Nature, 478: 49-56.

Schimel J, Schaeffer S M. 2012. Microbial control over carbon cycling in soil. Frontiers in Microbiology, 3: 348.

Singh B K, Bardgett R D, Smith P, et al. 2010. Microorganisms and climate change: terrestrial feedbacks and mitigation options. Nat Rev Microbiol, 8: 779-790.

Sionit N, Rogers H H, Bingham G E, et al. 1984. Photosynthesis and stomatal conductance with CO_2-enrichment of containerand field-grown soybeans. Agron J, 76(3): 447-451.

Six J, Freys D, Thiet R K, et al. 2006. Bacterial and fungal contributions to carbon sequestration in agroecosystems. Soil Sci Soc Am J, 70: 555-569.

Sulzman E W, Brant J B, Bowden R D, et al. 2005. Contribution of aboveground litter, belowground litter, and rhizosphere respiration to total soil CO_2 efflux in an old growth coniferous forest. Biogeochemistry, 73: 231-256.

Sun Z, Liu S, Zhang T, et al. 2019. Priming of soil organic carbon decomposition induced by exogenous organic carbon input: a meta-analysis. Plant Soil, 443: 463-471.

Tang J W, Badocchi D D, Xu L K. 2005. Tree photosynthesis modulates soil respiration on a diurnal time scale. Global Change Biol, 11(8): 1298-1304.

Throckmorton H M, Bird J A, Monte N, et al. 2015. The soil matrix increases microbial C stabilization in temperate and tropical forest soils. Biogeochemistry, 122(1): 35-45.

Trivedi P, Anderson I C, Singh B K. 2013. Microbial modulators of soil carbon storage: integrating genomic and metabolic knowledge for global prediction. Trends in Microbiology, 21(12): 641-651.

Trumbore S E, Chadwick O A, Amundson R. 1996. Rapid exchange between soil carbon and atmospheric carbon dioxide driven by temperature change. Science, 272: 393-396.

van Dam N M, Bouwmeester H J. 2016. Metabolomics in the rhizosphere: Tapping into belowground chemical communication. Trends Plant Sci, 21: 256-265.

Waldrop M P, Firestone M K. 2004. Microbial community utilization of recalcitrant and simple carbon compounds: Impact of oak-woodland plant communities. Oecologia, 138: 275-284

Wang H, Xu W, Hu G, et al. 2015. The priming effect of soluble carbon inputs in organic and mineral soils from a temperate forest. Oecologia, 178: 1239-1250.

Wang Q, Liu S, Tian P. 2018. Carbon quality and soil microbial property control the latitudinal pattern in temperature sensitivity of soil microbial respiration across Chinese forest ecosystems. Global Change Biol, 24: 2841-2849.

Wang Q, Wang S, He T, et al. 2014. Response of organic carbon mineralization and microbial community to leaf litter and nutrient additions in subtropical forest soils. Soil Biol Biochem, 71: 13-20.

Wang Y M, Li M, Jiang C Y, et al. 2020. Soil microbiome-induced changes in the priming effects of ^{13}C-labelled substrates from rice residues. Sci Total Environ, 726: 138562.

Warren C R. 2016. Simultaneous efflux and uptake of metabolites by roots of wheat. Plant Soil, 406: 359-374.

Watanabe A, Machida N, Takahashi K, et al. 2004. Flow of photosynthesized carbon from rice plants into the paddy soil ecosystem at different stages of rice growth. Plant Soil, 258: 151-160.

Watzinger A, Feichtmair S, Kitzler B, et al. 2014. Soil microbial communities responded to biochar application in temperate soils and slowly metabolized ^{13}C-labelled biochar as revealed by ^{13}C PLFA analyses: results from a short-term incubation and pot experiment. Eur J Soil Sci, 65: 40-51.

Wei J, Liu W, Wan H, et al. 2016. Differential allocation of carbon in fenced and clipped grasslands: a ^{13}C tracer study in the semiarid Chinese Loess Plateau. Plant Soil, 406: 251-263.

Wieder W R, Grandy A S, Kallenbach C M, et al. 2015. Representing life in the Earth system with soil microbial functional traits in the MIMICS model. Geoscience Model Development, 8: 1789-1808.

Wilson C H, Strickland M S, Hutchings J A, et al. 2018. Grazing enhances belowground carbon allocation, microbial biomass, and soil carbon in a subtropical grassland. Global Change Biol, 24: 2997-3009.

Wu Y, Tan H, Deng Y, et al. 2010. Partitioning pattern of carbon flux in a *Kobresia* grassland on the Qinghai-Tibetan Plateau revealed by field ^{13}C pulse-labeling. Global Change Biol, 16: 2322-2333.

Xu L, Yao B, Wang W, et al. 2017. Effects of plant species richness on ^{13}C assimilate partitioning in artificial grasslands of different established ages. Sci Rep, 7: 40307.

Xu Z, Zhou G, Wang Y. 2007. Combined effects of elevated CO_2 and soil drought on carbon and nitrogen allocation of the desert shrub *Caragana intermedia*. Plant Soil, 301(1): 87-97.

Yin H J, Wheeler E, Phillips R P. 2014. Root-induced changes in nutrient cycling in forests depend on exudation rates. Soil Biol Biochem, 78: 213-221.

Yoshida S, Coronel V. 1976. Nitrogen nutrition, leaf resistance, and leaf photosynthetic rate of the rice plant. Soil Sci Plant Nutr, 22: 207-211.

Zang H, Blagodatskaya E, Wen Y, et al. 2018. Carbon sequestration and turnover in soil under the energy crop *Miscanthus*: repeated ^{13}C natural abundance approach and literature synthesis. GCB Bioenergy, 10(4): 262-271.

Zang H, Xiao M, Wang Y, et al. 2019. Allocation of assimilated carbon in paddies depending on rice age, chase period and N fertilization: Experiment with $^{13}CO_2$ labeling and literature synthesis. Plant Soil, 445: 113-123.

Zhang W, Wang X, Wang S. 2013. Addition of external organic carbon and native soil organic carbon decomposition: A meta-analysis. PLoS ONE, 8: e54779.

Zhang X D, Amelung W. 1996. Gas chromatographic determination of muramic acid, glucosamine, mannosamine, and galactosamine in soils. Soil Biol Biochem, 28: 1201-1206.

Zhang X D, He H B, Amelung W. 2007. A GC/MS method for the assessment of ^{15}N and ^{13}C incorporation into soil amino acid enantiomers. Soil Biol Biochem, 39: 2785-2796.

Zhao L, Chen D, Zhao N, et al. 2015. Responses of carbon transfer, partitioning, and residence time to land use in the plant–soil system of an alpine meadow on the Qinghai-Tibetan Plateau. Biol Fert Soils, 51: 781-790.

Zou J, Zhao L, Xu S, et al. 2014. Field ^{13}CO$_2$ pulse labeling reveals differential partitioning patterns of photoassimilated carbon in response to livestock exclosure in a *Kobresia* meadow. Biogeosciences, 11: 4381-4391.

第 5 章　叶际微生物群落变化及其对有机碳的贡献

第 4 章主要阐述了光合碳在植物-土壤系统中的转化过程，但要详细探究光合碳从叶片进入土壤并增加碳储量的原因，还需要在更深入的层次上对参与叶片分解的叶际微生物群落进行全面的研究（高爽等，2016）。微生物的种群和相对丰度在很大程度上决定着植被在整个森林生态系统中的生长状态。在植物叶际存在着丰富的微生物类群，它们与土壤微生物群落直接相关且密切影响着进入森林土壤的碳、氮等养分（Bai et al.，2015；Mishra et al.，2020）。叶片分解的绝大部分过程是由一系列分布在叶际的微生物参与的，作为一个复杂的生态过程，整个叶际微生物群落的活性受到叶片化学组分、养分可利用性、环境条件和生物的相互作用的影响（Williams and Marco，2014；Liu et al.，2016；Mishra et al.，2020）。

5.1　叶际碳组分变化

从碳平衡的角度来说，叶片枯落物分解过程中叶际微生物群落特性控制着叶片化学组分的变化，并影响着源自叶片部分有机碳的功能、周转以及土壤碳的稳定（Wickings et al.，2012；Portillo-Estrada et al.，2016）。叶片枯落物分解是以碳为主导的物质循环过程。根据碳元素在叶片中的存在形式以及分解难易程度，可将叶片碳分为易分解的非结构性碳水化合物（主要包括可溶性碳和淀粉）和难分解的结构性碳水化合物（如纤维素、半纤维素和木质素）。分解过程中这些含碳化合物在叶片中的含量不断变化（欧阳林梅等，2013），且与土壤有机碳密切相关（史学军等，2009；王晓峰等，2013）。

5.1.1　枯落物中纤维素和半纤维素含量的变化

半纤维素（hemicellulose）是在植物细胞壁中与纤维素共存、可溶于碱溶液、遇酸后较纤维素更易于水解的那部分植物多糖（图 5-1）。一种植物往往含有几种由 2 种或 3 种糖基构成的半纤维素，其化学结构各不相同。树叶、树干、树枝、树根和树皮的半纤维素含量和组成也不同（Ebringerová et al.，2005）。

为了解黄土高原典型树种枯落物中纤维素和半纤维素含量的变化，中国科学院水利部水土保持研究所安韶山研究员团队在调查试验地的基础上，根据典型性和代表性的原则，分别在坡向、坡度、坡位和海拔基本一致的子午岭林区典型阔叶林——山杨林、刺槐林和辽东栎林下，各设置三块 50m×50m 的标准样地作为野外重复。在每一个样地设置 4 个样方，开展了野外叶片枯落物原位分解实验（图 5-2）。

研究发现，黄土高原 3 个典型树种（刺槐 CL、辽东栎 LL 和山杨 SL）枯落物中的半纤维素含量在分解初期（0～10 个月）呈波动变化。在分解的前两个月，刺槐和辽东栎枯落物中半纤维素含量的降幅较大，后期逐渐稳定在 15g/kg 左右。

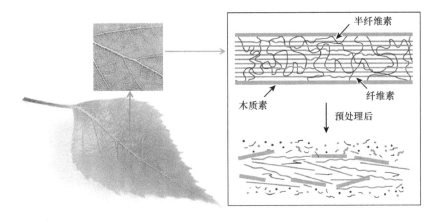

图 5-1　植物叶片碳组分示意图

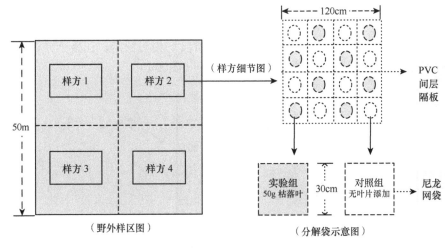

图 5-2　黄土高原子午岭林区野外叶片枯落物原位分解袋实验示意图

不同于刺槐和辽东栎，山杨枯落物中半纤维素含量在前两个月逐渐升高，在分解 4～6 个月出现降低，分解后期（10 个月）明显上升（图 5-3）。整个分解过程中，3 个树种枯落物中半纤维素平均含量为 20～30g/kg。纤维素（cellulose）是由葡萄糖组成的大分

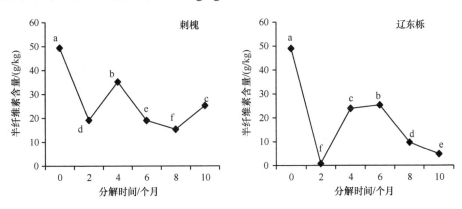

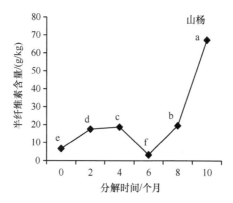

图 5-3　黄土高原子午岭林区刺槐、辽东栎、山杨枯落物分解初期的半纤维素含量变化
小写字母代表各样本均值差别的显著性检验结果。若处理间字母不同，则代表它们在 0.05 水平差异显著。下同

子多糖，不溶于水及一般有机溶剂，是植物细胞壁的主要成分。纤维素是自然界中分布最广、含量最多的一种多糖，占植物界碳含量的 50% 以上。

研究发现，3 个树种枯落物中纤维素含量的变化比半纤维素含量的变化要更加稳定，除分解中期（4～8 个月）有显著降低外，其他阶段均相对稳定，在整个分解过程中，3 个树种枯落物中纤维素平均含量为 150～200g/kg（图 5-4）。

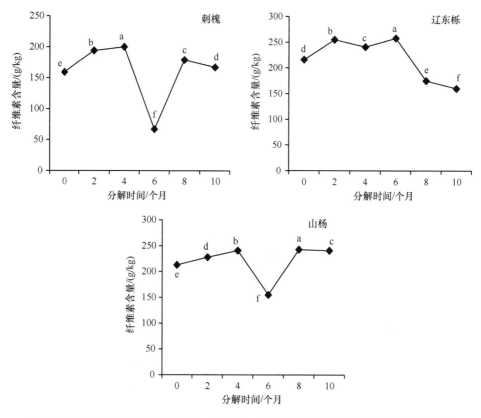

图 5-4　黄土高原子午岭林区刺槐、辽东栎、山杨枯落物分解初期的纤维素含量变化

5.1.2　枯落物中木质素含量的变化

木质素是由苯丙烷单元通过碳—碳键和醚键连接而成的无定形聚合物，是植物界中储量仅次于纤维素的第二大生物质资源。它是一类复杂的有机聚合物，其在维管植物和一些藻类的支持组织中形成重要的结构材料。枯落物中的木质素在细胞壁的形成中非常重要，特别是它赋予了叶片刚性并且使叶片不易腐烂。

不同于纤维素、半纤维素含量的变化，3 个树种枯落物中木质素含量在 0～10 个月的分解过程中呈缓慢增加趋势，从 200g/kg 左右缓慢上升到分解末期的 350g/kg 左右（图 5-5）。

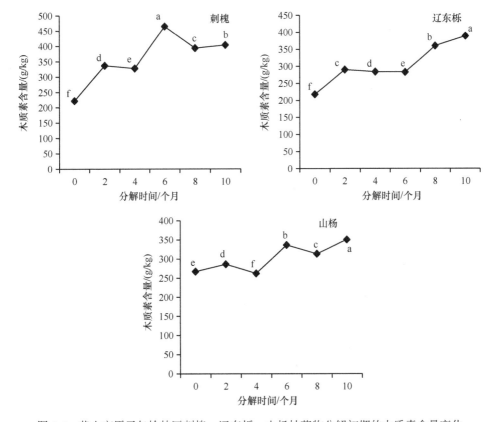

图 5-5　黄土高原子午岭林区刺槐、辽东栎、山杨枯落物分解初期的木质素含量变化

整体上，子午岭林区典型阔叶林枯落物中纤维素、半纤维素含量随树种和分解时间均发生显著变化（表 5-1）。3 种研究树种并未呈现出一致的变化规律，其中最易分解的半纤维素和最难分解的木质素含量受分解时间的影响更大，而纤维素含量的变化与树种的关系更密切。

表 5-1　黄土高原子午岭林区典型阔叶林枯落物中结构性碳水化合物含量随树种和分解时间的变化

	半纤维素	纤维素	木质素
不同树种	$F = 902\,84$	$F = 584\,231$	$F = 237\,012$
	$P < 0.001$	$P < 0.001$	$P < 0.001$

续表

	半纤维素	纤维素	木质素
分解时间	$F = 240\ 215$	$F = 164\ 529$	$F = 348\ 980$
	$P < 0.001$	$P < 0.001$	$P < 0.001$
树种与分解时间的相互作用	$F = 314\ 019$	$F = 147\ 823$	$F = 606\ 72$
	$P < 0.001$	$P < 0.001$	$P < 0.001$

总结叶际碳组分的变化规律：①从随时间的变化程度来看，纤维素和半纤维素由于在化学结构和水解性上的差异，它们在枯落物中含量降低的时间也有明显的差异，半纤维素在分解前2个月下降最快，而纤维素在分解半年后，才呈现最大的下降；不同于纤维素含量的变化，3个树种枯落物中的木质素含量在0～10个月的分解过程中呈缓慢增加趋势。②从含量来看，枯落物的纤维素含量是半纤维素的5～10倍（20g/kg与200g/kg），而在枯落物中有重要结构支持作用的木质素的含量最高，约350g/kg。③纤维素和半纤维素含量的变化因树种不同而差异比较明显，这与枯落物的化学组成、化学计量比及在叶际存在的微生物组关系密切（Jackson and Denney，2011；Williams and Marco，2014；Mishra et al.，2020）。

5.2 碳组分与叶际微生物组之间的关系

叶片是植物进行光合作用和能量代谢的中心部位。与根部类似，植物叶片的表面和内部存在细菌、真菌等微生物群。在19世纪70～80年代，科学研究较多地关注与叶片中难分解的纤维素、几丁质相关的真菌类群在叶片分解过程中的变化。在20世纪末及21世纪初，叶际细菌群落变化逐渐受到重视，研究开始侧重不同分解时期放线菌、杆菌（Dilly and Munch，1996）及参与叶片养分变化的功能细菌的动态，指出叶际微生物的变化主要受到真菌和具有不同功能的细菌与叶片化学组分协同作用的影响（Torre et al.，2005）。但是叶片分解过程中碳组分与叶际微生物组之间的关系依然不明确，其重要的原因可能是缺乏可靠的方法来反映叶际微生物的原始组成及潜在功能情况。

5.2.1 碳组分与叶际细菌群落

本研究在Illumina MiSeq（Illumina microbial sequence platform）平台分析了黄土高原子午岭林区典型阔叶林叶际细菌的多样性和组成变化。叶际细菌群落的丰富度、多样性及均匀度在树种间均无显著差异（$P > 0.05$），但是随分解时间延长而变化显著，特别是细菌多样性（Simpson指数、Shannon-Wiener指数）和Pielou均匀度指数（$P < 0.05$，图5-6）。

与多样性变化不同，叶际细菌群落结构呈现明显的树种差异[基于群落结构距离矩阵的阿多尼斯检验（Adonis test），$R^2 = 0.16$，$P = 0.005$]，且这种差异随叶片的分解时间延长而变化明显（$R^2 = 0.38$，$P = 0.01$）。叶际细菌群落中最优势的细菌类群是变形菌门（54%）、放线菌（29%）、拟杆菌门（10%）和蓝细菌（5%）；在变形菌门中以富营养型的α-变形

菌和 γ-变形菌为主，反映出这些类群对叶际养分的趋向性。而在叶片分解初期，生氧光细菌（oxyphotobacteria）在叶际的含量较高，该类细菌是以吡咯环构成卟啉型的各种叶绿素作为光合色素进行光合作用的原核生物。在进行光合作用时，可释放氧气，它们的相对丰度随着分解进行而不断减小（图 5-7）。

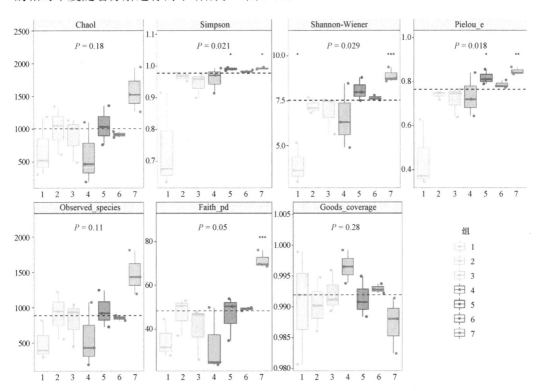

图 5-6　黄土高原子午岭典型阔叶林植物枯落物在不同分解时间叶际细菌多样性指数的分组箱线图
每个子图对应一种 α 多样性指数，在其顶端灰色区域标识。Chao1 指数（Chao，1984）和 Observed_species 指数表征丰富度，Shannon-Wiener 指数（Shannon，1948）和 Simpson 指数（Simpson，1949）表征多样性，Faith_pd 指数（Faith，1992）表征基于进化的多样性，Pielou_e 指数（Pielou，1966）表征均匀度，Goods_coverage 指数（Good，1953）表征覆盖度。每个子图中，横坐标为分组标签，纵坐标为相应 α 多样性指数的值。箱线图中，各符号含义如下：箱的上下端线表示上下四分位数（interquartile range，IQR）；中位线表示中位数；上下边缘表示最大最小内围值（1.5 倍的 IQR）；在上下边缘的外部的点表示异常值。多样性指数标签下的数字为 Kruskal-Wallis 检验的 P 值；数字 1～7 代表不同分解时间，分别为分解袋放置后的 0 个月、2 个月、4 个月、6 个月、8 个月、10 个月、12 个月

为了进一步呈现叶际细菌群落结构的变化，研究团队采用非度量多维尺度分析（non-metric multidimensional scaling，NMDS）进行研究，这是一种将多维空间的研究对象简化到低维空间进行定位、分析和归类，同时又保留对象间原始关系的数据分析方法。其特点是根据样本中包含的物种信息，以点的形式反映到多维空间上，而对于不同样本间的差异程度，则是通过点与点间的距离体现的，最终获得样本的空间定位点图（图 5-8）。从图 5-8 可以看出叶际细菌群落结构随叶片分解时间延长而变化明显。树种间叶际细菌群落的差异在分解 6 个月（蓝色三角区）的时候差异最大，随后逐渐缩小。

最近，越来越多的证据表明：相比于微生物的物种组成，微生物群落的功能组成与环境因子关系更加密切。在森林生态系统中，除了说明叶际有哪些微生物类群及其结构，

揭示微生物群落的功能轮廓也尤为重要。目前，土壤微生物生态研究中常用的群落功能研究方法主要有宏基因组、宏转录组、宏蛋白质组及宏代谢组分析。这些方法均可从不同的角度反映叶际微生物的功能变化特征。但其价格仍旧较高，数据量巨大，在应用于大批量的野外试验方面仍旧存在很大的困难。相比较而言，基于原核 16S rDNA 高通量测序结果对微生物群落功能进行预测可以作为一种折中方案。目前该预测方法主要包含 4 种，其中以 PICRUSt（Phylogenetic Investigation of Communities by Reconstruction of Unobserved States）的应用最为广泛（Langille et al.，2013）。PICRUSt 是一款基于样本中的标记基因序列丰度来预测样本功能丰度的软件。这里的功能是指基因家族，如 KEGG 同源基因、EC 酶分类号等。通过对叶际细菌群落测序结构的分析，可以获得数量巨大的功能单元（EC/KO），然后使用细菌群落样本差异距离矩阵（Bray-Curtis 距离）结合主坐标分析（principal co-ordinates analysis，PCoA）将样本功能差异在低维度展开。PCoA 分析，首先对一系列的特征值和特征向量进行排序，然后选择排在前几位的最主要的特征值，并将其表现在坐标系里，结果相当于是距离矩阵的一个旋转，它没有改变样本点之间的相互位置关系，只是改变了坐标系统，可用来很好地研究样本群落组成的

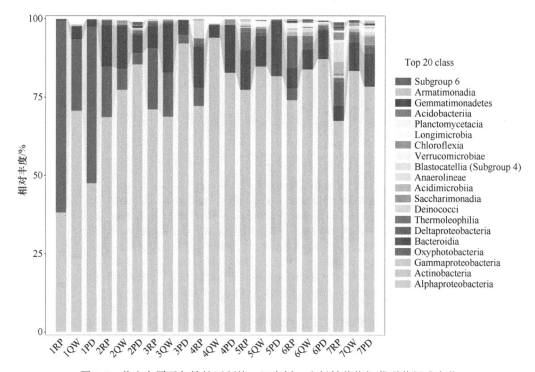

图 5-7　黄土高原子午岭林区刺槐、辽东栎、山杨枯落物细菌群落组成变化

RP：刺槐（*Robinia pseudoacacia*）；QW：辽东栎（*Quercus wutaishanica*）；PD：山杨（*Populus davidiana*）。树种缩写前面的数字 1～7 代表不同分解时间，分别对应分装袋放置后的 0 个月、2 个月、4 个月、6 个月、8 个月、10 个月、12 个月。Top 20 class：相对丰度前 20 的细菌纲。Armatimonadia：装甲菌纲；Gemmatinonadetes：芽单胞菌纲；Acidobacteriia：酸杆菌纲；Planctomycetacia：浮霉菌纲；Chloroflexia：绿弯菌纲；Verrucomicrobiae：疣微菌纲；Blastocatellia（Subgroup 4）：芽枝菌纲；Anaerolineae：厌氧绳菌纲；Acidimicrobiia：酸微菌纲；Deinococci：异常球菌纲；Thermoleophilia：栖热嗜油菌纲；Deltaproteobacteria：δ-变形菌纲；Bacteroidia：拟杆菌纲；Oxyphotobacteria：生氧光细菌；Gammaproteobacteria：γ-变形菌纲；Actinobacteria：放线菌纲；Alphaprotobacteria：α-变形菌纲；菌纲 Subgroup 6、Longimicrobia、Saccharimonadia 暂无中文译名

相似性或差异性。通过 PICRUSt 与 PCoA 这两种分析方法的结合，可以看出黄土高原子午岭林区 3 种典型阔叶林枯落物细菌群落功能组成的变化与结构呈现相似的规律，随分解时间延长而呈现明显变化（图 5-8）。

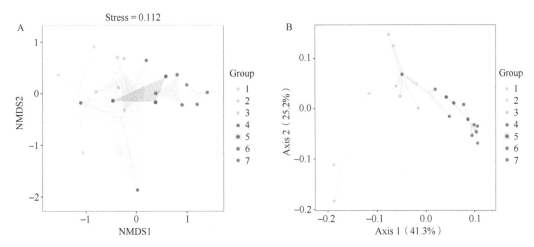

图 5-8　黄土高原子午岭林区刺槐、辽东栎、山杨枯落物细菌群落结构（A）和功能组成（B）变化
A. NMDS 采用等级排序，两点之间的距离越近（远），表明两个样本中微生物群落结构的差异越小（大）。A 图上方 Stress 值表示样品在降维后形成的空间距离与其在原始多维空间的距离差值。这个值越小越好，说明在低维空间更完整地捕获了高维空间的信息。通常认为 Stress＜0.2 时有一定的解释意义；当 Stress＜0.1 时，可认为是一个好的排序；当 Stress＜0.05 时，则具有很好的代表性。B. 由于功能单元（EC/KO）的数量非常巨大，难以直接比较，所以使用样本差异距离矩阵（Bray-Curtis 距离）结合主坐标分析（PCoA）将样本功能差异在低维度展开。横纵坐标表示解释度比值，图中两点在坐标轴上的投影距离越近，表明这两个样本在相应维度中的功能组成越相似。Axis：坐标轴；Group：不同的分组，分组中数字 1～7 代表不同分解时间，分别对应分解袋放置后的 0 个月、2 个月、4 个月、6 个月、8 个月、10 个月、12 个月

　　细菌群落的三大主要代谢功能分别是氨基酸代谢、碳水化合物代谢、能量代谢（图 5-9）。能量代谢、辅助因子及维生素代谢、酶代谢、多糖生物合成与代谢，在叶片分解前期（0～4 个月）强于中后期（5～10 个月）。叶际细菌群落的氨基酸代谢、碳水化合物代谢、外源性化学物质的生物降解、磷脂代谢、核苷酸代谢、次级代谢产物生物合成在分解中后期占主导地位（图 5-9）。变形杆菌门和放线菌门在整个分解过程中占主导，刺槐和辽东栎叶际微生物群落多样性和丰度在分解 10 个月和 12 个月时分别达到最大值；用 PICRUSt 对叶际细菌群落的代谢功能进行预测，发现碳水化合物代谢和氨基酸代谢在枯落物分解到 8～10 个月时达到最强（与微生物多样性的高峰期一致），其次是外源性化学物质的生物降解、磷脂代谢和能量代谢。

　　洗涤纤维是将枯落物用中性洗涤剂（3%十二烷基硫酸钠，pH 为 7）或酸性洗涤剂（每升溶剂含 49.04g 硫酸和 20g 十六烷基三甲基溴化铵）煮沸过滤后的残渣。前者为枯落物中的中性洗涤纤维（NDF），主要由植物细胞壁构成，含有纤维素、木质素、硅酸盐、半纤维素和很少量的蛋白质；后者称为酸性洗涤纤维（ADF），基本上由纤维素、木质素和硅酸盐组成。ADF 是枯落物中结构性碳水化合物的主要成分，而酸性洗涤木质素（ADL）是枯落物中最不易被分解利用的部分。

　　利用相关分析研究了凋落叶分解过程中叶际细菌群落与结构碳水化合物之间的关

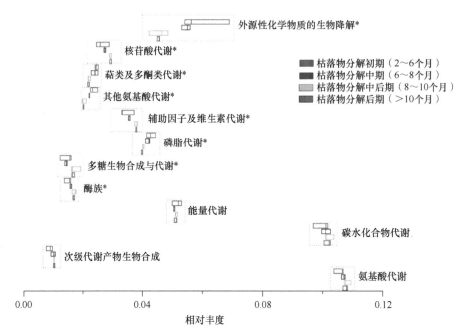

图 5-9　黄土高原子午岭林区刺槐、辽东栎、山杨枯落物细菌群落潜在代谢功能变化

系。结果表明，细菌类群与中性洗涤纤维（NDF）无显著相关关系，装甲菌门（Armatimonadetes）装甲菌纲（Armatimonadia）与酸性洗涤纤维呈正相关关系（$r = 0.559$，$P=0.030$）（表 5-2）。装甲菌门细菌并不常见，一般来自被研究人员称为"微生物暗物质"的群体，这些微生物很难在实验室环境中培养和生长，只是科学家利用遗传测序技术所发现的微生物群落的一部分，因此其被称为微生物界的"暗物质"。目前已知装甲菌门细菌均在土壤中广泛分布。源自土壤的装甲菌纲可能倾向于利用枯落物中的结构性碳水化合物。放线菌门（$r = 0.707$，$P=0.003$）、异常球菌-栖热菌门（$r = 0.635$，$P=0.011$）、绿弯菌门（$r = 0.516$，$P=0.049$）与酸性洗涤木质素显著或极显著正相关。其中，在纲水平，δ-变形菌纲（Deltaproteobacteria）、栖热嗜油菌纲（Thermoleophilia）、酸微菌纲（Acidimicrobiia）、异常球菌纲（Deinococci）与酸性洗涤木质素显著或极显著相关（表 5-2），异常球菌纲包括一些能抵抗严酷环境的球状细菌，以及几个耐辐射的种，这与它们抵抗叶际极端环境及对难分解性的木质素的利用均存在一定关系。

表 5-2　黄土高原子午岭林区典型阔叶树叶际细菌群落与碳水化合物的相关性分析

细菌类群	酸性洗涤纤维		酸性洗涤木质素		半纤维素		纤维素		木质素	
	r	P	r	P	r	P	r	P	r	P
变形菌门 Proteobacteria	−0.346	0.207	−0.745**	0.001	0.015	0.958	0.627*	0.012	−0.745**	0.001
放线菌门 Actinobacteria	0.456	0.088	0.707**	0.003	0.008	0.976	−0.529*	0.042	0.707**	0.003
拟杆菌门 Bacteroidetes	−0.074	0.792	0.065	0.818	−0.235	0.399	−0.109	0.700	0.065	0.818
蓝细菌 Cyanobacteria	−0.252	0.366	−0.151	0.590	0.131	0.641	0.034	0.905	−0.151	0.591

续表

细菌类群	酸性洗涤纤维		酸性洗涤木质素		半纤维素		纤维素		木质素	
	r	P	r	P	r	P	r	P	r	P
异常球菌-栖热菌门 Deinococcus-Thermus	−0.069	0.806	0.635*	0.011	−0.006	0.984	−0.722**	0.002	0.635*	0.011
单糖菌门 Saccharibacteria	−0.330	0.230	−0.119	0.674	−0.379	0.163	−0.042	0.881	−0.119	0.674
芽单胞菌门 Gemmatimonadetes	0.313	0.256	0.309	0.263	−0.002	0.995	−0.172	0.539	0.309	0.263
酸杆菌门 Acidobacteria	0.249	0.371	0.259	0.350	−0.107	0.705	−0.152	0.589	0.259	0.351
绿弯菌门 Chloroflexi	0.346	0.207	0.516*	0.049	−0.208	0.458	−0.380	0.163	0.516*	0.049
厚壁菌门 Firmicutes	−0.159	0.570	−0.242	0.386	−0.203	0.468	0.179	0.523	−0.242	0.385
浮霉菌门 Planctomycetes	0.420	0.119	0.398	0.141	−0.007	0.979	−0.214	0.445	0.398	0.141
装甲菌门 Armatimonadetes	0.559*	0.030	0.397	0.143	0.213	0.445	−0.141	0.617	0.397	0.143
疣微菌门 Verrucomicrobia	0.364	0.182	0.375	0.168	−0.147	0.601	−0.218	0.436	0.375	0.168
α-变形菌纲 Alphaproteobacteria	0.174	0.535	−0.500	0.057	0.095	0.737	0.631*	0.012	−0.500	0.057
γ-变形菌纲 Gammaproteobacteria	−0.604*	0.017	−0.624*	0.013	0.001	0.997	0.362	0.184	−0.624*	0.013
β-变形菌纲 Betaproteobacteria	−0.072	0.800	−0.381	0.161	−0.038	0.894	0.375	0.168	−0.381	0.161
鞘脂杆菌纲 Sphingobacteriia	−0.069	0.808	−0.178	0.525	−0.074	0.794	0.157	0.576	−0.178	0.525
噬纤维菌纲 Cytophagia	0.143	0.610	0.054	0.847	−0.145	0.605	0.015	0.957	0.055	0.847
黄杆菌纲 Flavobacteriia	−0.114	0.687	0.325	0.237	−0.152	0.588	−0.411	0.128	0.326	0.236
δ-变形菌纲 Deltaproteobacteria	0.509	0.052	0.525*	0.045	0.014	0.961	−0.304	0.270	0.525*	0.045
异常球菌纲 Deinococci	−0.069	0.806	0.635*	0.011	−0.006	0.984	−0.722**	0.002	0.635*	0.011
栖热嗜油菌纲 Thermoleophilia	0.290	0.294	0.782**	0.001	−0.084	0.766	−0.695**	0.004	0.782**	0.001
酸微菌纲 Acidimicrobiia	0.324	0.238	0.562*	0.029	−0.198	0.479	−0.440	0.101	0.562*	0.029
梭状芽孢杆菌纲 Clostridiam	−0.077	0.784	0.062	0.826	−0.275	0.321	−0.107	0.704	0.062	0.827
装甲菌纲 Armatimonadia	0.523*	0.046	0.426	0.113	0.127	0.653	−0.191	0.495	0.426	0.113
杆菌纲 Bacilli	−0.165	0.557	−0.579*	0.024	0.113	0.687	0.540*	0.038	−0.579*	0.024

注：表格中的数字为皮尔逊（Pearson）相关系数；接近+1，表示较大的正相关性；接近−1，表示较大的负相关性；接近 0，表示变量之间没有相关性。*、**分别代表显著性水平为 0.05、0.01。下同

在植物中，变形菌门与纤维素含量的正相关关系比较常见，在叶际也呈现相似的规律，特别是富营养型的 α-变形菌纲与叶际纤维素（r=0.631，P=0.012）。此外，对黄土高原子午岭林区典型阔叶树叶际细菌群落与碳水化合物的相关性分析中，还发现了杆菌纲（Bacilli）与叶际纤维素的正相关关系（r=0.540，P=0.038）。芽孢杆菌对外界有害因子抵抗力强，广泛分布在土壤、水、空气中。芽孢杆菌具有耐高温、快速复活和分泌酶活性较强等特点，在有氧和无氧条件下都能存活。在营养缺乏、干旱等条件下形成芽孢，在条件适宜时又可以重新萌发成营养体。这些重要特性形成了它们在叶际生存的重要策略。

5.2.2 碳组分与叶际真菌群落

本研究在 Illumina MiSeq 平台分析了黄土高原子午岭林区典型阔叶林叶际真菌变化。叶际真菌群落的丰富度、多样性及均匀度在树种间均无显著差异（P>0.05），随分解时间变化也无显著变化。

刺槐、辽东栎、山杨叶际真菌群落中最优势的细菌类群是子囊菌门（90%）和担子菌门（8%）。其中，粪壳菌纲（Sordariomycetes）、座囊菌纲（Dothideomycetes）、锤舌菌纲（Leotiomycetes）是主要类群（图 5-10）。

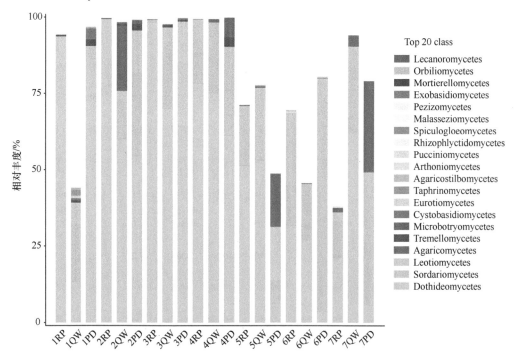

图 5-10 黄土高原子午岭林区刺槐、辽东栎、山杨枯落物真菌群落组成变化

RP：刺槐（*Robinia pseudoacacia*）；QW：辽东栎（*Quercus wutaishanica*）；PD：山杨（*Populus davidiana*）。树种缩写前面的数字 1~7 代表不同分解时间，分别对应分解袋放置后的 0 个月、2 个月、4 个月、6 个月、8 个月、10 个月、12 个月。Top 20 class：相对丰度前 20 的真菌纲。Lecanoromycetes：茶渍纲；Orbiliomycetes：圆盘菌纲；Mortierellomycetes：被孢霉纲；Exobasidiomycetes：外担菌纲；Pezizomycetes：盘菌纲；Pucciniomycetes：柄锈菌纲；Arthoniomycetes：星裂菌纲；Agaricostilbomycetes：伞型束梗孢菌纲；Taphrinomycetes：外囊菌纲；Eurotiomycetes：散囊菌纲；Cystobasidiomycetes：囊担子菌纲；Microbotryomycetes：小葡萄菌纲；Tremellomycetes：银耳纲；Agaricomycetes：伞菌纲；Leotiomycetes：锤舌菌纲；Sordariomycetes：粪壳菌纲；Dothideomycetes：座囊菌纲；Malasseziomycetes、Spiculogloeomycetes、Rhizophlyctidomycetes 暂无对应中文译名

叶际真菌群落结构差异随叶片的分解并未出现明显变化（$R^2=0.26$，$P=0.91$），但是存在明显的树种差异（基于群落结构 Bray-Curtis 距离矩阵的 Adonis test，$R^2 = 0.31$，$P=0.005$）（图 5-11）。整体上，辽东栎叶际真菌群落结构与刺槐和山杨的差异较大（图 5-11）。

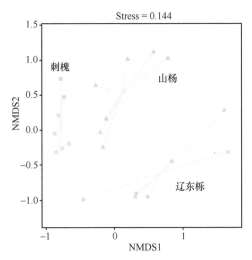

图 5-11　黄土高原子午岭林区刺槐、辽东栎、山杨林枯落物真菌群落结构变化

NMDS：非度量多维尺度分析，采用等级排序，两点之间的距离越近（远），表明两个样本中微生物群落的差异越小（大）。图上方 Stress 值表示样品在降维后形成的空间距离与其在原始多维空间的距离差值，这个值越小越好，说明在低维空间更完整地捕获了高维空间的信息。通常认为 Stress<0.2 时有一定的解释意义；当 Stress<0.1 时，可认为是一个好的排序；当 Stress<0.05 时，则具有很好的代表性

维恩图进一步表明，3 种阔叶树种间叶际真菌群落差异明显：共有的真菌运算分类单元（operational taxonomic unit，OTU）的占比仅为 3.57%，大部分为各自特有的真菌 OTU（20%～33%，图 5-12）。辽东栎叶际真菌群落中特有 OTU 的百分比最高（32.91%，图 5-12）。

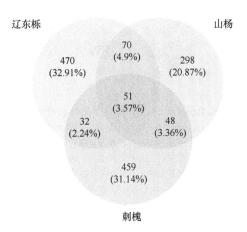

图 5-12　黄土高原子午岭林区 3 种典型阔叶林枯落物共有及特有真菌 OTU 维恩图

不同颜色的椭圆代表不同树种，椭圆间的重叠区域指示树种间的共有 OTU，每个区块的数字指示该区块所包含的 OTU 数量，括号内数据为所占比例

基于微生物类群之间相互关系的网络推断分析是微生物群落分析的一种常见手段

（Qian et al.，2019；Cheng et al.，2021）。此类分析的根本目的是通过关联分析的方法，寻找特定微生物群落在时空变化、环境过程驱动下所呈现的共现或互斥的固有模式，从而尝试探究该微生物类群是否存在特定的模块单元以完成特定的生态功能。优势物种（Top 50）互作斯皮尔曼关联网络分析显示，只有 9 个真菌属之间存在明显的竞争关系，其他主要的真菌属间均为显著的协作关系（图 5-13）。

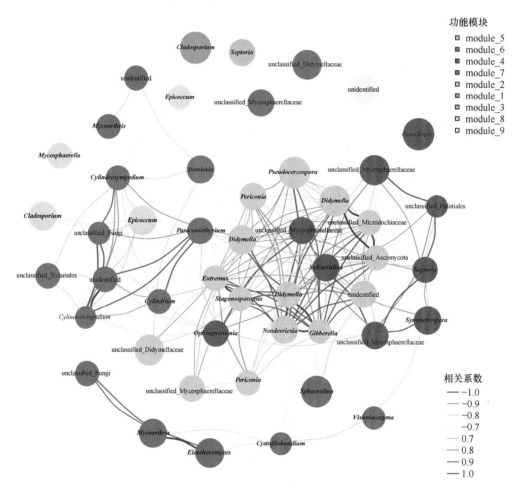

图 5-13　黄土高原子午岭林区 3 种典型阔叶林叶际优势真菌网络图

节点代表样本中的真菌 OTU，节点大小与其丰度成正比，图中只显示了样本平均丰度前 50 的优势真菌 OTU，以不同的颜色表示前 10 个节点最多的功能模块（module）；节点间连线表明被连接的两个节点之间存在相关性。红线表明正相关，绿线表明负相关。网络图中同种颜色代表具有类似功能的一群真菌类群。unclassified_Didymellaceae，未分类的亚隔孢壳科；unclassified_Mycosphaerellaceae，未分类的球腔菌科；*Devriesia*，德福里斯孢属；unclassified_Fungi，未分类真菌；unclassified_Xylariales，未分类的炭角菌目；unidentified，未鉴定的类群；*Cylindrium*，筒孢霉属；*Pseudocercospora*，假尾孢属；*Periconia*，黑团孢属；*Didymella*，亚隔孢壳属；unclassified_Microdochiaceae，未分类的微座孢科；unclassified_Ascomycota，未分类的子囊菌门；*Gibberella*，赤霉素属；*Neodevriesia*，新德福里斯孢属；*Extremus*，新发现的真菌属（Crous et al.，2019）；unclassified_Mycosphaerellaceae，未分类的球腔菌科；unclassified_Helotiales，未分类的柔膜菌目；*Sphaerulina*，亚球壳属；*Septoria*，壳针孢属；*Epicoccum*，附球菌属；*Mycosphaerella*，球腔菌属；*Cladosporium*，萝摩枝孢属。*Cylindrosympodium*、*Paraconiothyrium*、*Genolevuria*、*Symmetrospora*、*Ophiognomonia*、*Mycoarthris*、*Eleutheromyces*、*Cystofilobasidium* 及 *Vishniacozyma* 暂无中文译名

　　枯落物中的中性洗涤纤维主要由植物细胞壁构成，而酸性洗涤纤维是枯落物中结构性碳水化合物的主要成分。在利用相关分析研究了凋落叶分解过程中叶际真菌类群与结构性碳水化合物之间的关系后发现，粪壳菌纲（Sordariomycetes）与酸性洗涤纤维、中性洗涤纤维显著正相关，说明该类群对分解利用植物细胞壁及结构性碳水化合物的重要性；此外，散囊菌纲（Eurotiomycetes）也与酸性洗涤纤维显著正相关，说明粪壳菌纲和散囊菌纲与枯落物中纤维素、木质素和硅酸盐密切相关。

　　黄土高原子午岭林区典型阔叶林叶片整体上分解较快。研究发现，叶际子囊菌和粪壳菌与半纤维素显著正相关（$r=0.574$，$P=0.025$；$r=0.533$，$P=0.041$；表 5-3），说明它们倾向于利用枯落物中非结构性的半纤维素组分；而真菌群落中的锤舌菌纲（Leotiomycetes）和散囊菌纲与酸性洗涤木质素显著正相关（$r=0.557$，$P=0.031$；$r=0.619$，$P=0.014$；表 5-3）。锤舌菌纲是真菌界子囊菌门盘菌亚门下的一个纲。锤舌菌纲下的许多真菌物种都是植物病原菌，不仅存在于被侵染植物的茎部病斑中，而且存在于寄主的叶片、茎及根部。散囊菌广泛分布于全世界，大多为腐生类群。研究发现凋落叶中难分解的木质素组分与很多的腐生及病原类群存在显著正向关系。

表 5-3　黄土高原子午岭林区典型阔叶林叶际真菌群落与碳水化合物的相关性分析

真菌群落	中性洗涤纤维		酸性洗涤纤维		酸性洗涤木质素		半纤维素		纤维素		木质素	
	r	P	r	P	r	P	r	P	r	P	r	P
子囊菌门 Ascomycota	0.193	0.490	−0.071	0.801	−0.063	0.825	0.574*	0.025	0.031	0.913	−0.062	0.826
担子菌门 Basidiomycota	−0.221	0.428	0.029	0.919	−0.033	0.906	−0.568*	0.027	0.051	0.857	−0.033	0.906
接合菌门 Zygomycota	0.020	0.942	0.042	0.881	0.708**	0.003	−0.023	0.934	−0.744**	0.001	0.708**	0.003
座囊菌纲 Dothideomycetes	−0.510	0.052	−0.584*	0.022	−0.174	0.536	−0.212	0.448	−0.114	0.685	−0.173	0.537
粪壳菌纲 Sordariomycetes	0.769**	0.001	0.754**	0.001	0.071	0.802	0.533*	0.041	0.313	0.255	0.071	0.803
银耳纲 Tremellomycetes	−0.159	0.571	0.000	0.999	0.200	0.475	−0.373	0.171	−0.216	0.439	0.200	0.476
锤舌菌纲 Leotiomycetes	0.200	0.476	0.292	0.292	0.557*	0.031	−0.023	0.936	−0.452	0.091	0.557*	0.031
未鉴定类群 Incertae sedis	−0.209	0.456	−0.213	0.446	−0.153	0.586	−0.131	0.642	0.055	0.844	−0.153	0.586
伞菌纲 Agaricomycetes	0.014	0.960	0.180	0.521	−0.274	0.322	−0.270	0.331	0.390	0.151	−0.275	0.322
茶渍衣纲 Lecanoromycetes	0.275	0.321	0.394	0.146	0.305	0.270	−0.017	0.951	−0.126	0.655	0.304	0.270
微球黑粉菌纲 Microbotryomycetes	−0.542*	0.037	−0.560*	0.030	−0.092	0.745	−0.329	0.231	−0.190	0.497	−0.092	0.745
散囊菌纲 Eurotiomycetes	0.392	0.148	0.541*	0.037	0.619*	0.014	0.009	0.974	−0.390	0.150	0.620*	0.014

　　在叶际伴生真菌群落中，子囊菌门和担子菌门是最大的优势门，微生物群落与凋落物化学养分（主要营养元素 C、N、P 和结构性碳水化合物）呈显著正相关关系；落叶

在不同的时间点会存在类似的细菌或真菌的群落结构，但是枯落物的养分及主要的碳水化合物仍旧存在不同程度的变化，主要原因可能在于缺乏对微生物数据的定量解析。研究人员分析了枯落物微生物 DNA 的 ITS1 片段，对叶际真菌群落多样性进行分析，结果表明叶际真菌群落呈现明显的树种差异，而且这种差异不会随枯落物的分解而减小。

在后续的研究中会重点考虑将高通量测序与定量分析相结合。基于 DNA 水平的分析对功能层面的解释非常有限。对于叶际细菌群落，暂时只可利用 PICRUSt 平台对潜在的功能进行初步阐述。实际上，更加匹配的功能试验应该是锁定碳循环过程的功能基因片段，具体地量化在这个过程中实际参与的群落变化。

5.3　小　　结

叶片枯落物对陆地生态系统碳循环具有重要影响，也是联系土壤碳库和植物碳库的重要环节。本章围绕森林植被叶际细菌和真菌群落参与的枯落物分解过程与土壤有机碳固定的互作机理这一科学问题，通过生物标志物、分子生物学等技术，重点研究了枯落物不同碳组分、叶际微生物和土壤有机碳含量在分解过程中的协同变化。主要结论有以下几点：①枯落物的纤维素含量是半纤维素的 5～10 倍，两者在枯落物中含量降低的时间有明显的差异，半纤维素在分解前 2 个月下降最快；纤维素和半纤维素含量的变化因树种不同而差异比较明显，这与枯落物的化学组成、化学计量比及在叶际存在的微生物组关系密切。②森林树种塑造独特的叶际细菌和真菌群落，它们的群落特征在不同树种间差异明显，叶际的主导细菌的相对丰度基本是叶下土壤的两倍。叶际伴生真菌群落中，子囊菌门和担子菌门是较大的优势门，微生物群落组成与凋落物化学养分和结构性碳水化合物含量呈显著正相关关系，碳水化合物和氨基酸代谢在枯落物分解到中后期时达到最强。③优势物种互作斯皮尔曼关联网络分析揭示了叶际真菌群落在不同生境下呈现明显的协作关系。叶际微生物随分解时间延长而变化很快（细菌显著，真菌不显著），但是这种变化并没有明显的垂直传递性，枯落物下面的土壤微生物群落结构随时间变化不显著（Zhang and Chen，2020）。

参 考 文 献

高爽, 刘笑尘, 董铮. 2016. 叶际微生物及其与外界互作的研究进展. 植物科学学报, 34(4): 654-661.

欧阳林梅, 王纯, 王维奇. 2013. 互花米草与短叶茳芏枯落物分解过程中碳氮磷化学计量学特征. 生态学报, 33(2): 389-394.

史学军, 潘剑君, 陈锦盈. 2009. 不同类型凋落物对土壤有机碳矿化的影响. 环境科学, 30(6): 1832-1837.

王晓峰, 汪思龙, 张伟东. 2013. 杉木凋落物对土壤有机碳分解及微生物生物量碳的影响. 应用生态学报, 24(9): 2393-2398.

Bai Y, Müller D B, Srinivas G. 2015. Functional overlap of the *Arabidopsis* leaf and root microbiota. Nature, 528(7582): 364-369.

Chao A. 1984. Nonparametric estimation of the number of classes in a population. Scand J Stat, 11: 265-270.

Cheng X, Yun Y, Wang H. 2021. Contrasting bacterial communities and their assembly processes in karst soils under different land use. Sci Total Environ, 751: 142263.

Crous P W, Schumacher P K, Akulov A. 2019. New and interesting fungi. Fungal Systematics and Evolution, 3(6): 57-134.

Dilly O, Munch J C. 1996. Microbial biomass content, basal respiration and enzyme activities during the course of decomposition of leaf litter in a black alder forest. Soil Boil Biochem, 28(8): 1073-1081.

Ebringerová A, Hromádková Z, Heinze T. 2005. Hemicellulose. Berlin: Springer-Verlag Press: 1-67.

Faith D P. 1992. Conservation evaluation and phylogenetic diversity. Biol Conserv, 61(1): 1-10.

Good I J. 1953. The population frequency of species and the estimation of the population parameters. Biometrics, 40: 237-246.

Jackson C R, Denney W C. 2011. Annual and seasonal variation in the phyllosphere bacterial community associated with leaves of the southern Magnolia (*Magnolia grandiflora*). Microb Ecol, 61(1): 113-122.

Langille M G I, Zaneveld J, Caporaso J G. 2013. Predictive functional profiling of microbial communities using 16S rRNA marker gene sequences. Nat Biotechnol, 31(9): 814-821.

Liu D, Keiblinger K M, Leitner S. 2016. Is there a convergence of deciduous leaf litter stoichiometry, biochemistry and microbial population during decay? Geoderma, 272: 93-100.

Mishra S, Hättenschwiler S, Yang X. 2020. The plant microbiome: A missing link for the understanding of community dynamics and multifunctionality in forest ecosystems. Appl Soil Ecol, 145: 103345.

Portillo-Estrada M, Pihlatie M, Korhonen J F J. 2016. Climatic controls on leaf litter decomposition across European forests and grasslands revealed by reciprocal litter transplantation experiments. Biogeosciences, 13: 1621-1633.

Pielou E C. 1966. The measurement of diversity in different types of biological collections. J Theor Biol, 13: 131-144.

Qian X, Li H, Wang Y. 2019. Leaf and root endospheres harbor lower fungal diversity and less complex fungal co-occurrence patterns than rhizosphere. Front Microbiol, 10: 1-15.

Shannon C E. 1948. A mathematical theory of communication. The Bell System Technical Journal, 27(4): 379-423.

Simpson E H. 1949. Measurement of diversity. Nature, 163: 688.

Torres P A, Abril A B, Bucher E H. 2005. Microbial succession in litter decomposition in the semi-arid Chaco woodland. Soil Biol Biochem, 37(1): 49-54.

Wickings K, Grandy A S, Reed S C. 2012. The origin of litter chemical complexity during decomposition. Ecol Lett, 15(10): 1180-1188.

Williams T R, Marco M L. 2014. Phyllosphere microbiota composition and microbial community transplantation on lettuce plants grown indoors. MBio, 5(4): 23-34.

Zhang Y, Chen Y. 2020. Research trends and areas of focus on the Chinese Loess Plateau: a bibliometric analysis during 1991-2018. Catena, 194(1): 104798.

第6章 枯落物分解影响土壤有机碳周转的微生物学机制

植物枯落物是土壤有机碳库的主要来源之一（Berg and Meentemeyer，2002），是促进自然碳汇、实现土壤固碳增汇的重要途径之一。增加地表枯落物可以有效促进土壤有机碳库，同时枯落物也是植物和微生物生长与繁殖的主要养分来源（Yarwood，2018）。因此，植物枯落物在土壤碳循环、植物初级生产力、生物地球化学循环等方面起着举足轻重的作用（Krishna and Mohan，2017）。微生物作为枯落物分解的主要原动力（Purahong et al.，2016），是枯落物释放有机碳和各种养分来源的引擎，驱动着土壤中碳、氮、磷等大量元素及微量元素循环（Yarwood，2018）。厘清枯落物微生物群落组成及功能，有助于阐明枯落物分解过程中的元素循环，对于缓解气候变化、实现碳中和、提升地力等具有重要的战略和现实意义。

以往的研究表明，微生物是枯落物分解者，同时也是枯落物组成中的贡献者，尤其对枯落物有机碳的贡献大（Kohl et al.，2021）。随着微生物碳泵理论的提出，越来越多的研究表明微生物对土壤有机碳库的贡献越来越重要，甚至高达80%（Liang et al.，2017，2019）。因此，微生物碳泵理论为探究枯落物分解对有机碳的贡献提供了新的视角。基于此，本章主要介绍了枯落物分解过程中叶片有机碳周转的微生物学机制，以及枯落物分解对土壤有机碳的影响。

6.1 枯落物分解过程中叶片有机碳周转的微生物学机制

微生物是生物地球化学循环的引擎，对维持陆地生态系统功能至关重要。枯落物分解是森林土壤的主要碳源，是影响植物初级生产力的关键因子，维持着陆地生态系统功能和服务。然而，枯落物的微生物分解机制依然不明确，因此通过原位枯落物分解试验，厘清枯落物分解过程中微生物群落与有机碳的变化过程，从源头去明晰枯落物分解的微生物学机制，为黄土高原森林植被管理提供新的见解。

6.1.1 枯落物分解过程中有机碳的变化特征

6.1.1.1 枯落物分解过程中有机碳含量变化

子午岭辽东栎枯落物分解过程中有机碳含量表现出逐渐下降的变化过程，尤其是分解前期，可溶性物质的淋溶导致有机碳含量的快速下降（图6-1）。枯落物分解过程中不同层次有机碳含量差异显著。在分解末期，有机碳含量表现为腐殖质层＞枯落物层＞土壤层，不同层次之间差异显著。经过11个月的分解，辽东栎枯落物分解过程中有机碳含量从 488g/kg 分别下降到 347g/kg（土壤层）、387g/kg（腐殖质层）、370g/kg（枯落物层）。枯落物有机碳残留量从 100% 下降到 60% 左右，不同层次的枯落物差异较小，一直呈现下降趋势，这表明枯落物有机碳呈现净释放的过程。

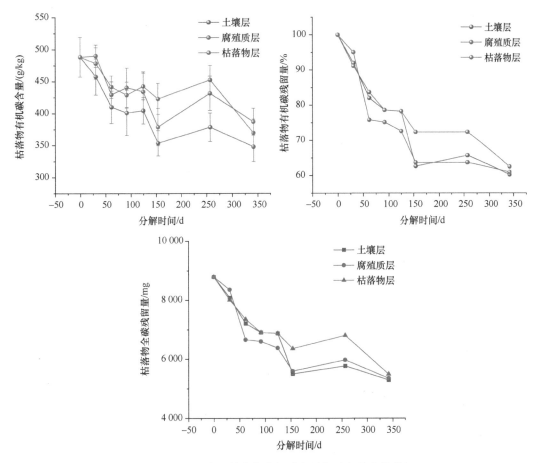

图 6-1　不同层次下枯落物有机碳含量与残留量变化特征

6.1.1.2　枯落物分解过程中有机碳化学结构变化

在枯落物分解试验中，^{13}C-NMR 波谱分析结果表明枯落物中的烷氧基碳优先被分解者利用，而主要成分为木质素、单宁等的芳香碳和烷基碳则难以被分解者分解（Preston et al.，2000）。利用 ^{13}C-NMR 波谱能够定量地辨析植物枯落物中不同种类的有机碳官能团（表 6-1），精确地表征枯落物的基质质量变化，有效地预测枯落物分解过程中有机碳的分解速率。

表 6-1　^{13}C-NMR 分析有机碳官能团种类特征

化学位移/ppm	官能团
0～45	烷基碳（alkyl C）
45～60	烷氧基碳（O-alkyl C），甲氧基碳（methoxyl C）
60～94	炔基碳（alkyne C）

续表

化学位移/ppm	官能团
94～110	双氧烷基碳（di-O-alkyl C）
110～142	芳香碳（aromatic C），苯环基碳（aryl C）
142～160	酚芳基碳（aryl C）
160～212	羧基碳（carboxyl C）

图 6-2 是不同分解时期枯落物样品的 ^{13}C-NMR 谱图，谱图结果表明辽东栎枯落物 NMR 谱图包括了 4 个明显的共振区，分别为烷基碳区（0～45ppm）、烷氧基碳区（45～110ppm）、芳香碳区（110～160ppm）、羧基碳区（160～220ppm）。辽东栎枯落物分解一年后，不同季节 NMR 谱图有着明显的变化（图 6-2）。本研究中，辽东栎枯落物在 45～110ppm 的吸收峰最为明显，最高峰出现在 77ppm 处，在羧基碳区（160～220ppm）吸收峰不明显，表明辽东栎枯落物有机碳以烷基碳、烷氧基碳和炔基碳为主，主要由碳水化合物、氨基酸、蛋白质等物质组成。

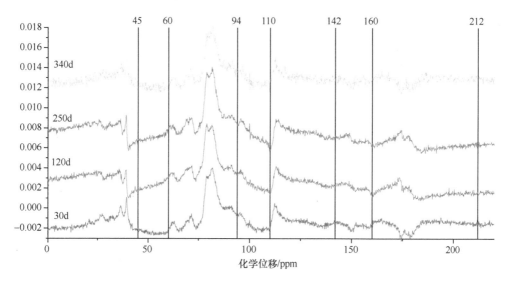

图 6-2　不同分解时间下枯落物 ^{13}C-NMR 谱图特征

研究结果表明烷基碳和烷氧基碳是辽东栎枯落物有机碳的主要组成成分（图 6-3），不同有机碳结构随着枯落物分解的进行表现出不同的变化趋势。烷基碳百分比的变化范围为 15.9%～34.2%，不同分解时间之间的变化顺序为 250d＞30d＞120d＞340d；烷氧基碳百分比的变化范围为 42.4%～49.7%，不同分解时间之间的变化顺序为 120d＞30d＞250d＞340d；羧基碳百分比的变化范围为 14.5%～18.3%，不同分解时间之间的变化顺序为 340d＞30d＞250d＞120d；芳香碳百分比的变化范围为 6.8%～23.5%，不同分解时间之间的变化顺序为 340d＞120d＞30d＞250d。

从表 6-2 可以看出，4 个不同分解时期枯落物有机碳化学结构之间差异显著。其中，枯落物烷氧基碳在分解 120d 达到最大值，显著高于分解 250d 和 340d 的枯落物。分解初期（30d、120d）枯落物烷氧基碳差异不显著，分解后期（250d、340d）枯落物烷氧

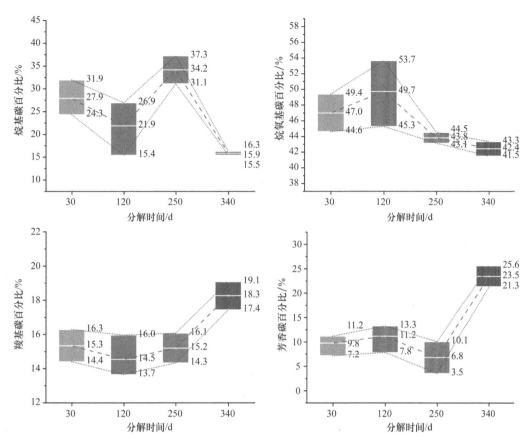

图6-3　辽东栎枯落物分解过程中有机碳的化学结构动态变化特征

基碳差异不显著。枯落物羧基碳随着分解的进行表现出先降低再增加的变化趋势，在分解340d 达到最高，显著高于其他分解时间。分解 250d 时枯落物烷基碳达到最大值，显著高于分解初期（30d、120d）与分解末期（340d），分解 30d 与分解 120d 枯落物烷基碳含量差异不显著。羧基碳与芳香碳含量表现出相似的变化趋势，随着枯落物分解的进行，枯落物羧基碳与芳香碳含量在分解 30～250d 变化较小，显著低于分解末期（340d）。

表6-2　枯落物有机碳官能团在不同分解时期下的方差分析

有机碳官能团		平方和	df	均方	F 值	P 值
烷氧基碳	组间	0.010	3	0.003	5.180	0.028
	组内	0.005	8	0.001		
	总数	0.015	11			
烷基碳	组间	0.052	3	0.017	11.945	0.003
	组内	0.012	8	0.001		
	总数	0.064	11			
羧基碳	组间	0.002	3	0.001	8.479	0.007
	组内	0.001	8	0.000		
	总数	0.003	11			

续表

有机碳官能团		平方和	df	均方	F 值	P 值
	组间	0.048	3	0.016	22.240	0.0001
芳香碳	组内	0.006	8	0.001		
	总数	0.054	11			

枯落物烷基碳与烷氧基碳的比值（A/O-A）能够评价森林枯落物的分解状态。图 6-4 表明枯落物 A/O-A 值随着分解的进行呈现先降低再增加后降低的变化趋势，最大值在分解的 250d 出现（0.781），最小值出现在分解末期（0.374）。分解 30d 与分解 120d 枯落物的 A/O-A 值差异不显著，显著低于分解 250d，显著高于 340d。枯落物有机碳的芳香度为 0.080～0.287，最大值在分解 340d 出现，分解 30d、120d、250d 的枯落物有机碳芳香度差异不显著，但显著低于分解 340d 的枯落物。

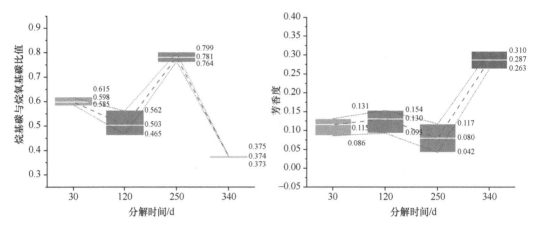

图 6-4　辽东栎枯落物分解过程中烷基碳与烷氧基碳比值、芳香度的变化特征

相关性分析（图 6-5）表明，枯落物有机碳化学结构之间存在显著相关性。枯落物质量与有机碳化学结构之间的相关性不显著（$P>0.05$）。枯落物总碳与芳香碳显著负相

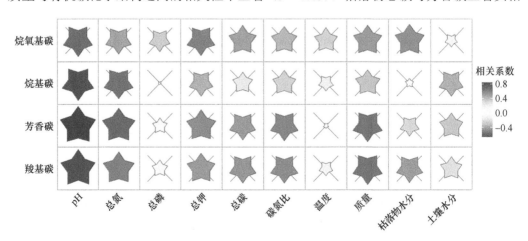

图 6-5　枯落物有机碳化学结构与质量、总碳之间的相关性分析

关（相关系数为–0.66），与烷基碳、烷氧基碳、羧基碳的相关性不显著。枯落物芳香碳与羧基碳、烷基碳显著相关（相关系数分别为 0.60、–0.94），与烷氧基碳的相关性不显著。枯落物羧基碳与烷基碳的相关性不显著，与烷氧基碳显著负相关（相关系数为–0.73）。

微生物生物量碳可以降低烷基碳的含量（$R^2=0.48$，$P=0.013$），促进芳香碳的积累（$R^2=0.45$，$P=0.017$），而对烷氧基碳和羧基碳无显著影响（图 6-6）。这些相关性结果表明，微生物生物量碳的积累可以促进难降解有机碳的增加，同时也会消耗易分解有机碳，导致可用性有机碳的减少。随着枯落物分解，微生物在有机碳的积累过程中起着非常重要的作用，尤其是难降解有机碳的增加，证实了微生物碳泵理论在枯落物分解过程中的存在。

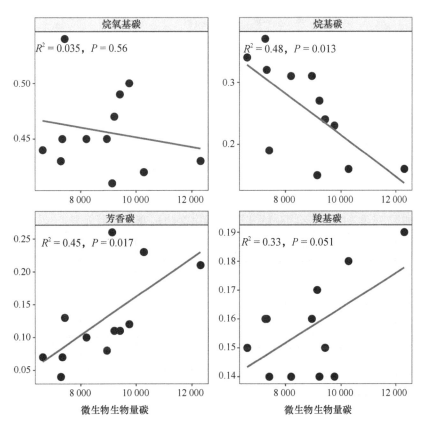

图 6-6　枯落物有机碳化学结构与微生物生物量碳之间的相关性分析

芳香碳是叶际总氨基糖的主要来源，而微生物量增加促进了芳香碳的含量，因此微生物的增加可以促进氨基糖的积累，这也证明了微生物在枯落物分解过程中对枯落物有机碳的贡献。芳香碳与叶际氨基葡萄糖、总氨基糖显著正相关，而其他种类氨基糖与芳香碳的相关性不显著（图 6-7）。

在枯落物分解过程中，枯落物有机碳的化学结构是影响枯落物分解速率的重要因素。本研究中，随着枯落物分解的进行，烷氧基碳的相对丰度逐渐降低，而烷基碳的相对丰度呈先降低后升高再降低的变化趋势，芳香碳的相对丰度随着分解时间的增加而呈

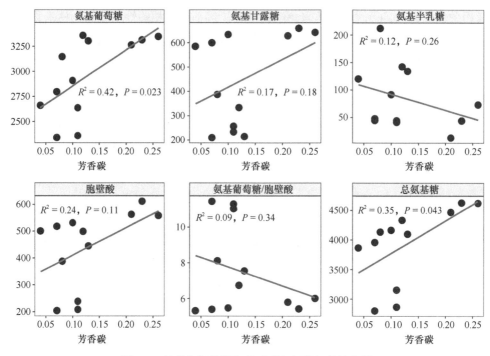

图 6-7　枯落物氨基糖与芳香碳之间的相关性分析

升高的变化趋势,这与前人 NMR 谱图的研究结果一致(Parfitt and Newman, 2000; Lemma et al.，2007)。不同种类枯落物分解其有机碳化学结构变化有所差异。Wang 等（2013）利用 NMR 谱图对马尾松和 3 种阔叶林凋落物的有机碳结构进行分析，发现阔叶林枯落物的烷基碳相对比例随着枯落物分解时间的增加而增加，而马尾松林羧基碳的相对含量有所增加。Mathers 等（2007）通过枯落物分解试验也发现，经过 18 个月的分解，枯落物中烷基碳含量增加，这与本研究结果一致。枯落物中的烷基碳主要来源于脂类及脂肪族类物质（Baldock et al.，1997）。本研究中，烷氧基碳随着分解的进行而快速下降，这主要是由于分解初期分解者优先分解辽东栎枯落物中的活性纤维素物质（Baldock et al.，1997）。在分解后期烷基碳的增加主要是由于枯落物分解导致角质以及微生物代谢产物的积累（Quideau et al.，2005）。此外，植物类型也是影响枯落物中烷基碳差异的主要因子。Wang 等（2013）发现针叶林与阔叶林凋落物烷基碳随着分解的进行变化规律不一致。本研究中辽东栎枯落物中芳香碳在分解末期增加，是枯落物中木质素的增加导致的（Lemma et al.，2007）。有研究表明，植物枯落物中芳香碳的变化是由枯落物分解过程中木质素与丹宁的变化引起的（Wang et al.，2013）。Hu 等（2017）研究发现植物枯落物中芳香碳的相对丰度随着腐解年限的增加而增加，这与本研究结果一致。

烷基碳/烷氧基碳（A/O-A）值常常被用于表征枯落物分解的程度，有机碳的稳定性与 A/O-A 值显著正相关，其比值越大，枯落物有机碳的稳定性越高（Baldock et al.，1997；Lorenz et al.，2000）。一般情况下，枯落物分解过程中有机质的分解会导致烷基碳的增加和烷氧基碳的减少，导致 A/O-A 值逐渐增加（Baldock et al.，1997；王玉哲等，2017）。本研究中 A/O-A 值先降低再增加再降低，这与 Osono 等（2008）的研究结果不一致。

Lemma 等（2007）利用 ¹³C-NMR 发现巨尾桉凋落物的 A/O-A 值随着分解的进行逐渐降低，而 Mathers 等（2007）研究发现水牛草分解过程中 A/O-A 值逐渐增加。芳香度能够有效地反映枯落物有机碳分子结构的复杂程度，芳香度越大，表明有机碳的分子结构越复杂（Cepáková and Frouz，2015）。本研究中，枯落物有机碳芳香度随着分解的进行而呈增加趋势，表明分解末期枯落物有机碳中含有较多的芳香结构物质。

6.1.1.3　枯落物分解过程中 MBC 变化物征

如图 6-8 所示，枯落物分解过程中微生物生物量具有不同的变化特征。不同层次的枯落物微生物生物量碳呈现不同的变化趋势，其中，枯落物层的枯落物微生物生物量碳呈现先增加后降低再增加的变化趋势，表明分解初期微生物数量先增加后降低。土壤层与腐殖质层的枯落物微生物生物量碳呈现增加—降低—增加—降低的变化趋势，到分解后期微生物生物量碳显著低于分解初期。不同层次的枯落物微生物生物量碳差异显著，分解初期（30～90d）枯落物层高于土壤层与腐殖质层；分解末期土壤层的微生物生物量碳最小，低于腐殖质层与枯落物层。

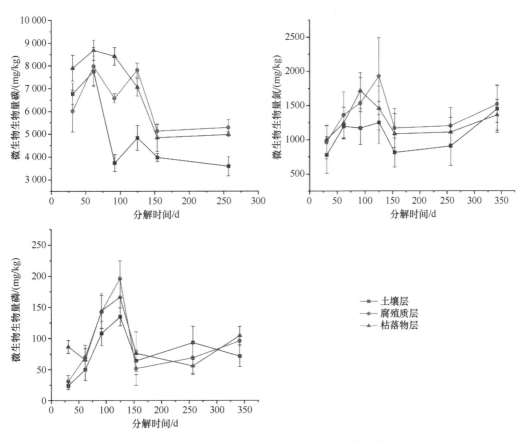

图 6-8　枯落物分解过程中微生物生物量的变化特征

整个分解过程中，枯落物微生物生物量氮、微生物生物量磷含量呈现出大致相似的变化趋势，即先增加后降低再增加，到分解后期（154～340d）微生物生物量氮、微生物生物量磷含量趋于稳定。不同层次的枯落物微生物生物量氮、微生物生物量磷差异较小，表明枯落物层次对枯落物微生物生物量氮、微生物生物量磷含量的影响不显著。相比于分解初期，分解末期微生物生物量氮、微生物生物量磷含量有所增加。

6.1.2 枯落物分解过程中微生物代谢产物变化特征

枯落物胞外酶活性随着分解进行呈现先增加后降低的变化趋势，其最大值出现在分解的 125d（秋季），到分解 342d 时，枯落物磷酸酶活性达到最低值（夏季）（图 6-9）。4 种胞外酶中，磷酸酶活性最高，远大于其他 3 种胞外酶，纤维二糖水解酶（CBH）活性最低，表明纤维素分解较为缓慢，在分解过程中以易分解物质为主。分解时间对枯落物胞外酶活性具有不同的影响，其中对磷酸酶、β-葡萄糖苷酶（BG）、CBH 的活性具有显著影响，而对 β-N-乙酰葡糖胺糖苷酶（NAG）没有显著影响。不同分解时间下，NAG 活性维持在一个相对稳定的水平，不受季节和分解时间的影响。磷酸酶活性呈现先增加后急剧下降的趋势，分解 342d 时枯落物磷酸酶活性显著低于分解初期。BG 活性有一个增加的过程，分解初期（31d）显著低于分解 125d，之后维持在一个相对稳定的水平。CBH 活性呈现先增加后降低再增加的趋势，最大值出现在分解 125d。

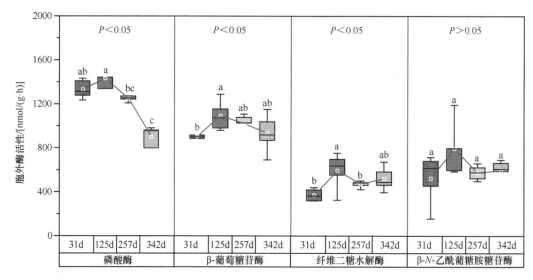

图 6-9　枯落物分解过程中胞外酶活性的变化特征

不同的胞外酶活性对枯落物性质的反应不一致，其中磷酸酶与 pH、全氮（TN）、全磷（TP）、全钾（TK）呈负相关，与总碳（TC）、碳氮比、温度、质量、枯落物水分呈正相关（图 6-10）；BG 主要与 TP、TC 呈显著的相关性；NAG 只与枯落物水分呈显著正相关，与土壤水分呈显著负相关；CBH 活性与 TN、TP、枯落物水分呈显著正相关，与 TC、碳氮比、土壤水分现显著负相关。不同类型的真菌群落对胞外酶活性的影响不一致，主要表现为共生营养型真菌影响 BG 活性，而病理营养型真菌主要影响 CBH 活性。

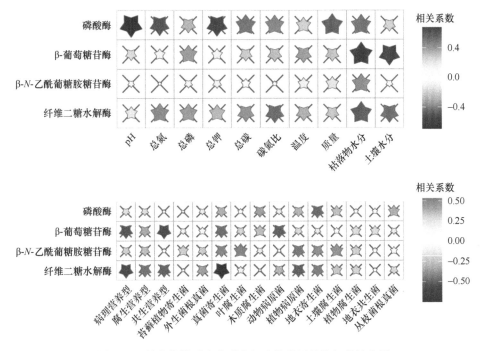

图 6-10　枯落物性质真菌群落与胞外酶活性的相关性分析

6.1.3　枯落物分解过程中微生物多样性及群落结构变化特征

6.1.3.1　枯落物分解过程中叶际细菌多样性变化特征

如表 6-3 所示，随着枯落物分解的进行，枯落物中细菌多样性逐渐增加。香农-维纳指数为 5.7～6.61，分解 30d 时香农-维纳指数显著低于其他分解时期。在分解 250d 与 340d 之间，香农-维纳指数处于平稳时期，显著高于分解 30d，但低于分解 120d。物种丰富度指数呈现与香农-维纳指数相同的变化趋势，其最大值出现在分解 120d 时，变化范围为 378～614。OTU 数量为 427～686，分解 30d 时最小，分解 120d 时最大，不同分解时间之间差异显著。以上结果表明，枯落物中细菌多样性呈现明显的季节变化特征，秋季（分解 120d 时）显著高于其他季节，分解初期细菌多样性最低，OTU 数量最少。

表 6-3　不同分解时期下枯落物细菌多样性特征

分解时期	物种丰富度指数	香农-维纳指数	OTU 数量	系统发育指数
夏季（30d）	378±28c	5.7±0.3b	427±38c	26.76±6.9b
秋季（120d）	614±33a	6.61±0.17a	686±28a	46.17±3.11a
冬季（250d）	502±22b	6.48±0.12a	536±33b	31.22±1.86b
春季（340d）	486±56b	6.32±0.13a	540±57b	31.99±3.82b

注：同列数据后不含有相同小写字母的表示不同分解时期之间差异显著（$P < 0.05$）

6.1.3.2　枯落物分解过程中真菌多样性变化特征

如表 6-4 所示，枯落物分解过程中真菌多样性呈现增加的变化趋势。物种丰富度指数从 150 增加到 197，然后趋于稳定。香农-维纳指数与辛普森指数均呈现相同的变化趋势,其变化范围分别为 2.19~3.56、0.58~0.80,分解初期显著低于分解中后期($P<0.05$)。分解 120~340d,多样性指数趋于稳定,结果表明在枯落物分解初期,真菌多样性迅速增加后趋于稳定。相比于细菌,真菌的多样性变化趋势较为平缓。

表 6-4 不同分解时期下枯落物真菌多样性变化特征

分解时期	物种丰富度指数	香农-维纳指数	辛普森指数	Chao1 指数	系统发育指数
夏季(30d)	150±4b	2.19±0.21b	0.58±0.03b	183±11a	31.06±2.08b
秋季(120d)	197±15a	3.56±0.43a	0.80±0.09a	225±28a	37.10±2.97ab
冬季(250d)	189±25ab	3.30±0.44a	0.76±0.09a	239±66a	36.36±3.65ab
春季(340d)	196±35a	3.45±0.58a	0.79±0.08a	214±34a	38.99±4.70a

注:同列不含有相同小写字母的表示枯落物真菌多样性不同分解时期之间差异显著($P<0.05$)

不同分类水平下枯落物真菌香农-维纳指数均呈现相似的变化趋势(图 6-11),随着枯落物分解的进行,香农-维纳指数逐渐增加,然后趋于平稳,在分解末期有小幅度的上升。基于 OTU 数量计算的香农-维纳指数明显高于其他分类水平(纲、目、科、属、种)。

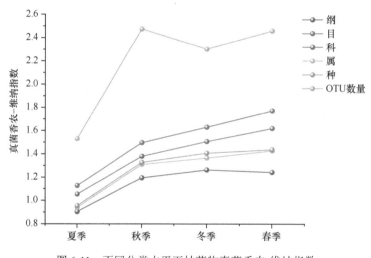

图 6-11 不同分类水平下枯落物真菌香农-维纳指数

6.1.3.3 枯落物分解过程中叶际微生物群落结构变化特征

枯落物分解过程中,所有样品细菌主要由 α-变形菌纲(α-Proteobacteria)(38.7%~48.4%)、β-变形菌纲(β-Proteobacteria)(18.4%~38.9%)、放线菌门(Actinobacteria)(16.8%~24.7%)、酸杆菌门(Acidobacteria)(2.3%~7.8%)组成(图 6-12)。此外,还检测到单糖菌门(Saccharibacteria)、装甲菌门(Armatimonadetes)、厚壁菌门(Firmicutes),它们的相对丰度小于 1%(图 6-12)。在枯落物分解过程中,α-变形菌纲和 γ-变形菌纲的相对丰度差异不显著,而 β-变形菌纲的相对丰度呈现下降的变化趋势。放线菌门主要由弗兰克氏菌目(Frankiales)、动孢菌目(Kineosporiales)、微球菌目(Micrococcales)和丙酸杆菌目(Propionibacteriales)组成。

在目水平,伯克氏菌目(Burkholderiales)是最主要的优势目,其相对丰度由 38.6%

（夏季，31d）下降到 18.2%（冬季，257d）（图 6-13）。此外，根瘤菌目（Rhizobiales）、鞘脂单胞菌目（Sphingomonadales）和微球菌目（Micrococcales）也是重要的优势菌，其相对丰度分别为 13.2%～27.5%、14.0%～18.6%、8.4%～15.3%（图 6-13）。方差分析结果表明，鞘脂单胞菌目、小单孢菌目（Micromonosporales）、动孢菌目（Kineosporiales）的相对丰度没有显著差异。随着枯落物分解，伯克氏菌目相对丰度显著下降，而微球菌目相对丰度显著增加。

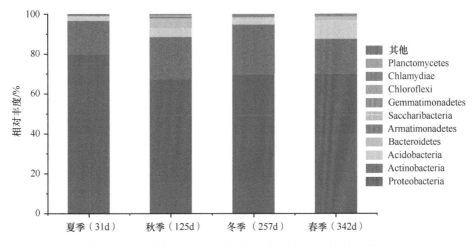

图 6-12　不同季节下辽东栎枯落物中主要优势菌门变化特征

Proteobacteria：变形菌门；Actinobacteria：放线菌门；Acidobacteria：酸杆菌门；Bacteroidetes：拟杆菌门；Armatimonadetes：装甲菌门；Saccharibacteria：单糖菌门；Gemmatimonadetes：芽单胞菌门；Chloroflexi：绿弯菌门；Chlamydiae：衣原体门；Planctomycetes：浮霉菌门；"其他"包含了那些相对丰度比较低的菌门，如厚壁菌门等

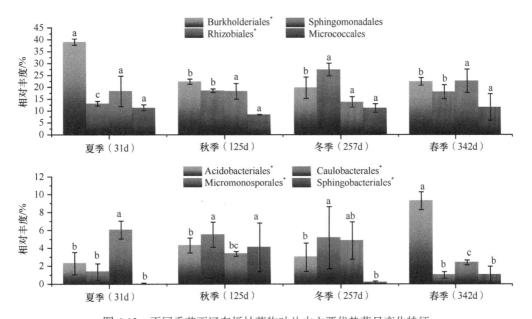

图 6-13　不同季节下辽东栎枯落物叶片中主要优势菌目变化特征

Acidobacteriales：酸杆菌目；Caulobacterales：柄杆菌目；Sphingobacteriales：鞘脂杆菌目。
图柱上不含有相同小写字母的表示枯落物细菌群落不同季节之间差异显著（P＜0.05），*表示的含义同此。下同在属水平，马赛菌属（*Massilia*）、鞘脂单胞菌属（*Sphingomonas*）、根瘤菌属（*Rhizobium*）、游动放线菌属（*Actinoplanes*）、叶居菌属（*Frondihabitans*）、甲基杆菌属（*Methylobacterium*）、酸杆菌属（*Terriglobus*）、伯克氏菌属（*Burkholderia*）是最主要的属（其相对丰度＞1%），其中相对丰度大于 5%的有马赛菌属（7.9%～20.6%）、鞘脂单胞菌属（11.9%～20.4%）和根瘤菌属（6.6%～12.3%）。随着枯落物分解的进行，马赛菌属相对丰度逐渐下降，而鞘脂单胞菌属和根瘤菌属呈现增加的变化趋势。方差分析结果表明，不同采样季节之间，叶居菌属和鞘脂单胞菌属的相对丰度差异不显著，而马赛菌属、根瘤菌属、游动放线菌属、甲基杆菌属、酸杆菌属、伯克氏菌属的相对丰度差异显著（图 6-14）。

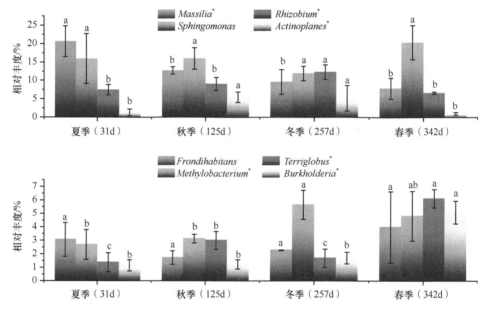

图 6-14 不同季节下辽东栎枯落物叶片中主要优势菌属变化特征

NMDS 表明土壤细菌群落结构之间存在显著的季节差异，秋季与冬季群落结构较为相似，相似度为 72，夏季枯落物样品细菌群落与其他季节差异较为明显（图 6-15）。

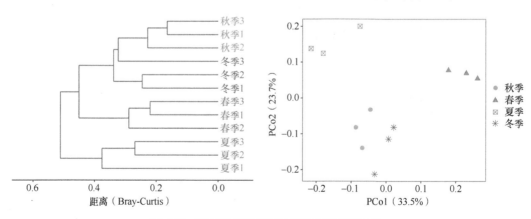

图 6-15 不同采样季节下枯落物细菌群落结构

从图 6-16 可以明确地看出,枯落物分解过程中真菌群落组成存在明显的季节变化特征,夏季真菌群落组成明显区别于其他季节。分解初期枯落物真菌群落与分解中后期差异显著,真菌的演替主要发生在分解初期。在门水平,主要检测到子囊菌门(Ascomycota)、担子菌

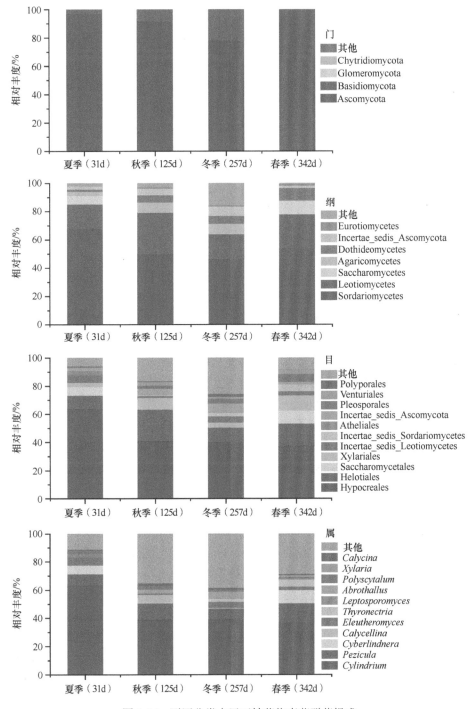

图 6-16　不同分类水平下枯落物真菌群落组成

门（Basidiomycota）、球囊菌门（Glomeromycota）、壶菌门（Chytridiomycota）等群落，其中子囊菌门是相对丰度最大的群落，其相对丰度为 78.1%～99.3%，不同季节变化顺序为春季＞夏季＞秋季＞冬季。担子菌门为相对丰度较高的另一类菌群，其相对丰度为 0.68%～22%，不同季节之间差异较大，其大小顺序为冬季＞秋季＞夏季＞春季。球囊菌门等其他真菌门类的相对丰度较低（＜1%）。

在纲水平，主要的优势菌纲为粪壳菌纲（Sordariomycetes）、散囊菌纲（Eurotiomycetes）、伞菌纲（Agaricomycetes）、锤舌菌纲（Leotiomycetes）、座囊菌纲（Dothideomycetes）和酵母纲（Saccharomycetes）。粪壳菌纲为第一大优势菌纲，其相对丰度为 46.2%～67.7%，不同季节表现为夏季＞春季＞秋季＞冬季；锤舌菌纲的相对丰度为 17.4%～29.6%，不同季节表现为秋季＞春季＞冬季＞夏季；酵母纲的相对丰度为 0.2%～9.4%，不同季节表现为春季＞夏季＞秋季＞冬季；伞菌纲的相对丰度为 0.5%～7.0%，不同季节表现为冬季＞秋季＞夏季＞春季；座囊菌纲的相对丰度为 1.6%～8.9%，不同季节表现为春季＞冬季＞秋季＞夏季；散囊菌纲的相对丰度为 0.1%～1.0%，不同季节表现为春季＞秋季＞冬季＞夏季。

在目水平，主要的优势菌为肉座菌目（Hypocreales）、柔膜菌目（Helotiales）、酵母菌目（Saccharomycetales）、炭角菌目（Xylariales）、锤舌菌（Incertae_sedis_Leotiomycetes）、粪壳菌（Incertae_sedis_Sordariomycetes）、阿太菌目（Atheliales）、子囊菌（Incertae_sedis_Ascomycota）、格孢腔菌目（Pleosporales）、座囊菌目（Venturiales）、多孔菌目（Polyporales）。其中，肉座菌目为第一大优势菌，其相对丰度为 37.5%～63.6%，不同季节之间的变化顺序为夏季＞秋季＞冬季＞春季；柔膜菌目为第二大类优势菌，其相对丰度为 9.7%～22.4%，不同季节之间的变化顺序为秋季＞春季＞冬季＞夏季；酵母菌目的相对丰度为 0.3%～9.4%，不同季节之间的变化顺序为春季＞夏季＞秋季＞冬季；炭角菌目的相对丰度为 3.0%～10.7%，不同季节之间的变化顺序为春季＞秋季＞冬季＞夏季；锤舌菌的相对丰度不同季节间差异较为明显（夏季＞冬季＞春季＞秋季），其相对丰度为 1.3%～5.5%，均值为 3.5%；子囊菌的相对丰度为 1.8%～6.6%，不同季节之间变化顺序为冬季＞秋季＞夏季＞春季。其他群落的相对丰度均较低，占总体的 10%～35%。

在属水平，主要的优势菌为 Cylindrium、Pezicula、Cyberlindnera、晶杯菌属（Calycellina）、伞壳菌属（Eleutheromyces）、Thyronectria、碘伏革菌属（Leptosporomyces）、纤柔菌属（Abrothallus）、子囊菌属（Polyscytalum）、炭角菌属（Xylaria）和星裂菌属（Calycina），其相对丰度占总体的 61.6%～88.7%（图 6-17）。其中，Cylindrium 为第一大优势菌，其相对丰度为 36.8%～63.4%，不同季节之间变化顺序为夏季＞冬季＞秋季＞春季，夏季显著高于其他 3 个季节，冬季、秋季、春季之间差异不显著；Pezicula 的相对丰度为 7.9%～13.7%，不同季节之间的大小顺序为春季＞秋季＞冬季＞夏季；伞壳菌属的相对丰度为 1.2%～5.5%，不同季节之间的大小顺序为夏季＞冬季＞春季＞秋季；子囊菌属的相对丰度为 1.0%～2.4%，不同季节之间的大小顺序为秋季＞夏季＞冬季＞春季。其他群落的相对丰度均小于 1%。

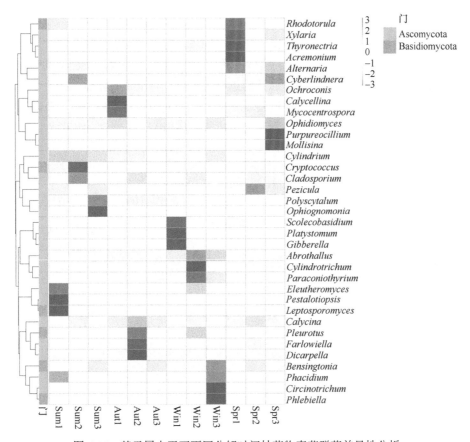

图 6-17　基于属水平下不同分解时间枯落物真菌群落差异性分析

对不同分解时期枯落物真菌群落数据进行 NMDS 分析（图 6-18），结果表明不同季节枯落物真菌群落差异较为明显，夏季明显区别于其他季节。冬季、秋季和春季枯落物样品真菌群落组成较为相似。相似性分析结果表明，夏季枯落物样品真菌群落组成明显区别于其他 3 个季节的枯落物样品。

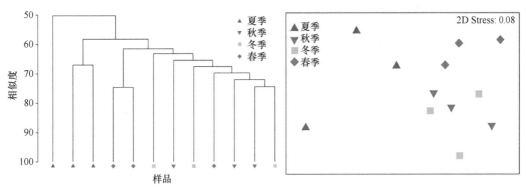

图 6-18　不同采样季节下枯落物真菌群落结构 NMDS 和聚类特征

6.1.3.4　枯落物分解过程中叶际微生物群落功能解析

利用 FUNGuild 数据库，将叶际真菌群落分为病理营养型、共生营养型、腐生营养型

（图 6-19）。研究发现，不同功能类群的微生物受环境因子的影响不一致。病理营养型真菌与土壤水分、温度及枯落物碳氮比呈显著正相关关系，与枯落物水分及全磷含量呈显著负相关关系；腐生营养型真菌与共生营养型真菌和病理营养型真菌表现出相似的变化趋势，与土壤水分、温度、碳氮比及总碳呈显著的正相关关系，与全磷呈显著负相关关系。丛枝菌根真菌与枯落物总碳、碳氮比、温度及质量呈显著正相关关系，与全钾、全磷呈显著负相关关系。土壤腐生菌、植物病原菌与所有被检测的环境因子无显著的相关性，而动物病原菌与枯落物水分呈显著负相关关系。外生菌根真菌与环境因子相关性较弱（$P>0.05$）。

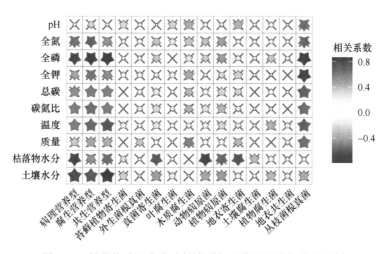

图 6-19 枯落物叶际真菌功能类群与环境因子的相关性分析

6.2 枯落物分解对土壤有机碳的影响

枯落物分解决定土壤有机碳库组成及其稳定性。一方面枯落物分解可通过植物残体的形式增加土壤有机碳；另一方面枯落物分解会刺激土壤微生物的生长—繁殖—代谢—死亡等迭代过程，驱动土壤微生物碳泵，增加微生物残体，促进土壤有机碳累积。通过枯落物添加试验解析枯落物分解对土壤微生物群落的影响，阐明枯落物分解对土壤有机碳的影响机制，为增加土壤碳汇提供理论依据和数据支持。

6.2.1 枯落物分解对土壤有机碳及其他性质的影响

如图 6-20 所示，土壤碳、氮组分能够敏感地响应枯落物的分解。正常枯落物处理下（Normal）土壤微生物生物量氮（MBN）显著高于其他枯落物量处理（正常＞加倍＞对照），其均值为 43.50～124.14mg/kg。土壤可溶性有机氮（DON）呈现相反的变化趋势，最大值出现在对照（Control），正常枯落物处理显著低于加倍枯落物处理和对照。土壤硝态氮在 21.98～27.90mg/kg 变动，正常和对照处理之间差异不显著。对照处理土壤微生物生物量碳（MBC）显著高于正常枯落物和加倍枯落物处理。随着枯落物量的增加，土壤 MBC 和 MBN 是减少的，而土壤硝态氮和 DOC 是增加的。

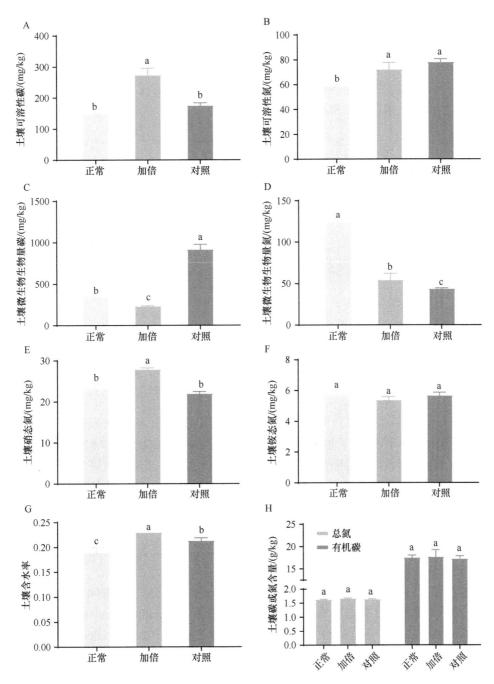

图 6-20　不同枯落物处理下土壤碳、氮变化特征

图柱上不含有相同小写字母的表示不同枯落物处理之间差异显著（$P<0.05$）。下同

6.2.2　枯落物分解对土壤微生物群落及功能的影响

如图 6-21 所示，土壤细菌群落以变形菌门、放线菌门、酸杆菌门为主，其相对丰度占总体的 70% 左右，其相对丰度分别为 38%～42%、11%～21%、18%～20%。此外，

还检测到绿弯菌门（3%）、浮霉菌门（3%~4%）、拟杆菌门（4%~6%）、芽单胞菌门（5%）、疣微菌门（2%~4%）等。正常枯落物处理下土壤放线菌门、拟杆菌门、浮霉菌门、绿弯菌门的相对丰度显著高于加倍枯落物和无枯落物（对照）处理。聚类分析表明正常枯落物处理下土壤微生物群落与加倍枯落物和无枯落物处理存在明显的差异，加倍枯落物和无枯落物处理土壤微生物群落结构较为相似。

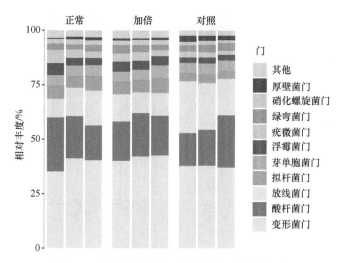

图 6-21　不同枯落物处理下土壤细菌群落组成

在变形菌门里，共检测到 4 种变形菌（α-变形菌、β-变形菌、γ-变形菌和 δ-变形菌），只有 α-变形菌在不同处理下差异不显著，其变化范围为 15.50%~17.82%。随着枯落物量的增加，β-变形菌、γ-变形菌和 δ-变形菌呈现先增加（正常）后降低（加倍）的变化趋势。在正常枯落物处理下土壤 β-变形菌、γ-变形菌、δ-变形菌的相对丰度分别为 5.75%、6.00%、6.93%，其显著低于无枯落物处理。在目水平，Subgroup_6 和 Subgroup_4 是最主要的酸杆菌，其相对丰度较为稳定，不同处理间差异不显著。根瘤菌目（Rhizobiales）是丰度最高的 α-变形菌，不同处理间差异不显著，其相对丰度为 7.01%~8.75%（图 6-22）。

t 检验结果（图 6-23）表明，正常枯落物处理与加倍枯落物处理间微生物群落差异显著，差异显著的微生物群落有变形菌门（黄单胞菌目 Xanthomonadales、咸水球形菌目 Salinisphaerales、军团菌目 Legionellales、着色菌目 Chromatiales、互营杆菌目 Syntrophobacterales、Sh765B-TzT-29、黏球菌目 Myxococcales、Sneathiellales、DB1-14

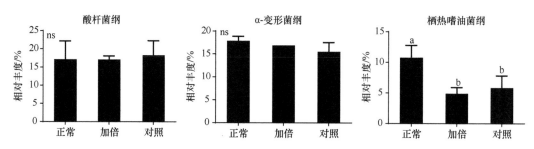

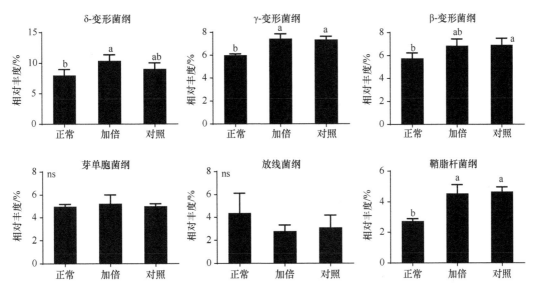

图 6-22　不同枯落物处理下土壤细菌群落组分变化特征

ns 表示处理间差异不显著（$P > 0.05$），下同

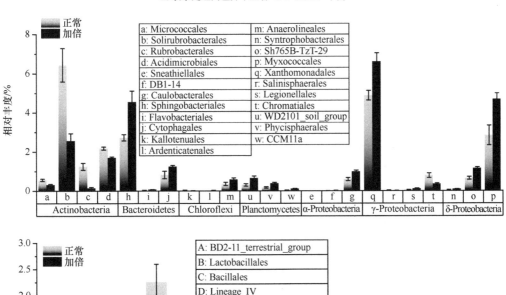

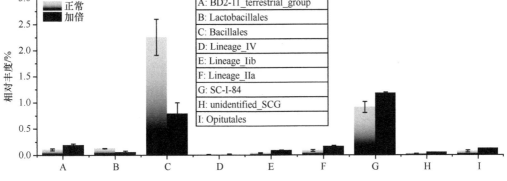

图 6-23　不同枯落物处理下土壤微生物群落组成变化特征

图中所有列出来群落均是 t 检验下差异显著的微生物群落

和柄杆菌目 Caulobacterales），浮霉菌门（WD2101_soil_group、Phycisphaerales、CCM11a），

放线菌门 Actinobacteria（Micrococcales、Solirubrobacterales、红色杆菌目 Rubrobacterales 和酸微菌目 Acidimicrobiales）。

　　基于 Bray-Curtis 距离，PCoA 分析（图 6-24 左图）表明，不同处理间微生物群落差异较为明显，尤其是正常枯落物处理与加倍枯落物、无枯落物处理。加倍枯落物处理与正常枯落物处理土壤微生物群落结构较为相似，分布在纵轴的右边。其结果与图 6-24 右图的聚类结果相似，表明正常枯落物能够有效地改变土壤微生物群落结构。

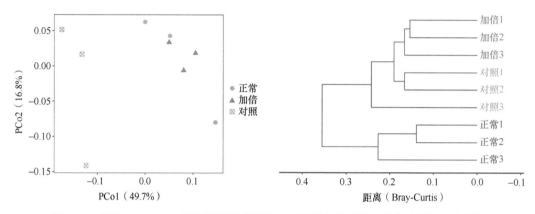

图 6-24　基于 Bray-Curtis 距离不同枯落物量下土壤微生物群落主成分分析和聚类分析

　　LEfSe 分析（图 6-25）表明，正常枯落物和加倍枯落物处理土壤微生物群落组成存在显著差异，其差异群落分别为拟杆菌（Bacteroidetes）、黏球菌（Myxococcales）、δ-变形菌（δ-Proteobacteria）、放线菌（Gaiellales）、Solirubrobacterales、α-变形菌（α-Proteobacteria）。

　　相关性分析（图 6-26）表明，土壤铵态氮（NH_4^+-N）对微生物群落组成影响较小（$P>0.05$），而土壤硝态氮（NO_3^--N）、可溶性有机碳（DOC）、可溶性有机氮（DON）、

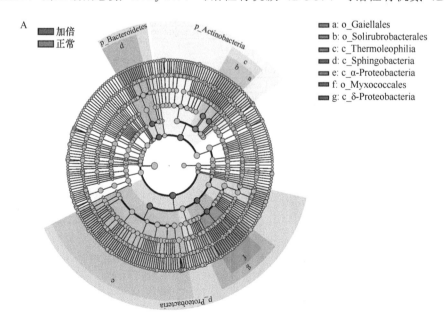

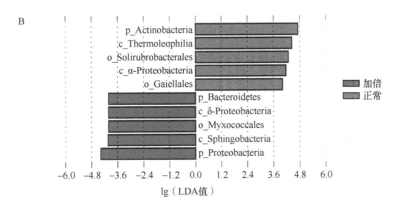

图 6-25 基于 LEfSe 分析研究不同处理下微生物群落结构变化特征

A：不同圆圈表示不同分类层级，从内至外，依次为界、门、纲、目、科、属、种。每个节点表示一个物种，节点越大，表示该物种丰度越高。红色节点表示差异显著物种。B：不同处理差异显著物种，柱子的长度代表的是 LDA 值的大小，即不同处理间显著差异物种的影响程度

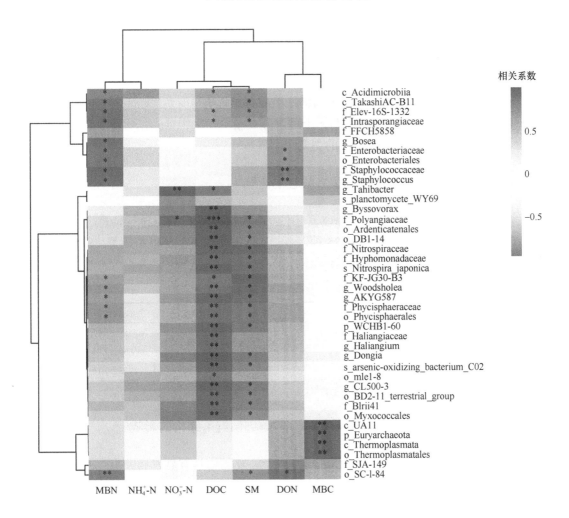

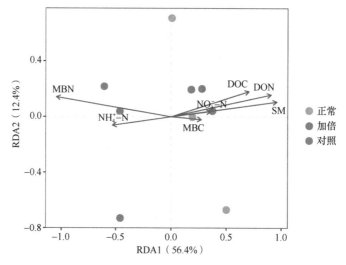

图 6-26　土壤性质与细菌群落的相关性分析及冗余分析（RDA）

土壤水分（SM）、微生物生物量碳（MBC）及微生物生物量氮（MBN）均对土壤细菌群落组成具有显著影响（$P<0.05$），其影响具有较大的差异性。微生物生物量碳和硝态氮对土壤细菌群落以正影响为主，促进其相对丰度的增加，可溶性有机碳、可溶性有机氮、土壤水分及微生物生物量氮对细菌群落组成有正影响也有负影响，不同的群落组成对其响应不一致。RDA 分析也表明，土壤水分、微生物生物量碳、可溶性有机碳及可溶性有机氮是影响微生物群落组成的主要因子。

6.2.3　枯落物分解对土壤细菌多样性的影响

如表 6-5 所示，不同枯落物处理下土壤细菌香农-维纳指数差异不显著，为 9.53～9.59，检测到的物种数为 2932～3035 种，不同枯落物处理下差异也不显著。表明枯落物量对土壤细菌群落多样性影响差异不显著。

表 6-5　不同枯落物处理下土壤细菌多样性特征

处理	检测到的物种数	香农-维纳指数
正常枯落物	3035±42	9.57±0.11
加倍枯落物	2962±109	9.59±0.04
无枯落物	2932±62	9.53±0.10

注：所有的多样性指标差异均不显著，所有的数据均是平均值±标准差

6.2.4　枯落物分解过程中土壤性质对土壤细菌群落结构的影响

如表 6-6 所示，土壤的理化性质对土壤细菌群落结构具有显著的影响。相关性分析表明，土壤可溶性有机碳（DOC）与变形菌门（Proteobacteria）显著正相关，土壤可溶性有机氮（DON）、微生物生物量氮（MBN）与放线菌门（Actinobacteria）、拟杆菌门（Bacteroidetes）、疣微菌门（Verrucomicrobia）、厚壁菌门（Firmicutes）、硝化螺旋菌门

（Nitrospirae）显著或极显著正相关或负相关。土壤含水率与变形菌门、拟杆菌门显著正相关，与放线菌门、厚壁菌门极显著负相关。土壤硝态氮、铵态氮及微生物生物量碳（MBC）与主要的微生物群落相关性不显著。

表 6-6　土壤理化性质与土壤中主要细菌群落的相关性分析

细菌类群	可溶性有机碳	可溶性有机氮	微生物生物量碳	微生物生物量氮	土壤含水率	硝态氮	铵态氮
变形菌门	0.759*	0.302	−0.227	−0.426	0.676*	0.511	−0.313
放线菌门	−0.648	−0.684*	−0.189	0.816**	−0.839**	−0.444	0.514
拟杆菌门	0.644	0.812*	0.330	−0.915**	0.749*	0.260	−0.306
疣微菌门	0.114	0.679*	0.511	−0.674*	0.385	−0.035	−0.343
厚壁菌门	−0.623	−0.804**	−0.262	0.897**	−0.820**	−0.404	0.426
硝化螺旋菌门	0.563	0.715*	0.307	−0.797*	0.637	0.239	−0.318

注：*表示相关性显著（$P<0.05$），**表示相关性极显著（$P<0.01$）

植物枯落物分解是土壤养分循环的关键过程（Berg et al.，2015），本研究中，整个枯落物分解过程中土壤有机碳、全氮差异不显著，表明枯落物分解对土壤碳、氮含量没有显著的影响。由于本研究是在室内恒温条件下开展的，而且分解周期较短，对土壤碳、氮的积累不明显。一般来说，土壤碳、氮的积累是一个长期的过程。但是，土壤中可利用的碳、氮发生了显著的变化。枯落物分解显著地改变了土壤可利用氮的组分（NO_3^--N、DON、MBN），进而影响土壤微生物群落组成（Wardle et al.，2004；Cleveland and Townsend，2006）。此外，枯落物分解也显著影响着土壤 DOC 和 MBC 的含量，表明土壤碳、氮组分能够敏感地响应地上枯落物的分解（Zeng et al.，2017b）。

土壤微生物群落能够敏感地响应环境的变化，尤其是外源碳源与氮源的不断输入。枯落物分解过程中，土壤微生物群落结构发生了显著变化，其中正常枯落物处理下土壤微生物群落结构与加倍枯落物处理差异较为明显，多种群落的相对丰度差异显著。这些群落相对丰度的增减主要是枯落物分解导致输入土壤的碳源与氮源的差异造成的（Wardle et al.，2004；Cleveland and Townsend，2006）。土壤富营养细菌（拟杆菌、α-变形菌、β-变形菌、γ-变形菌）广泛分布在加倍枯落物处理中，主要是由于枯落物分解能够产生大量胞外酶及可溶性物质，供土壤微生物利用（Koyama et al.，2013）。大量的研究表明，土壤中可利用性物质是影响微生物群落结构的主要因子，驱动着微生物群落的演替（López-Mondéjar et al.，2015；Urbanová et al.，2015；Pan et al.，2016；Zeng et al.，2016；Zhang et al.，2016；Zeng et al.，2017a）。

土壤细菌在枯落物分解过程中扮演着重要的角色，能够促进枯落物的分解。土壤中大部分放线菌、酸杆菌、α-变形菌能够分解植物枯落物，尤其是一些难分解物质（Barret et al.，2011）。有研究表明，酸杆菌能够生长在含有大量高分子化合物，如纤维素、半纤维素以及真菌菌丝的环境中（Eichorst et al.，2011）。因此，本研究中随着枯落物量的变化，某些特定的微生物群落发生了显著的变化，尤其是正常枯落物处理与无枯落物处理间差异最为显著。不同微生物群落对养分的需求不一致，因此具有不同的生长策略，对环境的响应程度也不一致（Mau et al.，2015；Banerjee et al.，2016）。枯落物的添加能够产生激发效应，导致土壤微生物群落结构的变化（Banerjee et al.，2016）。正常枯落物处理下，激发效应促进土壤有机质的分解，导致土壤中可利用物质减少，从而引起寡营养细菌的增加和富营养细菌的减少。然而，加倍枯落物处理没有产生相同的效应，是由于枯落物（加倍处理）分解产生了更多的可利用物质，能够保证富营养细菌的生长。

土壤氮源是影响土壤微生物群落分布最为重要的环境因子。Zhang 等（2016）发现土壤硝态氮是影响黄土高原植被演替下土壤微生物群落最重要的因素。Yao 等（2018）发现土壤铵态氮能够显著改变中国草地土壤微生物群落组成，这与本研究不一致。本研究发现，所有处理下，土壤铵态氮差异不显著，而且与土壤主要微生物群落的相关性不显著。有研究表明，氮添加能够有效地引起土壤微生物群落结构与多样性的变化（Zhong et al.，2015）。这些研究结果证实了土壤氮源是影响土壤微生物群落分布的关键因子。

6.2.5　枯落物分解过程中土壤有机碳的周转机制

随着枯落物分解的进行，枯落物总氨基糖含量呈现增加的趋势，在枯落物分解初期增加最多，在枯落物分解后期保持相对平稳。枯落物分解过程中土壤微生物侵染叶片对枯落物进行分解，在此过程中微生物增殖/死亡，其细胞壁产物残留于枯落物表面，存在微生物细胞壁产物的积累/消耗过程。在此过程，叶际氨基葡萄糖含量随着分解的进行呈现波动的变化趋势，分解初期（7～8 月）枯落物叶际氨基葡萄糖含量呈现增加的趋势，其含量从 2445mg/kg 增加至 3270mg/kg。随着分解的进行，枯落物叶际氨基葡萄糖含量在分解 257d 时出现下降，其值降低到 2788mg/kg，随后又呈现积累的趋势，在次年 5月增加至 3309mg/kg（图 6-27）。

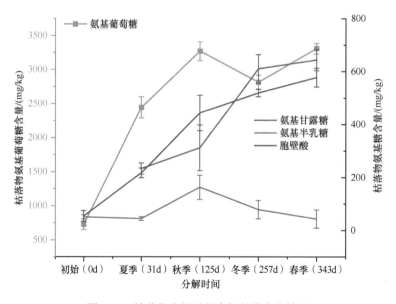

图 6-27　枯落物分解过程中氨基糖变化特征

枯落物分解过程中叶际氨基甘露糖含量呈现持续增加的趋势，其值变化范围为234～644mg/kg。从分解初期（31d）的 234mg/kg 增加至 312mg/kg（125d），其增长较为缓慢，而从分解的 125d 到 257d，枯落物氨基甘露糖含量增加了 294mg/kg，随后又缓慢增加，即枯落物叶际氨基甘露糖随着枯落物分解的进行而积累。

枯落物分解过程中叶际氨基半乳糖含量呈现先增加后降低的趋势。分解前期（125d）保持较为缓慢的增加，从 45mg/kg 增加至 163mg/kg，而在分解后期（125～342d）呈现下降的趋势，从 163mg/kg 降至 44mg/kg。

枯落物分解过程中胞壁酸含量呈现持续增加的趋势，从 217mg/kg 增加至 577mg/kg，其变化趋势与氨基甘露糖的变化趋势一致，即分解初期迅速增加，而分解后期缓慢增加（图 6-27）。

枯落物分解过程中叶际氨基糖总量整体呈现增加的趋势，即叶际氨基糖逐渐积累，其主要累积发生在分解初期（0～125d），随后积累相对较少（图 6-28）。枯落物分解过程中氨基葡萄糖与胞壁酸比值整体上呈现逐渐降低的趋势，表明细菌细胞壁残体物质持续积累。在枯落物分解过程中，枯落物碳氮比呈现逐渐降低的趋势，与叶际氨基葡萄糖与胞壁酸比值的变化趋势一致。

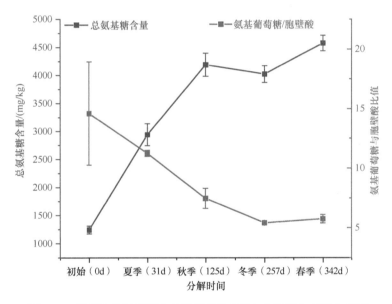

图 6-28　枯落物总氨基糖含量及氨基葡萄糖与胞壁酸比值变化特征

枯落物氨基糖含量与细菌多样性存在显著的相关性。其中，细菌多样性与氨基葡萄糖（$R^2=0.53$，$P=0.0075$）、氨基半乳糖（$R^2=0.34$，$P=0.046$）、胞壁酸（$R^2=0.57$，$P=0.0043$）、总氨基糖含量（$R^2=0.63$，$P=0.002$）存在显著的正相关关系，与氨基甘露糖含量不相关（$P>0.05$）（图 6-29）。

枯落物氨基糖含量与真菌多样性显著相关。其中，真菌多样性与氨基葡萄糖（$R^2=0.56$，$P=0.0054$）、胞壁酸（$R^2=0.49$，$P=0.011$）、总氨基糖含量（$R^2=0.62$，$P=0.0023$）均呈现显著正相关关系，与氨基甘露糖、氨基半乳糖含量不相关（$P>0.05$）（图 6-30）。

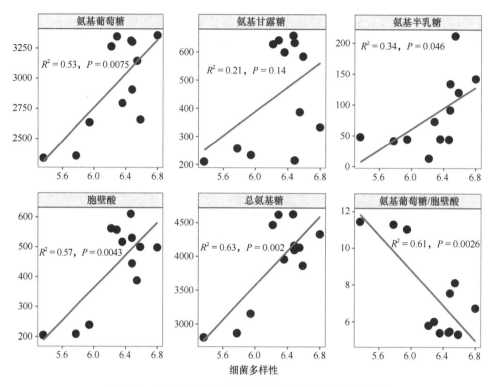

图 6-29 细菌多样性与枯落物氨基糖含量的相关性分析

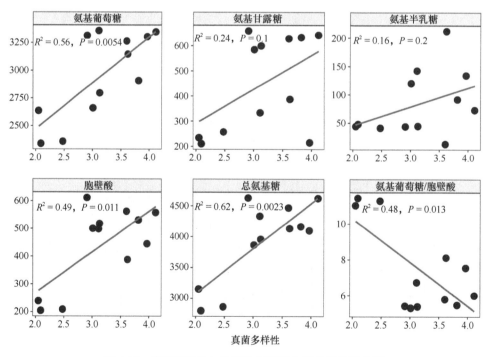

图 6-30 真菌多样性与枯落物氨基糖含量的相关性分析

如图 6-31 所示，在门水平，枯落物氨基糖含量与不同细菌群落存在相关性。具体而言，氨基半乳糖含量主要与放线菌门、拟杆菌门显著正相关，与变形菌门显著负相关；胞壁酸含量与酸杆菌门显著正相关，与变形菌门显著负相关；氨基葡萄糖含量主要与绿弯菌门、芽单胞菌门显著正相关。总体而言，变形菌门对枯落物氨基糖含量积累起负作用，而放线菌门、酸杆菌门、拟杆菌门、绿弯菌门有助于氨基糖积累。

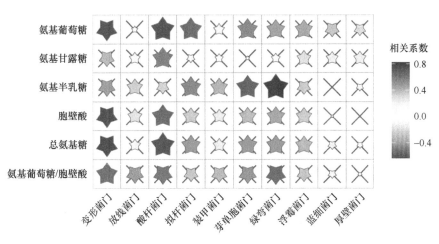

图 6-31　细菌群落组成与枯落物氨基糖含量的关系

不同真菌群落组成对枯落物氨基糖含量的影响不一致（图 6-32）。座囊菌纲（Dothideomycetes）、散囊菌纲（Eurotiomycetes）有助于提高氨基甘露糖、氨基葡萄糖及胞壁酸的含量，而银耳纲（Tremellomycetes）、球囊菌纲（Glomeromycetes）与氨基甘露糖、氨基葡萄糖及胞壁酸含量呈显著负相关关系。优势群落粪壳菌纲（Sordariomycetes）、锤舌菌纲（Leotiomycetes）与氨基糖含量无显著相关性。

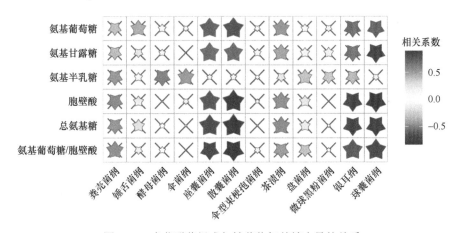

图 6-32　真菌群落组成与枯落物氨基糖含量的关系

利用 FUNGuild 数据库将叶际真菌群落分为病理营养型、共生营养型、腐生营养型。研究发现，不同功能类群的微生物对氨基糖的贡献呈现不同的变化趋势，真菌不同功能类群对氨基糖主要是负影响（图 6-33）。病理营养型真菌与氨基葡萄糖、氨基甘露糖、总氨基糖含量显著负相关，腐生营养型真菌与氨基葡萄糖、总氨基糖显著负相关，共生营养型真菌与氨基甘露糖、胞壁酸、总氨基糖显著负相关。氨基葡萄糖与胞壁酸的比值与腐生营养型、共生营养型真菌显著正相关。

氨基糖含量主要受枯落物的化学性质和土壤水分、温度的影响，不同的氨基糖类型受其影响也不一致。枯落物 pH、全氮、全磷、全钾含量与氨基葡萄糖、胞壁酸显著正相关，氨基葡萄糖与总碳、碳氮比、枯落物质量显著负相关（图 6-34）。氨基甘露糖、胞壁酸与枯落物总碳、碳氮比、质量及土壤温度显著负相关，而氨基半乳糖只与土壤水分显著负相关，与其他因子相关性不显著。

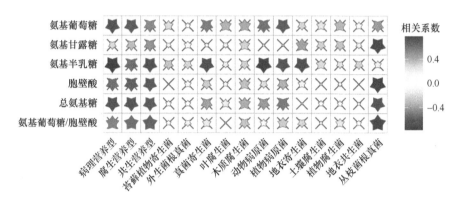

图 6-33 不同真菌功能类群与枯落物氨基糖含量的相关关系

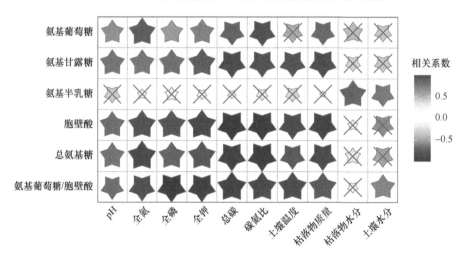

图 6-34 枯落物与土壤性质和氨基糖的相关性分析

6.3 小　结

植物枯落物作为土壤有机碳的主要来源之一，其分解过程对植物初级生产力、生物地球化学循环至关重要，尤其影响土壤有机碳周转过程。微生物作为植物枯落物分解的主要驱动力，其分解速度及分解过程显著影响土壤有机碳的形成与积累过程。主要结果如下：通过野外调查枯落物的年产量，设置不同枯落物界面（枯落物–土壤界面、枯落物-腐殖质界面），探讨不同界面的枯落物分解过程，表明界面反应显著改变枯落物分解过程；利用分子生物学等手段，研究了枯落物分解过程中细菌与真菌演替特征，以及不同功能类群微生物对枯落物分解的响应，重点阐明了细菌对枯落物分解的重要作用；通过分析枯落物分解过程中积累的生物标志物，同时结合有机碳化学结构与微生物群落特征，建立了界面微生物类群与有机碳的耦合机制，阐明了枯落物分解过程中土壤有机碳的微生物固持机制；通过研究枯落物-土壤界面、枯落物-腐殖质界面有机碳组分的变化特征，揭示了枯落物有机碳从源到汇的转化过程，明确了枯落物对土壤有机碳的贡献机制，阐明了黄土高原森林土壤不同界面有机碳的转化过程，为黄土高原森林植被管理与生态保护提供理论依据。

参 考 文 献

王玉哲, 刘先, 胡亚林. 2017. 核磁共振技术在森林凋落物分解研究中的应用. 生态学杂志, 36(11): 3311-3320.

Baldock J, Oades J, Nelson P, et al. 1997. Assessing the extent of decomposition of natural organic materials using solid-state ^{13}C NMR spectroscopy. Soil Res, 35(5): 1061-1084.

Banerjee S, Baah-Acheamfour M, Carlyle C N, et al. 2016. Determinants of bacterial communities in Canadian agroforestry systems. Environ Microbiol, 18(6): 1805-1816.

Barret M, Morrissey J P, O'Gara F. 2011. Functional genomics analysis of plant growth-promoting rhizobacterial traits involved in rhizosphere competence. Biol Fert Soils, 47: 729-743.

Berg B, Kjønaas O J, Johansson M B, et al. 2015. Late stage pine litter decomposition: relationship to litter N, Mn, and acid unhydrolyzable residue (AUR) concentrations and climatic factors. Forest Ecol Manag, 358: 41-47.

Berg B, Meentemeyer V. 2002. Litter quality in a north European transect versus carbon storage potential. Plant Soil, 242: 83-92.

Cepáková Š, Frouz J. 2015. Changes in chemical composition of litter during decomposition: a review of published ^{13}C NMR spectra. J Soil Sci Plant Nutr, 15(3): 805-815.

Cleveland C C, Townsend A R. 2006. Nutrient additions to a tropical rain forest drive substantial soil carbon dioxide losses to the atmosphere. Proc Nat Acad Sci USA, 103(27): 10316-10321.

Eichorst S A, Kuske C R, Schmidt T M. 2011. Influence of plant polymers on the distribution and cultivation of bacteria in the phylum Acidobacteria. Appl Environ Microbiol, 77(2): 586-596.

Hu Z, Xu C, McDowell N G, et al. 2017. Linking microbial community composition to C loss rates during wood decomposition. Soil Biol Biochem, 104: 108-116.

Kohl L, Myers-Pigg A, Edwards K A, et al. 2021. Microbial inputs at the litter layer translate climate into altered organic matter properties. Global Change Biol, 27(2): 435-453.

Koyama A, Wallenstein M D, Simpson R T, et al. 2013. Carbon-degrading enzyme activities stimulated by increased nutrient availability in arctic tundra soils. PLoS ONE, 8(10): e77212.

Krishna M, Mohan M. 2017. Litter decomposition in forest ecosystems: a review. Energy Ecol Environ, 2: 236-249.

Lemma B, Nilsson I, Kleja D B, et al. 2007. Decomposition and substrate quality of leaf litters and fine roots from three exotic plantations and a native forest in the southwestern highlands of Ethiopia. Soil Biol Biochem, 39(9): 2317-2328.

Liang C, Amelung W, Lehmann J, et al. 2019. Quantitative assessment of microbial necromass contribution to soil organic matter. Global Change Biol, 25(11): 3578-3590.

Liang C, Schimel J P, Jastrow J D. 2017. The importance of anabolism in microbial control over soil carbon storage. Nat Microbiol, 2(8): 17105.

López-Mondéjar R, Voříšková J, Větrovský T, et al. 2015. The bacterial community inhabiting temperate deciduous forests is vertically stratified and undergoes seasonal dynamics. Soil Biol Biochem, 87: 43-50.

Lorenz K, Preston C M, Raspe S, et al. 2000. Litter decomposition and humus characteristics in Canadian and German spruce ecosystems: information from tannin analysis and ^{13}C CPMAS NMR. Soil Biol Biochem, 32(6): 779-792.

Mathers N J, Jalota R K, Dalal R C, et al. 2007. ^{13}C-NMR analysis of decomposing litter and fine roots in the semi-arid Mulga Lands of southern Queensland. Soil Biol Biochem, 39(5): 993-1006.

Mau R L, Liu C M, Aziz M, et al. 2015. Linking soil bacterial biodiversity and soil carbon stability. ISME J, 9(6): 1477-1480.

Osono T, Takeda H, Azuma J I. 2008. Carbon isotope dynamics during leaf litter decomposition with reference to lignin fractions. Ecol Res, 23: 51-55.

Pan Y, Chen J, Zhou H, et al. 2016. Vertical distribution of dehalogenating bacteria in mangrove sediment and their potential to remove polybrominated diphenyl ether contamination. Mar Pollut Bull, 124(2): 1055-1062.

Parfitt R L, Newman R H. 2000. ^{13}C NMR study of pine needle decomposition. Plant Soil, 219(1-2): 273-278.

Preston C M, Trofymow J, the Canadian Intersite Decomposition Experiment Working Group. 2000. Variability in litter quality and its relationship to litter decay in Canadian forests. Canad J Bot, 78(10): 1269-1287.

Purahong W, Wubet T, Lentendu G, et al. 2016. Life in leaf litter: novel insights into community dynamics of bacteria and fungi during litter decomposition. Mol Ecol, 25(16): 4059-4074.

Quideau S A, Graham R C, Oh S W, et al. 2005. Leaf litter decomposition in a chaparral ecosystem, Southern California. Soil Biol Biochem, 37(11): 1988-1998.

Urbanová M, Šnajdr J, Baldrian P. 2015. Composition of fungal and bacterial communities in forest litter and soil is largely determined by dominant trees. Soil Biol Biochem, 84: 53-64.

Wang H, Liu S, Wang J, et al. 2013. Dynamics and speciation of organic carbon during decomposition of leaf litter and fine roots in four subtropical plantations of China. Forest Ecol Manag, 300: 43-52.

Wardle D A, Bardgett R D, Klironomos J N, et al. 2004. Ecological linkages between aboveground and belowground biota. Science, 304(5677): 1629-1633.

Yao X, Zhang N, Zeng H, et al. 2018. Effects of soil depth and plant–soil interaction on microbial community in temperate grasslands of northern China. Sci Total Environ, 630: 96-102.

Yarwood S A. 2018. The role of wetland microorganisms in plant-litter decomposition and soil organic matter formation: a critical review. FEMS Microbiol Ecol, 94(11): fiy175.

Zeng Q, An S, Liu Y. 2017a. Soil bacterial community response to vegetation succession after fencing in the grassland of China. Sci Total Environ, 609: 2-10.

Zeng Q, Dong Y, An S. 2016. Bacterial community responses to soils along a latitudinal and vegetation gradient on the Loess Plateau, China. PLoS ONE, 11(4): e0152894.

Zeng Q, Liu Y, An S. 2017b. Impact of litter quantity on the soil bacteria community during the decomposition of *Quercus wutaishanica* litter. Peer J, 5: e3777.

Zhang C, Liu G, Xue S, et al. 2016. Soil bacterial community dynamics reflect changes in plant community and soil properties during the secondary succession of abandoned farmland in the Loess Plateau. Soil Biol Biochem, 97: 40-49.

Zhong Y, Yan W, Shangguan Z. 2015. Impact of long-term N additions upon coupling between soil microbial community structure and activity, and nutrient-use efficiencies. Soil Biol Biochem, 91: 151-159.

第7章 草地根系对土壤有机碳形成的影响

植物根系作为土壤有机碳（SOC）的重要贡献者，对 SOC 含量变化起到了决定性作用（Kell，2012；Clemmensen et al.，2013），尤其是在草地生态系统中（Jackson et al.，2017；Pausch and Kuzyakov，2017）。植物根系在生长过程中，可通过穿插增加土壤孔隙度从而改善土壤结构，并且根系分泌物在改善土壤性状的同时也为土壤微生物提供了能源，进而增强微生物活性，从而促进微生物介导的碳循环过程。源自活根的有机化合物一般指的是根系沉积物（即渗出物、裂解物和黏液等）（Kuzyakov and Domanski，2000；Jones et al.，2009；Pausch and Kuzyakov，2017），它们具有低分子量和高生物利用度（Dennis et al.，2010），可通过微生物"体内周转"途径促进矿质结合态有机碳形成（Cotrufo et al.，2015；Liang et al.，2017），稳定地保留在土壤中。地下根系生物量是衡量植物对土壤可贡献碳量的重要指标，根系中大量的碳在根系分解过程中逐渐输入土壤，经过微生物和土壤酶的作用固存在土壤中，成为 SOC 的重要组成部分。根系分解产生的有机化合物在不同阶段对 SOC 的贡献不同。在根系分解前期，那些易淋溶损失的化合物对土壤中较为敏感的微生物生物量碳（MBC）和可溶性有机碳（DOC）快速产生影响。在根系分解中后期，纤维素和木质素等逐渐降解，对土壤中长期固存的稳定碳组分产生影响。在草地生态系统中，细根（直径≤2mm）是 SOC 的主要来源（Gill and Jackson，2000）。细根具有较大的周转速率并且在一年生草地中细根可占植物枯落物输入量的 1/3（Freschet et al.，2013）。因此，在退耕还林还草的背景下，研究草地植被恢复中根系对 SOC 形成的影响具有重要意义。

7.1　典型草地植物群落根系性质特征

在宁夏云雾山国家级自然保护区的草地演替生态系统中选取 6 个典型植物群落，分别以植被演替阶段和优势植物命名：I 阶段（封育 1 年）——糙隐子草+星毛委陵菜群落、II 阶段（封育 5 年）——百里香+杂草类群落、III 阶段（封育 10 年）——厚穗冰草+长芒草群落、IV 阶段（封育 15 年）——长芒草+铁杆蒿群落、V 阶段（封育 25 年）——铁杆蒿群落和VI阶段（封育 30 年）——长芒草+大针茅群落。选择的每个样地以 10m 为间隔设置 3 个样方（1m×1m×1m）。齐地采取地上生物量，以及枯落物。将 1m 剖面均匀分为五层，采用全挖法获取根系样品及对应的土壤样品。

7.1.1　植物群落根系生物量与形态分布特征

草地生态系统中，地下生物量（根系生物量）大于地上生物量。根系生物量占群落生物量总量的 59.70%～83.71%。封育可以有效促进植物生物量积累，随封育年限的增加，草地地上生物量呈现逐渐增加的趋势,地下生物量呈现出先下降后上升再下降的变化趋势(表7-1)。封育初期,由于地上养分(如动物残留的排泄物)输入迅速减少,植物生长的养分供给相比于封育前降低,会导致植物生物量的短暂减少。因此植物群落地下生物量最低、最高分别出现在百里香+杂草类群落(Ⅱ阶段)和铁杆蒿群落(Ⅴ阶段)。同一样地根系生物量与地上生物量存在显著差异。根据最优分配理论(optimal partitioning theory, OPT),植物为适应环境变化,当地下资源受限制更严重时,会将更多的生物量分配给地下,反之亦然,即植物通过增加潜在的资源吸收能力来缓解环境胁迫(Yin et al., 2019)。随着封育时间的延长,植物地上生物量增多,可有效减少土壤水分和温度的损失,使植物地下生物量生长限制减少。并且较高的地上生物量可显著增加群落光合面积,为地下根系供给更多的光合产物,因此地下地上分配比例(R/S)表现为随封育时间的延长而降低。

表 7-1 典型封育阶段植物群落生物量及 R/S

演替阶段	地上生物量/(g/m²)	地下生物量/(g/m²)	R/S
Ⅰ	127.73±33.79Bc	656.47±355.67Ab	3.49±1.92a
Ⅱ	194.15±8.06Bc	491.88±83.54Ab	2.07±0.44b
Ⅲ	274.89±65.87Bc	854.85±158.37Aab	2.82±0.31a
Ⅳ	325.72±72.32Bc	859.12±183.85Aab	2.61±0.48a
Ⅴ	790.28±71.50Ba	1343.64±200.46Aa	1.49±0.22b
Ⅵ	628.84±180.17Bb	931.44±266.60Aab	1.56±0.90b

注:不同小写字母表示同一指标在不同封育阶段差异显著,不同大写字母表示同一时期根系生物量与地上生物量差异显著($P<0.05$)。其中,Ⅰ代表糙隐子草+星毛委陵菜群落,Ⅱ代表百里香+杂草类群落,Ⅲ代表厚穗冰草+长芒草群落,Ⅳ代表长芒草+铁杆蒿群落,Ⅴ代表铁杆蒿群落,Ⅵ代表长芒草+大针茅群落;下同

在不同的植物群落中根系生物量的垂直分布规律基本相同,均呈现自上而下递减的趋势(图7-1)。受到土壤中水分、养分含量的影响,根系生物量主要分布在0~20cm土层,该土层根系生物量占总根系生物量的81.06%~94.78%,并且其比例整体随封育年限增加呈下降趋势。20cm土层以下的根系生物量随封育年限的变化呈现出先增加,到封育Ⅳ阶段降低而后又增加的规律。封育初期,土壤养分集中在表层,深层土壤结构较为密实,且水分含量和孔隙率较低,限制了植物根系的生长。随封育演替的进行,深层土壤养分逐渐得到补充提高,土壤性状得到改善,土壤可为根系生长提供更多的资源,因此20cm土层以下的根系生物量占比逐渐上升。

根系形态特征随封育年限的增加发生了变化(图7-2)。封育年限增加,植物群落逐渐演替,一年生草本减少,多年生草本及灌木增加,并且较高的地上生物量和光合面积及充足的土壤养分,可有效促进地下根系生长发育。例如,在40cm土层以上,长芒草+大针茅群落和铁杆蒿群落的平均根长、平均根直径、平均根体积、平均根表面积显著高于其他封育阶段。平均根直径、平均根体积、平均根表面积和平均根长随土层深度的增加整体呈降低趋势。根系按其功能可分为吸收根与运输根。吸收根是较远端的低级根,主要负责养分与水分的吸收。运输根则指的是负责运输的高级根。封育时间较长的群落(长芒草+大针茅群落和铁杆蒿群落)的平均根直径、平均根体积随土层升高而显著增加。表明封育年限增加,有效提高了根系水分与养分的运输能力。

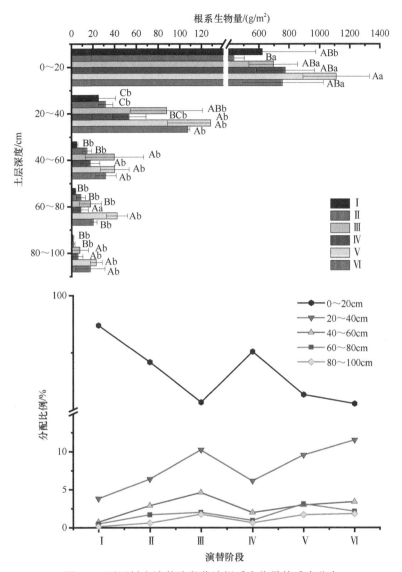

图 7-1　不同封育演替阶段草地根系生物量的垂直分布

不含有相同小写字母的表示同一封育演替阶段不同土层间差异显著,
不含有相同大写字母的表示同一土层不同演替阶段间差异显著（$P < 0.05$）。下同

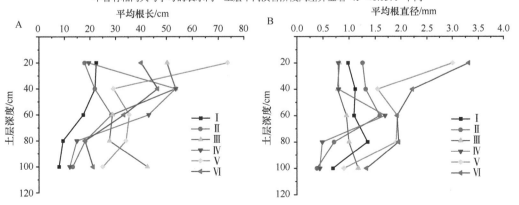

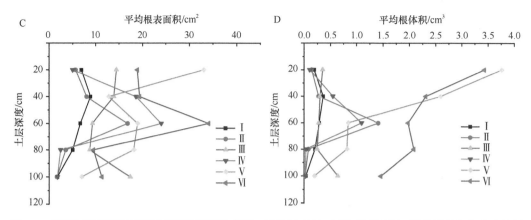

图 7-2 不同封育演替阶段植物群落根系平均根长、平均根直径、平均根表面积、平均根体积的分布特征

7.1.2 植物群落根系化学性质特征

6 个封育演替阶段草地植物群落根系碳（C）平均含量为 438.43g/kg。随土层深度的增加根系直径逐渐降低，因此其 C 含量呈现增加的趋势，40～100cm 土层根系 C 含量显著高于 0～40cm（图 7-3）。同一土层不同封育演替阶段草地植物群落根系 C 含量无明显差异。根系氮（N）含量的平均值为 6.31g/kg，随着土层深度的增加，根系 N 含量呈现先减小（20～60cm 土层）后增加（60～80cm 土层）再减小的变化趋势，封育 IV 阶段的长芒草+铁杆蒿群落根系 N 含量最低。根系磷（P）含量的平均值为 0.92g/kg，0～60cm 土层根系 P 含量在各封育年限间无显著差异，40～60cm 土层根系 P 含量最高。N、P 是植物从土壤中获得的最重要的矿质营养元素，它们之间存在较强的内在联系，所以根系 N、P 呈显著正相关，N：P 均值为 7.40，范围为 6.53～8.38。C 与 N、P 无显著相关性（表 7-2）。根系纤维素的含量均值为 21%，木质素的含量均值为 8%，纤维素含量显著大于木质素含量。封育前期，植物为保留水分减少散失，促使根系碳水化合物得以积累，根系纤维素和木质素含量在封育 1～10 年高于封育后期（图 7-3）。

7.1.3 植物群落根系性质与土壤碳组分的相关性

植被恢复显著增加了植物群落地下生物量，同时提高了 SOC 及其组分含量。为了解根系性质对土壤碳组分的影响，选择地上部碳（R_1）、枯落物碳（R_2）、根系碳（R_3）3 个植物部分碳含量指标，以及腐殖质碳（Z_1）、微生物生物量碳（MBC，Z_2）、可溶性有机碳（DOC，Z_3）3 个土壤碳组分指标构建植物（W）、土壤碳组分（M）指标的数据集 $R_{(3\times90)}$ 和 $Z_{(3\times90)}$，建立植物部分和土壤碳组分典范变量的线性组合函数进行分析。典范相关系数显著性检验结果（表 7-3）显示，植物部分碳含量综合因子与土壤碳组分之间存在 1 对典范变量，其相关系数为 0.697（$P=0.028$），变量 W、M 之间显著正相关。其相关变量为

$$W_1=0.048\times R_1+0.989\times R_2-0.578\times R_3$$
$$M_1=0.353\times Z_1-0.617\times Z_2+1.065\times Z_3$$

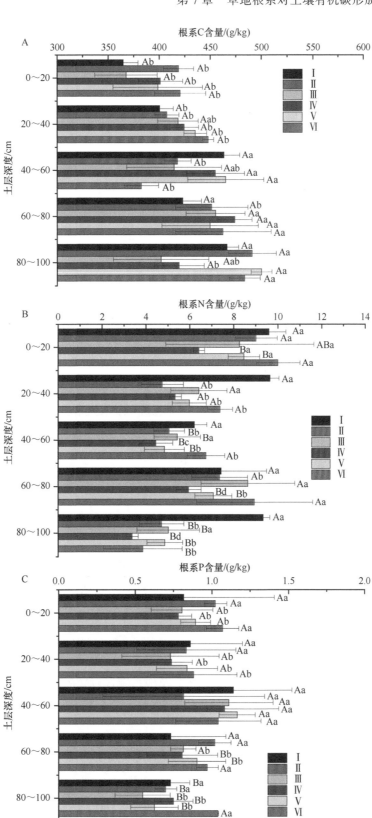

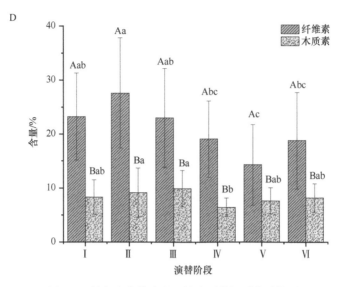

图 7-3　封育演替草地典型植物群落根系化学性质

A、B 和 C 图中不含有相同小写字母的表示同一封育演替阶段不同土层间的差异显著，不含有相同大写字母的表示同一土层不同演替阶段间的差异显著（$P<0.05$）；D 图中不含有相同小写字母的表示纤维素或木质素在不同封育演替阶段的差异显著，不同大写字母表示相同演替阶段纤维素与木质素的差异显著（$P<0.05$）

表 7-2　植物根系生态化学计量特征相关性

项目	根 C	根 N	根 P	根 C：N	根 C：P	根 N：P
根 C	1					
根 N	−0.331	1				
根 P	−0.021	0.465*	1			
根 C：N	0.441*	−0.914**	−0.424*	1		
根 C：P	0.298	−0.599**	−0.733**	0.659**	1	
根 N：P	−0.361	0.406*	−0.476**	−0.381*	0.335	1

注：*表示在 0.05 水平显著相关，**表示在 0.01 水平极显著相关。下同

表 7-3　植物部分碳含量与土壤碳组分典范相关系数显著性检验

典范向量编号	典范系数	Wilk's（统计量）	Chi-SQ（卡方统计量）	df（自由度）	P（伴随概率）
1	0.697*	0.436	18.667	9.000	0.028
2	0.324	0.848	3.702	4.000	0.448
3	0.228	0.948	1.201	1.000	0.273

　　植物组分综合因子中枯落物碳含量（R_2）及根系碳含量（R_3）是主要的因子，土壤碳组分因子中 MBC（Z_2）和 DOC（Z_3）起主要作用。枯落物碳、根系碳对土壤 MBC 和 DOC 的影响较大。

　　同样选择根系纤维素（R_1）、木质素（R_2）、木质素/氮（R_3）、根系生物量（R_4）4 个根系参数指标，以及腐殖质碳（Z_1）、MBC（Z_2）、DOC（Z_3）3 个土壤碳组分构建根系（W）、土壤碳组分（M）指标的数据集 $R_{(4\times90)}$ 和 $Z_{(3\times90)}$，建立根系参数和土壤碳组分典范变量的线性组合函数。

根据典范相关系数显著性检验结果（表 7-4）可知，根系参数综合因子与土壤碳组分之间存在 1 对典范变量，其相关系数为 0.898（$P=0.000$），变量 W、M 两者之间显著正相关。其相关变量为

$$W_1=0.086\times R_1-0.258\times R_2+0.198\times R_3+0.979\times R_4$$

$$M_1=-0.385\times Z_1+1.238\times Z_2+0.051\times Z_3$$

表 7-4　根系性质与土壤碳组分典范相关系数显著性检验

典范向量编号	典范系数	Wilk's（统计量）	Chi-SQ（卡方统计量）	df（自由度）	P（伴随概率）
1	0.898*	0.134	50.233	12.000	0.000
2	0.550	0.691	9.228	6.000	0.161
3	0.098	0.990	0.242	2.000	0.887

根系参数综合因子中较为主要的是根系生物量（R_4），土壤碳组分因子中起主要作用的是 MBC（Z_2）。根系生物量与土壤 MBC 关系密切，存在正向相关关系。

腐殖质是土壤有机质存在的主要形态，其在有机质总量中占比 85%～90% 甚至以上。腐殖质作为稳定的碳组分，决定着土壤碳固存的能力。土壤腐殖质包括胡敏酸、胡敏素和富里酸（FA）。因此我们对土壤腐殖质的影响因素进行了进一步分析。结果表明，根系纤维素是影响土壤腐殖质碳的关键因素（$FA=-10.86+0.187CS$，$R^2=0.82$，$P<0.01$；CS 代表纤维素），即纤维素通过增加土壤中富里酸的含量，进而影响植被恢复过程中碳的固定（Bai et al.，2020）。

7.2　典型草地植物根系生长对土壤有机碳的影响

根系对 SOC 的贡献，可分为生长时根际沉积的碳输入过程、死亡分解时的碳输入过程。在草地生态系统中，根系主要由直径小于 2mm 的细根组成，其是 SOC 的主要来源，因此选择对细根生长过程中 SOC 的变化进行观测。我们采用内生长法测定细根生长过程中的生物量变化特征及根系对 SOC 的贡献。首先采集 SOC 含量不同于封育样地的山桃林地土壤作为初始样品，过 2mm 筛并混合均匀。取该初始土壤装入孔径 2mm（只允许细根生长通过）、直径 5cm、长度 30cm 的生长袋中并放入样地内。在选取的 5 个样地内（封育 1 年、5 年、10 年、25 年、30 年）均设置 6 个重复，并在生长袋上覆盖一层细网布防止地上部枯落物进入。根系生长 1 年后，取出 6 个生长袋。根据根系生物量分布情况，将生长袋分为 0～15cm 和 15～30cm 两层，并分离土壤和根系。

7.2.1　植物群落根系生长过程中土壤有机碳的变化特征

封育年限增加可显著提高草地新生根系生物量，且草地生态系统根具有表聚性。根系生长试验结果显示，根系主要集中在 0～15cm 土层（表 7-5）。0～15cm 土层根系生物量随着封育年限的增加，呈现逐渐增加的趋势，整体为 89.55～223.92g/m²（每平方米新生根系质量）。0～15cm 土层根系生物量显著高于 15～30cm 土层，因此以下内容针对 0～15cm 土层进行分析。由于植物群落生长的空间差异性，根系 C、N 含量在野外重

复之间差异较大，但碳氮比在野外重复之间变化不大，相对稳定。根系生物量碳的变化趋势和根系生物量基本一致，在封育 25 年样地达到较大值（60.56g C/m²）。封育过程植被演替，根系性质随之变化，在不同封育年限根系生物量、生物量碳差异显著。经过一年生长，各样地 SOC 含量均大于初始值（8.45g/kg），在封育 25 年样地 SOC 含量最高（12.21g/kg），在封育 1 年样地 SOC 含量最低（9.66g/kg）（图 7-4）。植被恢复有效提高了根系对 SOC 的贡献量。土壤总碳和 SOC 的变化趋势一致，但是生长试验一年后不同封育年限的所有样地土壤总碳含量低于初始值（27.9g/kg）。这是因为，虽然根系生长过程中将大量有机碳释放到土壤中，但由于野外气候因素的影响，土壤中的碳部分会被淋溶浸出或矿化损失，导致土壤总碳含量降低，但 SOC 的总含量是增加的。

表 7-5　根系生物量及碳、氮含量

土层	指标	封育 1 年 糙隐子草+星毛委陵菜	封育 5 年 百里香+杂草类	封育 10 年 长芒草+厚穗冰草	封育 25 年 铁杆蒿+长芒草	封育 30 年 长芒草+大针茅
0～15cm	C/(g/kg)	206.32±29.83b	85.77±4.40c	280.95±33.28a	270.45±31.84a	236.01±27.72b
	N/(g/kg)	5.21±0.75b	2.54±0.20c	7.76±0.93a	7.34±1.58a	5.87±0.59b
	C/N	39.97±2.58a	33.87±2.40b	36.27±2.36ab	37.71±6.04ab	40.14±1.46a
	生物量/(g/m²)	89.55±44.12c	137.34±52.77bc	101.68±29.56bc	223.92±85.55a	180.29±48.74ab
	生物量碳/(g C/m²)	18.47±9.97cd	11.78±4.53d	28.57±9.09bc	60.56±23.13a	42.55±11.50b
15～30cm	生物量/(g/m²)	17.91±5.83b	34.80±22.18ab	37.00±19.41ab	57.55±36.65a	62.21±47.59a

注：同行不含有相同小写字母的表示不同封育年限之间差异显著（P＜0.05）

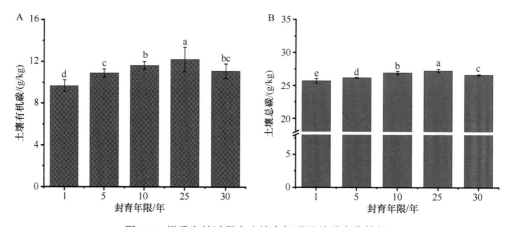

图 7-4　根系生长过程中土壤有机碳及总碳变化特征

封育 5 年是典型的恢复初期阶段，其植物群落中的优势种为百里香。封育 25 年和 30 年是典型的恢复后期阶段，即稳定阶段，其植物群落中的优势种是铁杆蒿和长芒草。以这 3 个样地为例，分析土壤矿质结合态有机碳（MAOC）和颗粒态有机碳（POC）变化特征。如表 7-6 所示，封育后期的土壤矿质结合态有机碳在土壤有机碳中的含量占比显著高于封育初期，表明封育可有效提高土壤 MAOC 占比。同时本研究中，根系碳的输入主要通过根际沉积过程。所以结果同时证明，根系生长过程中输入的碳是土壤 MAOC 的主要成分。原因是，根系生长过程的根际沉积物具有高的生物利用性，可被微生物直接利用，形成微生物产物。经过微生物周转的植物源碳有利于土壤 MAOC 的形成（Liang et al.，2017）。用 $\delta^{13}C$ 判断土壤中碳的来源是一种非常有效的手段。本研究中，土壤 $\delta^{13}C$ 与根系 $\delta^{13}C$ 基本一致。表明虽然土壤微生物介导了植物源碳在土壤中的储存过程，但是根系是 SOC 的最初来源。

表 7-6　土壤 $\delta^{13}C$ 与有机碳含量特征

样地	SOC/(g/kg)	土壤 $\delta^{13}C$/‰	根系 $\delta^{13}C$/‰	MAOC/%	POC/%
封育 5 年 百里香+杂草类	10.9±0.39b	−25.8±0.08a	−24.7±0.40a	61.7.0±0.03b	38.3±0.03a
封育 25 年 铁杆蒿+长芒草	12.2±1.18a	−26.0±0.06b	−26.7±0.37c	64.2±0.04ab	35.8±0.04ab
封育 30 年 长芒草+大针茅	11.1±0.70b	−25.8±0.11a	−25.6±0.84b	65.4±0.03a	34.6±0.03b

注：同列不含有相同小写字母的表示不同封育年限之间差异显著（$P<0.05$）

7.2.2　根系分泌物对土壤有机碳及其组分的影响

根系生长过程中，根系分泌物是 SOC 的主要贡献者。为了探究根系生长过程中根系分泌物的作用，选择草地恢复过程中典型优势植物长芒草进行了根箱试验，并结合 $^{13}CO_2$ 脉冲标记探究根系分泌物对 SOC 组分的贡献。将长芒草的种子培养 3 个月，小心取出植物根系，收集并鉴定其根系分泌物。结果显示，长芒草根系分泌物包含 21 种化合物（表 7-7），其中烃类（19.52%）与酯类（65.38%）是长芒草根系分泌物的重要有机物种类，酯类中相对含量较高的为乙酰柠檬酸三丁酯（27.91%）和 1-丙烯-1,2,3-三羧酸-三丁基酯（25.88%）。收集的根系分泌物相对含量大于 5%的组分有 5 种，依次为乙酰柠檬酸三丁酯（27.91%）、1-丙烯-1,2,3-三羧酸-三丁基酯（25.88%）、芥酸酰胺（6.94%）、2,4-二叔丁基苯酚（6.67%）、邻苯二甲酸丁基戊烯酯（5.61%），如表 7-7 所示。

表 7-7　长芒草根系分泌物种类

类别	数量	化合物名称	相对含量/%
烃类	9	3-乙基-5-(2-乙基丁基)-十八烷	2.34
		正十五烷	2.64
		十七烷	4.71
		二十烷	2.99
		四十四烷	1.03
		甲基环己基二甲基氧基硅烷	0.83
		2,4-二甲基庚烷	2.36
		4,6,10,15-四甲基十七烷	1.80
		甲苯	0.82
醇类	1	3-戊烯-2-醇	1.49
酯类	9	乙酰柠檬酸三丁酯	27.91
		1-丙烯-1,2,3-三羧酸-三丁基酯	25.88
		邻苯二甲酸二异辛酯	0.62
		柠檬酸三丁酯	2.98
		反-9-十八碳烯酸甲酯	0.85

续表

类别	数量	化合物名称	相对含量/%
酯类	9	邻苯二甲酸-异丁基-4-辛酯	1.07
		10-十八碳辛酸甲酯	0.29
		戊酸 5-羟基-2,4-二叔丁基苯基酯	0.17
		邻苯二甲酸丁基戊烯酯	5.61
苯酚类	1	2,4-二叔丁基苯酚	6.67
其他	1	芥酸酰胺	6.94

为观测根系分泌物输入土壤之后，其在土壤碳组分中的分配特征。我们在培养长芒草 5 个月后（生长期），进行了 6h 的 $^{13}CO_2$ 脉冲标记，并进行为期 65d 的观测。长芒草生长过程中 SOC 及其组分的变化如图 7-5 所示。试验过程中根际土的微生物较非根际土更为活跃。在根系分泌物输入土壤后，根际会产生激发效应导致根际土的有机碳减少，而非根际土的激发效应较为滞后。标记结束后 0～3d，长芒草根际土 SOC、MBC 含量均明显减少；而非根际土 SOC 在 5～7d 显著减少。根系分泌物的输入可以为微生物提供能量，促使微生物在根际聚集，所以根际土 MBC 含量整体高于非根际土。在培养 65d 时根际土 SOC、DOC 含量均高于非根际土，表明根系分泌物的持续输入会有效增加根际土的有机碳含量，尤其是较为敏感的 DOC 组分。根际土的腐殖质碳（HC）对根系分

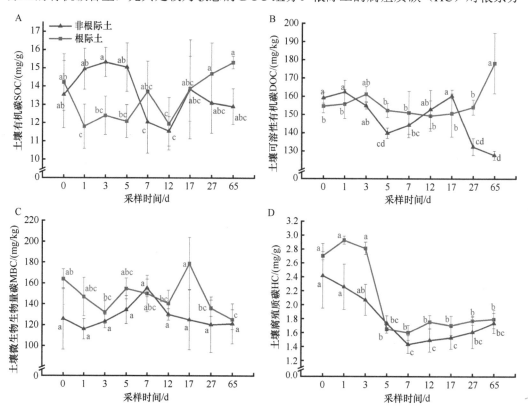

图 7-5 采样期内长芒草土壤有机碳及其组分变化

不含有相同小写字母的表示相同土样的指标在不同采样时间差异显著（$P<0.05$），下同

泌物的输入也同样较为敏感，培养 0～5d 时根际土的 HC 含量先升高再降低，而非根际土的 HC 含量持续降低，且根际土的 HC 整体高于非根际土。

根系分泌物输入土壤后，会逐渐向非根际迁移，但大部分保留在根际（图 7-6）。根际土 SOC 的 $\delta^{13}C$ 始终高于非根际土，其整体变化范围为 $-21.85‰～-17.55‰$。根际土 DOC $\delta^{13}C$ 在标记 5～7d 略微增加并高于非根际土，之后其 $\delta^{13}C$ 逐渐减小，整体变化范围为 $-20.79‰～-11.87‰$。根际土 MBC 的 $\delta^{13}C$ 在 0～1d 迅速增加，1～3d 迅速减小，后趋于稳定。同时根际土的腐殖质碳（HC）$\delta^{13}C$ 前期明显高于非根际土。说明植物的光合产物通过根系分泌物进入土壤是一个短暂的过程，在标记后的短时间内就可进入土壤被微生物利用转化，参与土壤碳循环。

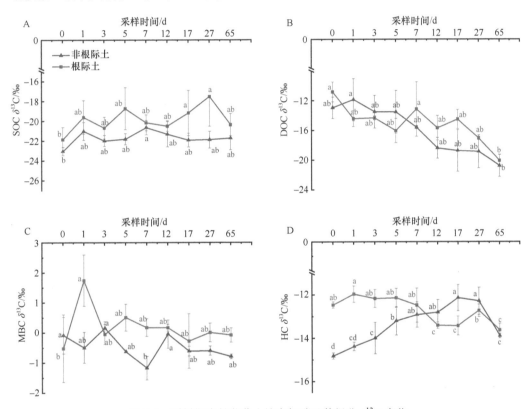

图 7-6　采样期内长芒草土壤有机碳及其组分 $\delta^{13}C$ 变化

7.3　典型草地植物根系分解对土壤有机碳的影响

根系分解过程碳的输入是 SOC 的重要来源。选取草地植被恢复中的 3 种典型植物：长芒草、铁杆蒿和百里香，用挖掘法获得植物根系，之后挑选出细根（直径≤2mm），称重 10g 装入 15cm×15cm 的分解袋中，分解袋孔径为 0.18mm，将其放入各样地的土层中，进行分解试验并设置 3 个重复。将根系埋在其采集的样地进行原位分解，同时将根系埋在同一个撂荒地进行异位分解。每隔 3 个月取出分解袋，以及分解袋上 5cm（0～5cm）土层和下 5cm（5～10cm）土层的土壤。

7.3.1 根系分解速率特征

根系分解过程中的质量残留率及质量损失量变化情况如图 7-7 所示。原位分解的根系与放置在撂荒地的根系质量变化趋势基本一致。铁杆蒿的分解速率最大，与百里香和长芒草的分解速率差异显著。从整体上看，根系质量损失有明显的阶段性。在试验的 0～45d，是根系质量损失的快速阶段，损失质量 0.88～3.45g。45d 之后根系分解速率减小，质量损失减缓。在分解 360d 后，根系失重率为 12.7%～50.7%，铁杆蒿根系的失重率最大，分解速率最大。

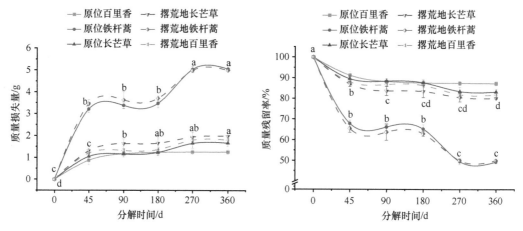

图 7-7　植物根系质量损失量及质量残留率

不含有相同小写字母的表示不同分解时间根系质量损失量或质量残留率差异显著（$P<0.05$）

根系分解速率与其初始性质密切相关。对根系化学性质进行对比分析，结果显示，铁杆蒿根系的 C 含量最低，而 N、P 含量显著高于百里香和长芒草（表 7-8）。并且铁杆蒿根系的木质素、纤维素、木质素∶N、纤维素∶N 均显著低于长芒草和百里香。百里香和长芒草根系的木质素、纤维素含量差异显著，且百里香大于长芒草。C∶N、C∶P 在铁杆蒿根系中最低，长芒草根系中最高。百里香根系的 C 含量在 3 种根系中最高，为 480.29g/kg。

表 7-8　根系初始化学性质

化学性质	长芒草	铁杆蒿	百里香
C/(g/kg)	472.15±5.73ab	462.69±2.50b	480.29±7.57a
N/(g/kg)	5.78±0.10c	10.71±0.09a	8.49±0.30b
P/(g/kg)	1.39±0.20c	3.40±0.12a	2.25±0.34b
C∶N	81.65±0.86a	43.19±0.39c	56.56±1.53b
C∶P	344.18±51.09a	136.12±5.06c	217.49±39.23b
N∶P	4.21±0.61a	3.15±0.09a	3.84±0.67a
木质素/(g/kg)	172.61±8.64b	149.34±2.37c	242.97±2.78a
纤维素/(g/kg)	352.78±21.40b	279.54±21.11c	498.80±19.64a
木质素∶N	29.86±1.75a	13.94±0.18b	28.63±1.35a
纤维素∶N	60.96±2.71a	26.10±2.02b	58.70±1.17a

注：同行不含有相同小写字母的表示不同植物根系之间差异显著（$P<0.05$）

根系分解速率具有明显的阶段性，是因为在根系分解前期，根系中的可溶性碳水化合物快速淋溶损失（Fahey et al.，1988），而后期由于木质素等含量较高，较难分解（Cusack et al.，2009）。在 0～45d 铁杆蒿根系质量损失明显快于百里香和长芒草，是因为铁杆蒿根系中初始的木质素、纤维素、木质素：N、纤维素：N 最低，N 含量最高，而 N 易损失，导致铁杆蒿根系整体质量损失较快（Berg，2000；See et al.，2019）。在 180～270d，根系质量损失量呈现增大的现象，这可能是因为此时由 3 月到 6 月温度回升，降水增加，微生物活性增强，导致根系质量快速降低。在试验初期，根系初始化学性质决定其分解速率，试验后期温度和降水对根系分解速率有较大影响。

7.3.2 根系 C、N、P 的动态变化特征

根系分解过程中，随着根系质量的快速损失，植物根系的 C 含量呈现先增加后减小的变化趋势，而根 C 的积累指数（NAI-C）一直呈现减小的变化趋势（图 7-8）。根 C 出现含量升高的现象，如在 0～45d 升高，原因是这个阶段一些可溶性碳水化合物由于微生物的利用或淋溶作用而快速损失，根系质量迅速降低，而一些结构性碳的含量还较高，所以呈现出 C 含量升高的现象。但是 NAI-C 呈现下降的趋势，说明在分解的过程中根 C 逐渐损失。在 45d 之后，根 C 含量呈下降趋势，NAI-C 也呈现下降趋势，是因为经过 45d 的分解，部分根系结构被破坏，并且 C 作为微生物的能源物质逐渐被利用，一些结构性碳也逐渐损失。

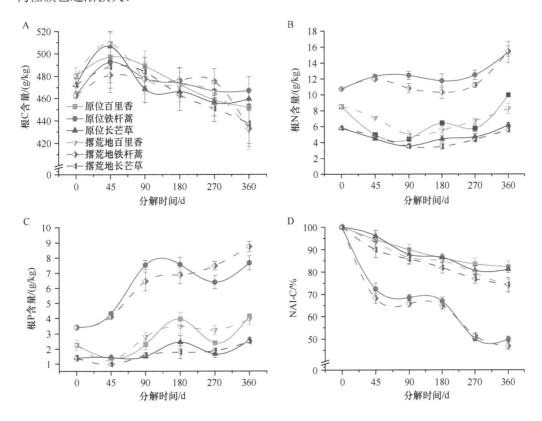

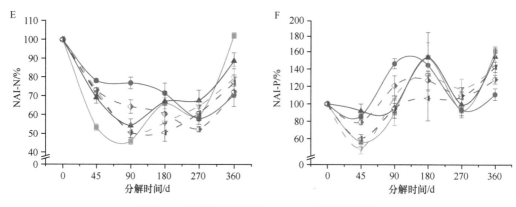

图 7-8　根系分解过程中 C、N、P 的动态变化

对于根 N 含量，铁杆蒿根 N 含量呈现先增加后减小再增加的变化趋势，在 360d 达到最大：15.33g/kg（原位铁杆蒿）、15.47g/kg（撂荒地铁杆蒿），并高于根初始 N 含量。百里香和长芒草根 N 含量呈现先减小后增加的变化趋势，在分解 90d 时达到最低值，在 360d 达到最大值。从养分积累指数 NAI 的变化规律可以看出，铁杆蒿、百里香和长芒草的 N 积累指数（NAI-N）的变化基本一致，呈现先减小后增加的趋势。

对于根系 P 含量，整体上铁杆蒿要高于百里香和长芒草，并且铁杆蒿呈现增加的趋势，而百里香和长芒草 P 呈现 0～45d 减小、45d 之后逐渐增加的趋势。试验 360d 时，长芒草、铁杆蒿、百里香的根 P 含量均高于初始值。由 P 积累指数（NAI-P）可以看出，在 0～45d 根系 NAI-P 先减小，45d 之后波动增加，整体上 3 种植物的 NAI-P 变化趋势一致。

对于植物根系 N、P 含量出现前期降低后期增加的现象，主要是因为分解前期可溶性 N、P 先损失掉，而后期由于微生物从土壤中富集 N、P 对根系进行分解，同时消耗根系中的 C，根系质量降低迅速（Liu et al.，2010），发生浓缩效应，尤其是质量损失最快的铁杆蒿根系。对比原位分解试验和撂荒地分解试验可知，在两种样地，根系质量损失、元素释放变化规律一致，分解速率无显著差异，说明相对于环境因素，根系分解的主要影响因素是本身的化学性质。

7.3.3　根系分解对土壤有机碳及其活性组分的影响

在自然条件下，一年的分解试验中，SOC 含量呈现先增加后减小的变化趋势。根系对 SOC 含量的提高作用主要体现在快速分解阶段。如图 7-9 所示，原位分解样地，在前 45d，相对于空白处理，根系分解的 C 输入对 SOC 有明显的增加作用，如 5～10cm 土层 SOC 增加量为：−0.04g/kg（百里香）<0.81g/kg（长芒草）<1.77g/kg（铁杆蒿）。45d 之后根系分解速率减小，对 SOC 影响降低。试验期间 SOC 的峰值出现在 180d。360d 时，百里香、铁杆蒿根系覆盖的 SOC 含量低于分解初期，而长芒草根系覆盖的 SOC 含量高于分解初期。根系分解下 SOC 与空白处理无明显差异。表明虽然根系分解前期提高了 SOC 含量，但 SOC 并没有有效地保留下来。撂荒地，根系分解对 SOC 的增加作

用体现在 45~90d，这个阶段 SOC 增加量为 0.74~2.56g/kg。90d 之后根系分解对 SOC 影响较小。分解 360d 后，SOC 含量均低于初始 SOC 含量，并且根系覆盖的 SOC 含量与空白处理 SOC 含量无明显差异。证明根系分解对 SOC 的贡献，由于受季节变化过程中如冷暖交替或干湿交替作用的影响而降低。

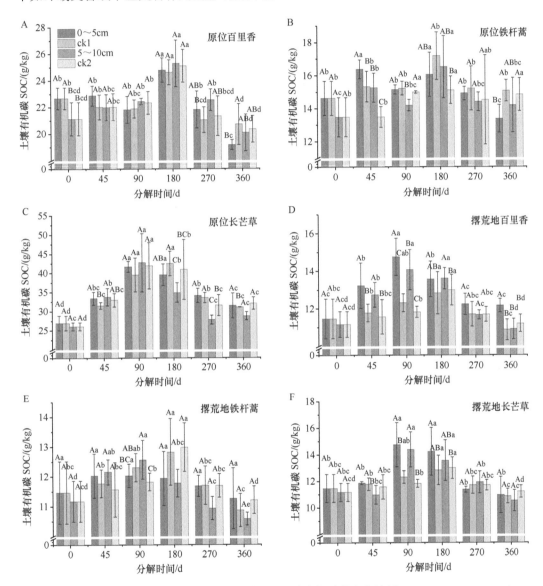

图 7-9　根系分解过程中土壤有机碳的变化特征

不含有相同大写字母的表示相同时间不同土层差异显著，不含有相同小写字母的表示不同时间相同土层差异显著。
ck1 代表 0~5cm 无根系的空白处理土壤，ck2 代表 5~10cm 无根系的空白处理土壤。下同

在分解前期，有根系覆盖的 SOC 相对于空白处理迅速增加，因为根系向土壤输入的有机碳量大于 SOC 的损失量或者土壤中原有的有机碳因为根系 C 的输入而减缓分解。90d 之后根系分解对 SOC 的提高作用很小。因为此时根 C 输入量明显变少，并且

由气候变化引起的淋溶和矿化作用，导致部分 C 损失掉。例如，在分解 180d（3 月）至 270d（6 月）时，温度升高，降雨增加，SOC 迅速减少。当 SOC 随着季节变化而波动变化时，由于根系分解碳源的补充，根系覆盖处 SOC 整体高于空白处理。

在整个试验阶段，根系分解对土壤 MBC 的提高作用表现为根系覆盖处土壤 MBC 含量均大于空白处理（图 7-10）。试验期间，土壤 MBC 逐渐增加并在 270d（6 月）出现峰值，首先是因为分解前期，根系向土壤微生物提供了碳源，相对于空白处理，有效

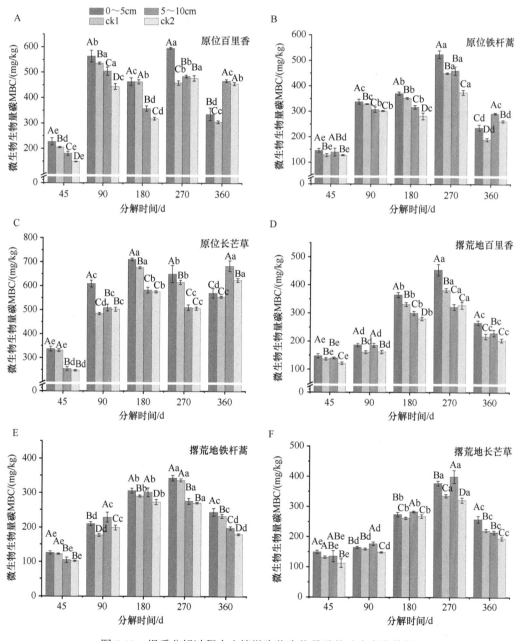

图 7-10　根系分解过程中土壤微生物生物量碳的动态变化特征

促进了微生物的生长。之后由于春季到夏季转变，温度回升，降雨增加，有效地提高微生物活性，促进土壤微生物繁殖，进而提高了微生物生物量。因此，在 270d 土壤 MBC 含量最高。

　　DOC 是土壤响应外源 C 输入的敏感组分。根系分解养分释放集中在前 90d，此时根源碳迅速对土壤 DOC 产生影响并持续到分解后期（图 7-11）。根系覆盖处理的土壤 DOC 大部分高于空白处理，高出的最大值为 19.25mg/kg。与土壤 MBC 类似，土壤 DOC 呈现先增加再降低的趋势，在 270d 出现峰值。在整个试验期间，根系覆盖处土壤 DOC 与

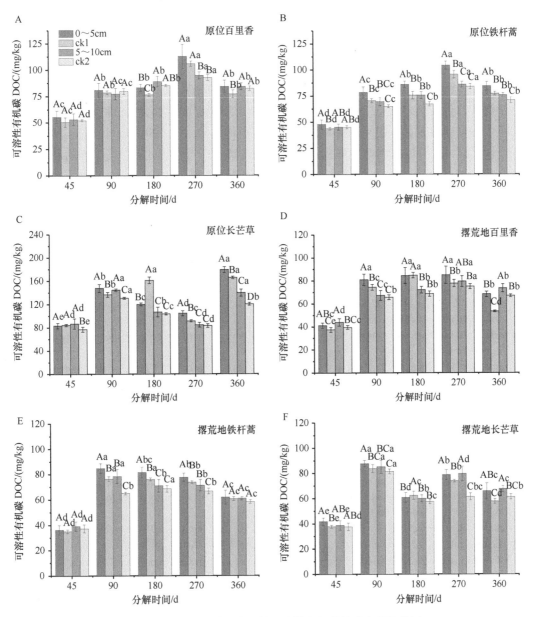

图 7-11　根系分解过程中土壤可溶性有机碳的动态变化特征

空白处理相比含量更高，但两者变化趋势基本一致。表明根系分解碳输入会影响土壤敏感碳组分的含量，但并不会改变其变化趋势。气候因子在土壤碳的固存与损失之间起到了关键作用。

7.4 小 结

草地生态系统中根系是 SOC 的主要来源并且根系生物量集中在 0～20cm 土层。草地植被恢复过程中，根系生物量以及土壤 MBC 是 SOC 变化的主要影响因素。根系对 SOC 的影响分为生长过程和死亡过程。根系生长过程的根系分泌物以酯类和烃类为主，根系分泌物输入短期内对根际土壤 MBC、DOC 和腐殖质碳均会产生影响。根系分解具有明显的阶段性，其对 SOC 的影响主要集中在快速分解的前期，此时养分快速释放，对 SOC 活性组分有明显增加作用。根系分解中后期纤维素、木质素等降解会对 SOC 的稳定组分产生影响。根系生长短期内，根际沉积是 SOC 的主要来源。随着时间的增加，根系生物量逐渐积累，根系降解释放的根源碳也将成为 SOC 的主要贡献者。植物碳输入土壤之后，部分以植物组分形式直接储存在土壤中，部分经过土壤微生物的利用或降解之后储存在土壤，共同构成 SOC。因此，未来可以利用生物标志物如木质素、氨基糖等，加强对 SOC 中的植物源与微生物源碳组分的辨析，并且可通过测定土壤化学分子结构来判断土壤有机碳分子的来源，从而有力地阐明植物与微生物组分对 SOC 的贡献。

参 考 文 献

Bai X, Guo Z, Huang Y, et al. 2020. Root cellulose drives soil fulvic acid carbon sequestration in the grassland restoration process. Catena, 191(1): 104575.

Berg B. 2000. Litter decomposition and organic matter turnover in northern forest soils. Forest Ecol Manag, 133(1-2): 13-22.

Clemmensen K E, Bahr A, Ovaskainen O, et al. 2013. Roots and associated fungi drive long-term carbon sequestration in boreal forest. Science, 339(6127): 1615-1618.

Cotrufo M F, Soong J L, Horton A J, et al. 2015. Formation of soil organic matter via biochemical and physical pathways of litter mass loss. Nat Geosci, 8(10): 776-779.

Cusack D F, Chou W W, Yang W H, et al. 2009. Controls on long-term root and leaf litter decomposition in neotropical forests. Global Change Biol, 15(5): 1339-1355.

Dennis P G, Miller A J, Hirsch P R. 2010. Are root exudates more important than other sources of rhizodeposits in structuring rhizosphere bacterial communities? FEMS Microbiol Ecol, 72(3): 313-327.

Fahey T J, Hughes J W, Pu M, et al. 1988. Root decomposition and nutrient flux following whole-tree harvest of northern hardwood forest. Forest Sci, 34(3): 744-768.

Freschet G T, Cornwell W K, Wardle D A, et al. 2013. Linking litter decomposition of above- and below-ground organs to plant–soil feedbacks worldwide. J Ecol, 101(4): 943-952.

Gill R A, Jackson R B. 2000. Global patterns of root turnover for terrestrial ecosystems. New Phytol, 147(1): 13-31.

Jackson R B, Lajtha K, Crow S E, et al. 2017. The ecology of soil carbon: pools, vulnerabilities, and biotic and abiotic controls. Annu Rev Ecol Evol S, 48(1): 419-445.

Jones D L, Nguyen C, Finlay R D. 2009. Carbon flow in the rhizosphere: carbon trading at the soil–root interface. Plant Soil, 321(1-2): 5-33.

Kell D B. 2012. Large-scale sequestration of atmospheric carbon via plant roots in natural and agricultural ecosystems: why and how. Philos T R Soc B, 367(1595): 1589-1597.

Kuzyakov Y, Domanski G. 2000. Carbon input by plants into the soil. Review. J Plant Nutr Soil Sci, 163(4): 421-431.

Liang C, Schimel J P, Jastrow J D. 2017. The importance of anabolism in microbial control over soil carbon storage. Nat Microbiol, 2(8): 17105.

Liu P, Huang J, Sun O J, et al. 2010. Litter decomposition and nutrient release as affected by soil nitrogen availability and litter quality in a semiarid grassland ecosystem. Oecologia, 162(3): 771-780.

Pausch J, Kuzyakov Y. 2017. Carbon input by roots into the soil: quantification of rhizodeposition from root to ecosystem scale. Global Change Biol, 24(1): 1-12.

See C R, Luke McCormack M, Hobbie S E, et al. 2019. Global patterns in fine root decomposition: climate, chemistry, mycorrhizal association and woodiness. Ecol Lett, 22(6): 946-953.

Yin Q, Tian T, Han X, et al. 2019. The relationships between biomass allocation and plant functional trait. Ecol Indic, 102(JUL.): 302-308.

第8章 植物残体碳转化的界面过程

植物残体作为土壤有机碳（SOC）的主要物质来源，其分解和转化是影响土壤碳库的重要因素。近年来，众多学者已经开始借助角质、软木脂、木质素和氨基糖等生物标志物，研究外源碳输入对 SOC 影响的地下生态过程（Zhao et al.，2014；Joergensen，2018；Ma et al.，2019a，2019b；冯晓娟等，2020）。但这些研究主要聚焦于土壤本身，强调对土壤"老碳"来源的判定，而相对缺乏"新碳"转化过程对 SOC 库贡献的深入研究。理论上讲，植物残体碳的分解转化有助于 SOC 的积累，但外源有机物添加引起的正激发效应造成土壤矿化速率的大幅度提升，使 SOC 的积累表现得并不显著（Luo et al.，2016；Chen et al.，2019；Fanin et al.，2020）。更有研究指出，植物残体倍增并未促进 SOC 积累，相反导致土壤表层轻组有机碳小幅度减少（Huang and Spohn，2015）。究其原因是植物残体碳转化研究中对 SOC 发生层的界定不同，0~5cm 被认为是实现植物性碳源向 SOC 转化的发生土层，土壤碳组分在此土层的动态变化最为明显（Ai et al.，2012）。但无论是从植物"碳源"向土壤"碳汇"的转化，还是"不稳定"碳库向"稳定"碳库的转化，都受到植物残体分解速率、气候环境条件及土壤微生物群落等因素的共同影响（李学斌等，2014；Gregorich et al.，2017；Haddix et al.，2020）。植物残体碳无法在短时间内完成分解、转化，并迁移至 0~5cm 土层，枯落物分解产物和微生物代谢产物通常介于枯落物层和近地表接触面，即"枯落物–土壤"转化界面（Xue et al.，2022），该界面是枯落物-土壤系统有机碳转化的核心区域（图 8-1）。

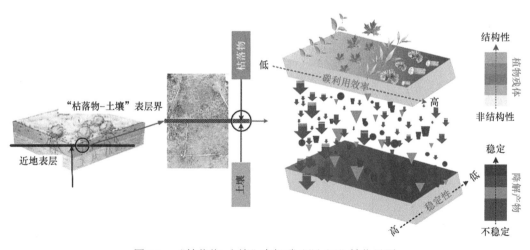

图 8-1 "枯落物–土壤"有机碳"源–汇"转化界面

枯落物的分解、转化和固存机制是陆地生态系统碳循环的基本过程，"枯落物–土壤"转化界面作为连接植物残体和土壤的复杂表层，是植物性碳源向微生物碳源转化的核心区域。植物残体碳周转的新观点强调植物残体向腐殖质的"转化",即地上植物残体主要转化为积累于土壤表层界面的腐殖质(Weng et al.,2021)。此处的"腐殖质"指转化程度最高的层(H 层),它位于新鲜枯落物层(L 层)和部分分解枯落物层(F 层)之下,矿质土壤之上(Prescott and Vesterdal,2021)。不同分解和腐殖化程度的植物残体与土壤构成一个相互影响共同发育的界面连续体(图 8-2),但由于其结构复杂,微生物种类繁多,研究难度较大,因此对此界面有机碳转化的微生物过程及其调控机制的认识还十分匮乏。随着微生物碳泵理论(Liang et al.,2017)的提出和深化,学术界对 SOC 周转和截获的认知已经从早期经典的腐殖质理论逐渐转为微生物通过"体内周转"与"体外修饰"调控 SOC 形成的新共识(Cotrufo et al.,2015;Sokol and Bradford,2019;汪景宽等,2019;冯晓娟等,2020;梁超和朱雪峰,2021)。综上所述,以"枯落物–土壤"转化界面为切入点,明晰枯落物"新碳"的转化途径,量化土壤有机碳组分中的植物碳源和微生物碳源,深入探究土壤有机碳形成和稳定机制。

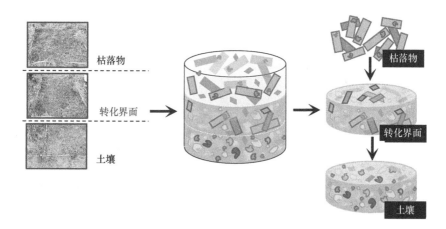

图 8-2　"枯落物–土壤"转化界面的界定

8.1　植物残体碳转化对界面土壤碳组分的影响

聚焦土壤有机碳形成、转化和稳定机制是精准预测陆地碳循环未来发展的关键(Kögel-Knabner and Rumpel,2018;葛体达等,2020),也是我国实现碳中和目标的重要理论支撑(方精云,2021;杨元合等,2022)。近年来,一些研究从土壤有机碳的稳定过程入手将其划分为颗粒态有机碳(POC)和矿质结合态有机碳(MAOC)两部分(Cotrufo et al.,2019;Samson et al.,2020)。其中,MAOC 由于其可以在土壤中缓慢循环成百上千年,逐渐成为土壤有机碳固存研究的焦点(Sokol and Bradford,2019)。

8.1.1　土壤物理碳组分

早期的研究表明,地上部植物残体碳是土壤的主要碳源,调控 SOC 的积累速率(Rasse et al.,2005)。随着分子生物学的发展,土壤微生物的作用改变了科学界对 SOC

形成的认识。从植物残体的逐级分解模型（Cotrufo et al.，2015）、土壤有机碳形成的连续体模型（Lehmann and Kleber，2015），到土壤微生物"碳泵"体内周转和体外修饰途径的差异调控、续埋效应贡献 SOC 的积累（Liang et al.，2017），再到微生物源碳与土壤矿物质结合形成矿质结合态有机碳促进 SOC 库稳定（Lavallee et al.，2020），这些关于土壤微生物核心调控理论的提出加深了人们对有机碳形成、积累的认知。由于有机碳的物理分组对土壤原结构和形态破坏较小，更能够反映原状 SOC 的结构和功能，揭示土壤有机碳库的稳定保护机制。因此，近年来，一些研究从物理稳定过程入手将其划分为颗粒态有机碳和矿质结合态有机碳两部分（图 8-3）（Cotrufo et al.，2019；Lavallee et al.，2020；Samson et al.，2020）。其中，矿质结合态有机碳是以土壤微生物残体及微生物代谢产物为主的有机碳组分，是微生物残体碳（microbial necromass carbon，MNC）与土壤矿物质相结合并贡献土壤稳定碳库的体现。一般较稳定，难以被解吸或去除，占土壤总有机碳的 50%～80%（Miltner et al.，2012；Clemmensen et al.，2013；Liang et al.，2019；Craig et al.，2020；Wang et al.，2020；邵鹏帅等，2021）。

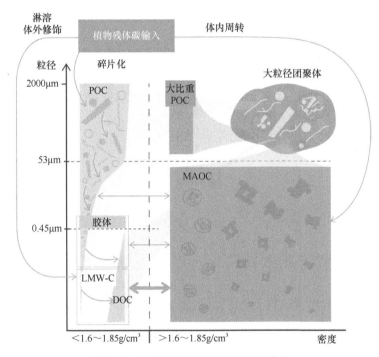

图 8-3　土壤有机碳的周转与稳定模型

POC：颗粒态有机碳；MAOC：矿质结合态有机碳；DOC：可溶性有机碳；LMW-C：低分子量植物碳底物。下同

　　土壤颗粒态有机碳（POC）和矿质结合态有机碳（MAOC）含量随着植物残体分解的进行在各观测阶段呈现不同的变化趋势（图 8-4）。分解早期 POC 含量呈下降趋势，在分解中期第 153 天跌入谷底（3.65g/kg）后开始缓慢增加，并在分解末期第 436 天又出现明显的下降趋势，整个分解阶段 POC 含量有所减少。与 POC 的变化趋势不同，MAOC 含量在整个分解过程中，除分解早期 0～36d 出现短暂增加外均无明显变化趋势，分解始末其含量无明显变化。

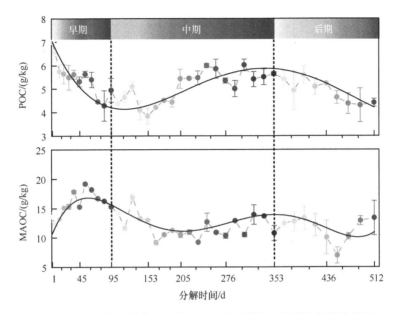

图 8-4　植物残体碳转化过程中界面土层土壤物理碳组分的变化特征

8.1.2　土壤化学碳组分

如图 8-5 所示，土壤可溶性碳（DC）含量随着植物残体分解的进行在各观测阶段呈现不同的变化趋势，且与土壤有机碳（SOC）和土壤微生物生物量碳（MBC）含量的动态变化趋势完全不同。随着植物残体碳转化的进行，DC 含量在分解早期（0～95d）持续迅速下降，其含量从初始值 450.3mg/kg 降至 127.9mg/kg，损失了 71.6%。分解中期维持在 107.10～147.20mg/kg 且无明显变化，分解中晚期（第 306 天）又开始缓慢上升。而 SOC 和 MBC 含量在整个分解过程中呈波动下降的变化趋势，SOC 的波动频率较 MBC 明显，MBC 的波动幅度较 SOC 剧烈。MBC 含量从初始值 644.5mg/kg 降至 171.6mg/kg，损失了 73.4%。SOC 含量从初始值 23.87g/kg 降至 16.72g/kg，仅损失了 30%。

8.1.3　讨论

土壤有机碳的积累是通过土壤微生物对植物残体碳输入（如地上、地下枯落物和分泌物）的截获和周转而逐渐完成的（Cotrufo et al.，2015；Lehmann and Kleber，2015）。土壤中一系列的生物化学过程均以碳循环为中心，土壤有机碳作为土壤固相组成中最为活跃的部分是植物养分及土壤微生物生命活动的能量来源，处于不断循环利用和分解转化的动态平衡中（De Graaff et al.，2010；Xu et al.，2019；Wang et al.，2020）。研究表明，植物残体碳的输入与土壤有机碳的积累存在显著正相关关系，分解初期通过可溶性碳–微生物路径，植物残体中的大部分非结构性可溶性化合物快速分解后被微生物吸收，从而产生能与矿物质吸附的较小有机物，有效地提高了土壤有机碳含量（Rasse et al.，2005；王清奎等，2007；Cotrufo et al.，2015；Zhou et al.，2021）。但同时也有研究指出，植物性碳源中的活根输入（根际沉积碳）与植物残体碳的输入（死根系+地上枯落物）

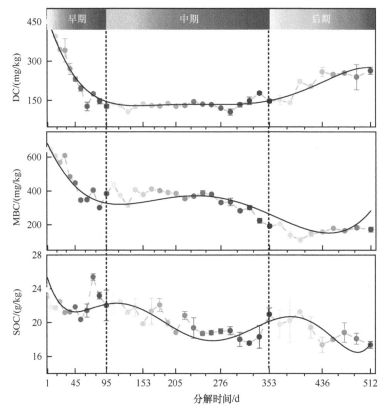

图 8-5　植物残体碳转化过程中界面土层土壤化学碳组分的变化特征

DC：可溶性碳；MBC：微生物生物量碳；SOC：土壤有机碳

存在非加性效应的可能性（Sokol et al.，2019），根际沉积碳和植物残体碳的输入会加速碳循环，但土壤净碳储量在短时间内不会随着枯落物产量增加而改变（Gulde et al.，2008；Fang et al.，2018）。

　　当进入土壤的植物残体碳是易被微生物利用的小分子或简单组分时，微生物主要通过体内周转途径完成降解，而当植物残体碳是不易被微生物直接截获利用的大分子结构化合物（如纤维素、木质素）时，微生物会选择体外修饰途径释放特定胞外酶的方式首先对其进行降解，再通过微生物获取—同化合成—生长增殖—死亡等方式完成植物残体碳向微生物残体碳的周转（Trivedi et al.，2016；Liang et al.，2017；Jilling et al.，2020）。土壤微生物在此过程中的功能是矛盾对立的，土壤有机碳含量的变化取决于微生物的异化分解和同化合成两个过程（Gougoulias et al.，2014；Zhu et al.，2018）。一方面，微生物异化分解土壤中的"老碳"；另一方面，微生物又通过同化合成将植物残体碳转化为土壤中的"新碳"，随着微生物反复地生长—繁殖—死亡，微生物残体的形成不断地促进土壤矿质结合态有机碳的形成（Aumtong et al.，2011；Liang et al.，2019；王清奎等，2020）。本研究中土壤有机碳的波动下降趋势主要是由于外源植物残体的添加为土壤矿化提供了足够的碳源，土壤微生物的"激发效应"加速了植物残体碳的转化和土壤中"老碳"的分解。从可溶性有机碳和微生物生物量碳的变化趋势来看，土

壤有机碳的变化主要是通过消耗活性有机碳组分和积累惰性有机碳组分来控制的
（Gulde et al.，2008；Luo et al.，2017a）。土壤可溶性有机碳含量在植物残体分解初期
陡崖式的下降说明植物残体碳和土壤"老碳"同时被微生物利用。这与王晓峰等（2013）
的研究结果一致。因此，"续埋效应"（同化合成作用）形成的碳不能弥补"激发效应"
（异化分解作用）消耗的碳，矿化过程还会继续消耗土壤中的"老碳"从而导致土壤有
机碳含量不断减少。

近年来，一些研究从土壤有机碳的稳定过程入手将矿质结合态有机碳（MAOC）融
入土壤有机碳的迭代积累研究中（Sokol and Bradford，2019，Sokol et al.，2019b；Lavallee
et al.，2020）。Lavallee 等（2020）将土壤有机碳划分为颗粒态有机碳和矿质结合态有机
碳两种在形成、稳定和功能上完全不同的形式。其中，矿质结合态有机碳是以土壤微生
物残体及微生物代谢产物为主的有机碳组分，是微生物残体碳与土壤矿物质相结合贡献
土壤稳定碳库的体现。一般较稳定，难以被解吸或去除，占土壤总有机碳的 50%～80%
（Miltner et al.，2012；Cotrufo et al.，2019）。本研究中土壤有机碳的波动下降规律也在
土壤颗粒态有机碳和矿质结合态有机碳的变化趋势上得到了证明，整个分解过程中土壤
矿质结合态有机碳呈波动变化趋势，但分解始末含量并无明显差异。矿质结合态有机碳
主要来源于半分解的植物残体，其含量变化直接受植物残体碳矿化分解的影响（Sokol et
al.，2019；Georgiou et al.，2022）。本研究结果显示，土壤颗粒态有机碳波动下降与微
生物生物量碳的变化规律相似，体现出活性有机碳组分在整个植物残体碳转化中微生物
异化分解和同化合成间的博弈。而矿质结合态有机碳作为土壤稳定有机碳组分在整个分
解过程中的动态变化趋势更能体现外源植物残体碳添加后土壤微生物"激发效应"和"续
埋效应"间的动态平衡（Mikutta et al.，2019；Li et al.，2021）。

8.2　植物残体分解对界面土壤胞外酶活性的影响

土壤酶是指来源于土壤微生物和植物根系分泌物及动植物残体分解释放的能催化
土壤生物学反应的一类蛋白质，包括游离酶、胞内酶及胞外酶（孟向东等，2011；胡雷
等，2014）。其作为土壤生物化学过程的参与者和土壤组分中最活跃的有机成分，能表
征土壤中各生物化学过程的强度和方向（Burns，2000；樊利华等，2019），并与土壤微
生物共同推动土壤代谢进程（关松荫，1986），在土壤生态系统的物质循环（包括碳、
氮、磷等）和能量流动中扮演着重要的角色。土壤生态系统中一切生物化学过程都离不
开酶的参与，包括枯落物、腐殖质及各类有机化合物的分解和合成，土壤养分固定与释
放及各种氧化还原反应。土壤酶直接参与养分元素的有效化，在一定程度上反映了土壤
养分转化动态，并可作为衡量土壤微生物功能多样性的指标（郑伟等，2010；王理德等，
2016）。植物残体的彻底分解是土壤酶系统综合作用的结果。外源添加枯落物可导致土
壤微生物生物量、群落组成和代谢过程改变，也可使参与微生物代谢的酶活性及种类发
生相应的变化（李林海等，2012；李鑫，2016；刘仁等，2020）。土壤胞外酶是土壤有
机质降解、转化和矿化的媒介，能够将大分子有机质降解为可以被微生物同化利用的小
分子物质（Allison and Vitousek，2005），是土壤有机质分解过程中重要的驱动因子，在

陆地生态系统生物地球化学循环中有着重要作用（Sinsabaugh，2010；Šnajdr et al.，2011；Zhang et al.，2019b）。

8.2.1　土壤胞外酶活性

8.2.1.1　土壤 β-葡萄糖苷酶

土壤 β-葡萄糖苷酶（BG）活性随着植物残体分解的进行在各观测阶段均呈波动下降的变化趋势（图 8-6）。分解早期和中期 BG 活性迅速下降，在分解后期第 401 天跌入谷底[37.99nmol/(g·h)]，此时 BG 活性是初始值的 35%，随后保持在 40.81～54.33nmol/(g·h)。整个分解阶段 BG 活性逐渐降低，BG 活性从初始值 109.06nmol/(g·h) 降至54.33nmol/(g·h)，降低了 50.2%。

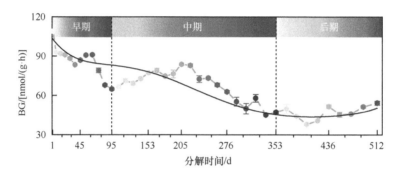

图 8-6　植物残体碳转化过程中界面土层土壤 β-葡萄糖苷酶活性的变化特征

8.2.1.2　土壤纤维二糖水解酶

土壤纤维二糖水解酶（CBH）活性随着植物残体分解的进行在各观测阶段呈现不同的变化趋势（图 8-7）。分解早期（0～95d）和中期（95～353d）CBH 活性呈波动下降趋势，在分解后期（第 401 天）跌入谷底[4.26nmol/(g·h)]后开始回升。整个分解阶段 CBH活性波动下降，第 512 天的 CBH 活性只占初始值[31.90nmol/(g·h)]的 51.7%。

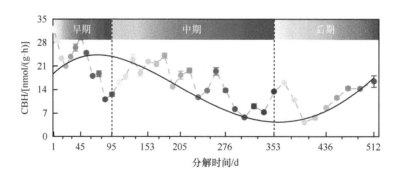

图 8-7　植物残体碳转化过程中界面土层土壤纤维二糖水解酶活性的变化特征

8.2.1.3　土壤亮氨酸氨基肽酶

植物残体分解过程中转化界面土层土壤亮氨酸氨基肽酶（LAP）活性在各观测阶段

呈现不同的变化趋势（图 8-8）。分解早期 LAP 活性呈快速下降趋势，在第 74 天跌入谷底[13.46nmol/(g·h)]后开始持续上升，酶活性保持在 16.85～33.51nmol/(g·h)，但在分解后期第 453 天开始又出现了明显的下降趋势。整个分解过程中 LAP 活性并无明显变化，第 512 天的最终值和初始值（第 1 天）几乎一致。

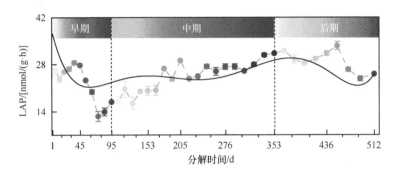

图 8-8 植物残体碳转化过程中界面土层土壤亮氨酸氨基肽酶活性的变化特征

8.2.1.4 土壤 β-N-乙酰葡糖胺糖苷酶

植物残体分解过程中转化界面土层土壤 β-N-乙酰葡糖胺糖苷酶（NAG）活性在各观测阶段呈现不同的变化趋势（图 8-9）。分解早期 NAG 活性呈波动下降趋势，在分解中期第 129 天跌入谷底[6.69nmol/(g·h)]后维持在一个相对稳定的范围[9.62～14.33nmol/(g·h)]，一直持续到分解后期。整个分解阶段 NAG 活性呈下降趋势，第 512 天的 NAG 活性只占初始值[30.29nmol/(g·h)]的 38.5%。

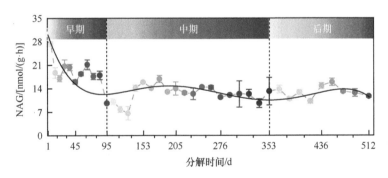

图 8-9 植物残体碳转化过程中界面土层土壤 β-N-乙酰葡糖胺糖苷酶活性的变化特征

8.2.1.5 土壤碱性磷酸酶

植物残体分解过程中转化界面土层土壤碱性磷酸酶（ALP）活性在各观测阶段呈现相同的变化趋势（图 8-10）。分解早期 ALP 活性迅速下降，在分解早期第 84 天跌入谷底[158.3nmol/(g·h)]后维持在一个相对稳定的下降趋势[83.9～220.9nmol/(g·h)]，一直持续到分解后期。整个分解阶段 ALP 活性呈下降趋势，第 512 天的 ALP 活性只占初始值[504.42nmol/(g·h)]的 20.7%。

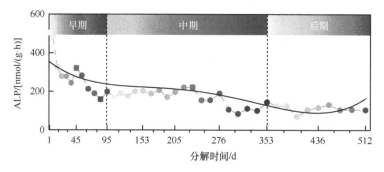

图 8-10 植物残体碳转化过程中界面土层土壤碱性磷酸酶活性的变化特征

8.2.2 影响土壤胞外酶活性的因素

8.2.2.1 土壤胞外酶活性与碳、氮、磷含量的相关关系

基于冗余分析（RDA）和皮尔逊相关分析对植物残体转化过程中界面土层土壤胞外酶活性与碳、氮、磷含量进行相关性分析（图 8-11，表 8-1）。土壤亮氨酸氨基肽酶（LAP）除了与土壤有机碳呈极显著负相关关系，与其他土壤碳、氮、磷含量并没有显著相关性。而其余 4 种胞外酶活性与土壤微生物生物量碳、微生物生物量氮、有机碳（SOC：27.9%）、微生物生物量磷（MBP：25.2%）呈不同程度的极显著正相关关系。其中，对胞外酶解释率较高的为土壤微生物生物量碳（MBC：55.3%）和微生物生物量氮（MBN：46%）。与碳转化相关的水解酶 β-葡萄糖苷酶（BG）和纤维二糖水解酶（CBH）与土壤有机碳、全氮、可溶性碳、可溶性氮及微生物生物量碳、微生物生物量氮、微生物生物量磷均存在显著或极显著正相关关系。

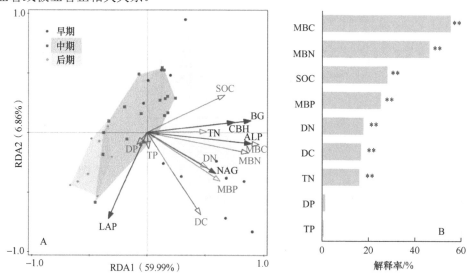

图 8-11 土壤胞外酶活性与土壤 C、N、P 的冗余分析

A. 冗余分析（RDA）；B. 各解释因子对土壤胞外酶的解释率。**表示解释率在 0.01 水平显著。SOC：土壤有机碳；TN：全氮；TP：全磷；DC：可溶性碳；DN：可溶性氮；DP：可溶性磷；MBC：微生物生物量碳；MBN：微生物生物量氮；MBP：微生物生物量磷；BG：β-葡萄糖苷酶；CBH：纤维二糖水解酶；LAP：亮氨酸氨基肽酶；NAG：β-N-乙酰葡萄糖胺糖苷酶；ALP：碱性磷酸酶。下同

表 8-1　土壤胞外酶活性与土壤 C、N、P 的皮尔逊相关分析

土壤营养元素		BG	CBH	LAP	NAG	ALP
土壤 C、N、P	SOC	0.587**	0.526**	−0.543**	0.438**	0.548**
	TN	0.486**	0.444**.	−0.199	0.389*	0.402*
	TP	−0.001	−0.026	0.033	0.125	0.220
微生物生物量 C、N、P	MBC	0.892**	0.731**	−0.277	0.624**	0.854**
	MBN	0.790**	0.650**	−0.285	0.727**	0.850**
	MBP	0.538**	0.511**	0.006	0.655**	0.682**
可溶性 C、N、P	DC	0.334*	0.414**	0.249	0.688**	0.624**
	DN	0.382*	0.428**	−0.101	0.662**	0.617**
	DP	−0.161	−0.046	0.176	−0.099	−0.134

注：*表示在 0.05 水平显著相关，**表示在 0.01 水平极显著相关

8.2.2.2　土壤胞外酶活性与生态化学计量特征的相关关系

基于 RDA 和皮尔逊相关分析对植物残体转化过程中界面土层土壤胞外酶活性与碳、氮、磷相关生态化学计量特征进行相关性分析（图 8-12，表 8-2）。除土壤亮氨酸氨基肽酶（LAP）外，C/P、DN/DP 与其余 4 种胞外酶活性均呈正相关关系，MBC/MBN 与它们呈负相关关系；除土壤 LAP 和 β-N-乙酰葡糖胺糖苷酶（NAG）外，MBN/MBP、C/N 与其余 3 种胞外酶活性呈正相关关系。其中，MBN/MBP 对土壤 β-葡萄糖苷酶（BG）影响最大，C/P 对土壤纤维二糖水解酶（CBH）影响最大，DC/DP 和 DN/DP 对 NAG 和碱性磷酸酶（ALP）影响最大（表 8-2）。土壤 LAP 与 MBN/MBP、C/P、C/N 均呈极显著负相关关系（$P<0.01$），与 MBC/MBN 呈显著正相关关系（$P<0.05$）。

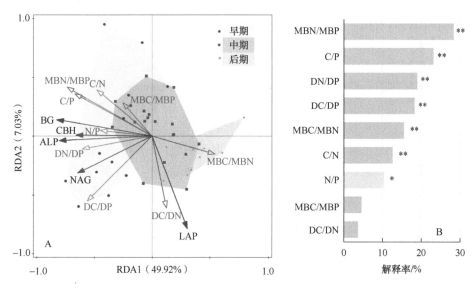

图 8-12　土壤胞外酶活性与土壤生态化学计量特征的冗余分析

A. 冗余分析（RDA）；B. 各解释因子对土壤胞外酶的解释率。C/N：有机碳/全氮；C/P：有机碳/全磷；N/P：全氮/全磷；DC/DN：可溶性碳/可溶性氮；DC/DP：可溶性碳/可溶性磷；DN/DP：可溶性氮/可溶性磷；MBC/MBN：微生物生物量碳/微生物生物量氮；MBC/MBP：微生物生物量碳/微生物生物量磷；MBN/MBP：微生物生物量氮/微生物生物量磷。**表示解释率在 0.01 水平极显著相关，*表示解释率在 0.05 水平显著相关

表 8-2 土壤胞外酶活性与土壤生态化学计量特征的皮尔逊相关性分析

土壤生态化学计量特征		BG	CBH	LAP	NAG	ALP
底物	C/N	0.352*	0.320*	−0.478**	0.248	0.364*
	C/P	0.543**	0.491**	−0.499**	0.359*	0.422**
	N/P	0.395*	0.373*	−0.162	0.254	0.210
微生物生物量	MBC/MBN	−0.501**	−0.313*	0.321*	−0.364*	−0.464**
	MBC/MBP	0.295	0.143	−0.229	−0.116	0.043
	MBN/MBP	0.700**	0.430**	−0.532**	0.288	0.511**
可溶性	DC/DN	−0.072	−0.075	0.536**	0.013	−0.030
	DC/DP	0.418**	0.445**	0.174	0.695**	0.661**
	DN/DP	0.459**	0.438**	−0.198	0.637**	0.616**

注：*表示在 0.05 水平显著相关，**表示在 0.01 水平极显著相关

8.2.3 讨论

左宜平等（2018）指出土壤酶活性的强弱可以表征土壤中养分转化能力的大小，对植物残体转化过程中的物质循环和能量转化起着重要作用。其中，土壤胞外酶活性受土壤理化性质、营养状况及综合因素的驱动（Cui et al.，2020b；Bai et al.，2021）。研究结果表明，由于外源添加刺激微生物生长繁殖，除土壤亮氨酸氨基肽酶（LAP）外，其余 4 种胞外酶均在分解初期（初始值）表现出较高活性。Hernández 和 Hobbie（2010）的葡萄糖添加实验发现，外源碳补给促进微生物生物量的产生，土壤微生物群落向特定群落（如革兰氏阴性菌）结构转移，显著提高了土壤碳酶活性和微生物呼吸速率。随着易分解有机碳底物的消耗，胞外酶活性均下降。此结果与 Zheng 等（2022）的研究结果一致，当活性底物主导微生物营养来源时，较高的酶活性主要反映了活性底物中能量及营养的可获得性和较高的微生物代谢率。易分解底物耗尽后迫使微生物分泌相关胞外酶从难分解有机碳底物中获取能量和营养元素（Allison and Vitousek，2004；Ge et al.，2013；Chomel et al.，2016）。因此，土壤 β-葡萄糖苷酶（BG）和纤维二糖水解酶（CBH）活性在分解后期又显著升高。土壤 β-N-乙酰葡糖胺糖苷酶（NAG）和亮氨酸氨基肽酶（LAP）活性在中后期的升高也解释了碳获取酶和磷获取酶的变化趋势。此时，土壤微生物可能通过利用微生物残体碳（几丁质和胞壁酸）来获取营养限制中的碳源和氮源（Mori，2021；Mori et al.，2021）。充足的氮源为土壤微生物代谢提供了营养，为其分泌碳获取酶奠定了扎实的基础（Sinsabaugh and Moorhead，1994），因此植物残体转化过程中碳获取酶较氮获取酶活性的升高有一定的滞后性。

相关性分析结果显示，土壤胞外酶活性对底物碳和氮的响应较强。植物残体的外源输入激活了处于休眠状态的土壤微生物，为其提供了充足的能量（碳）和营养（氮、磷），从而增加了土壤微生物的数量和活性（Blagodatskaya and Kuzyakov，2013；Zheng et al.，2022）。当植物残体碳（易分解部分）不再是主要碳源，而转为植物碳源（难分解部分）、微生物残体碳和土壤"老碳"共同承担时，微生物"碳泵"开始发挥协同作用，调控植

物–微生物–土壤系统中有机碳的截获和分配（Liang et al.，2017）。土壤亮氨酸氨基肽酶
（LAP）和 β-N-乙酰葡糖胺糖苷酶（NAG）与土壤碳、氮的耦合效应，也是土壤微生物
利用植物碳源、微生物残体碳和土壤"老碳"维持系统内稳态的体现（Nottingham et al.，
2012；Xue et al.，2019；Cui et al.，2020a）。同时，土壤微生物生物量与土壤 β-葡萄糖
苷酶（BG）、纤维二糖水解酶（CBH）、β-N-乙酰葡糖胺糖苷酶（NAG）和碱性磷酸酶
（ALP）活性均有显著相关关系。由于土壤微生物生长、繁殖和代谢过程与土壤有机碳
分解、转化和积累过程相互制约、相互影响，土壤胞外酶是维持植物–微生物–土壤系统
碳循环的桥梁。因此，土壤微生物生物量作为活性组分较化学性质对植物残体碳的分解
和转化过程的响应更为敏感（Wardle et al.，1999；Yang et al.，2020）。植物残体分解对
界面土壤胞外酶活性特征的影响详见 Liu 等（2023）的研究。外源植物残体添加，不易
被微生物利用的有机碳组分会经过"体外修饰"途径（胞外酶作用）转化为易于被微生
物利用的有机碳组分，再通过"体内周转"途径进一步形成微生物生物量（Liang et al.，
2017），在营养限制出现的情况下快速补充以维持微生物内稳态（Spohn，2016；Li et al.，
2019；Yuan et al.，2019）。

8.3　植物残体分解对界面土壤生态化学计量特征的影响

在陆地生态系统中，植物的生物化学功能之间存在耦合关系，各元素间通过相互作
用所形成的平衡关系称为生态化学计量。生态化学计量学理论是预测从亚细胞尺度到生
态系统尺度的营养动力学、微生物代谢限制和生物量比例的有效工具（Elser et al.，2000）。
同时，生态化学计量特征也是探索碳、氮、磷等重要生命元素在各种生态过程中平衡状
态和循环的关键生态指标（Sinsabaugh et al.，2009）。因此，在大多数碳循环生态模型中，
碳、氮、磷之间的比例是必不可少的输入参数（Zhang et al.，2021）。碳、氮和磷是地球
上生命的三大关键元素，尽管在资源供应和组成上存在一定差异，但生物体仍能通过调
整生物量碳：氮：磷（C∶N∶P）使其维持在相对稳定的比例范围内，以适应与底物间
的供求平衡（Li et al.，2019；Deng et al.，2019；Yang et al.，2020；Bai et al.，2021；
Li et al.，2022）及满足自身生长和繁殖需要（Zechmeister-Boltenstern et al.，2015；Hu et al.，
2016；Chen and Chen，2021）。

8.3.1　土壤可溶性 C、N 和 P 的生态化学计量特征

植物残体分解过程中转化界面土层土壤可溶性底物生态化学计量特征整体呈下降
趋势（图 8-13）。土壤可溶性碳/氮（DC/DN）前期显著降低，最低值在第 84 天（1.59），
随后升高，在第 219 天达到最大值（4.81）后波动下降。土壤可溶性碳/磷（DC/DP）与
可溶性氮/磷（DN/DP）的变化趋势基本一致，都在前中期（<205d）显著下降，分别下
降了 75.15%与 84.20%，随后小幅度波动升高。

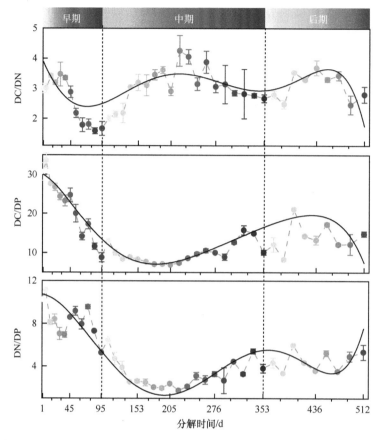

图 8-13　植物残体碳转化过程中界面土层土壤可溶性 C、N、P 生态化学计量特征的动态变化规律

8.3.2　土壤微生物生物量生态化学计量特征

植物残体分解过程中转化界面土层的土壤微生物生物量生态化学计量特征在不同阶段变化趋势不同（图 8-14）。土壤微生物生物量碳/微生物生物量氮（MBC/MBN）早期稳定在 3.11～5.06，中期升高了 91.79%，在第 337 天达到最大值（26.89），随后小幅度下降。土壤微生物生物量碳/微生物生物量磷（MBC/MBP）与土壤微生物生物量氮/微生物生物量磷（MBN/MBP）变化趋势类似，均为先升高后降低。MBC/MBP 最高值在第 166 天，为 76.61。MBN/MBP 整体下降幅度较大，变化范围为 0.62～10.30，最高值在第 166 天，为 10.30。

8.3.3　土壤 C、N、P 生态化学计量特征

植物残体分解过程中转化界面土层土壤碳/氮（C/N）与碳/磷（C/P）变化趋势相似，均在早期整体升高后波动下降，最高值都出现在第 74 天，分别为 12.65 和 37.36。C/N整体下降了约 17%，C/P 下降了约 14%（图 8-15）。土壤氮/磷（N/P）的变化趋势呈现前期下降、中期平稳、后期又下降的变化趋势，变化范围较小，为 2.42～3.28。

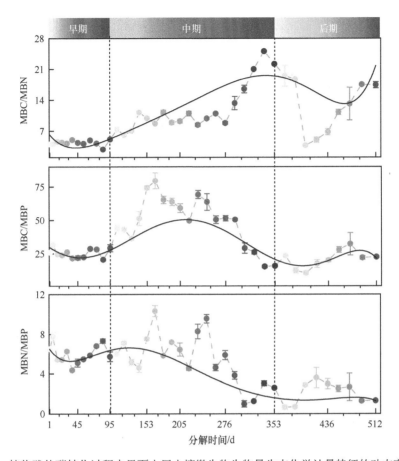

图 8-14　植物残体碳转化过程中界面土层土壤微生物生物量生态化学计量特征的动态变化规律

8.3.4　土壤胞外酶生态化学计量特征

植物残体分解过程中转化界面土层的土壤酶生态化学计量特征在不同时间段呈现不同的变化规律（图 8-16）。土壤碳获取酶/氮获取酶（C/N-获取酶生态化学计量比）在早期显著上升，在第 129 天达到最高值（3.98），随后在中后期显著下降；在第 401 天达到最低值，最高值是最低值的 3.9 倍。土壤碳获取酶/磷获取酶（C/P-获取酶生态化学计量比）变化趋势为早期显著升高，在中期基本保持稳定，在后期波动缓慢升高。C/P-获取酶最低值在第 6 天，为 0.25；观测最后一天达到最大值，为 0.68。土壤氮获取酶/磷获取酶（N/P-获取酶生态化学计量比）的变化趋势为持续升高。N/P-获取酶最低值为初始值（0.11），最高值在第 401 天（0.59），土壤 N/P-获取酶的最高值是最低值的 5.4 倍。

8.3.5　土壤胞外酶生态化学计量特征与土壤生态化学计量特征的相关性分析

基于 RDA 和皮尔逊相关分析对植物残体转化过程中界面土层土壤胞外酶活性生态化学计量特征与碳、氮、磷相关生态化学计量特征进行相关性分析（图 8-17，表 8-3）。土壤 C/N-获取酶与 MBN/MBP（46.8%）、C/P（29.7%）、C/N（20%）呈极显著正相关

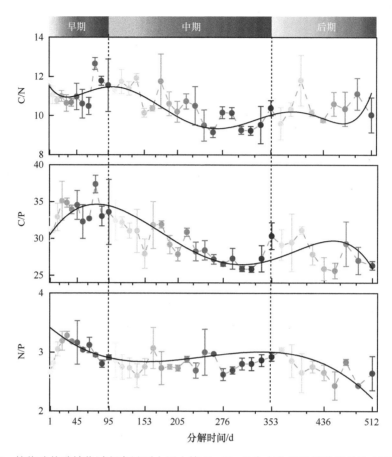

图 8-15　植物残体碳转化过程中界面土层土壤 C、N、P 生态化学计量特征的动态变化规律

关系（$P<0.01$）。而土壤 C/P-获取酶和土壤 N/P-获取酶却和 MBN/MBP、C/P、C/N 呈负相关关系。其中，MBN/MBP 对土壤 C/N-获取酶的影响最大（0.685[**]）；虽然 DN/DP 解释率不高，但对土壤 C/P-获取酶影响最大（-0.461[**]）。只有 MBC/MBN（20.6%）和土壤 C/N-获取酶呈极显著负相关关系（$P<0.01$），与土壤 C/P-获取酶和 N/P-获取酶呈极显著正相关关系（$P<0.01$）。

8.3.6　讨论

土壤生态化学计量特征能够有效地说明养分限制类型和土壤质量状况，是反映碳、氮、磷循环以及土壤养分供求平衡的重要参数（Chen and Chen，2021）。土壤 C/N 表征有机质的分解速率，比值越高说明有机质分解矿化速率越小（姚宏佳等，2022）。整个植物残体碳转化过程中界面土层土壤 C/N 变化（图 8-15）规律表明，植物残体碳由可溶性碳底物的快速转化向分解木质素等顽固组分的缓慢分解逐渐过渡（潘冬荣等，2013）。植物残体的分解在增加土壤 C/N 和 C/P 的同时，也会因为土壤微生物调控机制的作用而增加 MBC/MBN 和 MBC/MBP，使微生物自身的 C：N：P 与底物 C：N：P 保持相对平衡（Chen and Chen，2021）。土壤 MBC/MBN 在分解中后期的显著增加（图 8-14）更进

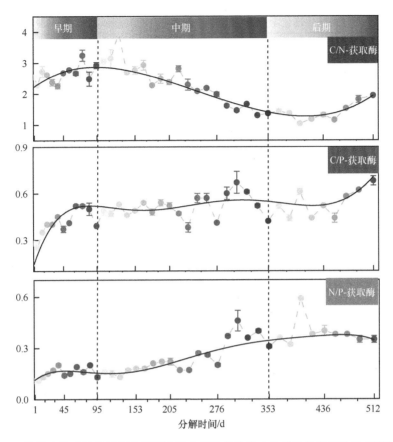

图 8-16　植物残体碳转化过程中界面土层土壤胞外酶生态化学计量特征的动态变化规律

C/N-获取酶：(BG+CBH)/(LAP+NAG)；C/P-获取酶：(BG+CBH)/ALP；N/P-获取酶：(LAP+NAG)/ALP。下同

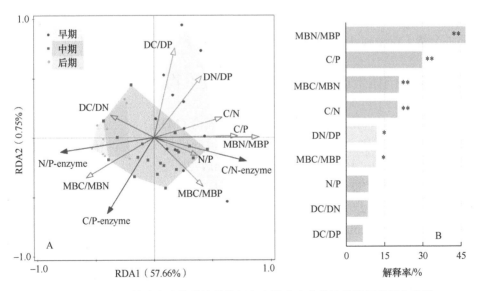

图 8-17　土壤胞外酶生态化学计量特征与土壤生态化学计量特征的冗余分析

C/N-enzyme：C/N-获取酶；C/P-enzyme：C/P-获取酶；N/P-enzyme：N/P-获取酶

表 8-3 土壤胞外酶生态化学计量特征与土壤生态化学计量特征的斯皮尔曼相关性分析

土壤生态化学计量特征		C/N-获取酶	C/P-获取酶	N/P-获取酶
土壤底物	C/N	0.466^{**}	-0.357^{*}	-0.453^{**}
	C/P	0.583^{**}	-0.328^{*}	-0.540^{**}
	N/P	0.312	-0.083	-0.276
微生物生物量	MBC/MBN	-0.418^{**}	0.470^{**}	0.458^{**}
	MBC/MBP	0.363^{*}	0.081	-0.339^{*}
	MBN/MBP	0.685^{**}	-0.378^{*}	-0.717^{**}
可溶性	DC/DN	-0.378^{*}	0.042	0.265
	DC/DP	-0.024	-0.505^{**}	-0.155
	DN/DP	0.227	-0.461^{**}	-0.317^{*}

注：*表示在 0.05 水平显著相关，**表示在 0.01 水平极显著相关

一步说明土壤微生物群落发挥了自我调控作用。细菌 C/N 普遍低于真菌（Strickland and Rousk，2010），真菌的生长速率与 MBC/MBN 呈正相关关系（Zechmeister-Boltenstern et al.，2015）。真菌作为典型的 "K" 型微生物，外源有机质输入后的富集程度高于 "R" 型微生物（Fierer et al.，2007；Fabian et al.，2017）。此外，胞外酶生态化学计量法基于逻辑预期（即针对目标资源的高酶活性）来表征土壤微生物的代谢限制、目标资源的短缺情况（Cui et al.，2021a）。在全球范围内，土壤 C∶N∶P 的酶生态化学计量比约为 1∶1∶1（Sinsabaugh et al.，2008）。本研究结果表明，土壤微生物对碳和磷限制的反应是分泌碳获取酶（C/N-获取酶＞1）和磷获取酶（N/P-获取酶＜1；图 8-16），优化限制养分的获取路径（Allison and Vitousek，2005；Bai et al.，2021；Liu et al.，2023），通过胞外酶应对目标资源失衡以维持微生物稳态。土壤胞外酶生态化学计量特征与土壤生态化学计量特征的相关关系表明，所有微生物生物量生态化学计量特征均对酶生态化学计量特征影响显著（图 8-17）。与非生物因素相比，由于土壤微生物等生物因素直接参与土壤有机质的分解（Yang et al.，2020），因此生物因素导致的土壤胞外酶活性变化比例更大。

8.4 枯落物分解对界面土壤微生物代谢限制的影响

生态化学计量学理论（EST）与生态学代谢理论（MTE）的交叉涉及微生物酶活性，由于土壤微生物生态化学计量平衡受到土壤环境变化及微生物和酶活性之间相互作用的影响（Spohn，2016；Ren et al.，2018；Li et al.，2019），因此二者的结合可以加深人们对微生物代谢过程中能量和养分限制的理解（Zechmeister-Boltenstern et al.，2015）。土壤微生物群落与资源底物之间的生态化学计量失衡可能是植物残体分解过程中微生物代谢的限制因素（Ekblad and Nordgren，2002；Hill et al.，2014）。土壤微生物具有适应不同养分资源的能力，并通过改变其利用效率获得有限的养分（Zhang et al.，2011；Zhou et al.，2017；Bai et al.，2021）。分泌胞外酶获取限制养分资源是一种强大的微生物适应策略（Schimel and Weintraub，2003）。Sinsabaugh 等（2009）通过比较阈值元素比（$R_{C/N}$-$TER_{C/N}$ 或 $R_{C/P}$-$TER_{C/P}$，其中 R 为土壤营养元素，TER 为阈值比）来判断土壤

微生物受氮或磷限制程度。Hill 等（2012）基于土壤酶活性的化学计量分析，将微生物资源限制分为 4 类（氮限制、磷限制、碳和磷共同限制、碳和氮共同限制）建立生态指标体系，以确定潜在的磷和氮限制。还可直接通过胞外酶活性比值得出微生物的资源限制，即当 BG/NAG 高于 BG/ALP 时表示磷限制，反之则指向氮限制（Waring et al.，2013）。利用胞外酶化学计量研究土壤微生物代谢限制通常采用 Moorhead 等（2016）提出的将胞外酶比值转化为矢量长度和角度，用于确定微生物的相对养分需求，并提供相对碳限制和氮或磷限制的明确指标。但近年来土壤胞外酶生态化学计量特征用于判断微生物资源限制的有效性受到质疑（Rosinger et al.，2019；Cui et al.，2021b；Mori et al.，2021）。因此，胞外酶生态化学计量特征对微生物养分限制的判别必须建立在一定的前提条件之上，需要对微生物利用的主要碳底物进行讨论（Mori et al.，2020）。当纤维素是微生物能获取的主要碳源时，胞外酶生态化学计量特征[BG/NAG 或 BG/(BG+NAG)]能有效地表征土壤微生物的碳、氮限制；但当几丁质、肽聚糖和蛋白质成为主要碳源，即碳供应不足时，微生物主要通过分解含氮化合物来获取碳，此时胞外酶生态化学计量特征不能作为判断依据（Mori，2020）。

8.4.1　土壤微生物代谢限制的分布特征

本研究采用 3 种酶生态化学计量模型相互补充以确定土壤微生物代谢限制，并拟合了土壤微生物代谢限制的动态变化趋势。基于土壤酶活性的化学计量分析，土壤微生物的养分限制主要集中在碳和磷的共同限制（图 8-18A）。$R_{C/N}$-$TER_{C/N}$ 值（$-67.42 \sim -15.78$）和 $R_{C/P}$-$TER_{C/P}$ 值（$18.35 \sim 39.42$）表明植物残体碳分解过程中土壤微生物代谢被磷牵制而非氮（图 8-18B），此外所有数据点（$54.57° \sim 58.68°$）均集中在矢量角度大于 45°的区域，再一次强调土壤微生物受磷的限制程度较大（图 8-18C）。土壤微生物碳和磷的代谢限制在整个实验过程中呈波动变化趋势（图 8-18B，图 8-18D）。除分解初期土壤微生物碳代谢限制升高，而磷限制呈波动下降趋势外，分解中后期土壤微生物碳限制和磷限制保持一致，均呈先升高，在 129d 达到峰值后再下降的变化趋势（图 8-18D）。

8.4.2　土壤微生物代谢限制的影响因素

通过冗余分析（RDA）、方差分解分析（VPA）来研究土壤生态化学计量特征与微生物碳和磷限制的相关关系（图 8-19）。植物残体分解时间（DT）、底物生态化学计量（SES）、微生物生物量生态化学计量（MBS）和胞外酶生态化学计量（EES）占微生物代谢限制总解释率的 79%（轴 1 解释率为 76.86%，轴 2 解释率为 21.11%）。土壤微生物碳限值（Vector L）与磷限值（Vector A）极显著正相关，土壤微生物碳限值与 C/N 相关的生态化学计量特征（C/N、MBC/MBN、C/N-获取酶）和 C/P 相关的生态化学计量特征（C/P、C/P-获取酶）显著相关，与 N/P-获取酶和 N/P 无关。土壤微生物磷限值与 SES（C/N 和 C/P）、C/P-获取酶正相关，与 MBS、N/P-获取酶负相关。方差分解分析（VPA）显示，植物残体分解时间、底物生态化学计量、微生物生物量生态化学计量、胞外酶生态化学计量分别解释了 1.08%、0.64%、0.26%、74.93%，只有 2.27%的代谢限制没有得到解释。生态化学计量之间的共同解释相对较高。其中底物生态化学计量和胞外酶生态化学计量的比例最高（18.91%），其次是 SES、MBS 和 EES 的共同解释（5.85%）。

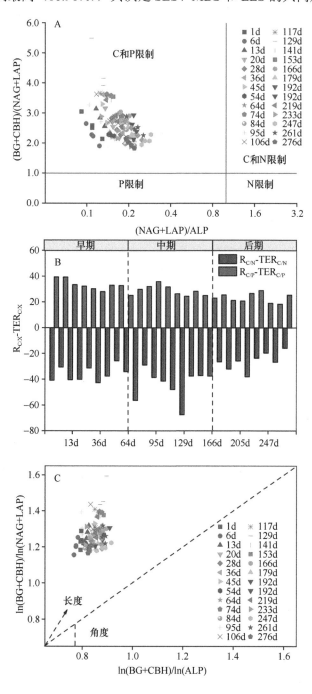

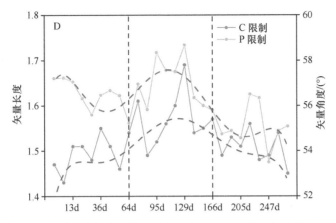

图 8-18 土壤微生物代谢限制以及矢量长度和矢量角度的变化趋势

生态指标表明微生物分解枯落物的化学计量限制由以下 3 种不同的方法确定：A 图土壤酶活性的化学计量分析以确定土壤中潜在的磷和氮限制，使用 1.0 作为水平和垂直基线，(NAG+LAP)/ALP 为 x 轴，(BG+CBH)/(NAG+LAP) 为 y 轴，将微生物代谢限制分为四类（N 限制、P 限制、C 和 P 共同限制以及 N 和 P 共同限制）。B 图中 $TER_{C/N}$ 和 $TER_{C/P}$ 是阈值比，$R_{C/N}$ 是土壤碳氮的物质的量比，$R_{C/P}$ 是土壤碳磷的物质的量比。如果 $R_{C/N}$-$TER_{C/N}$ 或 $R_{C/P}$-$TER_{C/P}$ 低于零，则土壤微生物不受 N 或 P 的限制，如果 $R_{C/N}$-$TER_{C/N}$ 或 $R_{C/P}$-$TER_{C/P}$ 高于零，则表明土壤微生物受 N 或 P 的限制。C 图为矢量长度（L）和矢量角度（A）的变化，矢量长度越长表示 C 限制越大。矢量角度小于 45° 表示 N 限制，角度大于 45° 表示 P 限制。D 图中实线为 C 限制与 P 限制的实际变化趋势，虚线为拟合曲线（$P<0.05$）

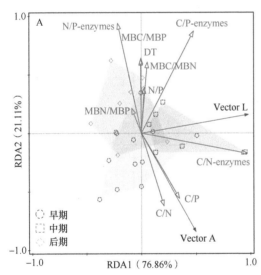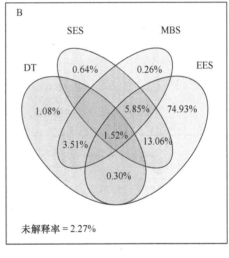

图 8-19 不同分解阶段矢量长度、矢量角度与化学计量的冗余分析（A）和方差分解分析（B）

DT：植物残体分解时间；SES：底物生态化学计量；MBS：微生物生物量生态化学计量；EES：胞外酶生态化学计量；Vector L：矢量长度；Vector A：矢量角度。下同

　　利用偏最小二乘路径模型（PLS-PM）确定土壤底物生态化学计量（SES）、微生物生物量生态化学计量（MBS）和胞外酶生态化学计量（EES）微生物代谢限制的直接与间接影响关系（图 8-20）。土壤微生物碳和磷限制在整个植物残体碳转化过程中显著相关并相互影响。土壤胞外酶生态化学计量始终是影响代谢限制的关键因素，在植物残体分解早期与后期的总效应最大（图 8-20A，C）。且 EES 受到 SES 和 MBS 的直接或间接

影响，其中 MBS 在植物残体分解后期对微生物碳代谢限制的影响最为显著。

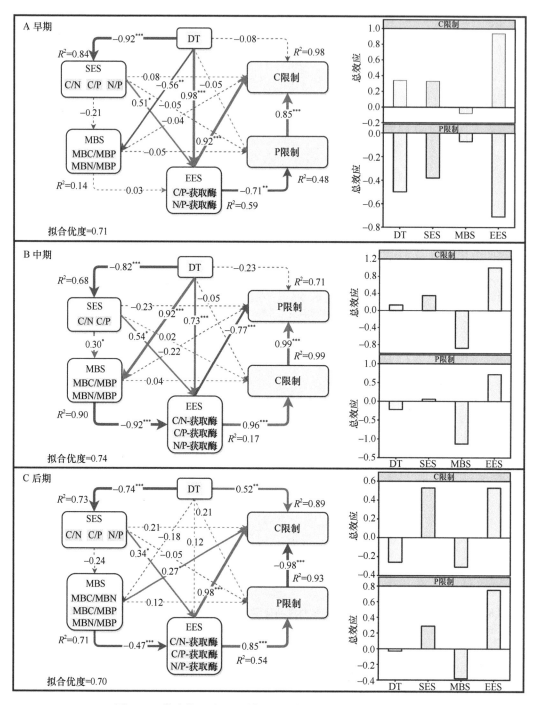

图 8-20　微生物 C 和 P 限制驱动因素的偏最小二乘路径模型

8.4.3　讨论

8.4.3.1　植物残体碳转化过程中界面土层土壤微生物群落对代谢限制的适应机制

本研究采用 3 种胞外酶生态化学计量模型研究界面土层土壤微生物的代谢限制，结果表明在植物残体碳转化过程中土壤微生物代谢受到碳和磷的共同限制（图 8-18）。土壤 C/P 高于阈值元素比 $TER_{C/P}$（图 8-18B），反映了土壤微生物代谢过程中的磷元素缺乏。生长速率假说提出，生长速率较高的土壤微生物需要富磷环境来满足 RNA 的合成（Sterner and Elser，2002；Karpinets et al.，2006；Deng et al.，2019）。植物残体分解过程中，植物–微生物–土壤系统中的磷元素无法满足微生物的快速增长和繁殖，由于土壤微生物生物量磷可通过矿化作用产生无机磷为微生物提供易利用的磷元素，因此其含量一直处于下降趋势（Wei et al.，2019）。即使植物残体碳分解为转化界面土壤微生物提供丰富的碳源，但由于土壤微生物生长速率指数型增加及磷限制，微生物在整个分解过程中也始终受到碳元素的限制（Cui et al.，2019；Cui et al.，2020a；Soong et al.，2020）。

PLS-PM 分析结果证明，微生物碳和磷限制之间具有很强的依赖性（图 8-20）。分解初期土壤微生物对磷的需求加深了碳相对限制。分解中期土壤微生物碳、磷的限制作用逐渐降低，由微生物磷限制影响碳限制转变成了碳对磷的限制作用。这归因于碳限制发挥作用影响磷的代谢，与磷活化相关的功能微生物群落受碳源调控（Hu et al.，2018）。此外，以往的研究指出微生物所需的可利用磷大部分来源于土壤有机质的分解（Tarafdar and Claassen，1988；Cui et al.，2020b）。当磷相对有限时，微生物群落可能会消耗更多的碳和磷来分泌与磷相关的胞外酶（Marklein and Houlton，2012），因此磷获取酶活性的降低、可溶性磷含量的增加是磷限制作用减弱的体现。在整个植物残体分解过程中，界面土层土壤微生物碳和磷限制之间存在互馈过程，土壤微生物不断调整群落结构和胞外酶的分泌来维持内稳态（Zechmeister-Boltenstern et al.，2015）。

随着植物残体分解的进行，可溶性碳、可溶性氮被快速利用，底物 C/N 和 C/P 均呈下降趋势，土壤有机碳含量也有所下降。这是由于土壤微生物在利用不稳定碳源的过程中出现了养分限制情况，于是对植物残体中难分解碳、微生物残体碳和土壤中的“老碳”进行共同代谢，引起激发效应促使 SOC 降低。正如之前的研究指出，土壤微生物碳限制的主要原因是植物残体碳难降解部分不能被直接利用，而是需要微生物分泌酶进行降解（Nottingham et al.，2012；Luo et al.，2017b；Cui et al.，2020b）。植物残体分解初期，界面土层土壤碳获取酶和氮获取酶活性最高，不断水解植物残体和土壤中的可溶性养分供应微生物代谢，但随着可溶性养分的逐渐耗尽，与碳、氮相关的酶活性逐渐降低（图 8-6～图 8-9）。当不稳定有机碳是主要的碳源时，高酶活性不能反映土壤微生物代谢，而是反映了不稳定底物中能量的可用性和较高的微生物代谢效率（Loeppmann et al.，2020；Zheng et al.，2022）。

8.4.3.2　土壤微生物代谢限制与稳态间的相关关系

陆地生态系统不同组成部分的生态化学计量特征之间存在很强的相关性（Zhang et al.，2019a；Xiao et al.，2021）。土壤胞外酶依赖于土壤和微生物生物量化学计量特征间的调控（Peng and Wang，2016）。土壤微生物群落具有广泛的生态化学计量稳态，主要通过改变元素利用策略和分泌特定胞外酶来调动资源满足基本代谢需求（Mooshammer et al.，2014；Zechmeister-Boltenstern et al.，2015）。界面土层富集大量"新碳"（植物残体）为微生物代谢提供充足资源，因此分解早期土壤微生物一直处于内稳态。根据 Liu 等（2022）的研究，随着植物残体碳的分解转化，养分限制的逐渐深化导致微生物出现非稳态，在分解后期，随着微生物代谢限制的减缓，微生物群落又重新回到了稳态。土壤微生物调动一系列的调控机制调节减缓代谢限制，土壤微生物稳态也相应地发生波动。Mooshammer 等（2014）指出土壤微生物生态化学计量和胞外酶生态化学计量对非稳态的调节有助于缓解营养元素失衡。本研究表明，土壤微生物的非稳态行为是降低其代谢限制的重要机制。土壤微生物通过分泌胞外酶和改变养分利用策略来维持内稳态（Sterner and Elser，2002；Zechmeister-Boltenstern et al.，2015）。根据 PLS-PM，土壤胞外酶生态化学计量（EES）、微生物生物量生态化学计量（MBS）和底物生态化学计量（SES）在分解中期的高度耦合，很好地解释了化学计量学调控的养分循环过程，土壤微生物也从早期的稳态向中期的非稳态转变（图 8-21）。SES、MBS 和 EES 在不同分解阶段的相关关系无论是耦合还是解耦均会引发微生物稳态的弹性变化。微生物代谢限制是微生物稳态的潜在决定因素，维持和调控着土壤生态系统化学计量平衡，最终使其达到新的稳态。

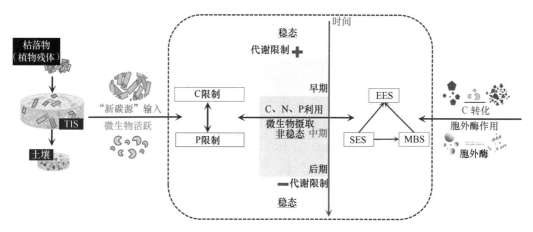

图 8-21　植物性碳源分解对微生物代谢限制的潜在驱动机制

TIS：界面转化层；SES：底物生态化学计量；MBS：微生物生物量生态化学计量；EES：胞外酶生态化学计量

8.5　枯落物分解对界面土壤微生物周转及存留过程的影响

氨基糖是微生物细胞壁的重要成分，在微生物死亡后仍然可以在环境中保存较长时间，因此土壤中的氨基糖主要来源于长期积累的微生物残体（Joergensen，2018；冯晓娟等，2020）。目前，土壤中常见的可被量化的 4 种氨基糖分别是氨基葡萄糖（GluN）、氨基半乳糖（GalN）、氨基甘露糖（ManN）和胞壁酸（MurN）（Zhang and Amelung，1996），它们分别占土壤全氮和有机碳含量的 5%～12% 和 2%～5%（Joergensen，2018；冯晓娟等，2020）。氨基葡萄糖和胞壁酸分别是真菌和细菌来源的氨基糖。其中，氨基葡萄糖是真菌细胞壁几丁质的单体，胞壁酸是细菌脂多糖及细胞壁肽聚糖的组分（Amelung，2001）。不同的氨基糖种类代表不同的微生物群落，因此氨基糖的动态变化规律可反映不同微生物群落对底物的响应（He et al.，2011；Ni et al.，2020）。也常用 GluN/MurN 值来衡量真菌和细菌残体在土壤有机质转化过程中的相对贡献（Glaser et al.，2004）。

　　研究发现，真菌对微生物残体的贡献不容忽视（Adamczyk et al.，2019；See et al.，2021；Yang et al.，2022）。但由于碳底物添加的差异，真菌和细菌对微生物残体的贡献边界会变得模糊（Joergensen，2018；Beidler et al.，2020；Tan et al.，2020）。增加植被生长环境中 $^{13}CO_2$ 的量，$^{13}CO_2$ 可迅速被土壤微生物截获，氨基葡萄糖和氨基半乳糖 ^{13}C 出现富集现象，真菌残体占主导地位（Miltner et al.，2012；Schweigert et al.，2015）。外源添加植物残体的分解转化过程中氨基葡萄糖的增长速率高于胞壁酸，即真菌的相对贡献大于细菌（Glaser et al.，2004；Decock et al.，2009；Yang et al.，2022）。以葡萄糖为主要碳源的外源添加，胞壁酸的增长速率高于氨基葡萄糖（Glaser and Gross，2005）。这主要取决于真菌和细菌群落的功能多样性差异，细菌优先利用易分解底物，而真菌则倾向于优先利用抗分解的组分（Joergensen et al.，2010；Ding et al.，2011）。且有机碳的分解转化是一个漫长且由微生物调控的过程，微生物群落在受到养分限制的情况下通过"体内周转"和"体外修饰"途径调节内部稳态。有机碳的分解转化是真菌和细菌群落分工协作的结果。Gunina 等（2017）研究发现活体微生物细胞膜中磷脂脂肪酸（PLFA）的驻留时间为 47d，微生物残体的驻留时间为 1～3 年，且微生物残体中真菌标志物的驻留时间是细菌标志物的 3.5 倍。

8.5.1　微生物残体标志物

　　如图 8-22 所示，转化界面氨基葡萄糖（GluN）含量在整个分解过程中呈波动下降趋势。分解初期，氨基葡萄糖含量在前 36d 呈短暂急速增加趋势，随后缓慢下降。在第 166 天开始第二次回升，247d 后持续缓慢下降。氨基甘露糖含量（ManN）在整个分解过程中除了分解初期短暂升高，其他时期均呈缓慢下降趋势。分解初期与氨基葡萄糖变化趋势相似，分解中后期缓慢下降。而氨基半乳糖（GalN）含量在整个分解过程中呈波动上升趋势。分解初期（0～45d）呈短暂急速增加趋势，随后缓慢下降。在第 141 天开始第二次回升，在分解中期第 247 天达到第二个峰值，247d 后持续缓慢下降至最小值。不同于其他氨基糖，胞壁酸含量在整个分解过程中呈波动下降趋势。分解初期（0～74d）呈增加趋势，随后缓慢下降。在第 166 天开始第二次回升，分解中期第 247 天达到第二个峰值，随后持续缓慢下降至分解末期。

8.5.2　土壤微生物残体碳

　　如图 8-23 所示，转化界面细菌残体碳（BNC）、真菌残体碳（FNC）和微生物残体碳（MNC）含量在整个分解过程中呈波动变化趋势，真菌残体碳和微生物残体碳整体呈波动下降趋势。分解初期，真菌残体碳含量在前 36d 迅速上升，从第 1 天的 6.49mg/kg

增加到第 36 天的 7.81mg/kg；第二次回升从第 166 天开始，分解中期第 247 天达到第二个峰值（7.51mg/kg）；与第 1 天的峰值、第 1 个峰值（第 36 天）和第 2 个峰值（第 247 天）相比，最终值分别减少了 86.8%、72.1% 和 75.5%。微生物残体碳含量在前 28d 呈缓慢增加趋势，从第 1 天的 8.39mg/kg 增加到第 28 天的 9.67mg/kg，随后缓慢下降。在第 117 天跌入第一个波谷（8.11mg/kg）后开始第二次回升，在分解中期第 276 天后达到第二个峰值（9.42mg/kg）后持续缓慢下降。分解初始值（第 1 天）和分解末期（第 512 天：7.49mg/kg）土壤微生物残体碳含量相差 0.9mg/kg，较分解初始值降低了 10.73%。而转化界面细菌残体碳含量在整个分解过程中一直处于波动状态，整个分解过程出现两次波峰和两次波谷，但细菌残体碳含量无明显的上升或下降趋势。初始值（第 1 天）和最终值（第 512 天：1.86mg/kg）之间没有明显差异。与真菌残体碳含量相比，细菌残体碳含量以 300d 为一个周期波动变化，有较大的滞后性。

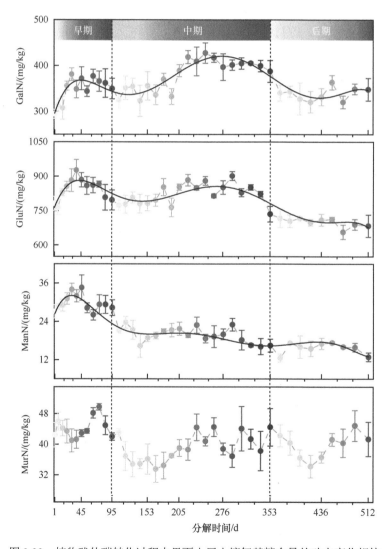

图 8-22　植物残体碳转化过程中界面土层土壤氨基糖含量的动态变化规律

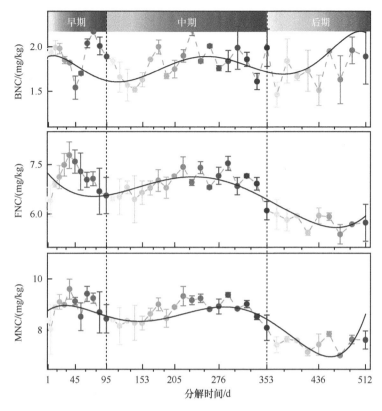

图 8-23　植物残体碳转化过程中界面土层土壤微生物残体碳的动态变化规律

8.5.3　土壤微生物残体与碳组分的相关关系

8.5.3.1　细菌残体碳和真菌残体碳对矿质结合态有机碳的不同贡献

如图 8-24 所示，植物残体分解过程中细菌残体碳（BNC）和真菌残体碳（FNC）对矿质结合态有机碳（MAOC）形成的贡献保持一致，但真菌残体碳对矿质结合态有机碳形成的贡献（38.7%～75.8%）明显大于细菌残体碳（9.2%～22.5%）。分解中期（第95～353 天）和后期（第 353～512 天），细菌残体碳和真菌残体碳的累积量最高，这与相关性分析结果一致，即土壤矿质结合态有机碳与分解后期的细菌残体碳（图 8-24D，$P<0.001$[***]）和分解中期的真菌残体碳（图 8-24B，$P<0.001$[***]）极显著正相关。

如图 8-25 所示，真菌残体碳（FNC）和细菌残体碳（BNC）对颗粒态有机碳（POC）的贡献是不同的，真菌残体碳的贡献表现出更强的波动性。与初始值相比，细菌残体碳对颗粒态有机碳的贡献略有增加，而真菌残体碳的贡献在整个分解过程中虽有波动，但分解始末没有明显变化。而细菌残体碳对颗粒态有机碳的贡献在 3 个分解时期均出现峰值，这种波动在分解初期尤为明显。细菌残体碳对颗粒态有机碳的贡献在分解中期（第 95～353 天）最大，这与相关性分析结果一致，真菌残体碳和细菌残体碳分别在分解前期和中期与颗粒态有机碳表现出强烈的正相关关系（图 8-25B，$P<0.001$[***]；图 8-25D，$P<0.05$[*]）。

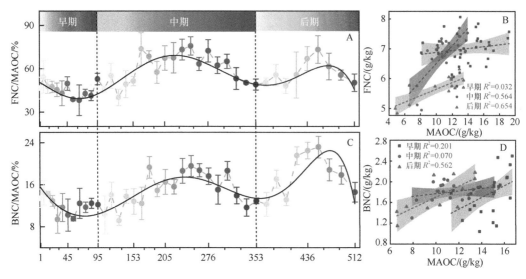

图 8-24　植物残体碳转化过程中界面土层土壤 FNC 和 BNC 对 MAOC 的相对贡献

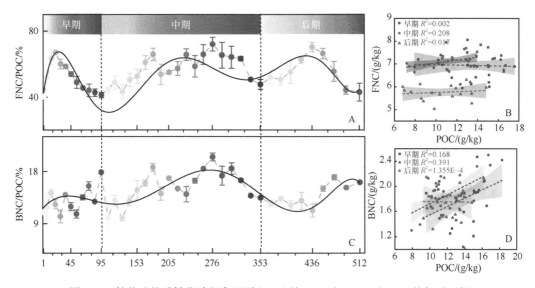

图 8-25　植物残体碳转化过程中界面土层土壤 FNC 和 BNC 对 POC 的相对贡献

如图 8-26 所示，真菌残体碳（FNC）和细菌残体碳（BNC）对土壤有机碳（SOC）的贡献是不同的，细菌残体碳的贡献表现出更强的波动性。与初始值相比，细菌残体碳对土壤有机碳的贡献略有增加，尽管细菌残体碳对土壤有机碳的贡献（7.32%～12.26%）与真菌残体碳相比相对较低，但在分解早期细菌残体碳和土壤有机碳之间呈极显著正相关关系（$P < 0.001$）。而真菌残体碳的贡献在整个分解过程中虽有波动，但分解始末没有明显变化，在分解中期的第 129～321 天，真菌残体碳出现峰值，对土壤有机碳的贡献也最大。

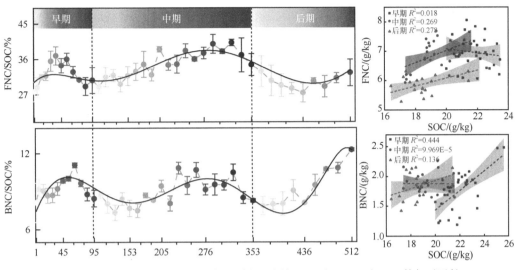

图 8-26　植物残体碳转化过程中界面土层土壤 FNC 和 BNC 对 SOC 的相对贡献

8.5.3.2　微生物残体碳、矿质结合态有机碳和土壤有机碳的相关关系

如图 8-27 所示，微生物残体碳对矿质结合态有机碳的相对贡献（MNC/MAOC）和微生物残体碳对土壤有机碳的相对贡献（MNC/SOC）动态变化趋势相似，而与矿质结合态有机碳对土壤有机碳的相对贡献（MAOC/SOC）动态变化则截然不同。如图 8-27

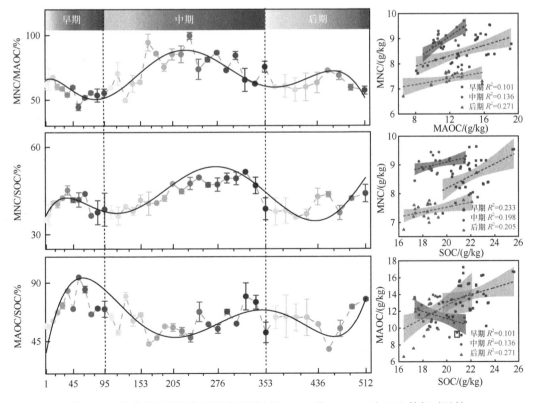

图 8-27　植物残体碳转化过程中界面土层 MNC 和 MAOC 对 SOC 的相对贡献

所示，在整个实验过程中 MNC 和 SOC 显示出显著正相关关系，但 MAOC 对 SOC 的贡献在前期是相当大的（$P<0.05$）。

图 8-28 显示了微生物残体碳对矿质结合态有机碳的相对贡献（MNC/MAOC）、微生物残体碳对土壤有机碳的相对贡献（MNC/SOC）和矿质结合态有机碳对土壤有机碳的相对贡献（MAOC/SOC）之间的关系。在植物残体分解过程中，MAOC/SOC 与 MNC/MAOC 呈负相关关系，与 MNC/SOC 的关系相反。特别是在后期，MNC/SOC 对 MNC/MAOC 的影响是负向的。在 3 个分解阶段，MNC/MAOC、MNC/SOC 和 MAOC/SOC 之间的关系是不同的（图 8-28A）。在分解早期和中期，MAOC/SOC 与 MNC/MAOC 负相关，与 MNC/SOC 正相关。在分解后期，MNC/SOC 与 MNC/MAOC 负相关。三维图也很好地反映了这三者之间的相关关系（图 8-28B）。同时，我们用线性最小二乘法（TLLS）来确认这三者之间的关系。从公式（8-1）可以看出，MAOC/SOC 与 MNC/MAOC 呈负相关关系，而与 MNC/SOC 呈正相关关系。

$$MAOC/SOC=60.34-0.9181\times MNC/MAOC+1.565MNC/SOC \qquad (8-1)$$

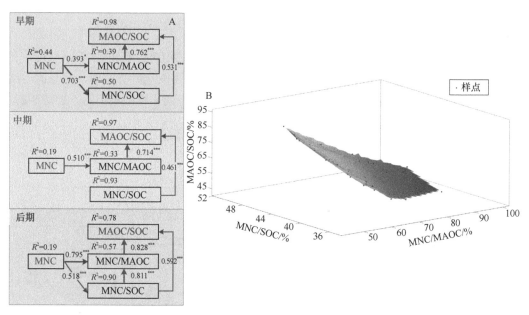

图 8-28　植物残体碳转化过程中界面土层 MNC 对 MAOC 和 SOC 贡献间的相关关系

箭头上的数字代表显著的归一化路径系数，箭头的宽度与路径系数的大小正相关。R^2 代表模型所解释的因变量的方差，蓝色箭头、红色箭头分别表示正效应、负效应。相关性显著水平：*表示 $P<0.05$，***表示 $P<0.001$

8.5.4　影响土壤微生物残体碳积累的因素

如图 8-29 所示，在分解早期微生物残体碳对矿质结合态有机碳的相对贡献（MNC/MAOC）受 SES（12.47%）、MBS（14.87%）和 EES（12.84%）的显著影响。其中，土壤 C/N 和 N/P（SES）、DN/DP（DNS）、C/P-获取酶、N/P-获取酶（EES）及 MBN/MBP 与 MNC/MAOC 显著相关（表 8-4）。土壤微生物生物量生态化学计量特征（MBS）与

MNC/MAOC 直接相关，其中 MBN/MBP 对它的解释率最大（17.2%，$P < 0.01^{**}$）。分解中期，MBS（MBC/MBN**、MBC/MBP**、MBN/MBP*）和 EES（C/N-获取酶**、C/P-获取酶**、N/P-获取酶**）的生态化学计量特征对 MNC/MAOC 影响显著。其中，SES 和 DNS 共解释了 30.46% 的 MNC/MAOC 的变化。而分解后期，SES（36.26%）和 EES（25.63%）开始主导 MNC 对 MAOC 的贡献。

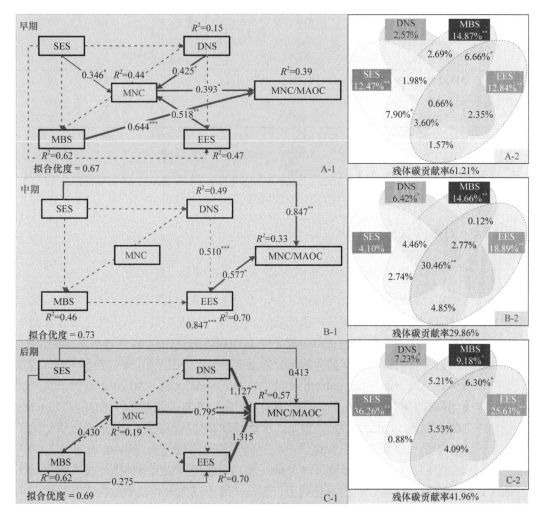

图 8-29　植物残体碳转化过程中界面土层化学计量特征对 MNC/MAOC 的影响

使用偏最小二乘路径模型（PLS-PM）来确定底物生态化学计量（SES）、可溶性营养元素生态化学计量（DNS）、微生物生物量生态化学计量（MBS）、胞外酶生态化学计量（EES）对 MNC 和 MNC/MAOC 的影响。分解早期（A：蓝色区域，0～95d）、分解中期（B：红色区域，95～353d）和分解后期（C：绿色区域，353～512d）。箭头上的数字代表显著的归一化路径系数，箭头的宽度与路径系数的大小正相关。R^2 代表模型所解释因变量的方差，蓝色箭头、红色箭头分别表示正效应、负效应。实线箭头、虚线箭头分别表示相关性显著、不显著。相关性显著水平：*表示 $P < 0.05$，**表示 $P < 0.01$，***表示 $P < 0.001$

表 8-4 不同分解阶段 RDA 分析中土壤生态化学计量特征对微生物残体碳积累的解释率

土壤生态化学计量特征		分解早期		分解中期		分解后期	
		解释率/%	P	解释率/%	P	解释率/%	P
SES	C/N	13.7	0.024*	23.8	0.014*	14.1	0.064
	C/P	1.5	0.494	29.3	0.002**	13.6	0.057
	N/P	13.5	0.018*	0.5	0.814	1.2	0.721
DNS	DC/DN	7.5	0.096	0.5	0.150	5.4	0.240
	DC/DP	2.1	0.410	32.7	0.006**	0.4	0.916
	DN/DP	13.5	0.038*	8.4	0.868	1.2	0.744
MBS	MBC/MBN	3.6	0.258	40	0.002**	9.6	0.112
	MBC/MBP	10.9	0.058	37.3	0.002**	4.2	0.378
	MBN/MBP	17.2	0.006**	23.7	0.008**	6.1	0.222
EES	C/N-获取酶	1.4	0.574	33	0.002**	18.7	0.026
	C/P-获取酶	11.6	0.038*	29.3	0.008**	26.1	0.016*
	N/P-获取酶	14.3	0.012*	34	0.002**	2.4	0.542*

注: **表示在 0.01 水平极显著相关, *表示在 0.05 水平显著相关

8.5.5 讨论

8.5.5.1 细菌残体碳和真菌残体碳对土壤有机碳组分的贡献差异

真菌残体碳（FNC）和细菌残体碳（BNC）对矿质结合态有机碳（MAOC）的贡献随着真菌残体碳和细菌残体碳含量的波动变化而变化。本研究结果显示细菌残体碳对矿质结合态有机碳和土壤有机碳的贡献远远小于真菌残体碳（图 8-24，图 8-26）。Fernandez 等（2016）指出真菌对植物残体的分解转化有显著影响。从化学组分上来看，真菌残体碳较细菌残体碳更难分解（Kallenbach et al.，2016；Shao et al.，2017）。虽然细菌残体碳可以与土壤微团聚体及黏土矿物产生吸附作用，增加了物理保护作用（Guo and Gifford，2002；Wang et al.，2021）。但是，土壤微团聚体与细菌残体胶结形成稳定的矿质结合态有机碳是一个复杂的生物化学过程，需要的时间也更长（Sokol et al.，2019；Angst et al.，2021）。本研究中植物残体分解时间相对较短，细菌残体碳还没有建立起上述的物理保护机制，就被微生物重新利用。因此，细菌残体碳对矿质结合态有机碳的贡献相对较小。

细菌残体碳和真菌残体碳对矿质结合态有机碳和土壤有机碳的贡献趋势相似，分解早期和中期与后期相比增加了 2 倍。真菌残体碳对土壤有机碳的贡献在分解早期和中期占主导地位，分解后期细菌残体碳占主导（图 8-26）。在整个植物残体分解过程中，微生物残体碳对土壤有机碳的贡献以真菌为主（López-Mondéjar et al.，2020；Almeida et al.，2021）。真菌在分解过程中更有能力降解难分解的植物残体及土壤"老碳"（Wang et al.，2021）。除了能分泌疏水物质，真菌还能分泌可分解碳水化合物的活性水解酶（López-Mondéjar et al.，2020）和氧化酶（Deng et al.，2019；Xia et al.，2020）。结果表明，细菌残体碳在分解后期对土壤有机碳的贡献具有滞后性。细菌残体碳对土壤有机碳

贡献的滞后性意味着在植物残体的分解过程中，细菌专注于分解死的微生物，以刺激细菌残体碳的循环积累（López-Mondéjar et al.，2020）。植物残体分解过程中，微生物 C/N 的降低可促进植物残体的分解，并使土壤微生物群落的组成从真菌占主导转向细菌占主导（Chen et al.，2020a；Yuan et al.，2020）。

8.5.5.2 微生物残体碳和矿质结合态有机碳的形成对土壤有机碳积累的不同贡献机制

微生物残体的形成取决于土壤微生物生物量的积累和微生物残体的降解之间的动态平衡。随着植物残体分解的进行，微生物残体的逐步形成有助于土壤有机碳的积累（Chen et al.，2020b；Prommer et al.，2020）。本研究中，尽管微生物残体碳在植物残体分解过程中不断地促进矿质结合态有机碳的形成，但矿质结合态有机碳对土壤有机碳的贡献只发生在分解中期（图 8-27）。这表明土壤矿质结合态有机碳的形成不是一个连续的积累过程，而是积累和再利用的平衡过程。

尽管土壤有机碳库不断地被微生物残体碳补充，但土壤有机碳的含量仍呈现波动下降趋势（图 8-5）。尽管颗粒态有机碳和矿质结合态有机碳的含量随着微生物残体碳的增加而增加，但是植物残体添加引起的颗粒态有机碳的增加被矿质结合态有机碳的下降部分抵消，导致微生物残体碳的积累不能有效地增加土壤有机碳。这是由于微生物残体碳和矿质结合态有机碳对土壤有机碳积累的贡献机制不同，理论上微生物残体通过颗粒态有机碳和矿质结合态有机碳促进土壤有机碳的积累（Lavallee et al.，2020；Yuan et al.，2020）。但土壤微生物在缓解养分限制维持系统稳态过程中，其对颗粒态有机碳和矿质结合态有机碳利用的优先级是决定土壤有机碳积累的关键（Cui et al.，2020a）。微生物残体与土壤矿物质颗粒结合后周转缓慢，是矿质结合态有机碳固存的主要机制（Doetterl et al.，2018；Samson et al.，2020）。理论上矿质结合态有机碳的这种物理和化学保护机制，不易于土壤微生物矿化，也不是微生物选择性利用的首要选择（Abramoff et al.，2018；Yuan et al.，2020）。因此，分解早期和中期，微生物残体碳含量的增加有利于矿质结合态有机碳形成和土壤中"老碳"（特指老的矿质结合态有机碳）的封存。但随着土壤微生物代谢限制的出现，微生物残体碳的形成再利用使其含量在整个分解过程中没有明显的增加，导致矿质结合态有机碳也处于波动的变化中。但微生物残体碳与矿质结合态有机碳的关系比颗粒态有机碳更加密切。

土壤微生物残体碳分别对矿质结合态有机碳和土壤有机碳的积累做出了相应的贡献。矿质结合态有机碳作为稳定碳源，对土壤有机碳的贡献并不显著。这主要归因于以下两点。首先，植物残体分解过程中矿质结合态有机碳的形成打破了土壤有机碳累积和矿化之间的平衡（Cotrufo et al.，2013）。作为植物残体碳循环的先锋、具有快速周转特征的活性有机碳组分，颗粒态有机碳通常会被快速利用以满足微生物大量增殖的需求（Gunina and Kuzyakov，2015；Haddix et al.，2020；Jilling et al.，2020；Almeida et al.，2021）。在本研究中，植物残体分解早期，颗粒态有机碳含量的降低和土壤有机碳含量的增加，可能是这种快速循环碳源（植物残体和土壤中活性有机碳组分）的介入而造成的（Jilling et al.，2020；Angst et al.，2021；Ortiz et al.，2022）。其次，当颗粒态有机碳不能满足土壤微生物的代谢需求时，土壤中的"老碳"开始矿化和消耗来平衡微生物稳态。

当微生物养分限制达到一定阈值，植物残体-微生物-土壤中的可利用组分不能满足微生物代谢需求时，矿质结合态有机碳将失去其物理化学保护机制而降解以补充微生物代谢过程中的能量损失（Kuzyakov and Mason-Jones，2018；Bai et al.，2021；Guan et al.，2022）。

8.5.5.3 被土壤微生物生物量碳支配的微生物残体积累过程

随着土壤有机碳相关理论的发展和新科技手段的应用，学术界对土壤有机碳周转和截获的认知已经从早期经典的腐殖质理论逐渐转为土壤微生物调控微生残体碳贡献SOC累积的新共识（Lehmann and Kleber，2015；Liang et al.，2020；梁超和朱雪峰，2021）。越来越多的研究证实，土壤微生物源碳对土壤有机碳的贡献在以往的认知中被低估（Rasse et al.，2005；Simpson et al.，2007；Pett-Ridge and Firestone，2017；Lavallee et al.，2020），微生物残体碳的"续埋机制"才是土壤有机碳固存的关键，对土壤有机碳的贡献率超过50%（Liang et al.，2019；Craig et al.，2020；邵鹏帅等，2021；Wang et al.，2022）。从微生物源碳贡献土壤有机碳积累的角度出发，矿质结合态有机碳和活体微生物生物量碳是调节土壤有机碳积累的关键（Doetterl et al.，2018；Bhople et al.，2021；Cotrufo et al.，2022）。

Wang 等（2022）采用荟萃分析（meta-analysis）对全球农田、草地和森林生态系统表层土壤的微生物残体进行估算发现，3 个生态系统微生物残体及其产物对土壤有机碳的贡献分别为51%、47%和35%。Liang 等（2019）通过对温带不同生态系统的估算得出了类似的结论。土壤微生物残体的积累被认为是土壤矿质结合态有机碳的主要碳源（Averill and Waring，2018），但土壤微生物残体碳作为活性有机碳组分参与土壤微生物群落的生长代谢和分解而被快速循环（Samson et al.，2020）。这也是微生物残体碳一直被消耗，矿质结合态有机碳含量无明显变化的原因。在本研究中，土壤微生物在植物残体转化过程中受到碳和磷的共同代谢限制，且磷限制加强了微生物代谢的碳限制。磷作为土壤微生物代谢的限制因素，影响土壤微生物生物量的生成，不利于土壤有机碳的积累。在碳和磷的养分限制作用下，土壤微生物生物量的减少是土壤矿质结合态有机碳形成较慢的原因之一（Bhople et al.，2021；Guan et al.，2022）。在微生物残体碳（MNC）、微生物生物量碳（MBC）、矿质结合态有机碳（MAOC）和土壤有机碳（SOC）的相关关系中，微生物残体碳和微生物生物量碳之间有显著的相关性，特别是在分解早期（图8-28）。

外源碳添加引起的正激发效应，真菌残体碳、细菌残体碳和矿质结合态有机碳的含量在分解早期均呈短暂的上升趋势（图8-23），而颗粒态有机碳和土壤有机碳的变化趋势则恰恰相反（图8-4，图8-5）。激发效应的大小和方向取决于相对于微生物生物量碳的碳输入的质与量（Blagodatskaya and Kuzyakov，2008），当土壤中易溶性有机碳的供应量超过土壤微生物生物量碳的倍数级时激发效应就会减弱（Liu et al.，2019；Cui et al.，2020b）。分解初期，植物残体中可溶性碳组分的输入刺激土壤微生物快速生长（Kuzyakov，2010；Zhu et al.，2018）。此时，土壤有机碳和可溶性碳出现不同程度的下降，颗粒态有机碳含量跌入谷底，而土壤微生物生物量碳却在这一时间出现相反的增加趋势，激发效应逐渐减弱（图8-4，图8-5）。可溶性碳氮磷、活体微生物生物量与微生物残体碳对矿质结合态有机碳和土壤有机碳的贡献均呈不同程度的相关关系,且每个分解阶段的差异显著(表 8-4,图 8-28)。微生物残体碳和微生物生物量碳形成时间和再利用的周转条件不同(Siles et al.,2016;Liang et al.,2019),对土壤碳组分的贡献也不同,主要由分解阶段两者积累和消耗平衡决定,这是一个动态的变化过程(Bhople et al.,2021)。

8.6　小　　结

采用黄土丘陵区多年生 C_3 草本植物长芒草为对象,模拟枯落物-土壤转换界面,进行了室内分解试验。土壤微生物代谢在分解过程中受到碳和磷的共同限制,在过渡(中期)达到峰值,然后逐渐下降。资源供应与微生物代谢需求之间存在不平衡的关系。最初较高的胞外酶活性反映了底物中活性成分(可溶性碳、可溶性氮、可溶性磷和微生物生物量碳、微生物生物量氮、微生物生物量磷)的可用性,以及较高的微生物代谢强度。随着分解的进行,活性组分不再是主要的微生物碳源,迫使分泌胞外酶从难降解底物中获得碳源和营养物质。同时,C/N-获取酶则减少,而 C/P-获取酶和 N/P-获取酶增加,说明微生物对氮的需求逐渐增加,对磷的需求相对减少。

根据微生物稳态(底物生态化学计量对微生物生物量生态化学计量的影响)的判断,微生物群落从早期的稳态转向中期的非稳态,后期恢复稳态。在凋落物分解过程中,非稳态期对应于过渡阶段。这意味着严重的微生物代谢限制是微生物内稳态的一个潜在决定因素。当现有资源不能满足微生物的需求时,土壤微生物通过调节胞外酶活性和微生物的非稳态行为来适应和缓解微生物的代谢限制。

土壤微生物残体的形成在分解早期和中期由真菌主导,而在晚期由细菌主导。真菌残体碳对矿质结合态有机碳的贡献率(38.7%～75.8%)明显高于细菌残体碳(9.2%～22.5%),是细菌残体碳贡献率的 3～4 倍。土壤有机碳含量在枯落物分解过程中呈下降趋势。植物碳源的输入调动了微生物对土壤碳组分的利用。颗粒态有机碳分解早期和晚期持续下降,成为土壤有机碳含量减少的直接原因;而微生物残体碳和矿质结合态有机碳的波动对土壤有机碳含量的降低只起到间接作用。在微生物代谢受限的情况下,真菌残体将失去其对矿物颗粒的物理化学保护,从而被降解和利用。一次性外源添加枯落物引起的土壤微生物残体碳的增加并没有直接贡献土壤有机碳的积累。在土壤碳组分的协同作用下,微生物生物量的产生和微生物残体的降解维持了微生物生态化学计量稳态。因此,除土壤 pH 外,微生物生态化学计量比对微生物残体的形成也具有关键作用。

参 考 文 献

池玉杰, 伊洪伟. 2007. 木材白腐菌分解木质素的酶系统:锰过氧化物酶、漆酶和木质素过氧化物酶催化分解木质素的机制. 菌物学报, 26(1): 153-160.

樊利华, 周星梅, 吴淑兰, 等. 2019. 干旱胁迫对植物根际环境影响的研究进展. 应用与环境生物学报, 25(5): 1244-1251.

方精云. 2021. 碳中和的生态学透视. 植物生态学报, 45(11): 1173-1176.

冯晓娟, 王依云, 刘婷, 等. 2020. 生物标志物及其在生态系统研究中的应用. 植物生态学报, 44(4): 384-394.

葛体达, 王东东, 祝贞科, 等. 2020. 碳同位素示踪技术及其在陆地生态系统碳循环研究中的应用与展望. 植物生态学报, 44(4): 360-372.

关松荫. 1986. 土壤酶及其研究法. 北京: 农业出版社.

郭继勋, 姜世成, 林海俊, 等. 1997. 不同草原植被碱化草甸土的酶活性. 应用生态学报, 8(4): 412-416.

胡雷, 王长庭, 王根绪, 等. 2014. 三江源区不同退化演替阶段高寒草甸土壤酶活性和微生物群落结构的变化. 草业学报, 23(3): 8-19.

李林海, 邱莉萍, 梦梦. 2012. 黄土高原沟壑区土壤酶活性对植被恢复的响应. 应用生态学报, 23(12): 3355-3360.

李鑫. 2016. 宁南山区典型植物茎叶分解过程及其对土壤养分和微生物群落的影响. 杨凌: 西北农林科技大学硕士学位论文.

李鑫, 李娅芸, 安韶山, 等. 2016. 宁南山区典型草本植物茎叶分解对土壤酶活性及微生物多样性的影响. 应用生态学报, 27(10): 3182-3188.

李学斌, 樊瑞霞, 刘学东. 2014. 中国草地生态系统碳储量及碳过程研究进展. 生态环境学报, 23(11): 1845-1851.

梁超, 朱雪峰. 2021. 土壤微生物碳泵储碳机制概论. 中国科学: 地球科学, 51(5): 680-695.

刘仁, 陈伏生, 方向民, 等. 2020. 凋落物添加和移除对杉木人工林土壤水解酶活性及其化学计量比的影响. 生态学报, 40(16): 5739-5750.

孟向东, 张平究, 李泽熙. 2011. 生态恢复下湿地土壤微生物研究进展. 云南地理环境研究, 23(4): 101-105.

潘冬荣, 柳小妮, 申国珍, 等. 2013. 神农架不同海拔典型森林凋落物的分解特征. 应用生态学报, 24(12): 3361-3366.

桑昌鹏, 万晓华, 余再鹏, 等. 2017. 凋落物和根系去除对滨海沙地土壤微生物群落组成和功能的影响. 应用生态学报, 28(4): 1184-1196.

邵鹏帅, 解宏图, 鲍雪莲, 等. 2021. 森林次生演替过程中有机质层和矿质层土壤微生物残体的变化. 土壤学报, 58(4): 1050-1059.

汪景宽, 徐英德, 丁凡, 等. 2019. 植物残体向土壤有机质转化过程及其稳定机制的研究进展. 土壤学报, 56(3): 528-540.

王理德, 王方琳, 郭春秀, 等. 2016. 土壤酶学研究进展. 土壤学报, 48(1): 12-21.

王清奎, 田鹏, 孙兆林, 等. 2020. 森林土壤有机质研究的现状与挑战. 生态学杂志, 39(11): 3829-3843.

王清奎, 汪思龙, 于小军, 等. 2007. 杉木与阔叶树叶凋落物混合分解对土壤活性有机质的影响. 应用生态学报, 18(6): 1203-1207.

王晓峰, 汪思龙, 张伟东. 2013. 杉木凋落物对土壤有机碳分解及微生物生物量碳的影响. 应用生态学报, 24(9): 2393-2398.

杨元合, 石岳, 孙文娟, 等. 2022. 中国及全球陆地生态系统碳源汇特征及其对碳中和的贡献. 中国科学: 生命科学, 52(4): 534-574.

姚宏佳, 王宝荣, 安韶山, 等. 2022. 黄土高原生物结皮形成过程中土壤胞外酶活性及其化学计量变化特征. 干旱区研究, 39(2): 456-468.

郑伟, 霍光华, 骆昱春, 等. 2010. 马尾松低效林不同改造模式土壤微生物及土壤酶活性的研究. 江西农业大学学报, 32(4): 743-751.

左宜平, 张馨月, 曾辉, 等. 2018. 大兴安岭森林土壤胞外酶活力的时空动态及其对潜在碳矿化的影响. 北京大学学报(自然科学版), 54(6): 1311-1324.

Abramoff R, Xu X, Hartman M, et al. 2018. The Millennial model: in search of measurable pools and transformations for modeling soil carbon in the new century. Biogeochemistry, 137(1): 51-71.

Adamczyk B, Sietiö O M, Biasi C, et al. 2019. Interaction between tannins and fungal necromass stabilizes fungal residues in boreal forest soils. New Phytol, 223(1): 16-21.

Ai C, Liang G, Sun J, et al. 2012. Responses of extracellular enzyme activities and microbial community in both the rhizosphere and bulk soil to long-term fertilization practices in a fluvo-aquic soil. Geoderma, 173-174: 330-338.

Allison S D, Vitousek P M. 2004. Extracellular enzyme activities and carbon chemistry as drivers of tropical plant litter decomposition. Biotropica, 36(3): 285-296.

Allison S D, Vitousek P M. 2005. Responses of extracellular enzymes to simple and complex nutrient inputs. Soil Biol Biochem, 37(5): 937-944.

Almeida L F, Souza I F, Hurtarte L C, et al. 2021. Forest litter constraints on the pathways controlling soil organic matter formation. Soil Biol Biochem, 163: 108447.

Amelung W. 2001. Methods using amino sugars as markers for microbial residues in soil // Lal J M, Follett R F, Stewart B A. Assessment Methods for Soil Carbon. Boca Raton: Lewis Publishers: 233-272.

Angst G, Mueller K E, Nierop K G, et al. 2021. Plant-or microbial-derived? A review on the molecular composition of stabilized soil organic matter. Soil Biol Biochem, 156: 108189.

Aumtong S, de Neergaard A, Magid J. 2011. Formation and remobilisation of soil microbial residue. Effect of clay content and repeated additions of cellulose and sucrose. Biol Fert Soils, 47(8): 863-874.

Averill C, Waring B. 2018. Nitrogen limitation of decomposition and decay: how can it occur? Global Change Biol, 24(4): 1417-1427.

Bai X, Dippold M A, An S, et al. 2021. Extracellular enzyme activity and stoichiometry: the effect of soil microbial element limitation during leaf litter decomposition. Ecol Indic, 121: 107200.

Beidler K V, Phillips R P, Andrews E, et al. 2020. Substrate quality drives fungal necromass decay and decomposer community structure under contrasting vegetation types. J Ecol, 108(5): 1845-1859.

Bhople P, Keiblinger K, Djukic I, et al. 2021. Microbial necromass formation, enzyme activities and community structure in two alpine elevation gradients with different bedrock types. Geoderma, 386: 114922.

Blagodatskaya E, Kuzyakov Y. 2008. Mechanisms of real and apparent priming effects and their dependence on soil microbial biomass and community structure: critical review. Biol Fert Soils, 45(2): 115-131.

Blagodatskaya E, Kuzyakov Y. 2013. Active microorganisms in soil: critical review of estimation criteria and approaches. Soil Biol Biochem, 67: 192-211.

Burns R G. 2000. International conference: enzymes in the environment: activity, ecology and applications. Soil Biol Biochem, 32(13): 1815.

Chen H, Dai Z, Veach A M, et al. 2020a. Global meta-analyses show that conservation tillage practices promote soil fungal and bacterial biomass. Agr Ecosyst Environ, 293: 106841.

Chen L, Liu L I, Qin S, et al. 2019. Regulation of priming effect by soil organic matter stability over a broad geographic scale. Nat Commun, 10(1): 1-10.

Chen X, Chen H Y H. 2021. Plant mixture balances terrestrial ecosystem C : N : P stoichiometry. Nat Commun, 12(1): 4562.

Chen X, Xia Y, Rui Y, et al. 2020b. Microbial carbon use efficiency, biomass turnover, and necromass accumulation in paddy soil depending on fertilization. Agr Ecosyst Environ, 292: 106816.

Chomel M, Guittonny-Larchevêque M, Fernandez C, et al. 2016. Plant secondary metabolites: a key driver of litter decomposition and soil nutrient cycling. J Ecol, 104(6): 1527-1541.

Clemmensen K E, Bahr A, Ovaskainen O, et al. 2013. Roots and associated fungi drive long-term carbon sequestration in boreal forest. Science, 339(6127): 1615-1618.

Cotrufo M F, Haddix M L, Kroeger M E, et al. 2022. The role of plant input physical-chemical properties, and microbial and soil chemical diversity on the formation of particulate and mineral-associated organic matter. Soil Biol Biochem, 168: 108648.

Cotrufo M F, Ranalli M G, Haddix M L, et al. 2019. Soil carbon storage informed by particulate and mineral-associated organic matter. Nat Geosci, 12: 989-994.

Cotrufo M F, Soong J L, Horton A J, et al. 2015. Formation of soil organic matter via biochemical and physical pathways of litter mass loss. Nat Geosci, 8(10): 776-779.

Cotrufo M F, Wallenstein M D, Boot C M, et al. 2013. The Microbial Efficiency-Matrix Stabilization

(MEMS) framework integrates plant litter decomposition with soil organic matter stabilization: do labile plant inputs form stable soil organic matter? Global Change Biol, 19(4): 988-995.

Craig R S, Chris W F, Anna M C, et al. 2020. Distinct carbon fractions drive a generalisable two-pool model of fungal necromass decomposition. Funct Ecol, 35(3): 1-11.

Cui J, Zhu Z, Xu X, et al. 2020a. Carbon and nitrogen recycling from microbial necromass to cope with C ∶ N stoichiometric imbalance by priming. Soil Biol Biochem, 142: 107720.

Cui Y, Bing H, Fang L, et al. 2021a. Extracellular enzyme stoichiometry reveals the carbon and phosphorus limitations of microbial metabolisms in the rhizosphere and bulk soils in alpine ecosystems. Plant Soil, 458(1-2): 7-20.

Cui Y, Fang L, Deng L, et al. 2019. Patterns of soil microbial nutrient limitations and their roles in the variation of soil organic carbon across a precipitation gradient in an arid and semi-arid region. Sci Total Environ, 658: 1440-1451.

Cui Y, Moorhead D L, Guo X, et al. 2021b. Stoichiometric models of microbial metabolic limitation in soil systems. Global Ecol Biogeogr, 30(11): 2297-2311.

Cui Y, Wang X, Zhang X, et al. 2020b. Soil moisture mediates microbial carbon and phosphorus metabolism during vegetation succession in a semiarid region. Soil Biol Biochem, 147: 107814.

De Graaff M A, Classen A T, Castro H F, et al. 2010. Labile soil carbon inputs mediate the soil microbial community composition and plant residue decomposition rates. New Phytol, 188(4): 1055-1064.

Decock C, Denef K, Bode S, et al. 2009. Critical assessment of the applicability of gas chromatography-combustion-isotope ratio mass spectrometry to determine amino sugar dynamics in soil. Rapid Commun Mass Sp, 23(8): 1201-1211.

Deng L, Peng C, Huang C, et al. 2019. Drivers of soil microbial metabolic limitation changes along a vegetation restoration gradient on the Loess Plateau, China. Geoderma, 353: 188-200.

Ding X, He H, Zhang B, et al. 2011. Plant-N incorporation into microbial amino sugars as affected by inorganic N addition: A microcosm study of ^{15}N-labeled maize residue decomposition. Soil Biol Biochem, 43(9): 1968-1974.

Doetterl S, Berhe A A, Arnold C, et al. 2018. Links among warming, carbon and microbial dynamics mediated by soil mineral weathering. Nat Geosci, 11(8): 589-593.

Ekblad A, Nordgren A. 2002. Is growth of soil microorganisms in boreal forests limited by carbon or nitrogen availability? Plant Soil, 242(1): 115-122.

Elser J J, Sterner R W, Gorokhova E, et al. 2000. Biological stoichiometry from genes to ecosystems. Ecol Lett, 3(6): 540-550.

Fabian J, Zlatanovic S, Mutz M, et al. 2017. Fungal-bacterial dynamics and their contribution to terrigenous carbon turnover in relation to organic matter quality. ISME Journal, 11(2): 415-425.

Fang Y, Nazaries L, Singh B K, et al. 2018. Microbial mechanisms of carbon priming effects revealed during the interaction of crop residue and nutrient inputs in contrasting soils. Global Change Biol, 24(7): 2775-2790.

Fanin N, Alavoine G, Bertrand I. 2020. Temporal dynamics of litter quality, soil properties and microbial strategies as main drivers of the priming effect. Geoderma, 377: 114576.

Fernandez C W, Langley J A, Chapman S, et al. 2016. The decomposition of ectomycorrhizal fungal necromass. Soil Biol Biochem, 93: 38-49.

Fierer N, Bradford M A, Jackson R B. 2007. Toward an ecological classification of soil bacteria. Ecology, 88(6): 1354-1364.

Ge X, Zeng L, Xiao W, et al. 2013. Effect of litter substrate quality and soil nutrients on forest litter decomposition: A review. Acta Ecologica Sinica, 33(2): 102-108.

Georgiou K, Jackson R B, Vindušková O, et al. 2022. Global stocks and capacity of mineral-associated soil organic carbon. Nat Commun, 13(1): 1-12.

Glaser B, Gross S. 2005. Compound-specific δ^{13}C analysis of individual amino sugars: a tool to quantify timing and amount of soil microbial residue stabilization. Rapid Commun Mass Sp, 19(11): 1409-1416.

Glaser B, Turrión M B, Alef K. 2004. Amino sugars and muramic acid: biomarkers for soil microbial community structure analysis. Soil Biol Biochem, 36(3): 399-407.

Gougoulias C, Clark J M, Shaw L J. 2014. The role of soil microbes in the global carbon cycle: tracking the below-ground microbial processing of plant-derived carbon for manipulating carbon dynamics in agricultural systems. J Sci Food Agr, 94(12): 2362-2371.

Gregorich E G, Janzen H, Ellert B H, et al. 2017. Litter decay controlled by temperature, not soil properties, affecting future soil carbon. Global Change Biol, 23(4): 1725-1734.

Guan H L, Fan J W, Lu X. 2022. Soil specific enzyme stoichiometry reflects nitrogen limitation of microorganisms under different types of vegetation restoration in the karst areas. Appl Soil Ecol, 169: 104253.

Gulde S, Chung H, Amelung W, et al. 2008. Soil carbon saturation controls labile and stable carbon pool dynamics. Soil Sci Soc Am J, 72(3): 605-612.

Gunina A, Dippold M, Glaser B, et al. 2017. Turnover of microbial groups and cell components in soil: ^{13}C analysis of cellular biomarkers. Biogeosciences, 14(2): 271-283.

Gunina A, Kuzyakov Y. 2015. Sugars in soil and sweets for microorganisms: review of origin, content, composition and fate. Soil Biol Biochem, 90: 87-100.

Guo L B, Gifford R M. 2002. Soil carbon stocks and land use change: a meta analysis. Global Change Biol, 8(4): 345-360.

Haddix M L, Gregorich E G, Helgason B L, et al. 2020. Climate, carbon content, and soil texture control the independent formation and persistence of particulate and mineral-associated organic matter in soil. Geoderma, 363(11): 114160.

He H, Zhang W, Zhang X, et al. 2011. Temporal responses of soil microorganisms to substrate addition as indicated by amino sugar differentiation. Soil Biol Biochem, 43(6): 1155-1161.

Hernández D L, Hobbie S E. 2010. The effects of substrate composition, quantity, and diversity on microbial activity. Plant Soil, 335(1-2): 397-411.

Hill B H, Elonen C M, Jicha T M, et al. 2014. Ecoenzymatic stoichiometry and microbial processing of organic matter in northern bogs and fens reveals a common P-limitation between peatland types. Biogeochemistry, 120(1-3): 203-224.

Hill B H, Elonen C M, Seifert L R, et al. 2012. Microbial enzyme stoichiometry and nutrient limitation in US streams and rivers. Ecol Indic, 18(4): 540-551.

Hu N, Li H, Tang Z, et al. 2016. Community size, activity and C：N stoichiometry of soil microorganisms following reforestation in a Karst region. Eur J Soil Biol, 73: 77-83.

Hu Y, Xia Y, Sun Q, et al. 2018. Effects of long-term fertilization on phoD-harboring bacterial community in Karst soils. Sci Total Environ, 628-629: 53-63.

Huang W, Spohn M. 2015. Effects of long-term litter manipulation on soil carbon, nitrogen, and phosphorus in a temperate deciduous forest. Soil Biol Biochem, 83: 12-18.

Jilling A, Kane D, Williams A, et al. 2020. Rapid and distinct responses of particulate and mineral-associated organic nitrogen to conservation tillage and cover crops. Geoderma, 359: 114001.

Joergensen R G. 2018. Amino sugars as specific indices for fungal and bacterial residues in soil. Biol Fert Soils, 54(5): 559-568.

Joergensen R G, Mäder P, Fließbach A. 2010. Long-term effects of organic farming on fungal and bacterial residues in relation to microbial energy metabolism. Biol Fert Soils, 46(3): 303-307.

Kallenbach C M, Frey S D, Grandy A S. 2016. Direct evidence for microbial-derived soil organic matter formation and its ecophysiological controls. Nat Commun, 7(1): 1-10.

Karpinets T V, Greenwood D J, Sams C E, et al. 2006. RNA: protein ratio of the unicellular organism as a characteristic of phosphorous and nitrogen stoichiometry and of the cellular requirement of ribosomes for protein synthesis. BMC Biology, 4(1): 1-10.

Kögel-Knabner I, Rumpel C. 2018. Advances in molecular approaches for understanding soil organic matter composition, origin, and turnover: a historical overview. Adv Agro, 149: 1-48.

Kuzyakov Y. 2010. Priming effects: interactions between living and dead organic matter. Soil Biol Biochem, 42(9): 1363-1371.

Kuzyakov Y, Mason-Jones K. 2018. Viruses in soil: nano-scale undead drivers of microbial life, biogeochemical turnover and ecosystem functions. Soil Biol Biochem, 127: 305-317.

Lavallee J M, Soong J L, Cotrufo M F. 2020. Conceptualizing soil organic matter into particulate and mineral-associated forms to address global change in the 21st century. Global Change Biol, 26(1): 261-273.

Lehmann J, Kleber M. 2015. The contentious nature of soil organic matter. Nature, 528: 60-68.

Li B, Li Y, Fanin N, et al. 2022. Adaptation of soil micro-food web to elemental limitation: evidence from the forest-steppe ecotone. Soil Biol Biochem, 170: 108698.

Li H, Bölscher T, Winnick M, et al. 2021. Simple plant and microbial exudates destabilize mineral-associated organic matter via multiple pathways. EST, 55(5): 3389-3398.

Li J, Liu Y, Hai X, et al. 2019. Dynamics of soil microbial C：N：P stoichiometry and its driving mechanisms following natural vegetation restoration after farmland abandonment. Sci Total Environ, 693: 133613.

Liang C, Amelung W, Lehmann J, et al. 2019. Quantitative assessment of microbial necromass contribution to soil organic matter. Global Change Biol, 25(11): 3578-3590.

Liang C, Kästner M, Joergensen R G. 2020. Microbial necromass on the rise: the growing focus on its role in soil organic matter development. Soil Biol Biochem, 150: 108000

Liang C, Schimel J P, Jastrow J D. 2017. The importance of anabolism in microbial control over soil carbon storage. Nat microbiol, 2(8): 1-6.

Liu C, Ma J, Qu T, et al. 2023. Extracellular enzyme activity and stoichiometry reveal nutrient dynamics during microbially-mediated plant residue transformation. Forests, 14(1): 34.

Liu C, Wang B, Zhu Y, et al. 2022. Eco-enzymatic stoichiometry and microbial non-homeostatic regulation depend on relative resource availability during litter decomposition. Ecol Indic, 145: 109729.

Liu X J A, Sun J, Mau R L, et al. 2017. Labile carbon input determines the direction and magnitude of the priming effect. Appl Soil Ecol, 109: 7-13.

Liu Y, Ge T, Zhu Z, et al. 2019. Carbon input and allocation by rice into paddy soils: a review. Soil Biol Biochem, 133: 97-107.

Loeppmann S, Breidenbach A, Spielvogel S, et al. 2020. Organic nutrients induced coupled C- and P-cycling enzyme activities during microbial growth in forest soils. Frontiers in Forests and Global Change, 3: 100.

López-Mondéjar R, Tláskal V, Větrovský T, et al. 2020. Metagenomics and stable isotope probing reveal the complementary contribution of fungal and bacterial communities in the recycling of dead biomass in forest soil. Soil Biol Biochem, 148: 107875.

Luo Y, Zang H, Yu Z, et al. 2017b. Priming effects in biochar enriched soils using a three-source-partitioning approach: ^{14}C labelling and ^{13}C natural abundance. Soil Biol Biochem, 106: 28-35.

Luo Z, Feng W, Luo Y, et al. 2017a. Soil organic carbon dynamics jointly controlled by climate, carbon inputs, soil properties and soil carbon fractions. Global Change Biol, 23(10): 4430-4439.

Luo Z, Wang E, Sun O J. 2016. A meta-analysis of the temporal dynamics of priming soil carbon decomposition by fresh carbon inputs across ecosystems. Soil Biol Biochem, 101: 96-103.

Ma T, Dai G, Zhu S, et al. 2019a. Distribution and preservation of root- and shoot-derived carbon components in soils across the Chinese-Mongolian grasslands. Biogeosciences, 124(2): 420-431.

Ma T, Zhu S, Wang Z, et al. 2019b. Divergent accumulation of microbial necromass and plant lignin components in grassland soils. Nat Commun, 9(1): 1-9.

Marklein A R, Houlton B Z. 2012. Nitrogen inputs accelerate phosphorus cycling rates across a wide variety of terrestrial ecosystems. New Phytol, 193(3): 696-704.

Mikutta R, Turner S, Schippers A, et al. 2019. Microbial and abiotic controls on mineral-associated organic matter in soil profiles along an ecosystem gradient. Sci Rep, 9(1): 1-9.

Miltner A, Bombach P, Schmidt-Brücken B, et al. 2012. SOM genesis: microbial biomass as a significant source. Biogeochemistry, 111(1): 41-55.

Moorhead D L, Sinsabaugh R L, Hill B H, et al. 2016. Vector analysis of ecoenzyme activities reveal constraints on coupled C, N and P dynamics. Soil Biol Biochem, 93: 1-7.

Mooshammer M, Wanek W, Zechmeister-Boltenstern S, et al. 2014. Stoichiometric imbalances between terrestrial decomposer communities and their resources: mechanisms and implications of microbial adaptations to their resources. Front Microbiol, 5(22): 22.

Mori T. 2020. Does ecoenzymatic stoichiometry really determine microbial nutrient limitations? Soil Biol Biochem, 146: 107816.

Mori T, Aoyagi R, Kitayama K, et al. 2021. Does the ratio of β-1,4-glucosidase to β-1,4-*N*- acetylglucosaminidase indicate the relative resource allocation of soil microbes to C and N acquisition? Soil Biol Biochem, 160: 108363.

Ni X, Liao S, Tan S, et al. 2020. A quantitative assessment of amino sugars in soil profiles. Soil Biol Biochem, 143: 107762.

Nottingham A T, Griffiths H, Chamberlain P M, et al. 2009. Soil priming by sugar and leaf-litter substrates: a link to microbial groups. Appl Soil Ecol, 42(3): 183-190.

Nottingham A T, Turner B L, Chamberlain P M, et al. 2012. Priming and microbial nutrient limitation in lowland tropical forest soils of contrasting fertility. Biogeochemistry, 111(1-3): 219-237.

Ortiz C, Fernández-Alonso M J, Kitzler B, et al. 2022. Variations in soil aggregation, microbial community structure and soil organic matter cycling associated to long-term afforestation and woody encroachment in a Mediterranean alpine ecotone. Geoderma, 405: 115450.

Peng X, Wang W. 2016. Stoichiometry of soil extracellular enzyme activity along a climatic transect in temperate grasslands of northern China. Soil Biol Biochem, 98: 74-84.

Pett-Ridge J, Firestone M K. 2017. Using stable isotopes to explore root-microbe-mineral interactions in soil. Rhizosphere, 3: 244-253.

Prescott C E, Vesterdal L. 2021. Decomposition and transformations along the continuum from litter to soil organic matter in forest soils. Forest Ecol Manag, 498: 119522.

Prommer J, Walker T W, Wanek W, et al. 2020. Increased microbial growth, biomass, and turnover drive soil organic carbon accumulation at higher plant diversity. Global Change Biol, 26(2): 669-681.

Rasse D P, Rumpel C, Dignac M F. 2005. Is soil carbon mostly root carbon? Mechanisms for a specific stabilisation. Plant Soil, 269(1): 341-356.

Ren Q, Song H, Yuan Z, et al. 2018. Changes in soil enzyme activities and microbial biomass after revegetation in the three gorges reservoir, China. Forests, 9(5): 249.

Rosinger C, Rousk J, Sandén H. 2019. Can enzymatic stoichiometry be used to determine growth-limiting nutrients for microorganisms? A critical assessment in two subtropical soils. Soil Biol Biochem, 128: 115-126.

Samson M E, Chantigny M H, Vanasse A, et al. 2020. Management practices differently affect particulate and mineral-associated organic matter and their precursors in arable soils. Soil Biol Biochem, 148: 107867.

Schimel J P, Weintraub M N. 2003. The implications of exoenzyme activity on microbial carbon and nitrogen limitation in soil: a theoretical model. Soil Biol Biochem, 35(4): 549-563.

Schweigert M, Herrmann S, Miltner A, et al. 2015. Fate of ectomycorrhizal fungal biomass in a soil bioreactor system and its contribution to soil organic matter formation. Soil Biol Biochem, 88: 120-127.

See C R, Fernandez C W, Conley A M, et al. 2021. Distinct carbon fractions drive a generalisable two-pool model of fungal necromass decomposition. Funct Ecol, 35(3): 796-806.

Shao S, Zhao Y, Zhang W, et al. 2017. Linkage of microbial residue dynamics with soil organic carbon accumulation during subtropical forest succession. Soil Biol Biochem, 114: 114-120.

Siles J A, Cajthaml T, Minerbi S, et al. 2016. Effect of altitude and season on microbial activity, abundance and community structure in Alpine forest soils. FEMS Microbiol Ecol, 92(3): fiw008.

Simpson A, Simpson M, Smith E, et al. 2007. Microbially derived inputs to soil organic matter: are current estimates too low. EST, 41(23): 8070-8076.

Sinsabaugh R L. 2010. Phenol oxidase, peroxidase and organic matter dynamics of soil. Soil Biol Biochem, 42(3): 391-404.

Sinsabaugh R L, Hill B H, Follstad Shah J J. 2009. Ecoenzymatic stoichiometry of microbial organic nutrient acquisition in soil and sediment. Nature, 462(7320): 795-798.

Sinsabaugh R L, Lauber C L, Weintraub M N, et al. 2008. Stoichiometry of soil enzyme activity at global scale. Ecol Lett, 11(11): 1252-1264.

Sinsabaugh R L, Moorhead D L. 1994. Resource allocation to extracellular enzyme production: a model for nitrogen and phosphorus control of litter decomposition. Soil Biol Biochem, 26(10): 1305-1311.

Šnajdr J, Cajthaml T, Valášková V, et al. 2011. Transformation of *Quercus petraea* litter: successive changes in litter chemistry are reflected in differential enzyme activity and changes in the microbial community composition. FEMS Microbiol Ecol, 75(2): 291-303.

Sokol N W, Bradford M A. 2019. Microbial formation of stable soil carbon is more efficient from belowground than aboveground input. Nat Geosci, 12(1): 46-53.

Sokol N W, Sanderman J, Bradford M A. 2019. Pathways of mineral-associated soil organic matter formation: integrating the role of plant carbon source, chemistry, and point of entry. Global Change Biol, 25(1): 12-24.

Soong J L, Fuchslueger L, Marañon-Jimenez S, et al. 2020. Microbial carbon limitation: the need for integrating microorganisms into our understanding of ecosystem carbon cycling. Global Change Biol, 26(4): 1953-1961.

Spohn M. 2016. Element cycling as driven by stoichiometric homeostasis of soil microorganisms. Basic Appl Ecol, 17(6): 471-478.

Sterner R, Elser J J. 2002. Ecological Stoichiometry: The Biology of Elements from Molecules to the Biosphere. Princeton: Princeton University Press.

Strickland M S, Rousk J. 2010. Considering fungal: bacterial dominance in soils: methods, controls, and ecosystem implications. Soil Biol Biochem, 42(9): 1385-1395.

Tan W, Wang S, Liu N, et al. 2020. Tracing bacterial and fungal necromass dynamics of municipal sludge in landfill bioreactors using biomarker amino sugars. Sci Total Environ, 741: 140513.

Tarafdar J C, Claassen N. 1988. Organic phosphorus compounds as a phosphorus source for higher plants through the activity of phosphatases produced by plant roots and microorganisms. Biol Fert Soils, 5(4): 308-312.

Trivedi P, Delgado-Baquerizo M, Trivedi C, et al. 2016. Microbial regulation of the soil carbon cycle: evidence from gene–enzyme relationships. ISME Journal, 10(11): 2593-2604.

Wang B, Huang Y, Li N, et al. 2022. Initial soil formation by biocrusts: nitrogen demand and clay protection control microbial necromass accrual and recycling. Soil Biol Biochem, 167: 108607.

Wang B, Liang C, Yao H, et al. 2021. The accumulation of microbial necromass carbon from litter to mineral soil and its contribution to soil organic carbon sequestration. Catena, 207(9): 105622.

Wang X, Zhang W, Zhou F, et al. 2020. Distinct regulation of microbial processes in the immobilization of labile carbon in different soils. Soil Biol Biochem, 142: 107723.

Wardle D A, Yeates G W, Nicholson K S, et al. 1999. Response of soil microbial biomass dynamics, activity and plant litter decomposition to agricultural intensification over a seven-year period. Soil Biol Biochem, 31(12): 1707-1720.

Waring B G, Weintraub S R, Sinsabaugh R L. 2013. Ecoenzymatic stoichiometry of microbial nutrient acquisition in tropical soils. Biogeochemistry, 117(1): 101-113.

Wei X, Hu Y, Razavi B S, et al. 2019. Rare taxa of alkaline phosphomonoesterase-harboring microorganisms mediate soil phosphorus mineralization. Soil Biol Biochem, 131: 62-70.

Weng Z, Lehmann J, Van Zwieten L, et al. 2021. Probing the nature of soil organic matter. Crit Rev Environ Sci Tech, 52(22): 4072-4093.

Xia Y, Chen X, Zheng X, et al. 2020. Preferential uptake of hydrophilic and hydrophobic compounds by bacteria and fungi in upland and paddy soils. Soil Biol Biochem, 148: 107879.

Xiao L, Liu G, Li P, et al. 2021. Ecological stoichiometry of plant–soil–enzyme interactions drives secondary plant succession in the abandoned grasslands of Loess Plateau, China. Catena, 202: 105302.

Xu Y, Ding F, Gao X, et al. 2019. Mineralization of plant residues and native soil carbon as affected by soil fertility and residue type. Journal of Soils and Sediments, 19(3): 1407-1415.

Xue H, Lan X, Liang H, et al. 2019. Characteristics and environmental factors of stoichiometric homeostasis of soil microbial biomass carbon, nitrogen and phosphorus in China. Sustainability, 11(10): 2804.

Xue Z, Liu C, Zhou Z, et al. 2022. Extracellular enzyme stoichiometry reflects the metabolic C- and P-limitations along a grassland succession on the Loess Plateau in China. Appl Soil Ecol, 179: 104594.

Yang Y, Liang C, Wang Y, et al. 2020. Soil extracellular enzyme stoichiometry reflects the shift from P- to N-limitation of microorganisms with grassland restoration. Soil Biol Biochem, 149: 107928.

Yang Y, Xie H, Mao Z, et al. 2022. Fungi determine increased soil organic carbon more than bacteria through their necromass inputs in conservation tillage croplands. Soil Biol Biochem, 167: 108587.

Yuan X, Niu D, Gherardi L A, et al. 2019. Linkages of stoichiometric imbalances to soil microbial respiration with increasing nitrogen addition: evidence from a long-term grassland experiment. Soil Biol Biochem, 138: 107580.

Yuan X, Qin W, Xu H, et al. 2020. Sensitivity of soil carbon dynamics to nitrogen and phosphorus enrichment in an alpine meadow. Soil Biol Biochem, 150: 107984.

Zechmeister-Boltenstern S, Keiblinger K M, Mooshammer M, et al. 2015. The application of ecological stoichiometry to plant-microbial-soil organic matter transformations. Ecol Monogr, 85(2): 133-155.

Zhang C, Liu G, Xue S, et al. 2011. Rhizosphere soil microbial activity under different vegetation types on the Loess Plateau, China. Geoderma, 161(3-4): 115-125.

Zhang J, Li M, Xu L, et al. 2021. C：N：P stoichiometry in terrestrial ecosystems in China. Sci Total Environ, 795: 148849.

Zhang W, Liu W, Xu M, et al. 2019a. Response of forest growth to C：N：P stoichiometry in plants and soils during *Robinia pseudoacacia* afforestation on the Loess Plateau, China. Geoderma, 337: 280-289.

Zhang W, Yang K, Lyu Z, et al. 2019b. Microbial groups and their functions control the decomposition of coniferous litter: A comparison with broadleaved tree litters. Soil Biol Biochem, 133: 196-207.

Zhang X, Amelung W. 1996. Gas chromatographic determination of muramic acid, glucosamine, mannosamine, and galactosamine in soils. Soil Biol Biochem, 28(9): 1201-1206.

Zhao L, Wu W, Xu X, et al. 2014. Soil organic matter dynamics under different land use in grasslands in Inner Mongolia (northern China). Biogeosciences, 11(18): 5103-5113.

Zheng H, Vesterdal L, Schmidt I K, et al. 2022. Ecoenzymatic stoichiometry can reflect microbial resource limitation, substrate quality, or both in forest soils. Soil Biol Biochem, 167: 108613.

Zhou J, Wen Y, Shi L, et al. 2021. Strong priming of soil organic matter induced by frequent input of labile carbon. Soil Biol Biochem, 152: 108069.

Zhou Z, Wang C, Jin Y. 2017. Stoichiometric responses of soil microflora to nutrient additions for two temperate forest soils. Biol Fert Soils, 53(4): 397-406.

Zhu Z, Ge T, Luo Y, et al. 2018. Microbial stoichiometric flexibility regulates rice straw mineralization and its priming effect in paddy soil. Soil Biol Biochem, 121: 67-76.

第9章 土壤固碳微生物群落及微生物产物对有机碳的贡献

自养微生物,从能量利用的角度可分为光能自养微生物和化能自养微生物。它们可以通过特殊的生物固碳途径将大气 CO_2 转化为有机碳并合成自身细胞物质(微生物生物量碳)和微生物残体。当微生物死亡以后,其细胞膜和细胞壁残体进入土壤参与有机碳的循环(图 9-1),从而增加土壤碳固持及减缓全球 CO_2 浓度升高。稻田土壤中数量可观的固碳微生物每年同化 CO_2 的数量高达 49 亿 t(袁红朝等,2011),对土壤有机碳固定贡献潜力巨大;在植物生长受限的干旱半干旱区,土壤微生物固定的 CO_2 占植物固碳量的 18%(Zhao et al.,2018;Chen et al.,2021);在湿地、干旱草地和荒漠土壤中,光能自养微生物的固碳潜力分别为 85mg C/(m^2·d)、22mg C/(m^2·d)和 6.4mg C/(m^2·d)(Lynn et al.,2017;Liu et al.,2018)。可见,固碳微生物的碳固定是有机碳输入的一条重要途径。

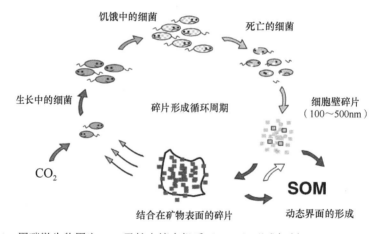

图 9-1 固碳微生物固定 CO_2 贡献土壤有机质(SOM)形成机制(Miltner et al.,2012)

9.1 土壤固碳微生物群落分布特征

微生物作为土壤复杂体系中的重要组成部分,其生命代谢活动在陆地碳循环方面发挥着关键作用。具有固碳功能的光能自养微生物和化能自养微生物在土壤碳循环中可作为一种潜在的"驱动力"。光能自养微生物主要包括微藻类和光合细菌,化能自养微生物包括严格化能自养菌和兼性化能自养菌(刘明升等,2012;李凤娟等,2015),以 CO_2 为碳源,主要通过氧化 H_2、H_2S、$S_2O_3^{2-}$、NH_4^+、NO_2 及 Fe^{2+} 等还原态无机物质获得能源(袁红朝等,2011;郭珺等,2019)。研究表明可固定 CO_2 的自养菌广泛分布于湿地、农田、林地、草地、稻田等多种生态环境中,其中放线菌门(Actinobacteria)、变形菌门

（Proteobacteria）、绿弯菌门（Chloroflexi）、酸杆菌门（Acidobacteria）、芽单胞菌门（Gemmatimonadetes）、厚壁菌门（Firmicutes）、奇古菌门（Thaumarchaeota）、硝化螺旋菌门（Nitrospirae）、浮霉菌门（Planctomycetes）和拟杆菌门（Bacteroidetes）为主要的固碳类群。*cbbL* 和 *cbbM* 分别是 Rubisco Ⅰ 和 Rubisco Ⅱ 的编码基因，由于其保守性高，常被用于研究不同环境下利用卡尔文循环途径的自养固碳微生物群落的多样性（Yuan et al.，2012；Chen et al.，2014）。通过实时定量 PCR 发现阔叶林土壤固碳菌 *cbbL* 基因的拷贝数为 $7.95 \times 10^8 \sim 1.61 \times 10^9$ 拷贝数/g 土（刘彩霞等，2018），表明固碳微生物的多样性极为丰富。

在退耕还乔木、灌木和草中，退耕还草的土壤固碳速率较高，在降水量较低（<450mm）的黄土高原北部，与乔木林和灌木林相比，草地表现出较高的土壤固碳速率；在降水量较高（450～550mm）的黄土高原中部地区，草地和乔木林表现出比灌木林较高的土壤固碳速率；而在降水量高（>550mm）的黄土高原南部，虽然灌木林的固碳量低于乔木林，但是其平均土壤固碳速率与乔木林接近，而且灌木林比草地具有较持久的固碳能力（Feng et al.，2013）。但是在黄土高原北部地区，退耕初期（<5 年），土壤固碳速率高达 1.65Mg C/(hm²·a)，退耕 30 年以后，土壤固碳速率仍然保持较高的水平（Deng et al.，2017）。退耕年限是影响土壤固碳量的主要因子，黄土高原地区退耕还林还草工程中土壤的固碳潜力为 0.59Tg/年（邓蕾，2014）。在高的固碳潜力中，固碳微生物在黄土高原不同生境下的分布特征还不清楚，哪些微生物参与大气 CO_2 固定需要深入探讨。

本节主要运用高通量测序技术对具有特定固碳基因（*cbbL* 和 *cbbM*）的微生物群落进行了分析，并通过宏基因组学技术对新的固碳种群进一步挖掘，进而更为全面地认识黄土高原土壤固碳微生物群落的分布特征。

9.1.1　土壤固碳微生物群落的地理分布格局

在退耕还林还草工程实施和气候环境变化背景下，黄土高原植物群落呈多样化发展，植物物种和植物群落的分布都有对生态环境适应的过渡范围。总的来说，从东南到西北，植被类型呈带状分布，依次为森林带、森林草原带、典型草原带、荒漠草原带和荒漠带。从南到北，纬度逐渐增加，海拔逐渐升高，为397～1633m，年平均温度为8.7～13.1℃，年平均降水量为 372～585mm，土壤类型为黄土。选择秦岭（森林，QL）、关中（农田，GZ）、渭北（农田，WB）、洛川（农田，LC）、子午岭（森林，ZWL）、安塞（森林草原，AS）、镰刀湾（草原，LDW）、靖边（森林草原，JB）不同地区典型植被类型的土壤为研究对象（表 9-1），对不同生境下土壤固碳微生物的群落（*cbbL* 和 *cbbM*）特征进行研究。

表 9-1　从南到北不同样点的基本信息

区域		地点	经度	纬度	年平均降水量/mm	植被类型	主要植物种类
秦岭	QLA	北坡中部	108°11′36.72″E	34°6′25.74″N	560		辽东栎
	QLB	北坡西部	107°39′2.15″E	34°10′52.14″N	583	森林	齿栎
	QLC	北坡中部	108°1′5.27″E	34°4′15.23″N	575		辽东栎

	区域	地点	经度	纬度	年平均降水量/mm	植被类型	主要植物种类
关中	GZA	岐山县	107°39′45.96″E	34°25′59.98″N	585		玉米
	GZB	扶风县	108°0′41.66″E	34°20′28.46″N	563	农田	玉米
	GZC	兴平市	108°22′53.05″E	34°18′15.43″N	540		玉米
渭北	WBA	富平县	109°13′45.74″E	34°43′55.22″N	541		桃
	WBB	蒲城县	109°36′4.50″E	34°54′38.12″N	528	农田	梨
	WBC	长武县	107°48′26.13″E	35°11′45.60″N	567		苹果
洛川	LCA	洛川县	109°28′31.76″E	35°47′43.77″N	543		苹果
	LCB	洛川县	109°29′0.83″E	35°49′30.47″N	541	农田	苹果
	LCC	洛川县	109°24′28.55″E	35°50′32.16″N	542		苹果
子午岭	ZWLA	子午岭	109°5′54.50″E	36°0′18.15″N	539		油松
	ZWLB	子午岭	108°52′43″E	36°1′42″N	537	森林	油松
	ZWLC	子午岭	108°37′28.56″E	36°5′56.70″N	525		白桦
安塞	ASA	坊塌	109°16′32.67″E	36°47′23.30″N	478		铁杆蒿
	ASB	纸坊沟	109°15′29.74″E	36°43′54.22″N	483	森林草原	柠条
	ASC	纸坊沟	109°15′18.10″E	36°43′56.05″N	483		刺槐
镰刀湾	LDWA	镰刀湾	108°58′15″E	37°11′39″N	417		白羊草
	LDWB	镰刀湾	108°57′01″E	37°10′12″N	417	草原	猪毛蒿
	LDWC	镰刀湾	108°57′11.34″E	37°11′49.06″N	413		大针茅
靖边	JBA	靖边县	108°51′38.41″E	37°31′20.21″N	372		沙柳
	JBB	靖边县	108°52′58.06″E	37°30′9.63″N	373	森林草原	旱柳
	JBC	靖边县	108°54′8.08″E	37°28′6.91″N	379		小叶杨

9.1.1.1　*cbbL* 和 *cbbM* 基因群落多样性

对所有土壤样品进行高通量测序分析,得到 349 058 条和 1 134 153 条质控后序列数,含 *cbbL*、*cbbM* 基因的物种 OTU 分别为 15 248、37 694。从南到北不同生境下土壤中 *cbbL* 和 *cbbM* 基因群落 α 多样性如图 9-2 所示。*cbbL* 基因群落的 Shannon-Wiener 指数（3.89～5.21）高于 *cbbM* 基因群落（2.71～3.14）,在镰刀湾（LDW）区域最高,表明在草原区土壤中固碳微生物的多样性相较于其他区域丰富；Chao1 指数从南到北呈现出先增加后降低的趋势,子午岭（ZWL）、镰刀湾（LDW）、靖边（JB）地区比秦岭（QL）显著高 79%～87%（$P < 0.05$）。*cbbM* 基因群落 Shannon-Wiener 指数在各处理间无显著差异（$P > 0.05$）,而 Chao1 指数在洛川（LC）地区最高,表明农田土壤含有较多的 *cbbM* 基因群落。

9.1.1.2　*cbbL* 和 *cbbM* 基因群落组成

如图 9-3 所示,靖边（JB）、安塞（AS）和镰刀湾（LDW）的微生物群落结构相似,与关中（GZ）、渭北（WB）、洛川（LC）、秦岭（QL）和子午岭（ZWL）有显著差异,第一主轴、第二主轴分别解释了 45.3%、25.9%的差异,这表明土壤固碳微生物群落结构受不同生态系统类型/土地利用方式的影响。含 *cbbL* 的细菌类群在年平均降水量（MAP）高的地区（南部）更为丰富，而含 *cbbM* 的细菌类群在年平均降水量低的区域（北部）更为普遍，表明固碳微生物的主导类群沿南北横断面从含 *cbbL* 的细菌类群向含 *cbbM* 的细菌类群转化。此外，网络分析（图 9-4）表明，从南到北土壤固碳细菌群落间的相互作用很紧密，冗余度很低，且变形菌门（Proteobacteria）和蓝细菌门（Cyanobacteria）在黄土高原北部区域土壤碳循环中起着重要作用。

在含 *cbbL* 基因的固碳细菌中，变形菌门（Proteobacteria）和放线菌门（Actinobacteria）占主导地位，占总序列数的 53.2%（图 9-5）。蓝细菌门（Cyanobacteria）、绿弯菌门（Chloroflexi）和 Cand. division NC10 在多数土壤中相对丰度较低。在含 *cbbM* 基因的固碳细菌中以变形菌门（Proteobacteria）为主，占总序列数的 23.6%，以 α-变形菌纲（Alphaproteobacteria）为代表（2.3%），放线菌相对丰度较低。这些结果表明变形菌和放线菌是从南到北不同生境下主要的固碳类群，在土壤碳固定过程中起着重要作用。

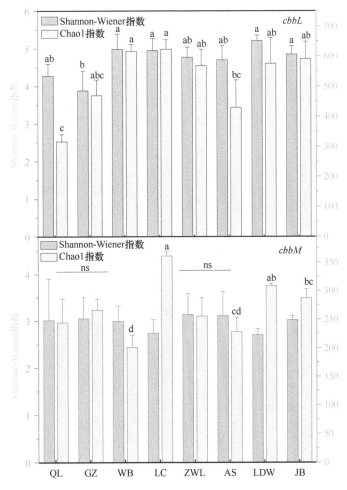

图 9-2　从南到北不同生境下土壤 *cbbL* 和 *cbbM* 固碳微生物群落 α 多样性指数

图柱上不含有相同小写字母的代表不同处理之间差异显著（*P*<0.05），ns 代表无显著差异

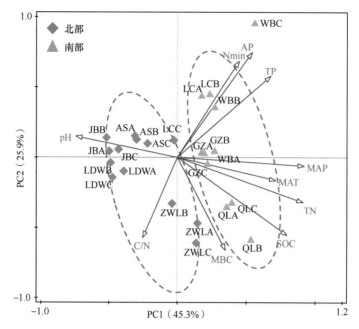

图 9-3　从南到北不同生境下土壤固碳微生物群落分布特征

pH：酸碱度；C/N：碳氮比；MBC：微生物生物量碳；SOC：有机碳；TN：全氮；
MAT：年平均温度；MAP：年平均降水量；TP：全磷；AP：有效磷；Nmin：铵态氮与硝态氮之和

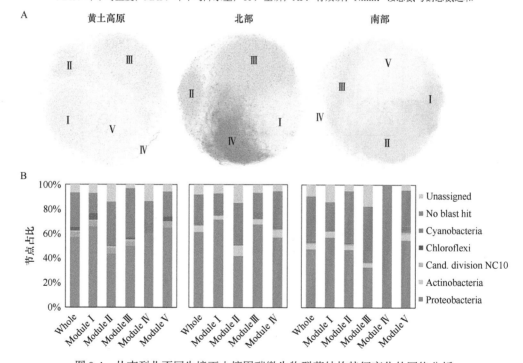

图 9-4　从南到北不同生境下土壤固碳微生物群落结构特征变化的网络分析

在网络分析中，根据节点的分布，按模块进行着色（模块可以代表相似的生态环境，模块内的物种归因于生态位重叠而通常存在更多的交互）。Ⅰ代表 Module Ⅰ（模块1），Ⅱ代表 Module Ⅱ（模块2），Ⅲ代表 ModuleⅢ（模块3），Ⅳ代表 ModuleⅣ（模块4），Ⅴ代表 Module Ⅴ（模块5），Whole 代表整个网络图。Unassigned：未分配；No blast hit：未比对；Cyanobacteria：蓝细菌门；Chloroflexi：绿弯菌门；Cand. Division NC10：未知菌群 NC10；Actinobacteria：放线菌门；Proteobacteria：变形菌门

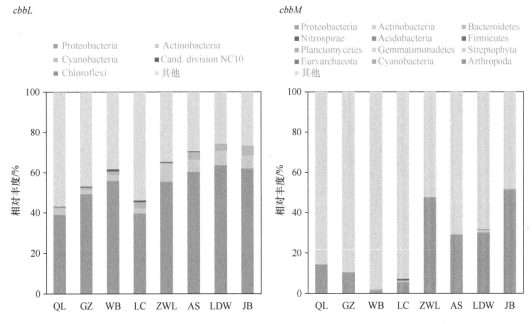

图 9-5　从南到北不同生境下土壤 *cbbL* 和 *cbbM* 基因群落在门水平的群落组成的相对丰度

9.1.1.3　*cbbL* 和 *cbbM* 基因群落的驱动因素

典型相关分析（canonical correlation analysis，CCA）和方差分解分析（variance partitioning analysis，VPA）结果（图 9-6）表明，土壤 pH、全磷（TP）、年平均降水量（MAP）和微生物生物量碳（MBC）是影响 *cbbL* 基因群落结构变化的重要因素，而 *cbbM* 基因群落结构主要受土壤 pH、年平均温度（MAT）、TP、有效磷（AP）和 Nmin（铵态氮和硝态氮）的驱动。环境因子和空间因子共同解释了 *cbbL* 基因群落 20.3% 的差异，分别解释了 17.3%、12.4% 的差异。对于 *cbbM* 基因群落，环境因子和空间因子的共同影响相对较弱，分别解释了 20.0%、13.2% 的差异。距离衰减曲线结果（图 9-7）显示，*cbbL*

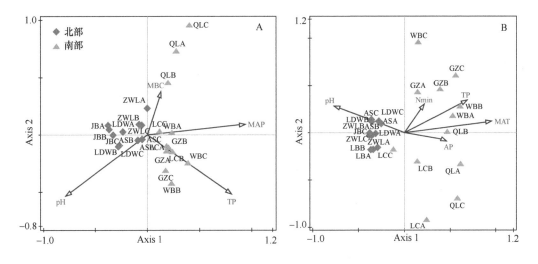

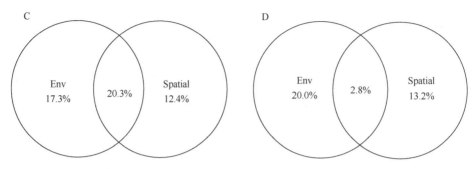

图 9-6 黄土高原土壤含 *cbbL* 和 *cbbM* 基因的固碳群落 β 多样性驱动因素

A、B 分别为含 *cbbL* 基因、*cbbM* 基因的固碳群落影响因素的典型相关分析；C、D 分别为环境因子（气候和土壤因子）和空间因子解释 *cbbL* 基因、*cbbM* 基因的固碳群落 β 多样性驱动因素的方差分解分析。Env 表示环境因子，Spatial 表示空间因子

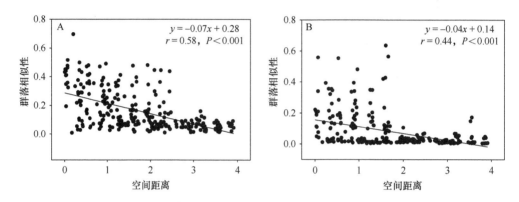

图 9-7 *cbbL* 基因（A）、*cbbM* 基因（B）的固碳群落相似性与空间距离的线性相关性分析

和 *cbbM* 基因群落相似性随空间距离显著降低，*cbbL* 基因群落相似性与空间距离的相关系数为 $r=0.58$，*cbbM* 基因群落相似性与空间距离的相关系数为 $r=0.44$，表明空间距离可能通过分散限制影响了群落结构。

9.1.2 不同植被区土壤固碳微生物群落特征

9.1.2.1 总微生物群落及固碳微生物基因组成

如表 9-2 所示，通过宏基因组测序发现，土壤总微生物质控后序列数在草原区土壤中为 67 773 074，分别显著高于森林区和森林草原区的 5.53% 和 3.42%。3 个植被区土壤的微生物均主要由细菌组成，其相对丰度分别为 98.54%、96.08%、96.01%，其次是古菌（1.12%、3.59%、3.70%）和其他类群。此外，森林区土壤细菌的相对丰度显著高于森林草原区和草原区土壤，而古菌的相对丰度远低于其他两个植被区（$P<0.05$）。

表 9-2 不同植被区土壤总微生物的序列数和微生物组成的相对丰度

项目	森林区	森林草原区	草原区
质控后序列数	64 219 379±2 767 091b	65 532 852±6 176 386b	67 773 074±3 247 785a
细菌相对丰度/%	98.54±0.36a	96.08±0.47b	96.01±0.85b

续表

项目	森林区	森林草原区	草原区
古菌相对丰度/%	1.12±0.35b	3.59±0.52a	3.70±0.85a
其他类群相对丰度/%	0.34±0.001a	0.33±0.004a	0.29±0.001b

注：数据均为平均值±标准差，同一行不同小写字母表示 3 个植被区之间差异显著（P<0.05）

如图 9-8 所示，3 个植被区土壤中微生物的固碳基因数为 354 341～703 257，占微生物群落总基因数的 0.55%～1.04%。草原区土壤中微生物的固碳基因数比森林区、森林草原区显著增加了 49.61%、45.51%，表明草原区土壤中有更多的固碳类群。此外，非度量多维尺度分析（NMDS）表明，固碳微生物物种分布差异在 3 个植被区土壤间存在显著差异（$R^2 = 0.92$，$P = 0.001$），植被类型的差异显著影响了固碳微生物群落的结构（图 9-9）。

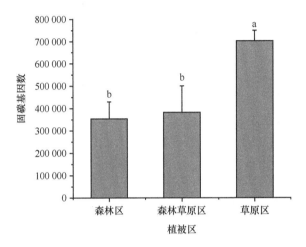

图 9-8　不同植被区土壤固碳微生物的固碳基因数量

图柱上不同小写字母表示 3 个植被区间差异显著（P<0.05）

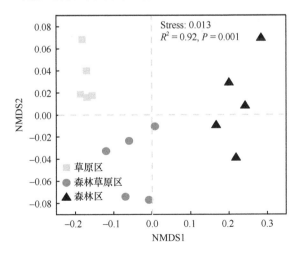

图 9-9　三个植被区固碳微生物物种分布的差异分析

不同形状的点代表不同植被区样本组，点之间的距离表示差异程度，横纵坐标表示相对距离，无实际意义。

Stress：表示压力值，检验 NMDS 分析结果的优劣，当 Stress<0.2 时其图形具有一定的解释意义

9.1.2.2 门水平的固碳微生物群落组成

在门水平，森林区、森林草原区、草原区土壤固碳微生物分别检测出 66 个、73 个、72 个门类。如图 9-10 所示，优势固碳微生物为放线菌门（Actinobacteria）、变形菌门（Proteobacteria）、酸杆菌门（Acidobacteria）、绿弯菌门（Chloroflexi）、厚壁菌门（Firmicutes）、奇古菌门（Thaumarchaeota）、芽单胞菌门（Gemmatimonadetes）、浮霉菌门（Planctomycetes）。不同植被区占主导地位的土壤固碳微生物群落种类不同，森林区土壤为变形菌门（Proteobacteria，相对丰度为41.1%），而森林草原区和草原区土壤为放线菌门（Actinobacteria，相对丰度分别为46.7%和57.0%）。沿降水梯度从南到北的森林区、森林草原区和草原区，土壤养分条件有着显著差异，微生物对环境的适应决定其功能的表达，固碳微生物亦如此。放线菌和变形菌是众所周知的数量种类多、能适应各种生存环境的两大细菌类群，在养分贫瘠的土壤中，放线菌的适应性比变形菌更强（Wiseschart et al.，2019），这也是为什么在草原区放线菌的相对丰度高于变形菌的相对丰度。此外，从森林区到草原区，放线菌门（Actinobacteria）、绿弯菌门（Chloroflexi）和奇古菌门（Thaumarchaeota）的相对丰度是显著增加的，而变形菌门（Proteobacteria）、酸杆菌门（Acidobacteria）、芽单胞菌门（Gemmatimonadetes）和浮霉菌门（Planctomycetes）的相对丰度是显著减少的，表明优势类群对植被类型和环境因素的变化响应不同。

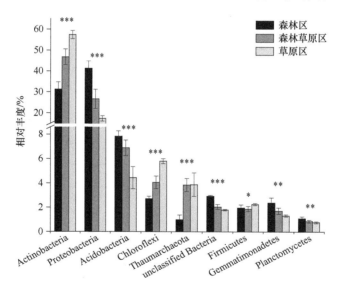

图 9-10　门水平的优势土壤固碳微生物群落组成

unclassified Bacteria 表示未分类细菌门。*表示 $P<0.05$，**表示 $P<0.01$，***表示 $P<0.001$

9.1.2.3 属水平的固碳微生物群落组成

在属水平，森林区、森林草原区、草原区土壤固碳微生物分别检测出 1308 个、1390 个、1394 个类群。如图 9-11 所示，优势固碳微生物属主要为溶解杆菌属（*Solirubrobacter*）、红色杆菌属（*Rubrobacter*）、锥孢杆菌属（*Conexibacter*）、吡咯单胞菌属（*Pyrinomonas*）、鞘脂单胞菌属（*Sphingomonas*）、慢生根瘤菌属（*Bradyrhizobium*）、链霉菌属（*Streptomyces*）

和硝基藻属（*Nitrososphaera*）等。草原区土壤中溶解杆菌属（8.02%）、红色杆菌属（10.46%）、锥孢杆菌属（4.79%）、吡咯单胞菌属（3.48%）的相对丰度显著高于森林草原区和森林区，分别高出 1.06 倍和 1.26 倍、1.63 倍和 9.46 倍、1.35 倍和 2.27 倍、1.45 倍和 1.85 倍。此外，鞘脂单胞菌属、慢生根瘤菌属和分枝杆菌属（*Mycobacterium*）在森林区土壤中的相对丰度极显著高于森林草原区和草原区（$P<0.01$），分别高出 1.07 倍和 3.24 倍、4.95 倍和 8.91 倍、2.60 倍和 4.40 倍。可见，3 个植被区土壤中固碳类群的相对丰度显著不同，优势固碳微生物是土壤碳循环过程中重要的碳固定贡献者。

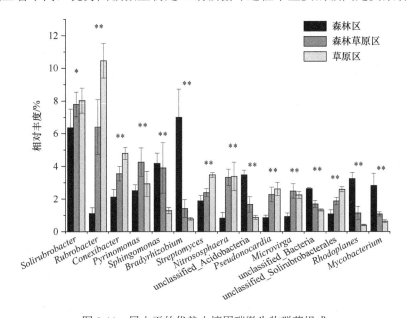

图 9-11 属水平的优势土壤固碳微生物群落组成

*表示 $P<0.05$，**表示 $P<0.01$，***表示 $P<0.001$。unclassified_Acidobacteria：未分类酸杆菌；
Pseudonocardia：假诺卡氏菌属；*Microvirga*：微型杆菌属；unclassified_Bacteria：未分类细菌

9.1.3 降水变化下草地土壤固碳微生物的群落特征

9.1.3.1 自然降水条件下草地土壤固碳微生物的群落特征

如图 9-12 所示，主坐标分析（PCoA）表明，降水量 370mm 的半干旱草地（半干旱–370mm）、降水量 480mm 的半干旱草地（半干旱–480mm）、降水量 540mm 的半湿润草地（半湿润–540mm）的土壤固碳微生物群落组成分布差异明显（$r=0.66$，$P=0.001$），第一主轴、第二主轴分别解释 52.58%、22.55%的变化。在属水平，主要为溶解杆菌属（*Solirubrobacter*）、红色杆菌属（*Rubrobacter*）、锥孢杆菌属（*Conexibacter*）、吡咯单胞菌属（*Pyrinomonas*）、硝基藻属（*Nitrososphaera*）、鞘脂单胞菌属（*Sphingomonas*）、链霉菌属（*Streptomyces*）和微型杆菌属（*Microvirga*）等。

如图 9-13 所示，低降水量（370mm）的草地土壤中红色杆菌属（*Rubrobacter*）、假诺卡氏菌属（*Pseudonocardia*）、未分类的放线菌（unclass_Actinobacteria）的相对丰度比高降水量（540mm）的草地土壤分别增加了 58%、53%、53%，而吡咯单胞菌属

（*Pyrinomonas*）、未分类的酸杆菌（unclass_Acidobacteria）分别减少了 28%、53%。

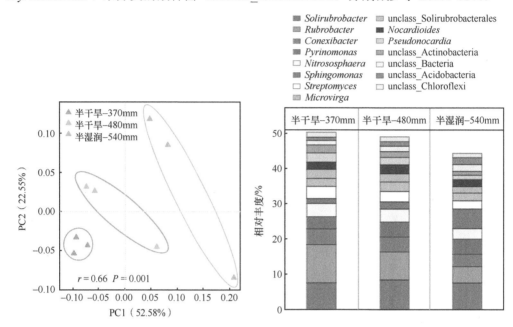

图 9-12　不同自然降水条件下 3 种草地土壤固碳微生物群落组成分布的相似性分析和优势属的相对丰度

unclass_Actinobacteria：未分类放线菌；unclass_Bacteria：未分类细菌；unclass_Acidobacteria：未分类酸杆菌；
unclass_Chloroflexi：未分类绿弯菌。下同

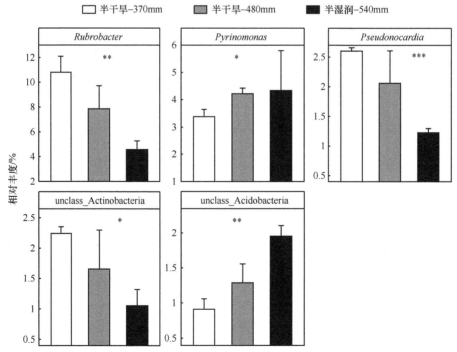

图 9-13　不同自然降水条件下 3 种草地土壤固碳微生物优势属的相对丰度的差异

*表示 $P<0.05$，**表示 $P<0.01$，***表示 $P<0.001$

优势固碳微生物属的相对丰度与环境因子的相关性热图分析（图 9-14）表明，随着年平均降水量（MAP）的增加，红色杆菌属（*Rubrobacter*）、锥孢杆菌属（*Conexibacter*）、链霉菌属（*Streptomyces*）和假诺卡氏菌属（*Pseudonocardia*）的相对丰度显著减少，而鞘脂单胞菌属（*Sphingomonas*）、*Gemmatirosa* 和慢生根瘤菌属（*Bradyhizobium*）的相对丰度极显著增加（$P<0.01$），表明这些固碳类群更倾向于寡营养环境（Esparza et al.，2010；Lynch et al.，2014；Wiseschart et al.，2019），如低降水量条件。不同降水条件下草地土壤特性（pH、非生物因子和生物因子）和植物特性（地下生物量）均影响优势固碳类群的丰度。

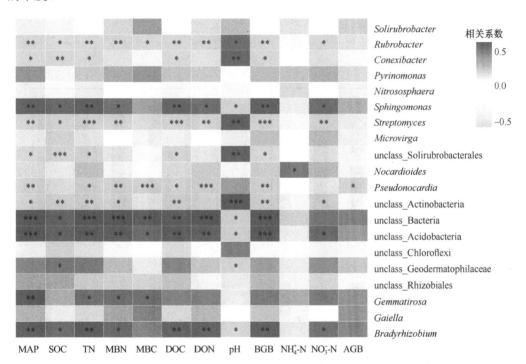

图 9-14　优势固碳微生物群落在属水平与环境因子的相关性热图分析

*表示 $P<0.05$，**表示 $P<0.01$，***表示 $P<0.001$。*Nocardioides*：类诺卡氏菌属；　unclassified_Geodermatophilaceae：未分类地嗜皮菌；unclassified_Rhizobiales：未分类根瘤菌。BGB：地下生物量；AGB：地上生物量

9.1.3.2　降水控制条件下草地土壤固碳微生物的群落特征

长期气候资料表明，中国黄土高原的年降水量可能保持不变，但年际变率随着极端降水事件的增多和干旱持续时间的延长而增加（Fu et al.，2017；Zhang et al.，2019）。降水是调节环境中水碳平衡的重要因子（Fu et al.，2017），对该地区土壤的理化性质具有重要影响。气候变化引起的降水变化是影响干旱半干旱区生物多样性和生态功能的重要因素，但其对黄土高原草地土壤含 *cbbL* 基因的固碳微生物群落的影响尚不清楚。

2015 年在陕西省安塞试验站（36°51′30″N、109°19′23″E，位于黄土高原丘陵沟壑区，海拔 1068～1309m）布设了降水控制试验。根据研究区气象站的资料，近 30 年平均降水量约为 485.0mm，最大值为 714.8mm，最小值为 273.8mm，在试验区平坦的天然草地

上设置了 15 个 3m×3m 的降水控制小区（5 个处理×3 个重复），每个小区之间设 1m 的缓冲区。5 个处理分别为自然降水（NP）、降水增加 40%（IP40）、降水减少 40%（DP40）、降水增加 80%（IP80）、降水减少 80%（DP80）。

如图 9-15 所示，整体上看，随着降水控制试验的年限变长，*cbbL* 基因群落 α 多样性指数显著增加，Chao1 指数、Simpson 指数、Coverage 指数、Pielou 均匀度指数分别增加了 4.03 倍、1.66 倍、1.57 倍、1.66 倍。在降水控制的第二年（2017 年），Chao1 指数在 IP40 处理下增加了 47.44%，而在降水控制的第四年（2019 年），处理 DP40、IP40 比 NP 的 Chao1 指数分别增加 29.16%、67.27%。Simpson 指数和 Pielou 均匀度指数在同一年份降水调控下变化趋势相似，且差异不显著（$P>0.05$）。这些结果表明含 *cbbL* 基因的固碳细菌多样性不会在短期降水改变下发生显著变化，而在长期降水改变下会发生显著变化。

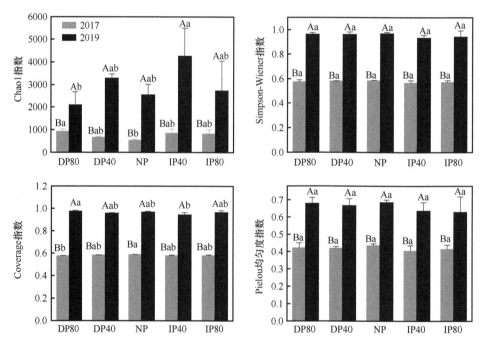

图 9-15　*cbbL* 基因群落的 α 多样性指数在降水控制条件下的变化
图柱上不含有相同大写字母的表示不同年份同一降水处理下多样性差异显著（$P<0.05$），
图柱上不含有相同小写字母的则表示同一年份不同降水梯度下多样性差异显著（$P<0.05$）。下同

非度量多维尺度分析（NMDS，图 9-16）表明，随着降水控制试验的年限变长，*cbbL* 基因固碳群落组成在 5 个处理中发生了显著变化。在 2017 年，DP40 和 DP80 处理的 *cbbL* 基因固碳群落结构相似，与降水增加处理显著不同。而在 2019 年，除了 DP80 处理，其余 4 个处理的 *cbbL* 基因固碳群落结构趋于相似。

如图 9-17 所示，优势 *cbbL* 固碳细菌主要为变形菌门（Proteobacteria，相对丰度占全部序列的 70% 以上），而放线菌门（Actinobacteria，相对丰度<2%）在所有样本中丰度占比很小。在降水控制的第二年（2017 年），变形菌门的相对丰度在 NP 处理中（15.58%）

高于其他增减雨处理，且降水增加（IP）使其相对丰度低于降水减少处理（DP）。然而，在降水控制第四年（2019 年），变形菌门的相对丰度仅占第二年（2017 年）的 1/4。这一结果表明，*cbbL* 固碳细菌群落中检测到的变形菌门仅占微生物的一小部分，变形菌门丰度的改变并不能引起整个微生物群落丰度的改变。

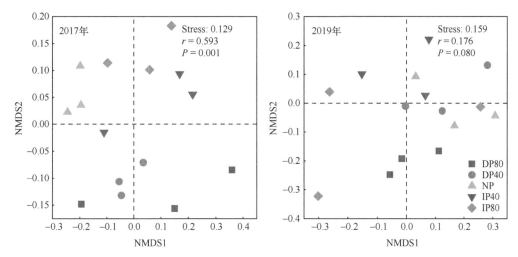

图 9-16　不同降水梯度下固碳微生物群落结构特征的年际变化

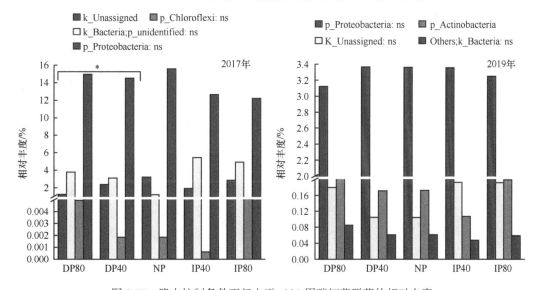

图 9-17　降水控制条件下门水平 *cbbL* 固碳细菌群落的相对丰度

*表示 $P<0.05$；ns 表示 $P>0.05$。k：界；p：门；Others：其他类群；Unassigned：未分类；unidentified：未鉴别

如图 9-18 所示，在纲水平上，β-变形菌纲（Betaproteobacteria）、α-变形菌纲（Alphaproteobacteria）和 γ-变形菌纲（Gammaproteobacteria）为优势 *cbbL* 固碳菌。在降水控制第二年（2017 年），γ-变形菌纲的相对丰度最高，DP80 处理比处理 DP40、NP、IP40、IP80 分别高 19.07%、8.48%、31.60%、33.31%。在降水控制第四年（2019 年），γ-变形菌纲的相对丰度显著降低，固碳类群转变为以 β-变形菌纲为主，当降水增加时，

其相对丰度显著增加。因此，γ-变形菌纲对水分的响应更为敏感，而 β-变形菌纲比较稳定，降水的增加更有利于其生存。

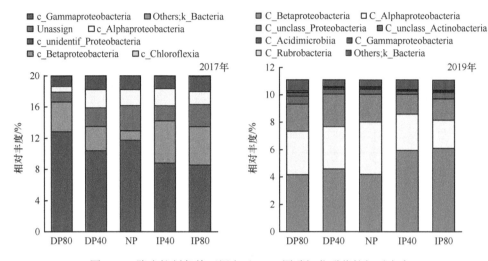

图 9-18　降水控制条件下纲水平 *cbbL* 固碳细菌群落的相对丰度

通过结构方程模型（SEM）分析，驱动 *cbbL* 固碳细菌物种组成的因素如图 9-19 所示，年平均降水量（MAP）对可溶性有机氮（DON）有直接的负向影响（–0.45），DON 对 *cbbL* 固碳细菌的群落组成（–0.79）和多样性（–0.66）有负向作用，即降水增加会使土壤的可溶性养分 DON 降低，增加了 *cbbL* 固碳微生物的群落组成和多样性。此外，硝态氮（NO_3^--N）对土壤 *cbbL* 固碳细菌的群落组成（0.44）和多样性（0.62）有显著的正向影响。这些结果表明：降水是主导土壤养分含量的关键环境因素，从而间接影响了 *cbbL* 固碳细菌的多样性指数和群落组成。

9.1.4　生物结皮形成过程中固碳微生物群落结构特征

在以"干旱"为特点的干旱半干旱生态系统，植被的生产力受到限制，以土壤微生物为主的生物土壤结皮层固定无机碳/氮改善土壤质量（Rodriguez-Caballero et al.，2018）。从土壤表层的微生物光合固碳作用到土壤剖面下层的二氧化碳微生物暗固定作用（Spohn et al.，2020），微生物形成的有机碳在改善土壤条件、影响近地表土壤过程、为植被生长提供生态位等方面起着极其重要的作用（Li et al.，2018）。因此，探究生物结皮土壤固碳微生物贡献土壤有机碳的形成机制，对理解土壤微生物在干旱生态系统生物土壤结皮有机碳形成过程中的作用及其对有机碳积累的贡献机制，对于丰富土壤有机碳形成理论具有重要理论与现实意义。

在神木市六道沟小流域选取不同形成阶段的生物土壤结皮，主要为裸沙地（Bare sand）、藻结皮（Al）、多藻少藓结皮（藓结皮数量<20%，Al-Mo）、多藓少藻结皮（藻结皮数量<20%，Mo-Al）、藓结皮（Mo）5 个阶段的土壤作为研究对象。采集了生物结皮层（BSC）和结皮层下的 0～2cm、2～10cm、10～20cm 土层的土壤样品。

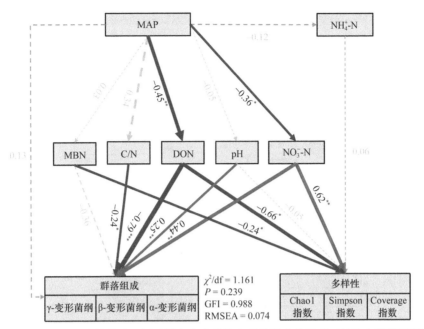

图 9-19　降水与可溶性养分、固碳微生物多样性和群落组成的关系（结构方程模型图）

图中的实线、虚线分别表示直接影响、间接影响，红色箭头表示直接正向影响，蓝色箭头表示直接负向影响。*表示 $P<0.05$，**表示 $P<0.01$，***表示 $P<0.001$。GFI：比较拟合指数；RMSEA：近似误差均方根；MAP：年平均降水量；NH_4^+-N：铵态氮；MBN：微生物生物量氮；C/N：碳氮比；DON：可溶性有机氮

如图 9-20 所示，*cbbL* 基因固碳微生物 OTU 丰度在 0～2cm 土层高于生物结皮层。生物结皮层 *cbbL* 基因固碳微生物 OTU 丰度在藻结皮阶段最高。*cbbM* 基因固碳微生物 OTU 丰度在生物结皮层和 0～2cm 土层并没有一致的变化趋势。生物结皮形成阶段 *cbbL* 和 *cbbM* 基因固碳微生物 OTU 丰度高于裸沙地土壤，这一结果表明生物结皮的形成显著促进了 *cbbL* 和 *cbbM* 基因固碳微生物多样性的增加。

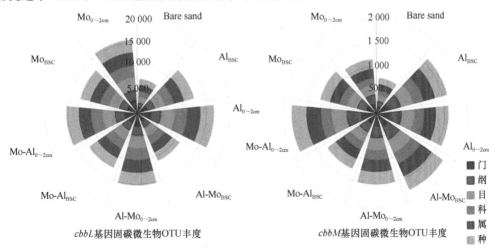

图 9-20　*cbbL* 和 *cbbM* 基因固碳微生物 OTU 丰度

如图 9-21 所示，土壤固碳微生物 Simpson 指数在不同结皮形成阶段和层次之间无

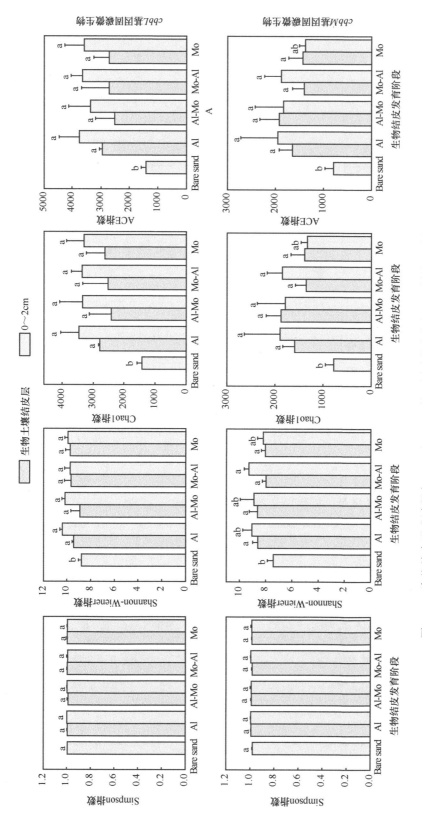

图 9-21 生物结皮形成过程中 cbbL 和 cbbM 基因固碳微生物的 α 多样性指数变化特征

多样性指数: Simpson 指数, Shannon-Wiener 指数, Chao1 指数, ACE 指数。Bare sand: 裸沙地; Al: 藻结皮; Al-Mo: 多藻少藓结皮; Mo-Al: 多藓少藻结皮; Mo: 藓结皮。图柱上不含有相同小写字母的表示不同生物结皮发育阶段土壤微生物多样性指数之间差异显著（P<0.05）

显著差异。4 种结皮形成阶段固碳微生物 Shannon-Wiener 指数显著高于裸沙地对照
（$P<0.05$），而不同结皮形成阶段之间无显著差异，BSC 层呈现增加趋势而 0～2cm 土层
呈现递减趋势。此外，4 种结皮形成阶段固碳微生物 Chao1 指数和 ACE 指数显著高于
裸沙地对照，在层际间则 0～2cm 土层高于 BSC 层，但层际之间没有显著差异。NMDS
研究结果表明，裸沙地对照与不同形成阶段的 BSC 层和 0～2cm 土层的固碳微生物群落
结构之间存在显著差异。

如图 9-22 所示，*cbbL* 基因固碳微生物群落丰度最高的为慢根瘤菌属（*Bradyrhizobium*）
和假诺卡氏菌属（*Pseudonocardia*），而 *cbbM* 基因固碳微生物群落丰度最高的为 *Magnetospirillum*
和红假单胞菌属（*Rhodopseudomonas*）。裸沙地的 *cbbL* 基因固碳微生物群落组成明显不
同于发育良好的生物土壤结皮。在结皮的不同发育阶段和土层，藻结皮生物结皮层 *cbbL*
基因固碳微生物群落组成区别于 0～2cm 矿质土层。慢根瘤菌属（*Pararhodospirillum*）
在藻结皮生物结皮层具有高的丰度而在矿质土层非常低。

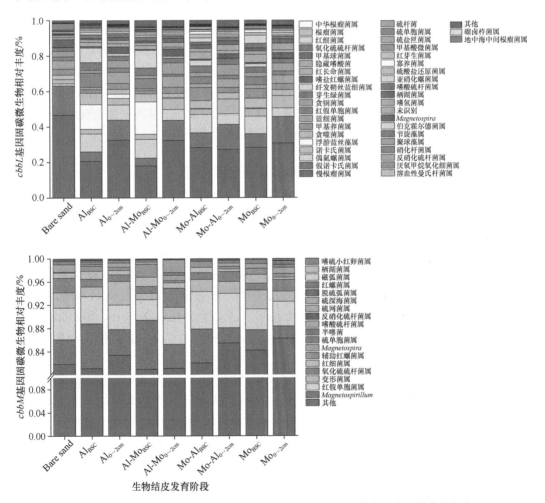

图 9-22　生物结皮形成过程中 *cbbL* 基因和 *cbbM* 基因固碳微生物群落组成变化特征

9.2 土壤固碳微生物的固碳机制

自养微生物可以利用简单的无机物作为营养物质进行正常的生长和代谢活动,广泛分布于各种生态系统中(Yuan et al.,2012;Liu et al.,2017)。土壤对大气 CO_2 的固定主要是一个涉及土壤自养微生物的同化过程(Yuan et al.,2012;Chen et al.,2014)。自养微生物通过同化 CO_2 并将其转化为土壤有机碳来调节大气中 CO_2 浓度和促进土壤的碳固定。微生物对 CO_2 的同化可以通过多种代谢途径来完成(Claassens et al.,2016;Liu et al.,2018)。卡尔文循环(Calvin cycle)是众所周知的微生物固碳途径,基于目前的研究,除此之外还存在其他 5 条途径(Yuan et al.,2012;Ge et al.,2013;Wu et al.,2014b)。研究表明在水稻、旱地和草地土壤中,随着卡尔文循环相关基因(*cbbL* 和 *cbbM*)的丰度增加,固碳微生物对 CO_2 的固定率增加,在沙漠土壤中发现还原柠檬酸循环(rCAC cycle)占主导作用。土壤条件的改变使固碳微生物面临不同的生境,不同微生物类群根据生态位偏好,选择相应的固碳途径(Berg,2011)。由于各种 CO_2 固定途径的能量需求不同(Claassens et al.,2016),在能量较低或来源较好的生境中,微生物可以根据 ATP 需求选择相应的途径(Bar Even et al.,2012;Claassens et al.,2016),如还原柠檬酸循环。在黄土高原,土壤固碳微生物通过哪些代谢途径来进行固碳及其对碳固定的作用机制还不清楚,本节主要基于宏基因组学分析探究黄土高原不同植被区土壤固碳微生物的具体代谢途径,从而进一步深化对半干旱生态系统土壤固碳微生物同化 CO_2 过程的认识。

9.2.1 不同植被区土壤固碳微生物的固碳途径特征

基于 KEGG 数据库代谢途径的注释,在 3 个植被区的土样中发现了属于 13 个碳固定功能模块(Module)的 8 条固碳途径。如表 9-3 所示,存在于原核生物中的固碳途径有还原柠檬酸循环(rTCA cycle,M00173)、二羟酸酯-羟基丁酸循环(DC/4-HB cycle,M00374)、羟基丙酸-羟基丁酸循环(3-HP/4-HB cycle,M00375)、3-羟基丙酸双循环(3-HP cycle,M00376)和还原性乙酰辅酶 A 途径(WL pathway,M00377)。光合生物中的固碳途径有卡尔文循环(Calvin cycle,M00165、M00166 和 M00167)、景天酸代谢途径(CAM pathway,M00168 和 M00169)和 C4-二羧酸循环(M00170、M00171 和 M00172)。

还原柠檬酸循环是 3 个植被区中占主导地位的代谢途径,其相对丰度在森林区、森林草原区、草原区分别为 24.0%、23.4%、22.5%。其次是二羟酸酯-羟基丁酸循环、卡尔文循环、3-羟基丙酸双循环、甘油醛-3P→核酮糖-5P、羟基丙酸-羟基丁酸循环等代谢途径。3 个植被区土壤中,除了 C4-二羧酸循环(NADP-苹果酸酶,M00172),其他不同固碳途径均具有显著或极显著差异,除卡尔文循环之外,丰度较高的均为原核生物中的固碳途径。卡尔文循环在草原区的相对丰度(13.1%)显著高于森林区、森林草原区,分别高出 12.9%、10.1%。相对丰度比较低的还原性乙酰辅酶 A 途径在草原区的相对丰度显著高于森林区和森林草原区。此外,3 个植被区土样中固碳途径的 NMDS 结果如图 9-23 所示，不同植被区存在明显的分离，且 ANOSIM 分析也表明代谢途径在 3 个植被区有显著差异（$r = 0.752$，$P = 0.001$）。

表 9-3　三个植被区土壤中存在的两种分类标准下的固碳途径的相对丰度　　（单位：%）

分类	固碳途径	功能模块	植被区			显著性
			森林区	森林草原区	草原区	
原核生物中的固碳途径	还原柠檬酸循环	M00173	24.0±0.43	23.4±0.27	22.5±0.13	**
	二羟酸酯-羟基丁酸循环	M00374	15.2±0.30	15.4±0.11	14.9±0.07	**
	羟基丙酸-羟基丁酸循环	M00375	6.88±0.11	7.03±0.12	6.50±0.09	**
	3-羟基丙酸双循环	M00376	12.7±0.31	12.3±0.15	11.4±0.09	**
	还原性乙酰辅酶 A 途径	M00377	2.19±0.08	2.40±0.11	2.55±0.07	**
光合生物中的固碳途径	卡尔文循环	M00165	11.6±0.18	11.9±0.23	13.1±0.16	**
	卡尔文循环（核酮糖-5P→甘油醛-3P）	M00166	2.45±0.11	2.72±0.11	3.41±0.08	**
	卡尔文循环（甘油醛-3P→核酮糖-5P）	M00167	9.10±0.25	9.20±0.24	9.67±0.11	**
	景天酸代谢途径（暗反应）	M00168	2.16±0.06	2.26±0.02	2.48±0.05	**
	景天酸代谢途径（光反应）	M00169	3.61±0.16	3.25±0.12	2.95±0.05	**
	C4-二羧酸循环（磷酸烯醇丙酮酸羧激酶）	M00170	1.95±0.10	2.08±0.14	2.24±0.05	*
	C4-二羧酸循环（NAD-苹果酸酶）	M00171	3.51±0.16	3.60±0.15	3.92±0.08	**
	C4-二羧酸循环（NADP-苹果酸酶）	M00172	4.72±0.19	4.46±0.10	4.45±0.09	

注：表中数据为平均值±标准差；*表示 $P<0.05$，**表示 $P<0.01$

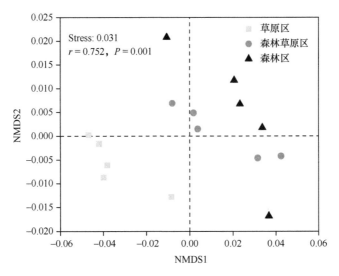

图 9-23　基于 Bray-Curtis 距离的不同植被区固碳途径非度量多维尺度分析（NMDS）

不同植被区表层土壤显著富集的固碳途径的 LEfSe 分析如图 9-24 所示，还原柠檬酸循环（M00173）和 3-羟基丙酸双循环（M00376）是森林区主要的固碳途径，二羟酸酯-羟基丁酸循环（M00374）和羟基丙酸-羟基丁酸循环（M00375）是森林草原区主要的固碳途径，而卡尔文循环（M00165）及其他光合碳固定途径是草原区主要的固碳途径。这些结果表明，不同植被区土壤固碳微生物的代谢途径存在差异，卡尔文循环和其他光合微生物固碳途径在草原区土壤中的表达要优于森林区和森林草原区，即固碳微生物通过卡尔文循环同化大气中的 CO_2 对养分贫瘠、降水量少的草地土壤碳输入有很重要的作用。

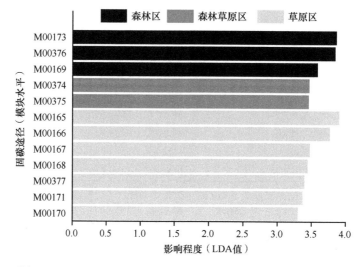

图 9-24 不同植被区表层土壤显著富集的固碳途径的 LEfSe 分析

9.2.2 不同植被区固碳途径中编码基因变化特征

对 8 条固碳途径中的 62 种标志性差异编码酶基因进行 LEfSe 分析，结果如图 9-25 所示，共筛选出 47 种标志性差异编码酶基因，森林区有 17 种（以参与还原柠檬酸循环和 3-羟基丙酸双循环的编码酶基因为主）、森林草原区有 10 种（以参与还原柠檬酸循环、二羟酸酯-羟基丁酸循环、羟基丙酸-羟基丁酸循环的编码酶基因为主）、草原区有 20 种（光合生物固碳途径和原核生物固碳途径均涉及）。

还原柠檬酸循环、3-羟基丙酸双循环和卡尔文循环代谢途径中编码酶基因在不同植被区的变化如图 9-26 所示。参与卡尔文循环的编码酶 EC 2.2.1.1、EC 3.1.3.11、EC 2.7.2.3、EC 5.3.1.6、EC 4.1.1.39、EC 2.7.1.19 基因的相对丰度从森林区到草原区是显著增加的。参与还原柠檬酸循环的编码酶主要完成两步关键反应：在还原型铁氧还蛋白的参与下，由酶 EC 1.2.7.11 催化，将乙酰辅酶 A 还原羧化为丙酮酸（pyruvate）和琥珀酰辅酶 A，再由酶 EC 1.2.7.3 催化，将丙酮酸还原羧化为 2-酮戊二酸（2-ketoglutaric acid）。两个关键步骤中的编码酶 EC 1.2.7.11 和 EC 1.2.7.3 基因的相对丰度从森林区土壤到草原区土壤是显著降低的，表明关键酶基因的表达调控代谢途径的运行，促使碳积累。而参与从乙酰辅酶 A 到草酰乙酸（oxaloacetic acid）的编码酶 EC 2.7.9.2、EC 4.1.1.31、EC 6.4.1.1 基因的相对丰度是显著增加的。在 3-羟基丙酸双循环途径中，CO_2 的受体为乙酰辅酶 A 和丙酰辅酶 A，最终形成丙酮酸，该过程中的关键编码酶 EC 1.3.5.4、EC 6.4.1.2 基因的相对丰度在森林区土壤中高于草原区土壤。

由于各种固碳途径的能量需求不同（Claassens et al.，2016），在能量较低或来源较好的生境中，微生物可以根据 ATP 需求选择相应的途径（Bar Even et al.，2012；Claassens et al.，2016）。例如，在农田和草地生态系统中，参与卡尔文循环的编码酶基因丰度显著高于其他固碳途径（Long et al.，2015；Nowak et al.，2015），而对毛乌素沙地的一项研究发现，荒漠土壤微生物利用还原柠檬酸循环的基因丰度最高（Liu et al.，2018；刘振，2019；孙永琦，2019），这可能主要是由于不同的生态系统拥有不同的能量供给差

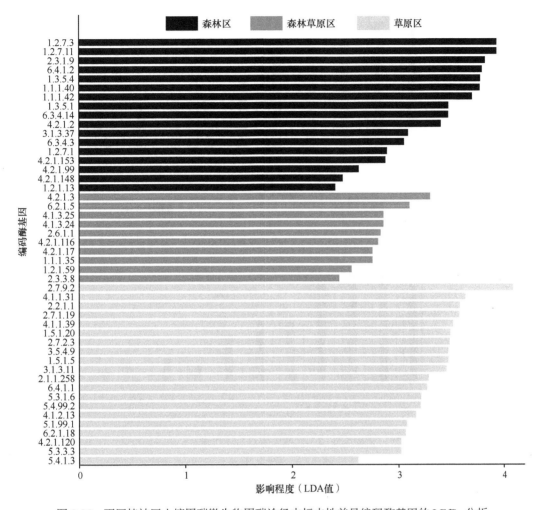

图 9-25　不同植被区土壤固碳微生物固碳途径中标志性差异编码酶基因的 LEfSe 分析

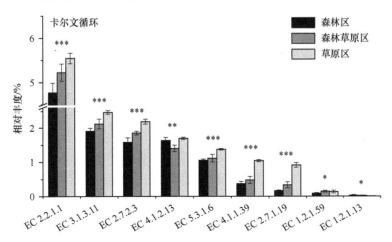

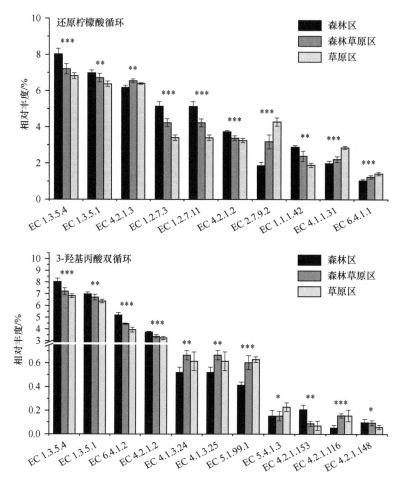

图 9-26　卡尔文循环、还原柠檬酸循环和 3-羟基丙酸双循环代谢途径中编码酶基因在不同植被区的相对丰度变化

*表示 $P<0.05$，**表示 $P<0.01$，***表示 $P<0.001$

异。因此，低能耗的需求（2 ATP，Claassens et al.，2016）可能是还原柠檬酸循环成为干旱和半干旱草地土壤首选固碳途径的原因之一。然而，这并不意味着像卡尔文循环和 3-羟基丙酸双循环这种对能量需求较高的途径没有被固碳微生物利用。决定 CO_2 固定效率的关键因素是途径动力学和 ATP 需求，这在很大程度上受到途径所涉及的编码酶的影响（Atomi，2002）。核酮糖-1,5-双磷酸羧化酶/加氧酶（Rubisco）编码基因是卡尔文循环的关键基因，存在于变形菌门（Proteobacteria）、厚壁菌门（Firmicutes）、蓝细菌门（Cyanobacteria）、绿弯菌门（Chloroflexi）等多个门类中（Yuan et al.，2012；Ge et al.，2013；Long et al.，2015）。除了进行光合作用的微生物，许多原核生物也被发现依赖卡尔文循环来固定 CO_2，更多的原核生物被证明至少含有 Rubisco。核酮糖-1,5-双磷酸羧化酶（EC 4.1.1.39）是微生物通过卡尔文循环固定 CO_2 的关键酶，它催化 1 分子核酮糖-1,5-双磷酸、CO_2 和 H_2O 转化为 2 分子 3-磷酸甘油酸。其相对丰度从森林区到草原区是显著增加的，这也从侧面反映了草原区土壤中固碳微生物以卡尔文循环途径为主。还原柠檬

酸循环途径中最重要的反应过程是 2 分子的 CO_2 合成 1 分子乙酰辅酶 A，然后乙酰辅酶 A 可转化为丙酮酸和磷酸烯醇丙酮酸，丙酮酸和磷酸烯醇丙酮酸可作为还原柠檬酸循环的中间体。磷酸烯醇丙酮酸羧化酶（EC 4.1.1.31）通过羧化反应补充还原柠檬酸循环中间体，其丰度在森林区显著高于森林草原区和草原区。2-酮戊二酸合酶（EC 1.2.7.3）作为重要的代谢中间体，其积累调控着还原柠檬酸循环（Atomi，2002）。在森林区土壤中，2-酮戊二酸合酶（EC 1.2.7.3）的丰度高于森林草原区和草原区。这些结果表明，当外界环境变化时微生物酶的表达调控着固碳微生物代谢途径。

9.2.3　不同自然降水条件下草地土壤固碳微生物的固碳途径

在不同自然降水条件下草地土壤固碳微生物中也存在以上 8 条固碳途径，如图 9-27 所示，还原柠檬酸循环（M00173）是 3 个草地中最丰富的固碳途径，其相对丰度在年平均降水量 540mm（半湿润–540mm）的草地中占 23%，分别比年平均降水量 370mm、480mm 的草地增加 3.6%、2.1%（$P<0.01$）。在 3-羟基丙酸双循环（M00376）和景天酸代谢途径（M00169）中也发现了类似的变化，它们在半湿润–540mm 的草地中的相对丰度分别比另外两种草地增加了 8.3% 和 3.8%、16% 和 13%（$P<0.05$）。LEfse 分析表明景天酸代谢途径（LDA 值：3.9）、3-羟基丙酸双循环（LDA 值：3.9）、还原柠檬酸循环（LDA 值：3.8）是高降水量草地中显著富集的固碳途径，卡尔文循环（LDA 值：4.0）是降水量相对降低（<400mm）草地中显著富集的固碳途径。

从固碳基因水平（图 9-28）来看，不同自然降水条件下草地土壤 15 个显著差异基因富集在还原柠檬酸循环（6）、3-羟基丙酸双循环（5）、卡尔文循环（4）中。在半干旱至半湿润条件下，参与还原柠檬酸循环的 *KorA*、*KorB*、*nifJ* 基因的相对丰度增加，而 *ppsA*、*ppc*、*fumB* 基因的相对丰度分别下降了 38.2%、19.7%、66.7%。参与 3-羟基丙酸双循环的基因（*sdhA*、*accC*、*accA*、*accD*）相对丰度呈现从半干旱到半湿润的增加趋势。与卡尔文循环相关的 *prkB*、*cbbL* 基因在半干旱–370mm 条件下分别比半湿润–540mm 条件下高 2 倍、1 倍。

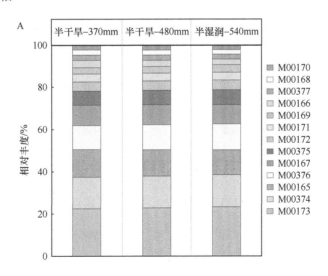

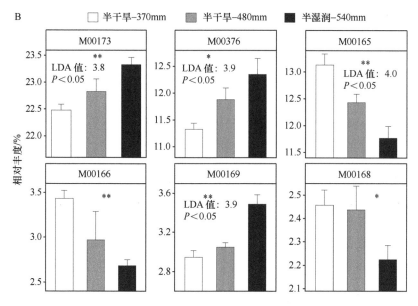

图 9-27　不同自然降水条件下草地土壤固碳途径相对丰度的柱状堆叠图（A）及显著
差异途径的 LEfSe 分析（B）

图例中各功能模块对应的固碳途径见表 9-3。*表示 $P<0.05$，**表示 $P<0.01$

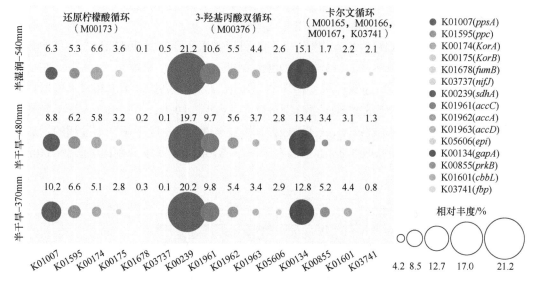

图 9-28　优势代谢途径中显著富集的固碳基因（代谢通路编号）的相对丰度变化

圆圈的大小代表丰度，颜色对应基因名称

9.2.4　不同自然降水条件下草地土壤固碳途径中编码基因变化特征

基于注释的基因组，可以将关键酶嵌入主要的固碳途径中，以完整地识别各自位点
的宏基因组，从而进一步鉴定出 3 种主要固碳途径的编码酶基因在不同自然降水条件下
的变化，结果如图 9-29 所示。在卡尔文循环中，编码酶 EC 2.7.1.19、EC 2.7.2.3、EC 2.2.1.1、

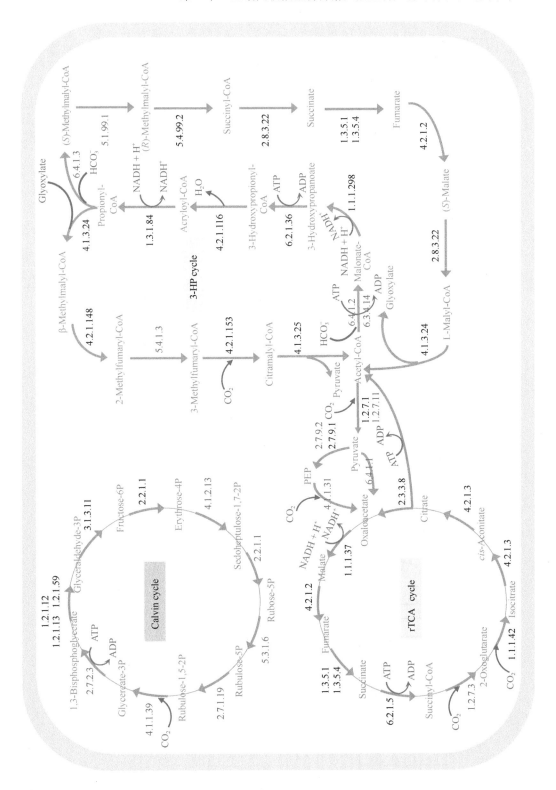

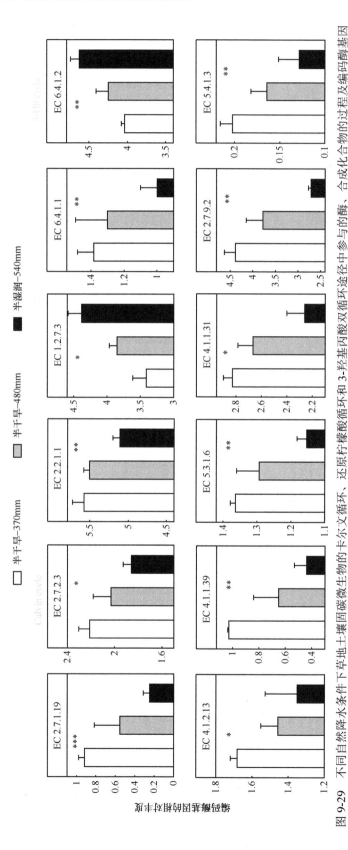

图 9-29 不同自然降水条件下草地土壤固碳微生物的卡尔文循环、还原柠檬酸循环和 3-羟基丙酸双循环途径中参与的酶、合成化合物的过程及编码酶基因的相对丰度变化

* $P<0.05$，** $P<0.01$。Calvin cycle: 卡尔文循环; rTCA cycle: 还原柠檬酸循环; 3-HP cycle: 3-羟基丙酸双循环。EC 2.7.1.19: 磷酸核酮糖激酶; EC 4.1.1.39: 核酮糖-1,5-双磷酸羧化酶; EC 2.7.2.3: 磷酸甘油酸激酶; EC 1.2.1.13: 甘油醛-3-磷酸脱氢酶 (NADP+); EC 1.2.1.59: 甘油醛-3-磷酸脱氢酶 (NAD(P)+); EC 3.1.3.11: 果糖二磷酸酶; EC 2.2.1.1: 转酮醇酶; EC 4.1.2.13: 果糖-1,6-二磷酸醛缩酶; EC 5.3.1.6: 核酮糖-5-磷酸异构酶; EC 1.2.7.1: 丙酮酸合酶; EC 1.2.7.11: 2-氧(代氧化)还原酶 (铁还蛋白); EC 2.7.9.1: 丙酮酸 (水二激酶); EC 2.7.9.2: 丙酮酸, 磷酸烯醇丙酮酸双加氧化酶; EC 4.1.1.31: 磷酸烯醇丙酮酸羧化酶; EC 6.4.1.1: 丙酮酸羧化酶; EC 1.1.1.37: 苹果酸脱氢酶 (NADP+); EC 4.2.1.2: 延胡索酸酶; EC 1.3.5.1: 富马酸还原酶; EC 6.2.1.5: 琥珀酰辅酶 A 连接酶; EC 1.2.7.3: 2-酮戊二酸合酶 (催化 ADP 形成); EC 1.1.1.42: 异柠檬酸脱氢酶 (NADP+); EC 2.3.3.8: ATP 柠檬酸合酶; EC 6.4.1.2: 乙酰辅酶 A 羧化酶; EC 1.3.1.84: 丙烯酰辅酶 A 还原酶 (NADPH); EC 1.1.1.298: 3-羟基丙酸脱氢酶 (NADP+); EC 6.2.1.36: 3-羟基丙酰辅酶 A 合成酶; EC 4.2.1.116: 3-羟基丙酰辅酶 A 水解酶; EC 4.2.1.153: (S)-甲基丙二酰辅酶 A 水解酶; EC 4.1.3.24: (S)-柠檬酰辅酶 A 裂解酶; EC 5.4.1.3: 2-甲基延胡索酸辅酶 A 异构酶; EC 4.2.1.148: 2-甲基延胡索酸辅酶 A 还原酶; EC 6.4.1.3: 丙酰基二酰辅酶 A 羧化酶; EC 5.1.99.1: 甲基丙二酰辅酶 A 表异构酶; 索酰辅酶 A 异构酶; EC 4.2.1.153: (S)-柠檬酰辅酶 A 裂解酶; EC 4.1.3.25: (S)-柠檬酰辅酶 A 转移酶; EC 2.8.3.22: 琥珀酰辅酶 A-L-苹果酸辅酶 A 转移酶; PEP: 磷酸烯醇丙酮酸; ATP: 三磷酸腺苷; ADP: 二磷酸腺苷; EC 5.4.99.2: 甲基丙二酰辅酶 A 变位酶; EC 2.3.1.9: 琥珀酸烯醇酯; ADP: 二磷酸腺苷

EC 4.1.2.13、EC 4.1.1.39、EC 5.3.1.6 基因的相对丰度从半干旱–370mm 到半湿润–540mm 分别降低了 73%、15%、8.4%、20%、57%、15%，关键编码酶（EC 4.1.1.39），即核酮糖-1,5-双磷酸羧化酶的变化决定了卡尔文循环的整个途径。有趣的是，随着年平均降水量的增加，参与还原柠檬酸循环的关键酶 EC 1.2.7.3、EC 4.1.1.31、EC 6.4.1.1、EC 2.7.9.2 基因的相对丰度呈现相反的变化模式，EC 1.2.7.3 作为固定 CO_2 的关键编码酶，其编码基因的相对丰度增加了 22%，EC 4.1.1.31、EC 2.7.9.2 编码基因的相对丰度分别下降了 20%、38%。在 3-羟基丙酸双循环中也发现了类似的变化，关键编码酶（EC 6.4.1.2），即乙酰辅酶 A 羧化酶编码基因的相对丰度随着降水的增加而增加，半湿润–540mm 比半干旱–370mm、半干旱–480mm 分别高 13%、7.6%，而酶 EC 5.4.1.3 编码基因的相对丰度则下降。

9.3 土壤固碳微生物的固碳潜力及其调控因素

微生物在传统认识里被认为是有机物质的分解者，对一系列有机碳起矿化分解作用，从而在土壤中促进 CO_2 的释放。具有固定 CO_2 功能的微生物（固碳微生物）能够吸收大气中的 CO_2，通过生长、代谢、死亡的残体增加土壤有机碳（SOC）的含量（Yuan et al.，2012；Ge et al.，2013；Hart et al.，2013；Liang et al.，2017）。固碳微生物对 CO_2 的固定作用与植物光合作用同样重要，固碳微生物占干旱草地总初级生产量的 18.2%，在陆地生态系统每年可固定 4.9Pg C（Yuan et al.，2012），并在许多极端环境和植被生长受降水量限制的地区发挥着重要作用（Zhao et al.，2018；Chen et al.，2021）。研究发现，土壤类型、植被类型、气候条件、养分条件等环境因子都会影响固碳微生物的多样性和群落结构，从而导致固碳潜力的差异。本节主要是明确黄土高原土壤固碳微生物的固碳潜力及其调控因素，以揭示固碳微生物的碳固定过程对土壤碳循环的贡献以及影响固碳潜力的主要因素。

9.3.1 不同植被区土壤固碳微生物的固碳潜力特征

如图 9-30 所示，经过室内 $^{13}CO_2$ 标记培养 40d 后，草原区 0～2cm 和 2～5cm 土层土壤新进入的 $\delta^{13}C$ 显著高于森林草原区、森林区，分别是它们的 1.50 倍和 2.20 倍、1.18 倍和 1.55 倍。森林草原区与森林区土壤 $\delta^{13}C$ 之间在 2～5cm 土层无显著差异。森林区 0～2cm 和 2～5cm 土层土壤固碳微生物的固碳速率分别为 33.51mg C/(m²·d)和 25.94mg C/(m²·d)，分别是森林草原区的 1.69 倍和 2.22 倍、草原区的 3.23 倍和 4.03 倍。

如图 9-31 所示，0～2cm 土层土壤固碳微生物的固碳量在森林区、森林草原区、草原区分别为 5.30mg/kg、3.13mg/kg、1.64mg/kg，2～5cm 土层中分别为 4.11mg/kg、1.85mg/kg、1.02mg/kg。森林区土壤固碳微生物的固碳量显著高于森林草原区和草原区，在 0～2cm、2～5cm 土层分别高出 1.69～2.22 倍、3.2～4.0 倍。此外，草原区 0～2cm 土层土壤固碳微生物的固碳量与有机碳的比值为 0.03%，显著高于森林草原区（0.02%）和森林区（0.01%）；2～5cm 土层土壤固碳微生物的固碳量与有机碳的比值变化和 0～2cm 土层的变化一致。

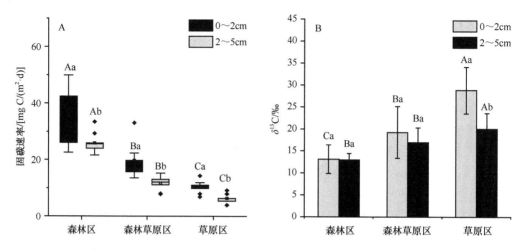

图 9-30　不同植被区土壤固碳微生物的固碳速率（A）和 $^{13}CO_2$ 标记土壤有机碳的 $\delta^{13}C$（B）

图柱上不含有相同大写字母的表示同一土层不同植被区间差异显著（$P<0.05$），

图柱上不含有相同小写字母的表示同一植被区不同土层间差异显著（$P<0.05$）。下同

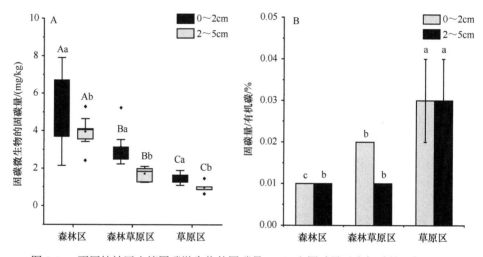

图 9-31　不同植被区土壤固碳微生物的固碳量（A）和固碳量对有机碳的贡献（B）

森林区到草原区土壤固碳微生物的固碳量对有机碳的贡献从 0.01% 增加到 0.03%，这表明，在干旱条件下，固碳微生物对有机碳的贡献越来越重要。因此，土壤固碳微生物对大气 CO_2 的固定是一个重要的有机碳输入途径。尽管森林区土壤固碳微生物的固碳量和固碳速率大于森林草原区、草原区，但微生物的固碳量对有机碳的贡献恰好相反，这表明养分贫瘠、降水量低的草原区土壤有利于微生物发挥其固碳作用。

9.3.2　不同植被区土壤固碳微生物的固碳潜力调控因素

不同植被区的土壤化学性质如图 9-32 所示，从森林区到草原区，土壤 pH 显著增加，而其他养分指标如土壤有机碳（SOC）、微生物生物量碳（MBC）、全氮（TN）、微生物生物量氮（MBN）、可溶性有机氮（DON）、铵态氮（NH_4^+-N）的含量及碳氮比（C/N）都显著降低。另外，同一植被区，各土层之间 C、N 养分含量差异显著，上层土壤的 C、N 含量显著高于下层土壤。其中，森林区 0～2cm 土层的 SOC 含量分别是森林草原区的 2.50 倍、草原区的 8.25 倍，TN 含量分别是森林草原区的 1.90 倍、草原区的 5.76 倍。森林区 0～2cm 土层 MBC 含量是草原区的 4.88 倍，2～5cm 土层 MBC 含量与 0～2cm 土层差异不显著，草原区 0～2cm 土层 MBC 含量是 2～5cm 土层的 2.89 倍。森林区 0～2cm、2～5cm 土层的 DOC 含量分别是草原区的 3.58 倍、3.91 倍，且两个土层之间差异显著。

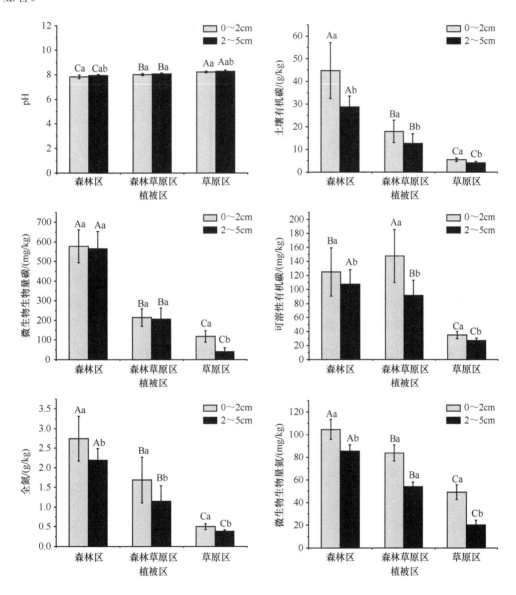

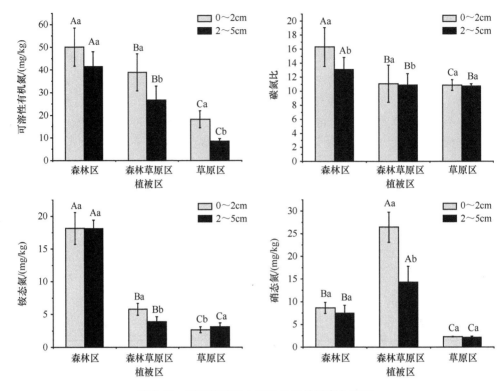

图 9-32 不同植被区土壤的化学性质变化特征

对不同植被区土壤固碳微生物固碳速率、固碳量与土壤化学性质进行相关性分析，结果如表 9-4 所示，土壤固碳微生物固碳量、固碳速率与 pH 极显著负相关，与 SOC、MBC、DOC、TN、MBN、DON、碳氮比、NH_4^+-N 显著或极显著正相关。MBC、MBN、NH_4^+-N、SOC 对固碳量和固碳速率的影响较为显著。

表 9-4　土壤化学性质与固碳微生物固碳量、固碳速率及固碳量对有机碳贡献率的皮尔逊相关性分析

项目	固碳量	固碳速率	贡献率
降水量	0.889**	0.836**	−0.896**
纬度	−0.918***	−0.866**	0.880**
pH	−0.727**	−0.768**	0.831**
土壤有机碳（SOC）	0.794**	0.863**	−0.817**
微生物生物量碳（MBC）	0.920***	0.847**	−0.740**
可溶性有机碳（DOC）	0.584*	0.566*	−0.705**
全氮（TN）	0.776**	0.737**	−0.823**
微生物生物量氮（MBN）	0.853**	0.771**	−0.887**
可溶性有机氮（DON）	0.771**	0.762**	−0.852**
碳氮比（C/N）	0.649**	0.868**	−0.664**
铵态氮（NH_4^+-N）	0.869**	0.858**	−0.799**
硝态氮（NO_3^--N）	0.061	0.071	−0.387

注：*表示 $P < 0.05$；**表示 $P < 0.01$；***表示 $P < 0.001$

如图 9-33 所示，变形菌门（Proteobacteria）、芽单胞菌门（Gemmatimonadetes）、拟杆菌门（Bacteroidetes）和酸杆菌门（Acidobacteria）与固碳量呈极显著正相关关系，与固碳量/土壤有机碳呈极显著负相关关系，这表明森林区的这些优势门的相对丰度高于森林草原区和草原区，从而也具有高的固碳量，然而这些微生物固定的碳含量对土壤有机碳的贡献在森林区土壤中不大。优势门放线菌门（Actinobacteria）、绿弯菌门（Chloroflexi）和蓝细菌门（Cyanobacteria）与固碳量呈极显著负相关关系，与固碳量/土壤有机碳呈极显著正相关关系，进一步说明放线菌、绿弯菌和蓝细菌在草原区土壤中发挥着重要的固碳作用。优势固碳属红色杆菌属（Rubrobacter）、Conexibacter、链霉菌属（Streptomyces）与固碳量/土壤有机碳极显著正相关，表明它们对草原区土壤中有机碳的贡献较大。综上所述，固碳微生物固碳量及其对土壤有机碳的贡献率与固碳微生物的类群紧密相关，森

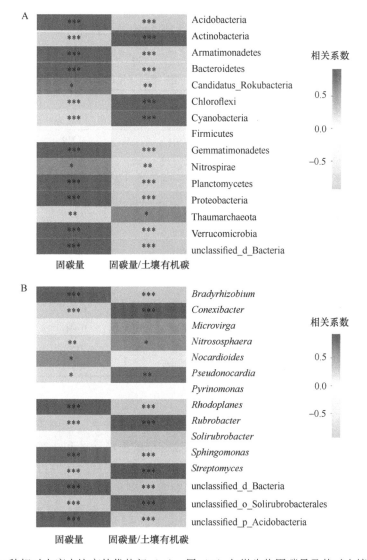

图 9-33　前 15 种相对丰度占比高的优势门（A）、属（B）与微生物固碳量及其对土壤有机碳贡献的相关性热图分析

林区土壤固碳微生物固碳量对有机碳的贡献低于草原区，说明固碳微生物在干旱和养分贫瘠的草原区对土壤有机碳的固存发挥着较重要的作用，而在降水和养分含量高的森林区对土壤有机碳的贡献较小。

基于斯皮尔曼（Spearman）相关性分析（表 9-5），卡尔文循环与固碳量呈显著负相关关系，尤其是核酮糖-5P（ribulose-5P）到甘油醛-3P（glyceraldehyde-3P）的过程显著性尤为强烈（$r = -0.910$，$P = 0.000$），而从甘油醛-3P 到核酮糖-5P 的过程与固碳量之间无显著相关关系。此外，其他光合生物的固碳途径也与固碳量存在负相关关系。原核生物中的固碳途径中，除了二羟酸酯-羟基丁酸循环和羟基丙酸-羟基丁酸循环与固碳量之间不相关，还原性乙酰辅酶 A 途径与固碳量之间存在显著负相关关系，其余途径均与固碳量之间存在显著正相关关系，尤其以 3-羟基丙酸双循环（$r = 0.697$，$P = 0.004$）和还原柠檬酸循环（$r = 0.667$，$P = 0.007$）为代表。这表明微生物通过多种固碳途径共同固定大气中的 CO_2，并不是单一途径的作用，在多种途径的共同作用下，土壤固碳微生物固碳量及其对土壤有机碳的贡献受环境的影响。

表 9-5　固碳微生物固碳途径与固碳微生物固碳量的斯皮尔曼相关性分析

固碳途径	模块	固碳量	
		相关系数（r）	显著性（P）
卡尔文循环	M00165	−0.719	0.003
卡尔文循环（核酮糖-5P→甘油醛-3P）	M00166	−0.910	0.000
卡尔文循环（甘油醛-3P→核酮糖-5P）	M00167	−0.204	0.466
景天酸代谢途径（暗反应）	M00168	−0.708	0.003
景天酸代谢途径（光反应）	M00169	0.870	0.001
C4-二羧酸循环（磷酸烯醇丙酮酸羧激酶）	M00170	−0.466	0.080
C4-二羧酸循环（NAD-苹果酸酶）	M00171	−0.504	0.060
C4-二羧酸循环（NADP-苹果酸酶）	M00172	0.790	0.001
还原柠檬酸循环	M00173	0.667	0.007
二羟酸酯-羟基丁酸循环	M00374	0.458	0.086
羟基丙酸-羟基丁酸循环	M00375	0.441	0.099
3-羟基丙酸双循环	M00376	0.697	0.004
还原性乙酰辅酶 A 途径	M00377	−0.627	0.012

不同植被区土壤固碳微生物的固碳量及其对土壤有机碳的贡献与主导代谢途径的线性回归分析如图 9-34 所示，代谢途径会影响其固碳能力。当固碳微生物的固碳量高时，卡尔文循环途径的相对丰度会降低，还原柠檬酸循环途径和 3-羟基丙酸双循环途径的相对丰度会显著增加。这表明，森林区高的固碳量主要是由还原柠檬酸循环和 3-羟基丙酸双循环途径贡献的，而卡尔文循环途径对草原区土壤有机碳贡献得多，说明土壤固碳微生物在草原区主要通过卡尔文循环途径固碳且对土壤有机碳有重要的贡献。

固碳微生物通过多种代谢途径同化大气中的 CO_2，参与代谢途径的关键酶基因的丰度在不同植被区存在显著差异，从而造成不同植被区土壤固碳微生物固碳潜力的差异。酶在土壤的生物化学转化中发挥关键作用，在关键酶的催化作用下，一些化合物可以作

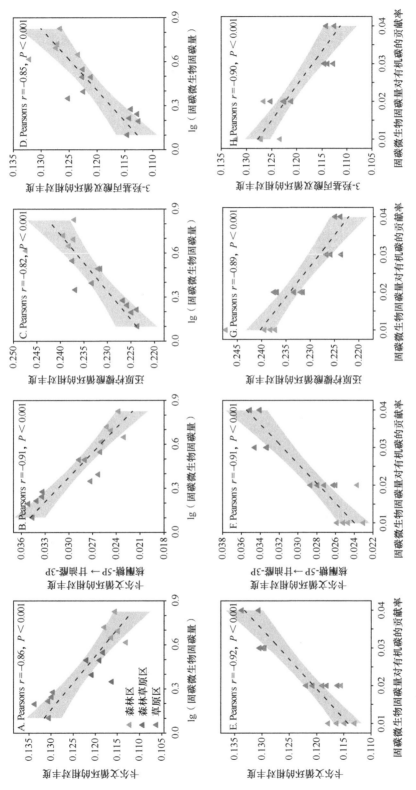

图 9-34　占主导地位的固碳途径与固碳微生物固碳量及其对土壤有机碳贡献率的线性相关回归分析

为 CO_2 的受体,被水解成稳定的小分子化合物,从而被微生物固定(Claassens et al., 2016)。关键酶的存在,保证了代谢途径能沿合成方向运行,所以酶是决定代谢效率的关键因素。

参与不同固碳途径的编码酶基因总计 62 个,对其丰度占比高的 50 种编码酶基因与固碳微生物固碳量进行斯皮尔曼相关性分析,如表 9-6 所示。固碳微生物的固碳量与还原柠檬酸循环(M00173)的编码酶 EC 1.3.5.4、EC 1.2.7.11、EC 1.1.1.42、EC 6.2.1.5、EC 4.2.1.99、EC 4.2.1.2 基因极显著正相关,与 3-羟基丙酸双循环(M00376)的编码酶 EC 6.4.1.2、EC 6.3.4.14、EC 4.2.1.153、EC 4.2.1.148 基因极显著正相关,与卡尔文循环的关键编码酶 EC 5.3.1.6、EC 2.7.2.3、EC 4.1.1.39、EC 2.7.1.19 基因极显著负相关。这些结果强调了代谢途径中关键编码酶基因对碳固定的影响。

表 9-6 参与代谢途径的编码酶基因与固碳微生物固碳量的斯皮尔曼相关性分析

相应编码酶	固碳量		相应编码酶	固碳量	
	相关系数(r)	显著性(P)		相关系数(r)	显著性(P)
EC 1.3.5.4	0.786	0.001	EC 3.5.4.9	−0.752	0.001
EC 2.3.1.9	0.863	0.000	EC 6.4.1.1	−0.513	0.051
EC 1.3.5.1	0.727	0.002	EC 4.2.1.99	0.770	0.001
EC 4.2.1.3	0.504	0.055	EC 5.3.1.6	−0.769	0.001
EC 5.4.99.2	0.375	0.168	EC 6.3.4.3	0.695	0.004
EC 2.2.1.1	−0.236	0.397	EC 4.1.1.39	−0.806	0.000
EC 2.7.9.1	0.341	0.213	EC 4.1.3.24	−0.002	0.995
EC 6.4.1.2	0.872	0.000	EC 4.1.3.25	−0.002	0.995
EC 6.2.1.5	0.917	0.000	EC 5.1.99.1	−0.474	0.075
EC 1.2.7.3	0.381	0.162	EC 2.7.1.19	−0.904	0.000
EC 1.2.7.11	0.917	0.000	EC 6.2.1.18	−0.776	0.001
EC 4.2.1.2	0.895	0.000	EC 3.1.3.37	0.901	0.000
EC 2.7.9.2	−0.888	0.000	EC 1.2.7.1	0.652	0.008
EC 4.1.1.31	−0.828	0.000	EC 4.2.1.120	−0.697	0.004
EC 6.3.4.14	0.851	0.000	EC 5.3.3.3	−0.697	0.004
EC 1.1.1.42	0.858	0.000	EC 5.4.1.3	−0.359	0.188
EC 3.1.3.11	−0.643	0.010	EC 4.2.1.116	−0.592	0.020
EC 1.2.1.12	0.284	0.305	EC 1.2.1.59	−0.509	0.052
EC 2.7.2.3	−0.758	0.001	EC 1.1.1.35	−0.475	0.073
EC 1.1.1.37	0.579	0.024	EC 4.2.1.17	−0.475	0.073
EC 1.5.1.20	−0.704	0.003	EC 1.2.1.43	0.039	0.889
EC 4.1.2.13	0.524	0.045	EC 4.2.1.153	0.842	0.000
EC 4.1.1.49	0.633	0.011	EC 4.2.1.148	0.756	0.001
EC 1.1.1.40	0.865	0.000	EC 4.2.1.99	0.770	0.001
EC 1.5.1.5	−0.752	0.001	EC 6.4.1.3	−0.304	0.271

9.3.3　生物土壤结皮形成过程中固碳微生物固碳潜力的变化特征

如图 9-35 所示，$^{13}CO_2$ 标记实验结果表明土壤固碳微生物固碳量（^{13}C-SOC）随生物土壤结皮形成呈现增加趋势，藻结皮和藓结皮土壤固碳微生物固碳量显著高于裸沙。生物土壤结皮层等固碳微生物固碳量最高，其固碳量高于结皮下层 0～2cm 土层 4.5～6.4 倍，高于 2～10cm 土层 15 倍。这一结果表明生物土壤结皮层土壤具有较强的固碳潜力，固碳微生物固碳量随着土层的增加而显著降低。

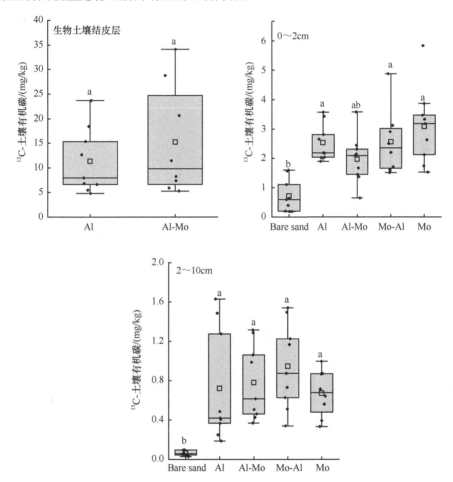

图 9-35　生物土壤结皮形成中固碳微生物对不同土层有机碳的贡献

图柱上不含有相同小写字母的表示不同生物土壤结皮发育阶段固碳微生物固碳量差异显著（$P<0.05$）

9.3.4　生物土壤结皮形成过程中固碳微生物固碳潜力变化的调控因素

如图 9-36 所示，土壤固碳微生物固碳量（^{13}C-SOC）与微生物生物量碳（MBC）、微生物生物量氮（MBN）、微生物生物量磷（MBP）、可溶性有机碳（DOC）、可溶性有机氮（DON）、土壤胞外酶活性、颗粒态有机碳（POC）、矿质结合态有机碳（MAOC）之间呈现极显著正相关关系（$P<0.001$）。这一结果表明高的土壤微生物生物量和胞外酶活性可以提升固碳微生物的固碳潜力，亮氨酸氨基肽酶、可溶性有机氮含量与固碳微

生物固碳量的相关系数均高于其他指标，表明氮在调控黄土高原生物结皮土壤固碳微生物固碳潜力方面具有重要作用。

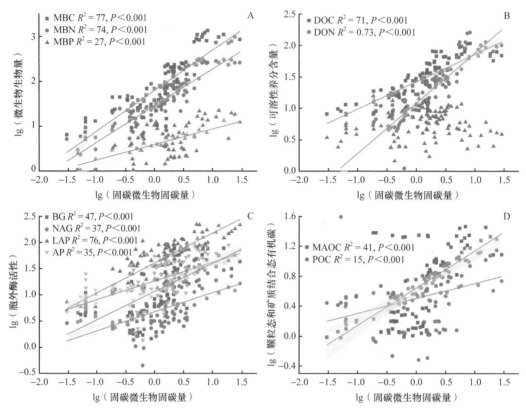

图 9-36　土壤固碳微生物固碳量与环境因子的关系

此外，研究结果还表明生物土壤结皮形成过程中固碳微生物的固碳潜力随其多样性（Chao1 指数和 ACE 指数）的增加而增加，这一结果表明固碳微生物多样性的增加促进了固碳微生物固碳潜力的增加，进而促进土壤有机碳的积累（图 9-37）。

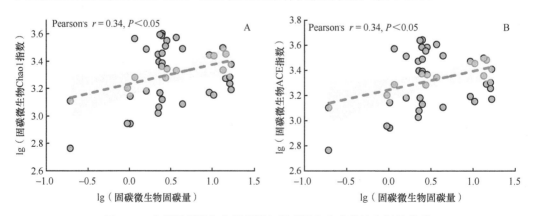

图 9-37　土壤固碳微生物固碳量与固碳微生物多样性之间的关系

9.4　不同植被区土壤微生物产物对有机碳积累的贡献

随着植被恢复，黄土高原土壤的碳储量显著增加，而植被的生长和凋落物促进了微生物代谢活动，土壤有机质积累量不断增加，反过来又促进微生物代谢活动。由此可知，土壤微生物活动与有机碳固定是相互促进的，这种相互作用会随着植被的恢复不断增强。最新的"碳泵"理论表明土壤有机碳的形成过程是由微生物通过"体外修饰"和"体内周转"主导调控的，微生物产物的"续埋效应"是导致有机碳增加的重要原因（Liang et al.，2017）。当进入土壤的植物组分具有大分子结构且不易被微生物直接获取利用时，微生物就会释放特定的胞外酶去降解植物来源大分子，再通过长期的微生物同化过程导致微生物残留物的迭代积累，促进一系列包括微生物残留物在内的有机质的形成，最终导致此类化合物稳定于土壤中。

传统的观点认为微生物对土壤有机碳积累的贡献很低甚至可以忽略不计，这主要是由于活的微生物生物量碳占土壤有机碳的比例不到 5%，总的微生物生物量碳通常不到土壤有机碳的 4%（Simpson et al.，2007；Liang et al.，2011）。越来越多的研究表明微生物残体及其产物是土壤有机碳的重要来源（Kallenbach et al.，2016；Khan et al.，2016；Ma et al.，2018），其通过细胞增殖—数量增加—死亡这一重复且连续的过程，在输入的土壤有机质库中占主导地位。本节主要是明确植被恢复过程中土壤微生物产物对土壤有机碳积累的贡献机理。

9.4.1　土壤胞外酶活性及微生物生物量变化特征

土壤胞外酶主要来源于土壤中动植物、微生物活动及微生物残体的分解释放，在调控土壤有机质（SOM）降解和养分循环过程中发挥着重要作用。土壤酶生态化学计量是指生态系统中参与营养元素 C、N、P 循环的土壤酶活性的比值，土壤胞外酶包括 C-获取酶（如半纤维素酶、纤维素酶和 β-葡萄糖苷酶）、N-获取酶（如脲酶、几丁质酶和肽酶）和 P-获取酶（如磷酸酶），其中最常见的参与 C、N、P 循环的相关胞外酶有 β-葡萄糖苷酶（BG）、β-N-乙酰葡糖胺糖苷酶（NAG）、亮氨酸氨基肽酶（LAP）和碱性磷酸酶（ALP）。土壤酶生态化学计量反映了微生物的生长代谢和营养需求与环境养分有效性之间的生物地球化学平衡，其为理解土壤中养分限制、循环和平衡的过程提供了一个框架。

9.4.1.1　胞外酶活性特征

如图 9-38 所示，森林区土壤 0～2cm、2～5cm 土层的 β-葡萄糖苷酶（BG）活性分别显著高于森林草原区和草原区 35.8% 和 26.6%、61.4% 和 77.3%，且在同一植被区中，表层的酶活性显著高于 2～5cm。森林区土壤 0～2cm 土层的 β-N-乙酰葡糖胺糖苷酶（NAG）活性最高，为 39.59nmol/(g·h)，分别是森林草原区、草原区的 1.63 倍、10.5 倍。此外，同一植被区 NAG 的活性均表现为 0～2cm 土层高于 2～5cm 土层，其中森林草原区、森林区 0～2cm 土层分别显著高于 2～5cm 土层 30.5%、25.2%。草原区土壤中的亮氨酸氨基肽酶（LAP）活性显著高于其他两个植被区，草原区 0～2cm 土层的酶活性显著高于 2～5cm 土层 21.9%。与磷转化相关的碱性磷酸酶（ALP）活性在森林区土壤 0～2cm、2～5cm 土层中分别显著高于森林草原区和草原区 16.2% 和 67.6%、9.76% 和 77.8%，且在同一植被区中，表层的酶活性显著高于 2～5cm。

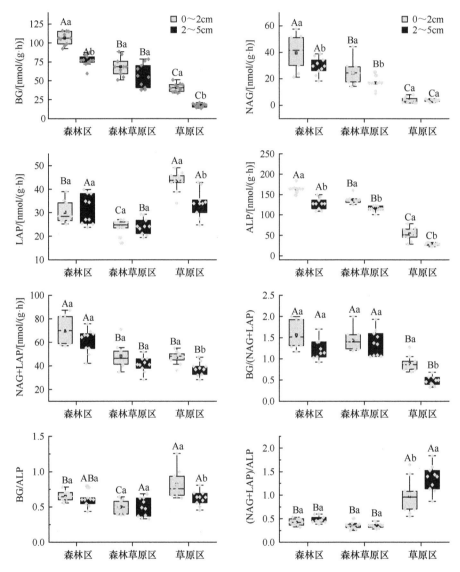

图 9-38　不同植被区土壤胞外酶活性及其生态化学计量比的特征

图柱上不含有相同大写字母的表示同一土层不同植被区间差异显著（P<0.05），
图柱上不含有相同小写字母的表示同一植被区不同土层间差异显著（P<0.05）。下同

胞外酶的生态化学计量比可以反映微生物的养分限制，从图 9-38 可以看出，BG/(NAG+LAP)在森林区、森林草原区土壤中显著高于草原区，分别高出 43.7%、63.7%，草原区 0～2cm 土层显著高于 2～5cm 土层 46.2%，而其他两个植被区两个土层之间差异不显著，这说明在养分贫瘠的草原区 BG/(NAG+LAP)在土层间变动较大。BG/ALP 与 BG/(NAG+LAP)的变化规律相反，0～2cm 土层草原区显著高于其他两个植被区，草原区

0～2cm 土层显著高于 2～5cm 土层 23.8%。反映氮磷比的(NAG+LAP)/ALP 在草原区最高，0～2cm、2～5cm 土层分别为 0.97、1.35，说明草原区土壤受养分氮的限制多于其他元素。

9.4.1.2 微生物生物量变化特征

如图 9-39 所示，森林区土壤 0～2cm、2～5cm 土层的微生物生物量碳（MBC）含量分别显著高于森林草原区和草原区 62.9%和 79.5%、63.4%和 92.7%，且在草原区，表层的 MBC 含量显著高于 2～5cm 土层 65.4%。微生物生物量氮（MBN）含量的变化规律与 MBC 相似，其在森林区土壤中最高，0～2cm 和 2～5cm 土层分别显著高于森林草原区、草原区 19.9%和 53.0%、35.2%和 75.9%；在草原区，表层的 MBN 含量显著高于

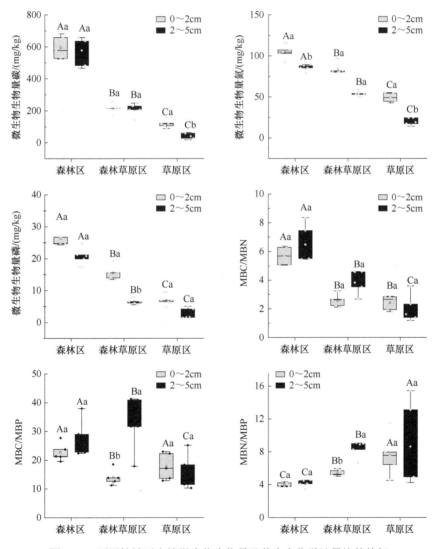

图 9-39 不同植被区土壤微生物生物量及其生态化学计量比的特征

2～5cm 土层 59.1%。森林区土壤 0～2cm、2～5cm 土层的微生物生物量磷（MBP）含量分别为 26.3mg/kg、20mg/kg，分别显著高于森林草原区和草原区 40.9% 和 73.8%、68.7% 和 86.6%。森林草原区、草原区土壤 0～2cm 土层 MBP 含量分别高出 2～5cm 土层 58.0%、59.7%。

根据微生物生物量的生态化学计量比，发现碳氮比（MBC/MBN）在森林区土壤 0～2cm、2～5cm 土层分别显著高于森林草原区和草原区 54.7% 和 42.3%、57.4% 和 69.5%。碳磷比（MBC/MBP）在森林草原区 2～5cm 土层显著高于 0～2cm 土层 3 倍左右。氮磷比（MBN/MBP）在草原区土壤 0～2cm 土层分别显著高于森林区、森林草原区 0～2cm 土层 47.5%、28.5%。

9.4.2 土壤颗粒态有机碳和矿质结合态有机碳的分布特征

土壤碳库作为陆地生态系统最大的碳库，其在调节全球气候变化–碳循环反馈过程中具有极其重要的作用（Hicks Pries et al.，2017）。然而，由于土壤碳库的巨大规模，其任何微小的波动都将深刻影响陆地生态碳循环过程进而影响全球气候变化（Liang et al.，2017）。由于植物源有机碳和微生物源有机碳在形成、驻留时间、功能方面的差异，最近的研究将土壤有机碳划分为颗粒态有机碳（particulate organic carbon，POC）和矿质结合态有机碳（mineral-associated organic carbon，MAOC）。颗粒态有机碳以植物大分子物质为主，具有高的碳氮比和较高的周转速率，而矿质结合态有机碳则以微生物源组分为主，具有较低的碳氮比和较低的周转速率。颗粒态有机碳与矿质结合态有机碳比例的变化决定了土壤有机碳的周转速率及稳定性。由于这两种碳库的有机碳来源不同及物理保护机制的差异，颗粒态有机碳和矿质结合态有机碳的变化特征影响着土壤有机碳的稳定性。颗粒态有机碳和矿质结合态有机碳含量及其比例受植被类型影响。例如，Cotrufo 等（2019）关于欧洲草地和森林生态系统土壤颗粒态有机碳和矿质结合态有机碳的研究表明，矿质结合态有机碳占土壤有机碳的比例超过 50%。而矿质结合态有机碳吸附的有机碳分子主体来源为微生物产物及其残体。本小节主要围绕不同植被类型土壤颗粒态有机碳和矿质结合态有机碳的变化特征，探讨这两种碳的积累及其与有机碳的关系。

9.4.2.1 颗粒态有机碳和矿质结合态有机碳的变化特征

如图 9-40 所示，森林区土壤 0～2cm、2～5cm 土层颗粒态有机碳（POC）含量分别显著高于森林草原区和草原区 48.3% 和 42.9%、86.0% 和 85.0%。0～2cm 土层的 POC 含量在森林区、森林草原区、草原区分别显著高于同一植被区 2～5cm 土层 31.4%、24.2%、26.7%。如图 9-41 所示，森林区土壤 0～2cm、2～5cm 土层矿质结合态有机碳（MAOC）含量分别高于森林草原区和草原区 23.9% 和 24.5%、79.3% 和 76.9%。0～2cm 土层的 MAOC 含量在森林区、森林草原区、草原区分别高于同一植被区 2～5cm 土层 12.0%、12.7%、2.01%，但差异不显著。

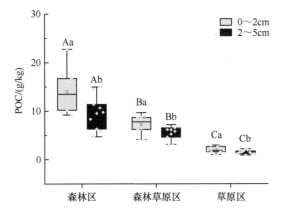

图 9-40　不同植被区土壤颗粒态有机碳（POC）的变化特征

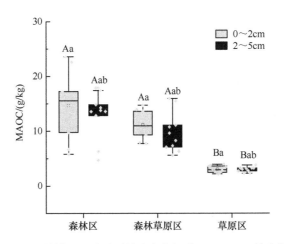

图 9-41　不同植被区土壤矿质结合态有机碳（MAOC）的变化特征

9.4.2.2　颗粒态有机碳和矿质结合态有机碳与有机碳的关系

不同植被区的颗粒态有机碳（POC）和矿质结合态有机碳（MAOC）在土壤有机碳（SOC）中所占比例有较大的差异，如图 9-42 所示，MAOC 占土壤有机碳的比例相对高于 POC，MAOC 占土壤有机碳的 32.85%～80.95%，而 POC 占比在 16.29%～40.31%，比 MAOC 低近 1/2。森林草原区 0～2cm、2～5cm 土层 POC 占土壤有机碳的比例分别高于草原区对应土层 4.21%、2.07%。

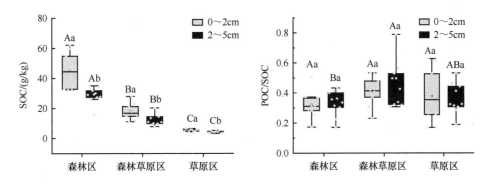

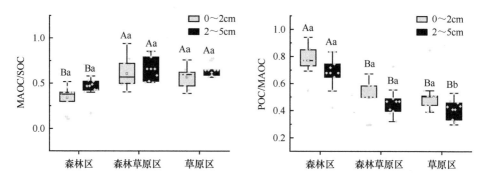

图 9-42　不同植被区土壤颗粒态有机碳和矿质结合态有机碳与有机碳的比值

9.5　生物土壤结皮形成过程中微生物产物对有机碳积累的贡献及其调控因素

生物土壤结皮覆盖了全球 1790 万 km² 的面积（约占 12% 的地球陆地面积），其形成加速了干旱和半干旱地区以及寒冷环境中碳和营养物质的生物地球化学循环过程。生物土壤结皮广泛分布于草原区、森林草原区和森林区，其在草原区的盖度可以达到 60%～70%，在提高土壤表面稳定性、增强土壤抵抗水蚀风蚀能力、改善土壤养分和促进土壤发育等方面发挥着重要作用。近年来，生物土壤结皮成为黄土高原退耕后普遍存在的地表覆被物，从起初的藻结皮发育到藻和藓的混生结皮，最后以藓结皮为主要类型。最近越来越多的证据表明微生物残体是良好发育土壤有机碳（SOC）的主要来源。当前关于初始土壤（生物土壤结皮覆盖）形成过程中微生物残体对 SOC 形成的贡献，以及驱动微生物残体积累、分解和稳定因素的定量信息尚不清晰，这极大地限制了我们对于荒漠生态系统微生物介导下碳循环过程的理解。为了填补这一知识空白，本部分基于黄土高原裸沙地、藻结皮、多藻少藓结皮、多藓少藻结皮、藓结皮 5 个阶段的生物土壤结皮形成序列，研究了生物土壤结皮形成过程中微生物产物对有机碳积累的贡献及其调控因素。

9.5.1　胞外酶及其生态化学计量特征变化

在生物土壤结皮的不同演替阶段，土壤有机碳（SOC）、全氮（TN）、全磷（TP）含量均随着土层的加深而逐渐递减（表 9-7）。其中生物结皮层（BSC）的含量最高，SOC 含量为 15.20～20.00g/kg，TN 含量为 1.10～1.38g/kg，TP 含量为 0.39～0.45g/kg，不同演替阶段的 SOC、TN、TP 含量存在差异，SOC 含量依次为多藓少藻结皮（Mo-Al）＞藓结皮（Mo）＞多藻少藓结皮（Al-Mo）＞藻结皮（Al）。生物结皮层的 SOC、TN 含量随着结皮演替增加，结皮下层土壤中的 SOC、TN 含量没有显著变化。从藻结皮（Al）到藓结皮（Mo）这 4 个演替阶段中 0～20cm 土层的 SOC、TN、TP 含量大多与裸沙地之间差异显著。0～2cm 土层 4 个演替阶段 SOC 含量分别比裸沙地增加了 1.76 倍、1.23 倍、1.38 倍、1.52 倍，10～20cm 土层不同演替阶段 SOC 含量之间无显著差异。

表 9-7　不同演替阶段土壤碳、氮、磷含量变化特征

养分	土层/cm	演替阶段				
		裸沙地	藻结皮	多藻少藓结皮	多藓少藻结皮	藓结皮
SOC/(g/kg)	BSC	—	15.20±3.08Ba	17.80±3.20ABa	20.00±2.20Aa	19.80±3.97Aa
	0～2	2.44±0.29Ba	6.73±1.97Ab	5.45±1.24Ab	5.80±1.97Ab	6.14±2.76Ab
	2～10	1.53±0.37Bb	2.44±0.65Ac	2.27±0.46ABc	2.09±0.69ABc	2.41±0.69Ac
	10～20	1.29±0.28Ab	1.28±0.43Ac	1.72±0.44Ac	1.61±0.37Ac	1.47±0.47Ac
TN/(g/kg)	BSC	—	1.10±0.27Ba	1.15±0.23Ba	1.38±0.16Aa	1.30±0.26ABa
	0～2	0.10±0.01Ba	0.46±0.14Ab	0.42±0.11Ab	0.49±0.14Ab	0.46±0.19Ab
	2～10	0.09±0.02Bb	0.18±0.05Ac	0.18±0.05Ac	0.16±0.05Ac	0.17±0.05Ac
	10～20	0.08±0.01Bc	0.10±0.03ABc	0.13±0.04ABc	0.13±0.02Ac	0.11±0.04Ac
TP/(g/kg)	BSC	—	0.40±0.03Ba	0.40±0.04ABa	0.45±0.06Aa	0.39±0.03Ba
	0～2	0.19±0.02Ba	0.32±0.03Ab	0.32±0.04Ab	0.34±0.05Ab	0.31±0.03Ab
	2～10	0.16±0.03Bb	0.24±0.09ABc	0.27±0.12Ab	0.23±0.03ABc	0.23±0.02ABc
	10～20	0.16±0.01Bb	0.19±0.06ABc	0.20±0.02Ac	0.20±0.03Ac	0.19±0.02ABd

注：表中数据为平均值±标准差；"—"代表数据空缺。同一行不含有相同大写字母的表示同一土层不同演替阶段差异显著（$P<0.05$），同一列不含有相同小写字母的表示同一演替阶段不同土层间差异显著（$P<0.05$）。下同

生物结皮演替从裸沙地（Bare sand）阶段到藓结皮（Mo）阶段，β-葡萄糖苷酶（BG）、β-N-乙酰葡糖胺糖苷酶（NAG）、亮氨酸氨基肽酶（LAP）和碱性磷酸酶（ALP）活性均随着土层的加深而呈降低趋势（表 9-8）。其中生物结皮层的胞外酶活性最高，BG 活性为 71.6～117nmol/(g·h)，NAG 为 19.3～65.1nmol/(g·h)，LAP 为 145～206nmol/(g·h)，ALP 为 72.6～143nmol/(g·h)。生物结皮层的 BG、NAG 和 ALP 活性随演替阶段变化而发生显著变化，NAG 活性依次为多藓少藻结皮＞藓结皮＞多藻少藓结皮＞藻结皮，LAP 活性随演替变化不显著。与裸沙地相比，从藻结皮（Al）到藓结皮（Mo）这 4 个演替阶段的 LAP 活性均显著增加（10～20cm 土层除外）；从 0～2cm 土层来看，LAP 活性分别增加了 4.99 倍、4.38 倍、6.65 倍、6.63 倍。ALP 活性在多藓少藻（2～10cm 土层除外）和藓结皮阶段与裸沙地有显著差异，在多藻少藓结皮和藻结皮阶段与裸沙地差异不显著，BG 和 NAG 活性在 2～20cm 土层随着演替变化不显著。

表 9-8　不同演替阶段土壤胞外酶活性变化特征

胞外酶	土层/cm	演替阶段				
		裸沙地	藻结皮	多藻少藓结皮	多藓少藻结皮	藓结皮
BG/[nmol/(g·h)]	BSC	—	80.1±10.5ABa	71.6±9.81Ba	117±6.89Aa	111±19.3Aa
	0～2	19.5±1.65Ba	41.5±6.83ABb	26.9±5.11ABb	42.6±5.68Ab	36.5±12.5ABb
	2～10	13.7±1.95Ab	15.9±3.21Ac	12.2±2.51Ab	12.3±1.70Ac	13.6±3.14Ab
	10～20	8.71±1.13BCc	6.51±1.47BCc	10.1±1.98ABb	13.5±2.02Ac	4.67±0.85Cc

续表

胞外酶	土层/cm	演替阶段				
		裸沙地	藻结皮	多藻少藓结皮	多藓少藻结皮	藓结皮
NAG/[nmol/(g·h)]	BSC	—	19.3±3.35Ba	23.9±2.15Ba	65.1±4.80Aa	61.0±8.45Aa
	0~2	3.75±0.37Bb	7.13±1.41ABb	5.14±0.70Bb	12.3±1.60Ab	12.5±3.90Ab
	2~10	11.6±1.70Aa	7.04±1.43Ab	6.79±1.55Ab	9.68±1.74Ab	8.68±1.73Ab
	10~20	10.8±2.97Aa	8.16±1.38Ab	8.80±1.55Ab	9.85±1.26Ab	9.99±2.12Ab
LAP/[nmol/(g·h)]	BSC	—	167±13.5Aa	150±25.7Aa	145±12.3Aa	206±36.8Aa
	0~2	11.3±0.76Ca	67.7±5.23Ab	60.8±8.08Bb	86.4±6.77Ab	86.2±10.31Ab
	2~10	8.85±0.63Bb	40.0±5.17Ac	42.4±7.69Ab	36.1±6.17Ac	49.0±7.81Abc
	10~20	10.3±0.72Cab	20.0±2.38BCc	19.0±2.41ABCb	13.7±3.59ABc	23.9±4.65Ac
ALP/[nmol/(g·h)]	BSC	—	80.0±16.2Ba	72.6±5.75Ba	143±5.56Aa	132±5.04Aa
	0~2	11.9±1.24Ba	18.5±2.13Bb	11.7±1.58Bb	35.1±2.66Ab	31.9±4.67Ab
	2~10	10.3±1.91Bab	9.88±1.09Bb	14.9±4.06Bb	29.3±4.37ABb	20.2±5.92Ab
	10~20	6.18±0.98Bb	10.9±1.07Bb	9.90±1.79Bb	28.9±4.28Ab	22.8±4.83Ab

如图 9-43 所示，线性回归分析结果表明，C-获取酶（BG）活性、N-获取酶（NAG+LAP）活性、P-获取酶（ALP）活性分别与土壤 C、N、P 含量极显著正相关，其中回归关系的

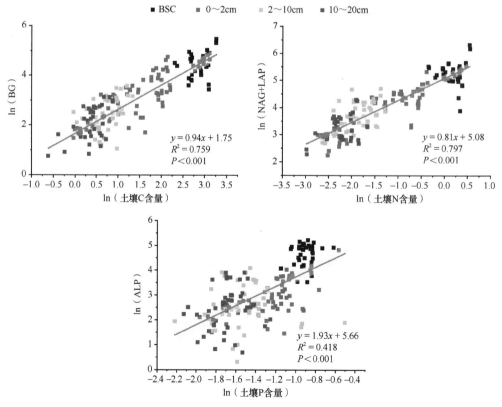

图 9-43　土壤 C、N、P 含量与 C、N、P 获取酶活性之间的线性回归分析
灰色的区域为 95% 的置信带，其中包含的灰色实线为线性拟合

斜率分别为 0.94（$R^2=0.759$）、0.81（$R^2=0.797$）、1.93（$R^2=0.418$）。参与 C、N、P 循环的土壤胞外酶活性和土壤 C、N、P 含量的标准化主轴分析结果（表 9-9）表明，在多藻少藓结皮阶段土壤 P-获取酶与 N-获取酶之间的斜率大于 1（$P<0.001$），在其他生物结皮演替阶段的 C-获取酶、N-获取酶、P-获取酶活性之间的斜率均与 1 无显著差异，具有良好的约束关系（表 9-9）。同时，土壤有机碳（SOC）、全磷（TP）含量与参与 C、P 转化的胞外酶活性之间的斜率均显著大于 1（$P<0.001$）。

表 9-9　参与 C、N、P 循环的土壤胞外酶活性和土壤 C、N、P 含量的标准化主轴分析

演替阶段	变量		R^2	P	斜率	P（test）
	X	Y				
裸沙地	Enzyme-C	Enzyme-N	0.055	0.211	0.673	0.035
	Enzyme-C	Enzyme-P	0.168	<0.05	1.128	0.489
	Enzyme-N	Enzyme-P	0.000	0.960	—	—
藻结皮	Enzyme-C	Enzyme-N	0.682	<0.001	0.675	0.000
	Enzyme-C	Enzyme-P	0.372	<0.001	0.784	0.064
	Enzyme-N	Enzyme-P	0.681	<0.001	1.162	0.107
多藻少藓结皮	Enzyme-C	Enzyme-N	0.272	<0.01	0.715	0.018
	Enzyme-C	Enzyme-P	0.501	<0.001	1.066	0.578
	Enzyme-N	Enzyme-P	0.287	**<0.001**	**1.491**	**0.005**
多藓少藻结皮	Enzyme-C	Enzyme-N	0.667	<0.001	0.849	0.087
	Enzyme-C	Enzyme-P	0.647	<0.001	0.771	0.010
	Enzyme-N	Enzyme-P	0.598	<0.001	0.908	0.352
藓结皮	Enzyme-C	Enzyme-N	0.554	<0.001	0.501	0.000
	Enzyme-C	Enzyme-P	0.244	<0.01	0.597	0.000
	Enzyme-N	Enzyme-P	0.445	<0.001	1.192	0.151
总计	SOC	Enzyme-C	0.618	**<0.001**	**1.116**	**0.016**
	TN	Enzyme-N	0.797	<0.001	0.911	0.005
	TP	Enzyme-P	0.418	**<0.001**	**2.978**	**0.000**

注：P（test）表示对斜率进行的显著性检验（与 1 比较），斜率显著大于 1 用黑体表示（$P<0.05$）。Enzyme-C：参与 C 转化的土壤胞外酶活性；Enzyme-N：参与 N 转化的土壤胞外酶活性；Enzyme-P：参与 P 转化的土壤胞外酶活性

土壤生物结皮层（BSC）碳氮比、碳磷比、氮磷比在不同演替阶段中的变化范围分别为 14.0～16.3、37.5～50.8、2.71～3.34，其中土壤氮磷比随不同演替阶段逐渐增加，表现为藻结皮<多藻少藓结皮<多藓少藻结皮<藓结皮（图 9-44）。土壤碳氮比从藻结皮（Al）阶段发育到藓结皮（Mo）阶段变化不显著，与裸沙地（Bare sand）均具有显著差异。在 0～2cm 土层，生物结皮各演替阶段土壤碳氮比相比于裸沙地分别降低了 37.9%、43.5%、48.0% 和 44.3%。土壤碳磷比和氮磷比在不同演替阶段均随土层的加深而逐渐降低，在土壤生物结皮层的比值最大。

土壤生物结皮层的 BG/(NAG+LAP)、BG/ALP、(NAG+LAP)/ALP 在不同演替阶段分别为 0.43～0.60、0.83～1.49、1.50～3.06。土壤胞外酶碳氮比从藻结皮阶段到藓结皮阶段与裸沙地均具有显著差异（10～20cm 土层除外，图 9-44），在生物土壤结皮层，不

同演替阶段相对于裸沙地分别降低了 55.2%、56.7%、67.9%、76.9%。土壤胞外酶碳磷比和胞外酶氮磷比随结皮演替呈现出先增加后减少再增加的趋势,如土壤胞外酶碳磷比从裸沙地阶段开始增加,到藻结皮阶段出现最大值后开始降低,到多藓少藻阶段出现最小值后又开始增加。

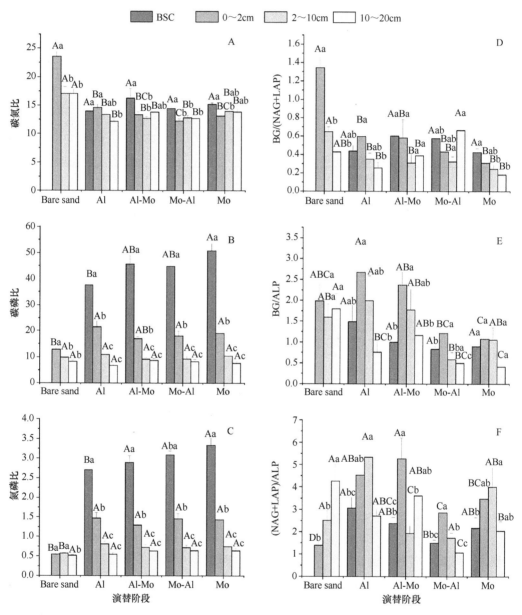

图 9-44　土壤生态化学计量与胞外酶生态化学计量在不同演替阶段的变化特征
图中数据为平均值±标准差。A~C 图表示土壤生态化学计量,D~F 图表示土壤胞外酶生态化学计量

土壤 C、N、P 含量及其生态化学计量比和土壤胞外酶活性及其生态化学计量比的相关性分析(图 9-45)表明,土壤 C、N、P 之间均表现出极显著的正相关关系($P<0.01$),两两之间的相关系数分别是 0.981、0.806、0.834。土壤 C、N、P 含量与 BG 活性、NAG+LAP

活性、ALP 活性、碳磷比、氮磷比之间也存在着极显著的正相关关系（$P<0.01$），与土壤碳氮比之间的相关系数分别为 0.074、−0.053、−0.167，表现为正相关、负相关和显著负相关（$P<0.05$）。土壤碳磷比和氮磷比之间极显著正相关，但二者与土壤碳氮比分别呈现出显著正相关和负相关关系。土壤 BG/(NAG+LAP) 与土壤碳氮比、BG 极显著正相关（$P<0.01$），土壤 BG/ALP 与 BG 显著正相关，但与 AP 极显著负相关（$P<0.01$）。

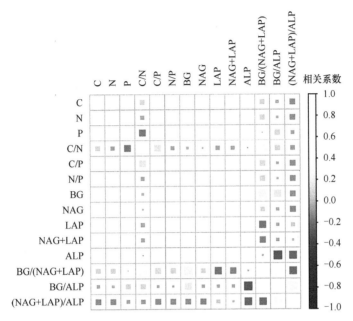

图 9-45　土壤 C、N、P 及其生态化学计量和土壤胞外酶活性及其生态化学计量之间的相关性分析

　　以土壤酶生态化学计量为响应变量，以土壤 C、N、P 含量及其生态化学计量和土壤胞外酶活性为解释变量进行冗余分析（RDA），以说明生物结皮演替和土层深度对土壤酶生态化学计量的影响（图 9-46）。在 BSC 层，RDA 结果显示土壤 BG/ALP 与土壤 C、N、P、BG、NAG 有很强的正相关性（$P<0.01$），第一轴和第二轴的特征值分别为 88.17% 和 11.17%。土壤 BG/ALP 在 0~2cm、2~10cm、10~20cm 土层中，RDA 结果没有显示出酶生态化学计量与土壤 C、N、P 含量及酶活性之间的显著相关性（$P>0.05$）。从 BSC 层到 10~20cm 土层，BG/(NAG+LAP) 与 NAG+LAP、LAP 均呈显著负相关关系，这与相关性分析的结果一致。

　　生物土壤结皮演替对土壤 C、N、P 含量及土壤胞外酶活性具有极显著影响（表 9-10）。这可能和不同演替阶段的生物结皮类型不同有关，随着结皮演替进行到后期，在结皮类型中占优势地位的主要是藓结皮。而在演替过程中藻结皮混生在藓结皮中处于附属地位，其中藓结皮的表面孔隙较大，这种结构特性可以更好地捕获有机质，使得结皮层下的养分不断聚集（杨巧云等，2019）。生物结皮层的土壤胞外酶活性最高，在结皮下层土壤中，4 种胞外酶活性均大于裸沙地。这主要缘于生物结皮改善了土壤的理化性质，给土壤微生物创造了适宜生存的条件，丰富了土壤微生物的种类和数量，从而提高了土壤胞外酶活性。除结皮层外，0~2cm、2~10cm 和 10~20cm 土层的碳氮比差异不大，这说明土壤中 C 和 N 的含量在外部环境的影响下趋于一致，在养分积累和消耗的过程中 C 和 N 作为主要成分，其比值相对稳定。氮磷比一般用来确定土壤的养分限制类型，本研究区生物结皮层氮磷比明显高于下层，这说明研究区生物结皮层土壤 N 相对充足，生物结皮的发育提高了土壤微生物的活性，促进了土壤 N 的释放，从而使氮磷比增大。碳磷比可以用于表征土壤 P 的有效性，通常碳磷比越低，越利于微生物对有机质的分解，进而提高土壤 P 的含量，反映土壤 P 的有效性。本研究区生物结皮层的土壤碳磷比高于下层，这说明生物结皮层土壤中有机质的分解速率低于下层。随着生物结皮演替的进行，酶碳氮比和酶碳磷比在藻结皮发育到藓结皮的过程中下降。除生物结皮层外，酶碳氮比和酶碳磷比的降低还与土层深度的增加有关，这说明随着土层的加深，微生物 N-获取酶和 P-获取酶的产生相对于 C-获取酶较慢。尽管土壤胞外酶生态化学计量比受到生物结皮演替的显著影响，但微生物调控释放的 C-获取酶和 N-获取酶等比例增加（即两者表现为等容关系），呈稳态模式（表 9-10）。表明在生物结皮演替过程中，微生物内稳性

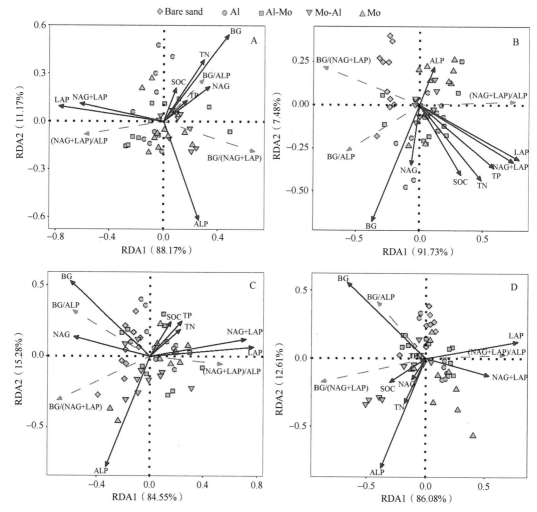

图 9-46　土壤酶生态化学计量与土壤 C、N、P 和土壤胞外酶活性的关系

实线为解释变量，虚线为响应变量。A 为生物土壤结皮层；B 为 0～2cm 土层；C 为 2～10cm 土层；D 为 10～20cm 土层

表 9-10　演替阶段、土层深度及其交互作用对土壤 C、N、P 和土壤胞外酶及其生态化学计量特征的影响

组分	演替阶段（S）		土层深度（L）		S×L	
	F	P	F	P	F	P
C	6.581	0.000[***]	700.600	0.000[***]	4.982	0.000[***]
N	10.938	0.000[***]	592.809	0.000[***]	4.393	0.000[***]
P	19.868	0.000[***]	149.354	0.000[***]	2.258	0.014[*]
碳氮比	46.178	0.000[***]	10.840	0.000[***]	5.265	0.000[***]
碳磷比	2.434	0.049[*]	433.542	0.000[***]	3.751	0.000[***]
氮磷比	9.646	0.000[***]	443.635	0.000[***]	4.044	0.000[***]
BG	3.432	0.010[*]	127.296	0.000[***]	2.460	0.007[**]
NAG	18.582	0.000[***]	125.371	0.000[***]	11.751	0.000[***]
LAP	7.249	0.000[***]	111.851	0.000[***]	1.729	0.071
NAG+LAP	7.962	0.000[***]	139.847	0.000[***]	2.337	0.011[*]
ALP	30.830	0.000[***]	282.224	0.000[***]	5.772	0.000[***]
BG/(NAG+LAP)	13.282	0.000[***]	10.033	0.000[***]	3.563	0.000[***]
BG/ALP	7.637	0.000[***]	7.062	0.000[***]	1.168	0.313
(NAG+LAP)/ALP	4.496	0.002[**]	3.456	0.018[*]	1.270	0.246

注：*表示 $P < 0.05$；**表示 $P < 0.01$；***表示 $P < 0.001$

在调控养分资源的获取中发挥重要作用，在环境相对受限的区域，酶生态化学计量比在外界条件变化下保持稳态，可以更好地应对养分缺乏，保持土壤养分动态平衡（Cleveland，2007）。本研究得出在藻结皮、多藻少藓结皮以及藓结皮阶段土壤 P-获取酶与 N-获取酶之间的斜率均大于 1，且在多藻少藓结皮阶段呈显著水平，说明微生物对 P-获取酶的分解速率大于 N-获取酶。尽管在藻结皮和藓结皮阶段两者斜率并不显著大于 1，呈现出等容模式，但依旧说明在一定稳态范围内微生物对 P-获取酶的分解速率比 N-获取酶大，但二者差异不显著。同时，土壤有机碳、全磷含量与参与 C、P 转化的胞外酶活性之间的斜率均显著大于 1，呈现非等容模式，反映了土壤胞外酶活性对土壤养分的依赖。

9.5.2　颗粒态有机碳和矿质结合态有机碳的变化特征

土壤黏粒和粉粒对土壤有机质（SOM）的吸附作用是土壤有机质稳定的主要因素（Yang et al.，2021）。在植被生产力受限和黏粒缺乏的生物土壤结皮中，颗粒态有机碳和矿质结合态有机碳的比例如何变化尚不清晰。本研究将土壤有机碳库划分为颗粒态有机碳（POC，$> 53\mu m$）和矿质结合态有机碳（MAOC，$< 53\mu m$），以探究黄土高原生物土壤结皮发育过程中 POC 和 MAOC 的变化特征及其对有机碳积累的相对贡献，试图阐明生物土壤结皮发育过程中沙质土壤颗粒态有机碳库和矿质结合态有机碳库的形成过程，丰富干旱半干旱生态系统有机碳形成和稳定过程的理论依据。

如图 9-47 所示，生物土壤结皮各发育阶段颗粒态组分质量占比远大于矿质结合态组分质量占比，说明在生物土壤结皮发育过程中沙质土壤的颗粒态组分分配比例较大、矿质结合态组分分配比例较小。生物土壤结皮发育对颗粒态和矿质结合态组分质量占比的影响不同，4 个发育阶段的颗粒态组分质量占比均小于裸沙地，而矿质结合态组分质量占比均大于裸沙地。在相同发育阶段，颗粒态组分质量占比随着土层深度增加而增加，而矿质结合态组分质量占比随着土层深度增加而降低。

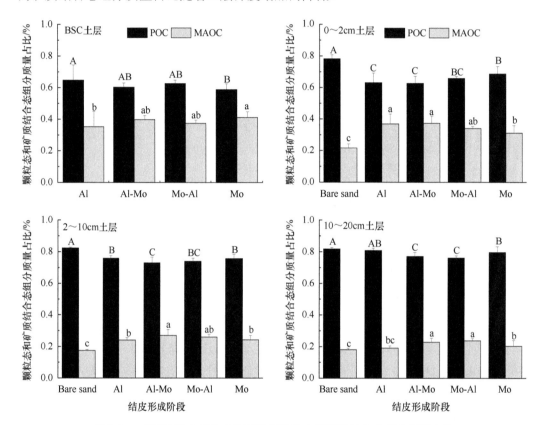

图 9-47　不同生物土壤结皮发育阶段颗粒态和矿质结合态组分质量占比

Bare sand、Al、Al-Mo、Mo-Al、Mo 分别代表裸沙地、藻结皮、多藻少藓结皮、多藓少藻结皮、藓结皮，误差线表示标准差；不含有相同大写字母的表示不同发育阶段颗粒态组分质量占比差异显著，不含有相同小写字母的表示不同发育阶段矿质结合态组分质量占比差异显著（邓肯法，$P<0.05$）。下同

如图 9-48 所示，随着生物土壤结皮发育，在 BSC 土层，POC 含量由大到小为 Mo（9.47g/kg）＞Mo-Al（6.39g/kg）＞Al（6.31g/kg）＞Al-Mo（3.56g/kg）。0～2cm 土层，4 个发育阶段 POC 含量都显著高于裸沙地（0.63g/kg），其中 Al 阶段 POC 含量最高，为 2.67g/kg（图 9-48）。POC 含量随着土层深度增加而降低，说明土层越深，单位体积土壤 POC 含量降低。BSC 土层的 MAOC 含量由大到小为 Mo（12.57g/kg）＞Al（7.40g/kg）＞Mo-Al（7.23g/kg）＞Al-Mo（5.27g/kg）。与裸沙地相比，2～10cm 和 10～20cm 土层各发育阶段的 MAOC 含量都有所增加，在 2～10cm 土层，Mo-Al、Mo、Al、Al-Mo 比裸沙地分别增加了 82.6%、75.4%、74.9%、65.2%；在 10～20cm 土层，Mo-Al、Al-Mo、

Mo、Al 比裸沙地分别增加了 84.0%、55.5%、35.9%、25.7%。MAOC 含量随土层深度增加而降低。

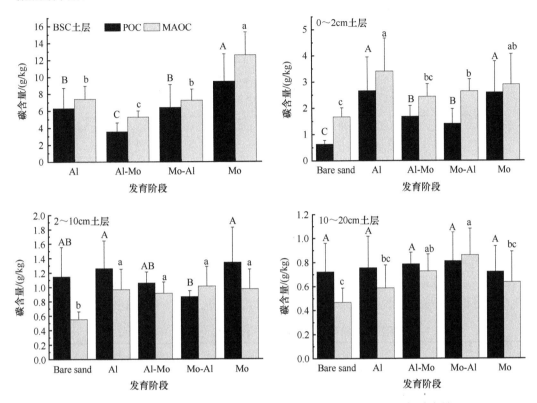

图 9-48　生物土壤结皮发育阶段颗粒态有机碳和矿质结合态有机碳含量

在表层土壤中 POC/MAOC 与 SOC 的线性拟合斜率大于零，而在下层土壤中线性拟合斜率小于零（图 9-49），表明与下层土壤相比，POC 在表层土壤中增加得更快，然而 MAOC/POC 与 SOC 的线性拟合趋势与 POC/MAOC 相反，说明在有机物输入相对较少的下层，MAOC 的增加量大于 POC。表层土壤黏粒受限制，吸附在黏粒表面的 MAOC 饱和，不再吸附，更多的碳进入 POC，所以 POC 随着黏粒增加而增加。POC/MAOC 在表层随着 SOC 增加而增加，表明 POC 增加速率比 MAOC 大，因此在 BSC 和 0~2cm 土层，MAOC 饱和，POC 主要贡献 SOC 的增加。

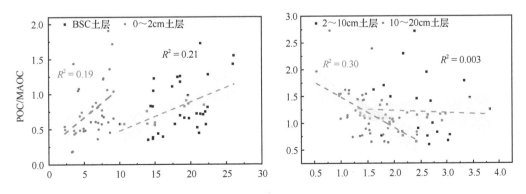

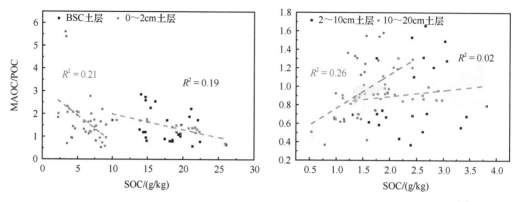

图 9-49 颗粒态有机碳和矿质结合态有机碳的比值与土壤有机碳的关系

在 BSC 土层，随着生物土壤结皮发育，POC/SOC 和 MAOC/SOC 均先减小后增大。在 0～2cm 土层，与裸沙地相比，POC/SOC 在各发育阶段都有所增加，藓结皮阶段增加最快；而 MAOC/SOC 都低于裸沙地，但随着发育进行（Al→Al-Mo→Mo-Al→Mo），MAOC/SOC 先减小后增大。在 2～10cm 土层，各发育阶段 POC/SOC 均低于裸沙地（表 9-11）。线性拟合分析发现，在生物土壤结皮发育过程中 POC 和 MAOC 与 SOC 均存在显著正相关关系，说明 POC 和 MAOC 的增加促进了土壤有机碳的积累。随着 SOC

表 9-11 颗粒态有机碳和矿质结合态有机碳与土壤有机碳的比值关系

土层/cm	演替阶段	POC/SOC		MAOC/SOC	
		平均值	标准差	平均值	标准差
BSC	Al	0.41	0.10	0.50	0.14
	Al-Mo	0.20	0.06	0.31	0.07
	Mo-Al	0.32	0.12	0.37	0.08
	Mo	0.47	0.07	0.66	0.20
0～2	Bare sand	0.26	0.06	0.69	0.14
	Al	0.37	0.11	0.59	0.37
	Al-Mo	0.32	0.08	0.45	0.06
	Mo-Al	0.24	0.07	0.47	0.11
	Mo	0.43	0.08	0.52	0.16
2～10	Bare sand	0.75	0.17	0.38	0.09
	Al	0.53	0.14	0.40	0.08
	Al-Mo	0.49	0.14	0.41	0.02
	Mo-Al	0.46	0.16	0.49	0.06
	Mo	0.54	0.07	0.41	0.10
10～20	Bare sand	0.59	0.24	0.37	0.07
	Al	0.69	0.43	0.48	0.12
	Al-Mo	0.48	0.14	0.43	0.05
	Mo-Al	0.52	0.15	0.53	0.09
	Mo	0.51	0.12	0.43	0.08

含量增加,POC 和 MAOC 的变化特征不同,在 SOC 含量相对较低的土壤中 MAOC 对 SOC 的贡献占主导地位。然而,随着 SOC 的增加,MAOC 有饱和的趋势,不再随 SOC 的增加而增加。此时,SOC 的增加通过 POC 的积累来实现。

为了探究生物土壤结皮发育阶段、土层及它们的交互作用对 POC 和 MAOC 的影响,我们进行了双因素方差分析。由表 9-12 可知,发育阶段、土层及发育阶段×土层交互作用的 F 值都大于 P (a=0.05),说明发育阶段、土层及发育阶段×土层交互作用对 POC 和 MAOC 的影响均显著,三者中土层的影响显著程度最高。其中,对 POC 影响的显著程度由大到小为土层 (F=193.16) >发育阶段 (F=12.56) >发育阶段×土层交互作用 (F=9.83);对 MAOC 影响的显著程度由大到小为土层 (F=391.34) >发育阶段 (F=19.30) >发育阶段×土层交互作用 (F=12.92)。

表 9-12　双因素方差分析

来源	POC			MAOC		
	df	F	P	df	F	P
发育阶段	4	12.56	<0.001	4	19.30	<0.001
土层	3	193.16	<0.001	3	391.34	<0.001
发育阶段×土层	11	9.83	<0.001	11	12.92	<0.001

同一发育阶段相同土层 MAOC 含量大于 POC 含量,这是由于 MAOC 受矿物质保护,不易被微生物分解,是有机碳库中相对稳定的组分,这与梁爱珍等 (2005) 关于东北黑土区 POC 和 MAOC 的研究结果相同。而 POC 组分质量占比要远高于 MAOC 组分质量占比,这是因为沙地中沙粒含量很高,大多数土壤颗粒粒径大于 53μm,小于 53μm 的土壤颗粒占比较小,因此 POC 组分质量占比高于 MAOC 组分质量占比。

在 BSC 土层,随着结皮发育,POC 和 MAOC 含量呈增加趋势,在藓结皮阶段 POC 和 MAOC 含量最高。Dümig 等 (2014) 发现由藻结皮演替到藓结皮,结皮层有机碳含量增加了 1.8 倍;Liu 等 (2018) 研究发现,随着生物土壤结皮的演替,土壤微生物丰度和多样性呈逐渐增加的趋势。结皮层作为空气和土壤连通的介质,其捕获大气降尘和颗粒及通过光合作用固定碳的能力随着结皮发育而增强。此外,不同发育阶段生物土壤结皮的结构、功能和生物量存在显著差异,导致进入土壤的凋落物数量和质量存在差异,藓结皮阶段是生物结皮演替的高级阶段,输入的有机物多。吴丽等 (2014) 研究了生物土壤结皮演替过程中生物量的变化,发现随着结皮的发育演替,结皮中的光合生物量逐步增加。研究结果表明,POC 和 MAOC 含量随着土层深度增加而降低,在生物结皮层 (BSC) 含量最高,0~2cm 土层含量次之,2~10cm 和 10~20cm 土层含量要远少于 BSC 和 0~2cm 土层,POC 和 MAOC 含量在不同土层间存在显著差异。因为生物结皮形成后,改善了 BSC 土层的理化性质,使土壤有机质含量剖面分布呈表聚现象。另外,结皮形成后,隐花植物和一些浅根系植物大量繁殖,它们的残体、分泌物等被微生物分解成腐殖质,导致了该层有机碳的积累。

BSC 和 0~2cm 土层的 MAOC 绝对量高于 POC 绝对量,由以微生物源有机碳为主要来源的 MAOC 贡献土壤有机碳积累;而 2~10cm 和 10~20cm 土层的 POC 绝对量高于 MAOC 绝对量, 由以植物源碳为主要来源的 POC 贡献土壤有机碳积累。这是因为 BSC 和结皮层下 0~2cm 土层微生物和土壤动物含量高, 微生物和动物通过自身新陈代谢、坏死等积累有机碳, 这也解释了 MAOC 主要是微生物源有机碳。POC 主要贡献 2~10cm 和 10~20cm 土层有机碳的原因是, 一些小分子随水淋溶到下层土壤中, 吸附到 POC 和 MAOC 上, 然而下层 MAOC 饱和导致更多的碳分子吸附到 POC 上。我们将 POC/SOC 和 MAOC/SOC 做了对比, 发现在不同的演替阶段和不同土层深度, POC/SOC 和 MAOC/SOC 没有明显的变化规律。这可能是随着生物土壤结皮发育, 土壤的微环境逐渐改善, 不同发育阶段的不同土层养分含量、微生物数量等分布不均匀导致的, 同时, 随着生物结皮发育, 结皮厚度增加, 结皮颜色加深, 表面更加粗糙, 输入土壤的凋落物数量和质量不同, 所以 POC/SOC 和 MAOC/SOC 在不同演替阶段和不同土层深度没有明显的变化规律。在我们的研究中, POC、MAOC 和 SOC 均有显著的正相关关系, 表明生物土壤结皮定植和发育显著促进了土壤有机碳积累。POC 随着 SOC 的增加而增加, 而 MAOC 随着 SOC 的增加会饱和。由于微生物生物量的生态限制(如竞争、捕食等), 土壤可能出现 MAOC 饱和状态, 随着土壤碳输入增加, 与矿物质相关的有机碳形成率降低, 与矿物质相关的有机碳由微生物直接产生的化合物(即微生物细胞和细胞外化合物)组成。MAOC 主要吸附在矿物质表面, 随着黏粒含量受限, 矿物质比表面积有限, 矿物质表面吸附的 MAOC 处于饱和状态。因此, 随着 SOC 的增加, MAOC 有饱和的趋势, 不再随 SOC 增加而增加。此时, SOC 的增加通过 POC 的积累来实现。Cotrufo 等(2019)在欧洲草地和森林生态系统土壤研究中也得出了相同结果。因此, 沙质土壤 POC 和 MAOC 与 SOC 的显著关系也体现了沙质土壤中 POC 和 MAOC 对 SOC 积累与保持的重要贡献。

9.5.3 微生物残体碳的变化特征

与裸沙地相比, 生物结皮形成增加了 0~2cm 土层的真菌残体碳和细菌残体碳含量(图 9-50)。尽管 SOC 和微生物生物量从藻结皮到藓结皮阶段都有所增加, 但 BSC 土层中不同阶段的真菌残体碳含量没有显著差异。除了裸沙地, 细菌残体碳含量在 BSC 土层中基本保持不变, 但在 0~2cm 土层中, 从藻结皮阶段到藓结皮阶段, 细菌残体碳含量下降。其他微生物细胞壁碎片, 如氨基半乳糖和氨基甘露糖含量, 在生物结皮形成过程中保持稳定。在不同的生物结皮阶段, 微生物残体碳对 SOC 的贡献从 12%(裸沙地)到 25%。从藻结皮到藓结皮阶段, 0~2cm 土层的真菌残体碳与细菌残体碳比值增加, 表明更多的真菌残体碳有助于增加土壤有机碳。细菌残体碳对 SOC 的贡献从 2.6%(裸沙地)到约 7.7%, 而真菌残体碳在不同生物结皮形成阶段的贡献从 10%(裸沙地)到 21%(图 9-50)。真菌残体碳(>微生物残体碳 67%)对 SOC 的贡献始终高于细菌残体碳。细菌残体碳对 SOC 的贡献和 BSC 土层中微生物残体碳的贡献高于 0~2cm 土层, 表明细菌对 BSC 土层中 SOC 形成的贡献大于底层土壤(图 9-50)。微生物残体碳与微生物生物量碳的比值(微生物残体积累系数)从藻结皮阶段到藓结皮阶段显著下降。从 BSC 土层到矿物土壤(0~2cm), 微生物残体积累系数增加。这表明在 0~2cm 土层微生物残体的稳定和保存相对较好。

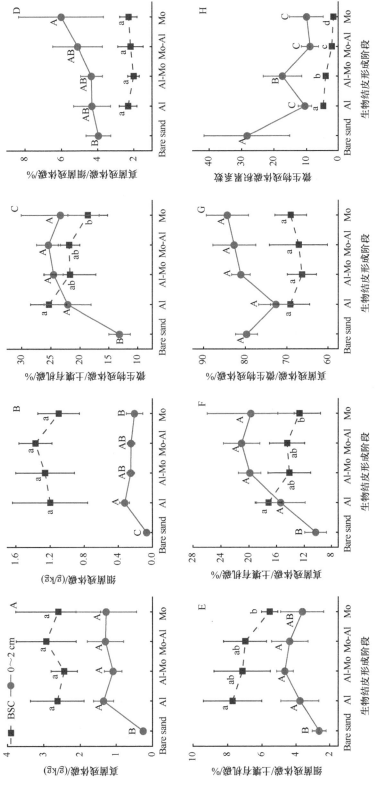

图 9-50　生物土壤结皮形成过程中微生物残体碳的积累特征

　　POC 和 MAOC 含量随着 SOC 含量的增加而增加（图 9-51）。真菌残体碳、细菌残体碳和微生物残体碳含量随 SOC 含量的增加而增加，表明在生物结皮发育的土壤中微生物残体在 SOC 形成中起着关键作用。细菌残体碳与 MAOC 关系更密切，而真菌残体碳与 POC 关系更密切。同样，POC 和 MAOC 随着真菌残体碳、细菌残体碳和微生物残体碳含量的增加而增加。POC 中的 R^2 值大于 MAOC，表明一部分残体仍然形成 POC，而不是稳定在 MAOC 中。微生物残体碳含量随着土壤黏粒和粉粒含量的增加而增加（不包括 BSC 土层中的细菌残体碳；图 9-52），表明较高的黏粒和粉粒含量可以保护真菌残

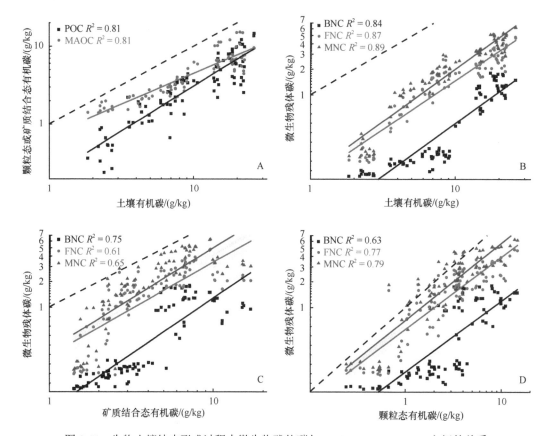

图 9-51　生物土壤结皮形成过程中微生物残体碳与 POC、MOAC、SOC 之间的关系

BNC：细菌残体碳（bacterial necromass C）；FNC：真菌残体碳（fungal necromass C）；
MNC：微生物残体碳（microbial necromass C）。下同

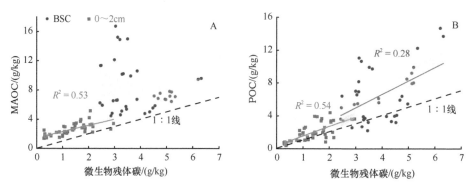

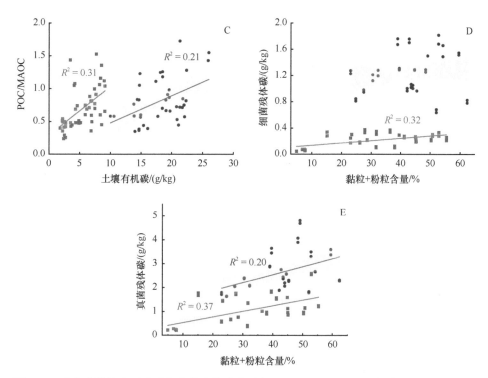

图 9-52　生物土壤结皮形成过程中微生物残体碳与 POC/MOAC、黏粒+粉粒含量之间的关系

体碳和细菌残体碳并有利于它们的积累。由于黏粒含量低（只有 1%~2%），MAOC 的饱和度导致更多的微生物残体形成 POC，尤其是 BSC 土层。POC/MOAC 随着 SOC 含量的增加而增加，表明 POC 的积累比 MAOC 快。

9.5.4　微生物残体积累和分解的调控因素

微生物残体碳随活体生物量、酶活性和溶解营养物质的增加而增加，表明大量活体微生物生物量可以促进残体物质的积累（图 9-53）。可溶性氮是影响 BSC 土层中微生物残体物质积累最重要的因素，而许多因素（即 MBN、DN、MBC、DC、黏粒含量、LAP 和 POC）解释了 0~2cm 土层微生物残体物质的稳定。POC，而不是 MAOC，是影响 BSC 土层和 0~2cm 土层微生物残体物质积累的重要因素，这表明 POC 在残体物质稳定中起着重要作用（图 9-53）。

生物结皮土壤中微生物残体通过形成颗粒态有机碳或矿质结合态有机碳而相对稳定（图 9-54）。微生物残体与土壤颗粒的结合是其中长期稳定的主要机制（Samson et al.，2020；Yang et al.，2021），因为有机矿物界面以富含氮的微生物残体为主（Possinger et al.，2020）。尽管 POC 和 MAOC 随着微生物残体含量的增加而增加，但微生物残体与 POC 的关系比与 MAOC 的关系更密切。与良好发育土壤中微生物残体主要贡献 MAOC 的形成不同（Lavallee et al.，2019），这一研究结果清楚地表明，生物结皮土壤中微生物残体更多地进入颗粒态有机碳库。这可以解释为：①微生物残体的再利用或稳定显著影响

POC 的积累；②尽管植物外源碳输入增加，但由于黏粒和粉粒的限制，微生物残体在 MAOC 积累过程中饱和（Craig et al.，2021）；③由部分微生物残体物质（如真菌衍生的甲壳素）形成 POC，其在 SOC 积累中发挥重要作用（Lavallee et al.，2019）；④土壤团聚体中保留的薄水膜允许 MAOC 中的微生物残体分解（Manzoni et al.，2012），而 POC 中的微生物残体分解可能受到低的土壤水分限制，因为水分驱动生物结皮土壤中微生物氮转化过程。细菌残体碳主要贡献于 MAOC 库，而真菌残体碳对 POC 的贡献更大。这可能是因为与真菌相比细菌更小且细胞壁碎片更薄，其可以生活在生物膜和土壤团聚体孔隙中，细菌的活跃栖息地形成进一步增加了土壤矿物的聚集，避免了细菌残体分解（Krause et al.，2019）。MAOC 没有随着微生物残体的增加而持续增加，这可能是因为生物土壤结皮层低的黏粒和粉粒含量限制导致 MAOC 的形成饱和（图 9-54）。微生物残体的稳定可能受限于苔藓根系沉积物的直接吸附超过了微生物残体对黏粒或者粉粒的吸附（Guhra et al.，2022）。而 POC 随着微生物残体（尤其是真菌残体）的增加而增加，POC/MAOC 值随着有机碳的增加而增加，这表明不利的残体稳定环境（如黏土含量有限）导致更多的残体进入 POC 库。高的土壤黏粒含量可以促进微生物残体的稳定并降低其分解速率，因为在黏粒上的吸附和进一步形成的微团聚体是其稳定的关键（Doetterl et al.，2015）。然而，微生物残体形成 POC 是不稳定的，这导致微生物残体可以与活的微生物直接接触并增加了微生物残体被胞外酶分解的可能性（Kuzyakov and Mason-Jones，2018）。例如，生物土壤结皮层从藻到苔藓阶段活的微生物生物量增加而微生物残体保持稳定，这表明微生物残体被分解再次利用以满足微生物的养分需求。在初始土壤形成过程中，低的黏粒含量导致微生物残体物理化学保护机制较弱。

微生物生物量、胞外酶活性、养分有效性和黏粒含量决定了生物土壤结皮形成过程中微生物残体的积累和再利用。生物土壤结皮不同形成阶段的微生物均受到氮限制，但由于 N-获取酶及胞外酶活性随着生物结皮的形成而逐渐增强，微生物氮限制情况则趋于缓解。微生物不随矿质结合态有机碳而随颗粒态有机碳的增加而增加，这表明矿质结合态有机碳的增加受到低的黏粒含量限制或者颗粒态有机碳分解受到低土壤水分的限制，

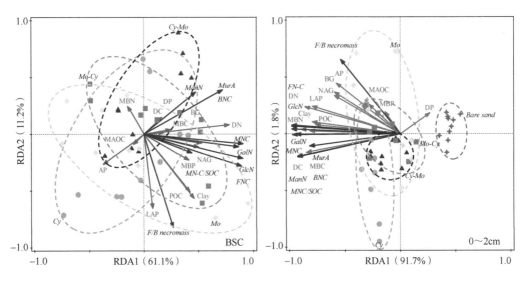

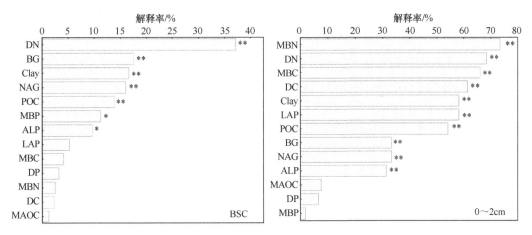

图 9-53　生物土壤结皮形成过程中微生物残体积累的调控因素

冗余分析图中的正体表示解释变量,斜体表示被解释变量。MBC:微生物生物量碳;MBN:微生物生物量氮;MBP:微生物生物量磷;BG:β-葡萄糖苷酶;NAG:β-N-乙酰葡糖胺糖苷酶;LAP:亮氨酸氨基肽酶;ALP:碱性磷酸酶;DC:可溶性碳;DN:可溶性氮;DP:可溶性磷;Clay:土壤黏粒。*表示 $P<0.05$;**表示 $P<0.01$

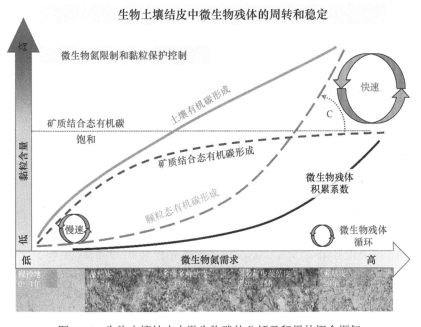

图 9-54　生物土壤结皮中微生物残体分解及积累的概念框架

导致颗粒态有机碳的积累比矿质结合态有机碳更强。微生物氮限制及其残体缺乏黏粒保护导致其易被微生物分解利用,进而导致生物结皮覆盖的沙质土壤中微生物残体积累系数低。微生物通过释放胞外酶分解其残体物质来满足其养分需求进而促进可溶性养分的增加。在生物结皮形成过程中,由于土壤黏粒含量低和微生物受到强烈的氮限制,微生物残体稳定环境条件导致微生物残体易被微生物释放的胞外酶分解。因此,在生物结皮覆盖的沙质土壤中微生物残体对有机碳的贡献远低于良好发育土壤。

9.6 小 结

基于黄土高原从南到北（降水减少）的土壤样品分析，*cbbL* 和 *cbbM* 基因固碳微生物具有典型的地理分布格局。降水量是主导土壤养分含量的关键环境因素，从而间接影响了 *cbbL* 固碳微生物的多样性指数和群落组成。对生物结皮发育序列的研究表明，生物结皮形成后 *cbbL* 和 *cbbM* 基因固碳微生物 OTU 丰度高于裸沙地土壤，表明生物结皮的形成显著促进了 *cbbL* 和 *cbbM* 基因固碳微生物多样性的增加。土壤有机碳、微生物生物量磷和可溶性有机氮的含量是影响生物土壤结皮固碳微生物群落多样性的主要因素。

对于固碳微生物固碳速率，研究发现 CO_2 固定速率随降水量增加而增加，标志固碳类群和主要的 CO_2 固定途径随降水梯度变化显著。在年平均降水量 400~600mm 的条件下，还原柠檬酸循环和 3-羟基丙酸双循环主导微生物的 CO_2 固定过程；在年平均降水量 < 400mm 的条件下，以卡尔文循环为主导。在生物土壤结皮中，土壤固碳微生物固碳速率随着结皮发育而增加，藻结皮和藓结皮土壤固碳微生物固碳速率显著高于裸沙，表层土壤显著大于底层土壤，表明在植被生产力受限的区域生物土壤结皮具有较强的固碳微生物固碳潜力。

参 考 文 献

邓蕾. 2014. 黄土高原生态系统碳固持对植被恢复的响应机制. 杨凌: 西北农林科技大学博士学位论文.

郭珺, 樊芳芳, 王立革, 等. 2019. 固碳微生物菌株的分离鉴定及其固碳能力测定. 生物技术通报, 35(1): 90-97.

李凤娟, 高大文, 胡晗华. 2015. 微藻高 CO_2 耐受机制及其在生物减碳领域的应用. 哈尔滨工业大学学报, 47(4): 9-14.

梁爱珍, 张晓平, 杨学明, 等. 2005. 土壤细颗粒对有机质的保护能力研究. 土壤通报, 27(5): 748-752.

刘彩霞, 周燕, 徐秋芳, 等. 2018. 毛竹林集约经营对土壤固碳细菌群落结构和多样性的影响. 生态学报, 38(21): 7819-7829.

刘明升, 魏群, 蔡元妃, 等. 2012. 六种微藻固定 CO_2 实验研究. 广西大学学报(自然科学版), 37(3): 544-548.

刘振. 2019. 毛乌素沙地土壤固定大气二氧化碳的微生物途径. 北京: 北京林业大学硕士学位论文.

孙永琦. 2019. 毛乌素沙地地衣结皮层微生物的群落结构及其固碳功能. 北京: 北京林业大学博士学位论文.

吴丽, 张高科, 陈晓国, 等. 2014. 生物结皮的发育演替与微生物生物量变化. 环境科学, 35(4): 1479-1485.

杨巧云, 赵允格, 包天莉, 等. 2019. 黄土丘陵区不同类型生物结皮下的土壤生态化学计量特征. 应用生态学报, 30(8): 2699-2706.

袁红朝, 秦红灵, 刘守龙, 等. 2011. 固碳微生物分子生态学研究. 中国农业科学, 44(14): 2951-2958.

左宜平, 张馨月, 曾辉, 等. 2018. 大兴安岭森林土壤胞外酶活力的时空动态及其对潜在碳矿化的影响. 北京大学学报(自然科学版), 54(6): 1311-1324.

Algora Gallardo C, Baldrian P, López-Mondéjar R. 2020. Litter-inhabiting fungi show high level of specialization towards biopolymers composing plant and fungal biomass. Biol Fert Soils, 57(1): 77-88.

Atomi H. 2002. Microbial enzymes involved in carbon dioxide fixation. J Biosci Bioeng, 94(6): 497-505.

Bar-even A, Noor E, Milo R. 2012. A survey of carbon fixation pathways through a quantitative lens. J Exp Bot, 63(6): 2325-2342.

Berg I A. 2011. Ecological aspects of the distribution of different autotrophic CO_2 fixation pathways. Appl Environ Microbiol, 77(6): 1925-1936.

Berg I A, Kockelkorn D, Ramos-Vera W H, et al. 2010. Autotrophic carbon fixation in archaea. Nat Rev Microbiol, 8(6): 447-460.

Bonanomi G, De Filippis F, Cesarano G, et al. 2019. Linking bacterial and eukaryotic microbiota to litter chemistry: combining next generation sequencing with ^{13}C CPMAS NMR spectroscopy. Soil Biol Biochem, 129: 110-121.

Bore E K, Kuzyakov Y, Dippold M A. 2018. Glucose and ribose stabilization in soil: convergence and divergence of carbon pathways assessed by position-specific labeling. Soil Biol Biochem, 131: 54-61.

Buckeridge K M, La Rosa A F, Mason K E, et al. 2020a. Sticky dead microbes: rapid abiotic retention of microbial necromass in soil. Soil Biol Biochem, 149: 107929.

Buckeridge K M, Mason K E, Mcnamara N P, et al. 2020b. Environmental and microbial controls on microbial necromass recycling, an important precursor for soil carbon stabilization. Commun Earth Environ, 36(1): 1-9.

Chen L, Liu L, Qin S, et al. 2019b. Regulation of priming effect by soil organic matter stability over a broad geographic scale. Nat Commun, 10(5112): 1-10.

Chen J, Seven J, Zilla T, et al. 2019a. Microbial C：N：P stoichiometry and turnover depend on nutrients availability in soil: a ^{14}C, ^{15}N and ^{33}P triple labelling study. Soil Biol Biochem, 131: 206-216.

Chen X, Hu Y, Xia Y, et al. 2021. Contrasting pathways of carbon sequestration in paddy and upland soils. Global Change Biol, 27(11): 2478-2490.

Chen X, Wu X, Jian Y. 2014. Carbon dioxide assimilation potential functional gene amount and Rubis CO activity of autotrophic microorganisms in agricultural soils. J Environ Sci, 35(3): 1144-1150.

Chen X, Xia Y, Rui Y, et al. 2020. Microbial carbon use efficiency, biomass turnover, and necromass accumulation in paddy soil depending on fertilization. Agric Ecosyst Environ, 292: 106816.

Claassens N J, Sousa D Z, Dos Santos V A P M, et al. 2016. Harnessing the power of microbial autotrophy. Nat Rev Microbiol, 14: 692-706.

Cleveland C C. 2007. C：N：P stoichiometry in soil: is there a "Redfield ratio" for the microbial biomass? Biogeochemistry, 85: 235-252.

Cotrufo M F, Ranalli M G, Haddix M L, et al. 2019. Soil carbon storage informed by particulate and mineral-associated organic matter. Nat Geosci, 12: 989-994.

Cotrufo M F, Soong J L, Horton A J, et al. 2015. Formation of soil organic matter via biochemical and physical pathways of litter mass loss. Nat Geosci, 8: 776-779.

Cotrufo M F, Wallenstein M D, Boot C M, et al. 2013. The Microbial Efficiency-Matrix Stabilization (MEMS) framework integrates plant litter decomposition with soil organic matter stabilization: Do labile plant inputs form stable soil organic matter? Global Change Biol, 19(4): 988-995.

Craig M E, Mayes M A, Sulman B N, et al. 2021. Biological mechanisms may contribute to soil carbon saturation patterns. Global Change Biol, 27(12): 2633-2644.

Culman S W, Snapp S S, Freeman M, et al. 2012. Permanganate oxidizable carbon reflects a processed soil fraction that is sensitive to management. Soil Sci Soc Am J, 76(2): 494.

Čapek P, Choma M, Tahovská K, et al. 2021. Coupling the resource stoichiometry and microbial biomass turnover to predict nutrient mineralization and immobilization in soil. Geoderma, 385(1): 114884.

Deng L, Shangguan Z P, Wu G L, et al. 2017. Effects of grazing exclusion on carbon sequestration in China's grassland. Earth-Science Rev, 173(6): 84-95.

Doetterl S, Stevens A, Six J, et al. 2015. Soil carbon storage controlled by interactions between geochemistry and climate. Nat Geosci, 8: 780-783.

Dümig A, Veste M, Hagedorn F, et al. 2014. Organic matter from biological soil crusts induces the initial formation of sandy temperate soils. Catena, 122(4): 196-208.

Esparza M, Cárdenas J P, Bowien B, et al. 2010. Genes and pathways for CO_2 fixation in the obligate, chemolithoautotrophic acidophile, *Acidithiobacillus ferrooxidans*, carbon fixation in *A. ferrooxidans*.

BMC Microbiol, 10: 229.

Fang H J, Cheng S L, Zhang X P, et al. 2006. Impact of soil redistribution in a sloping landscape on carbon sequestration in northeast China. L Degrad Dev, 17(1): 89-96.

Feng X, Fu B, Lu N, et al. 2013. How ecological restoration alters ecosystem services: an analysis of carbon sequestration in China's Loess Plateau. Sci Rep, 3(2846): 3-7.

Finn D, Kopittke P M, Dennis P G, et al. 2017. Microbial energy and matter transformation in agricultural soils. Soil Biol Biochem, 111: 176-192.

Fu B, Wang S, Liu Y, et al. 2017. Hydrogeomorphic ecosystem responses to natural and anthropogenic changes in the Loess Plateau of China. Annu Rev Earth Pl Sc, 45: 223-243.

Ge T, Wu X, Chen X, et al. 2013. Microbial phototrophic fixation of atmospheric CO_2 in China subtropical upland and paddy soils. Geochim Cosmochim Acta, 113: 70-78.

Guhra T, Stolze K, Totsche K U. 2022. Pathways of biogenically excreted organic matter into soil aggregates. Soil Biol Biochem, 164: 108483.

Guo G, Kong W, Liu J, et al. 2015. Diversity and distribution of autotrophic microbial community along environmental gradients in grassland soils on the Tibetan Plateau. Appl Microbiol Biotechnol, 99: 8765-8776.

Hart K M, Kulakova A N, Allen C C R, et al. 2013. Tracking the fate of microbially sequestered carbon dioxide in soil organic matter. Environ Sci Technol, 47(10): 5128-5137.

Hicks Pries C E, Castanha C, Porras R C, et al. 2017. The whole-soil carbon flux in response to warming. Science, 355(6332): 1420-1423.

Huang Y, Liang C, Duan X, et al. 2019. Variation of microbial residue contribution to soil organic carbon sequestration following land use change in a subtropical karst region. Geoderma, 353: 340-346.

Kallenbach C M, Frey S D, Grandy A S. 2016. Direct evidence for microbial-derived soil organic matter formation and its ecophysiological controls. Nat Commun, 7: 13630.

Khan K S, Mack R, Castillo X, et al. 2016. Microbial biomass, fungal and bacterial residues, and their relationships to the soil organic matter C/N/P/S ratios. Geoderma, 271: 115-123.

Kögel-Knabner I, Rumpel C. 2018. Advances in molecular approaches for understanding soil organic matter composition, origin, and turnover: a historical overview. Adv Agro, 149: 1-48.

Krause L, Biesgen D, Treder A, et al. 2019. Initial microaggregate formation: association of microorganisms to montmorillonite-goethite aggregates under wetting and drying cycles. Geoderma, 351: 250-260.

Kuzyakov Y, Mason-Jones K. 2018. Viruses in soil: nano-scale undead drivers of microbial life, biogeochemical turnover and ecosystem functions. Soil Biol Biochem, 127(1): 305-317.

Lavallee J M, Soong J L, Cotrufo M F. 2019. Conceptualizing soil organic matter into particulate and mineral-associated forms to address global change in the 21st century. Global Change Biol, 26(1): 261-273.

Lehmann J, Kleber M. 2015. The contentious nature of soil organic matter. Nature, 528: 60-68.

Li X R, Jia R L, Zhang Z S, et al. 2018. Hydrological response of biological soil crusts to global warming: a ten-year simulative study. Global Change Biol, 24(10): 4960-4971.

Li Y, Nie C, Liu Y, et al. 2019. Soil microbial community composition closely associates with specific enzyme activities and soil carbon chemistry in a long-term nitrogen fertilized grassland. Sci Total Environ, 654: 264-274.

Liang C, Amelung W, Lehmann J, et al. 2019. Quantitative assessment of microbial necromass contribution to soil organic matter. Global Change Biol, 25(11): 3578-3590.

Liang C, Balser T C. 2010. Microbial production of recalcitrant organic matter in global soils: implications for productivity and climate policy. Nat Rev Microbiol, 9(75): 1.

Liang C, Schimel J P, Jastrow J D. 2017. The importance of anabolism in microbial control over soil carbon storage. Nat Microbiol, 2: 10175.

Liang J, Zhou Z, Huo C, et al. 2018. More replenishment than priming loss of soil organic carbon with additional carbon input. Nat Commun, 9: 3175.

Liu Q, We X, Wu X, et al. 2017. Characteristic of abundances and diversity of carbon dioxide fixation microbes in paddy soils. J Environ Sci, 38(2): 760-768.

Liu Y B, Zhao L N, Wang Z R, et al. 2018. Changes in functional gene structure and metabolic potential of the microbial community in biological soil crusts along a revegetation chronosequence in the Tengger Desert. Soil Biol Biochem, 126: 40-48.

Liu Z, Sun Y, Zhang Y, et al. 2018. Metagenomic and ^{13}C tracing evidence for autotrophic atmospheric carbon absorption in a semiarid desert. Soil Biol Biochem, 125: 156-166.

Long X E, Yao H, Wang J, et al. 2015. Community structure and soil pH determine chemoautotrophic carbon dioxide fixation in drained paddy soils. Environ Sci Technol, 49(12): 7152-7160.

Lopez-Sangil L, Hartley I P, Rovira P, et al. 2018. Drying and rewetting conditions differentially affect the mineralization of fresh plant litter and extant soil organic matter. Soil Biol Biochem, 124: 81-89.

Lynch R C, Darcy J L, Kane N C, et al. 2014. Metagenomic evidence for metabolism of trace atmospheric gases by high-elevation desert Actinobacteria. Front Microbiol, 5: 1-13.

Lynn T M, Ge T, Yuan H, et al. 2017. Soil carbon-fixation rates and associated bacterial diversity and abundance in three natural ecosystems. Microb Ecol, 73: 645-657.

Ma T, Zhu S, Wang Z, et al. 2018. Divergent accumulation of microbial necromass and plant lignin components in grassland soils. Nat Commun, 9: 3480.

Manzoni S, Schimel J P, Porporato A. 2012. Responses of soil microbial communities to water stress: results from a meta-analysis. Ecology, 93(4): 930-938.

Miltner A, Bombach P, Schmidt-Brücken B, et al. 2012. SOM genesis: microbial biomass as a significant source. Biogeochemistry, 111: 41-55.

Nowak M E, Beulig F, Von Fischer J, et al. 2015. Autotrophic fixation of geogenic CO_2 by microorganisms contributes to soil organic matter formation and alters isotope signatures in a wetland mofette. Biogeosciences, 12: 7169-7183.

Possinger A R, Zachman M J, Enders A, et al. 2020. Organo-organic and organo-mineral interfaces in soil at the nanometer scale. Nat Commun, 11(1): 6103.

Prommer J, Walker T W N, Wanek W, et al. 2019. Increased microbial growth, biomass, and turnover drive soil organic carbon accumulation at higher plant diversity. Global Change Biol, 26(2): 669-681.

Rodriguez-Caballero E, Belnap J, Büdel B, et al. 2018. Dryland photoautotrophic soil surface communities endangered by global change. Nat Geosci, 11: 185-189.

Roth V N, Lange M, Simon C, et al. 2019. Persistence of dissolved organic matter explained by molecular changes during its passage through soil. Nat Geosci, 12: 755-761.

Samson M E, Chantigny M H, Vanasse A, et al. 2020. Management practices differently affect particulate and mineral-associated organic matter and their precursors in arable soils. Soil Biol Biochem, 148: 107867.

Simpson M J, Smith E, Kelleher B P. 2007. Microbially derived inputs to soil organic matter: are current estimates too low? Environ Sci Technol, 41(23): 8070-8076.

Six J, Frey S D, Thiet R K, et al. 2006. Bacterial and fungal contributions to carbon sequestration in agroecosystems. Soil Sci Soc Am J, 70(2): 555.

Sokol N W, Bradford M A. 2018. Microbial formation of stable soil carbon is more efficient from belowground than aboveground input. Nat Geosci, 12: 46-53.

Sokol N W, Kuebbing S E, Karlsen-Ayala E, et al. 2019. Evidence for the primacy of living root inputs, not root or shoot litter, in forming soil organic carbon. New Phytol, 221(1): 233-246.

Spohn M, Müller K, Höschen C, et al. 2020. Dark microbial CO_2 fixation in temperate forest soils increases with CO_2 concentration. Global Change Biol, 26(3): 1926-1935.

Trivedi P, Delgado-Baquerizo M, Trivedi C, et al. 2016. Microbial regulation of the soil carbon cycle: evidence from gene-enzyme relationships. ISME J, 10: 2593-2604.

Wang C, Wang X, Pei G, et al. 2020. Stabilization of microbial residues in soil organic matter after two years of decomposition. Soil Biol Biochem, 141: 107687.

Wiseschart A, Mhuantong W, Tangphatsornruang S, et al. 2019. Shotgun metagenomic sequencing from Manao-Pee cave, Thailand, reveals insight into the microbial community structure and its metabolic potential. BMC Microbiol, 19(144): 1-14.

Wu X H, Ge T D, Yuan H C, et al. 2014a. Evaluation of an optimal extraction method for measuring d-ribulose-1, 5-bisphosphate carboxylase/oxygenase (RubisCO) in agricultural soils and its association with soil microbial CO_2 assimilation. Pedobiologia, 57: 277-284.

Wu X, Ge T, Yuan H, et al. 2014b. Changes in bacterial CO_2 fixation with depth in agricultural soils. Appl Microbiol Biotechnol, 98: 2309-2319.

Xia Y, Chen X, Zheng X, et al. 2020. Preferential uptake of hydrophilic and hydrophobic compounds by bacteria and fungi in upland and paddy soils. Soil Biol Biochem, 148: 107879.

Xiang S R, Doyle A, Holden P A, et al. 2008. Drying and rewetting effects on C and N mineralization and microbial activity in surface and subsurface California grassland soils. Soil Biol Biochem, 40: 2281-2289.

Xiong L, Liu X, Vinci G, et al. 2019. Molecular changes of soil organic matter induced by root exudates in a rice paddy under CO_2 enrichment and warming of canopy air. Soil Biol Biochem, 85(2): 107544.

Yang J Q, Zhang X, Bourg I C, et al. 2021. 4D imaging reveals mechanisms of clay-carbon protection and release. Nat Commun, 12: 622.

Yuan H, Ge T, Chen C, et al. 2012. Significant role for microbial autotrophy in the sequestration of soil carbon. Appl Environ Microbiol, 78(7): 2328-2336.

Zechmeister-Boltenstern S, Keiblinger K M, Mooshammer M, et al. 2015. The application of ecological stoichiometry to plant-microbial-soil organic matter transformations. Ecol Monogr, 85(2): 133-155.

Zhang B, Li W, Chen S, et al. 2019. Changing precipitation exerts greater influence on soil heterotrophic than autotrophic respiration in a semiarid steppe. Agr Forest Meteorol, 271: 413-421.

Zhang X, Jia J, Chen L, et al. 2021. Aridity and NPP constrain contribution of microbial necromass to soil organic carbon in the Qinghai-Tibet alpine grasslands. Soil Biol Biochem, 156: 108213.

Zhao K, Kong W, Wang F, et al. 2018. Desert and steppe soils exhibit lower autotrophic microbial abundance but higher atmospheric CO_2 fixation capacity than meadow soils. Soil Biol Biochem, 127: 230-238.

Zhao Y, Xu M, Belnap J. 2010. Potential nitrogen fixation activity of different aged biological soil crusts from rehabilitated grasslands of the hilly Loess Plateau, China. J Arid Environ, 74(10): 1186-1191.

第10章　深层土壤有机碳及其与微生物群落的关系

土壤是陆地生态系统最大的碳库,其所蕴含的碳储量是大气的2~3倍(Lal, 2018)。当前对土壤碳储量的评估仅包括浅层土壤,忽略了深层土壤,这增加了评估陆地生态系统碳库的不确定性(Fischer et al., 2020; Goldstein et al., 2020)。深层土壤有机碳是碳储量的重要部分;据不完全估算,全球在2~3m土层中贮存着约842Gt有机碳,超过表层(1m剖面)的50%,其在土壤碳储量中的比重不容忽视(Harper and Tibbett, 2013; Sokol and Bradford, 2019);Jobbagy和Jackson(2000)的研究表明:全球林地0~3m土层的碳储量比0~1m土层的高56%,1~3m土层的碳储量约为0~3m土层的1/3,这意味着全球陆地生态系统深层土壤具有巨大的碳库并且容易被忽视。

土壤微生物是土壤碳循环的重要驱动者,微生物死亡后其残留物也是土壤有机碳的重要组成部分(Liang and Balser, 2011)。黄土高原退耕还林还草后土壤有机碳大量积累已得到广泛的证实,深层土壤微生物通过一系列固碳作用形成稳定的有机碳;新近的土壤微生物"碳泵"理论,聚焦微生物体内同化过程及其死亡残留物对土壤碳库的贡献(Liang et al., 2017),打破了原来认为微生物对土壤有机碳固定的贡献很低甚至可以忽略不计的传统观点(Liang, 2020;梁超和朱雪峰, 2021)。刺槐(*Robinia pseudoacacia*)作为黄土高原人工造林的优势豆科树种,根系庞大,前期的研究发现人工刺槐林根系可达到21m(Wang et al., 2016)。大量研究表明黄土高原人工刺槐林恢复后土壤有机碳的积累较为显著(Deng et al., 2014; Yang et al., 2017; Zhong et al., 2021)。据研究报道,刺槐林土壤细菌丰度在0~1m土层逐渐下降、在1~20m土层逐渐上升,在14~20m土层α-变形菌相对丰度较高并能够适应资源相对贫乏的环境(Liu et al., 2016),我们前期的探索性工作也证实了此观点。由此可知黄土高原深层土壤中仍生活着大量的微生物(以细菌和古菌为主),这些活体微生物死亡后形成的残体不断积累形成稳定的有机碳(Liang et al., 2019; Wang et al., 2020b; Zhu et al., 2020; Wang et al., 2021)。其中刺槐凋落物和根系输入是土壤有机碳最初的植物源碳,以残体的形式向土壤中输入形成稳定的土壤有机碳(汪景宽等, 2019;张维理和张认连, 2020; Dou et al., 2020);随着黄土的堆积,大部分深层土壤微生物活性逐渐锐减(Jiao et al., 2018),在厌氧环境下(主要是深层缺氧和缺水),这些微生物死亡,其生物质的难分解部分在土壤中积累,形成了巨大的土壤微生物残体碳库(朱永官等, 2017;褚海燕等, 2020)。然而,深层土壤微生物的固碳作用,特别是深层土壤微生物"碳泵"驱动的固碳机制尚不明确;另外,深层土壤微生物残体碳逐渐积累,对有机碳固存的贡献尚不清晰,这影响了我们预测黄土高原土壤固碳潜力的准确性和实效性。因此,加强对该区域深层土壤有机碳固存机制的研究,将有助于准确评估我国植被恢复/重建工程的现实效益,对全球固碳减排、实现碳中和的目标具有重大意义。

10.1 深层土壤有机碳含量与储量

土壤是陆地生态系统最大的碳库，所蕴含的碳储量是大气的 2～3 倍（Lal et al.，2018）。当前对土壤碳储量的评估仅涉及浅层土壤，忽略了深层土壤，这增加了学术界评估陆地生态系统碳库的不确定性（Fischer et al.，2020；Goldstein et al.，2020）。深层土壤有机碳是土壤碳储量的重要部分，据不完全估算，全球在 2～3m 土层中储存着约 842Gt 有机碳，超过表层（1m 剖面）的 50%，在土壤碳储量中的比重不容忽视（Harper and Tibbett，2013）；Jobbagy 和 Jackson（2000）的研究表明，全球林地 1～3m 土层的有机碳含量是表层 1m 的 77%，这意味着全球陆地生态系统深层土壤具有巨大的碳库并且容易被忽视。

我国陆地生态系统在过去的几十年一直扮演着碳汇角色，实践证明人类活动能提高陆地生态系统的固碳能力（Feng et al.，2016）。中国科学院战略性先导科技专项"应对气候变化的碳收支认证及相关问题"系统调查了各类生态系统的碳储量和固碳能力，证实了耕作方式的改变和退耕还林还草工程增加了土壤固碳作用（Fang et al.，2018）。最新的研究也证实了我国植树造林对固碳的贡献被严重低估；在 2010～2016 年，我国陆地生态系统年均吸收约 11.1Pg，是先前研究结果的 3 倍之多（Wang et al.，2020a）。黄土高原蕴藏着大量的土壤有机碳，在过去的半个世纪，该区域实施的退耕还林还草工程显著增加了植被生产力（Chen et al.，2015）和土壤有机碳固存（Deng et al.，2014）。以前有关土壤碳储量及其影响因素的研究多集中于 1m 以内的浅层土壤，由于对深层土壤的重视程度不够，再加上取样难度大、难操作等问题，整个土壤碳储量的估算值可能偏小。加强对该区域深层土壤有机碳固存机制的研究，有助于准确评估我国植被恢复/重建工程的现实效益和陆地生态系统碳汇效应。

10.1.1 人工刺槐林深层土壤养分含量特征

由表 10-1 可知，人工刺槐林土壤 pH 为 8.23～9.30，表层土壤 pH 最小（8.23），21m 土层 pH 最大（9.30），pH 随着土层深度的增加而呈增加趋势。土壤含水量为 1.98%～12.34%，表层土壤含水量最大（12.34%），14m 和 17m 土层土壤含水量最小（1.98%），土壤含水量随着土层深度的增加而呈降低趋势，局部有所波动。土壤容重为 0.87～1.35g/cm³，整体上随着土层深度的增加呈先增加后降低的趋势，波动性较大。土壤电导率和全磷含量随土层深度的增加没有明显的变化规律。土壤全氮含量为 0.17～0.89g/kg，整体上随着土层深度的增加呈降低趋势，局部有所波动。土壤有效磷和有效氮含量分别为 2.16～33.71mg/kg 和 8.36～27.73mg/kg，整体上随着土层深度的增加呈降低趋势，局部有所波动。

表 10-1　人工刺槐林深层土壤养分含量特征

土层深度/m	pH	土壤含水量/%	容重/(g/cm³)	电导率/(μm/cm)	全氮/(g/kg)	全磷/(g/kg)	有效磷/(mg/kg)	有效氮/(mg/kg)
0	8.23±0.23	12.34±1.22	0.87±0.06	23.45±2.55	0.89±0.05	0.63±0.05	33.71±4.33	27.37±2.78
1	8.33±0.14	8.11±1.09	0.89±0.13	24.56±3.80	0.82±0.04	0.59±0.04	16.67±3.44	25.43±2.09

续表

土层深度/m	pH	土壤含水量/%	容重/(g/cm³)	电导率/(μm/cm)	全氮/(g/kg)	全磷/(g/kg)	有效磷/(mg/kg)	有效氮/(mg/kg)
2	8.45±0.26	6.22±1.26	0.91±0.32	25.67±2.17	0.63±0.05	0.61±0.06	13.92±2.33	14.91±2.22
3	8.52±0.15	5.16±1.55	1.04±0.24	20.44±1.09	0.62±0.07	0.51±0.04	13.26±2.56	15.73±1.78
4	8.62±0.22	4.56±0.78	0.98±0.16	19.56±2.98	0.52±0.05	0.63±0.05	13.33±2.12	16.35±1.33
5	9.03±0.27	3.67±0.56	1.12±0.32	22.33±3.21	0.51±0.08	0.52±0.08	11.27±1.34	14.95±1.67
6	8.96±0.34	2.79±0.67	1.25±0.24	27.34±2.54	0.50±0.09	0.60±0.04	5.86±1.09	15.42±2.90
7	8.98±0.21	3.27±0.98	1.14±0.26	25.66±2.65	0.43±0.07	0.58±0.06	9.70±0.98	16.42±1.67
8	8.96±0.26	3.11±0.34	0.99±0.05	27.33±3.08	0.45±0.05	0.48±0.07	8.92±0.77	17.09±2.05
9	8.96±0.22	2.79±0.46	1.20±0.09	25.12±3.56	0.24±0.06	0.61±0.05	8.70±0.56	13.03±2.11
10	9.06±0.34	2.67±0.55	1.25±0.21	24.30±3.45	0.28±0.04	0.59±0.05	4.72±0.58	13.48±0.98
11	9.09±0.35	3.12±0.58	1.14±0.18	21.67±2.36	0.23±0.06	0.39±0.03	4.9±0.45	14.56±1.33
12	9.22±0.31	3.09±0.64	1.19±0.20	18.45±2.23	0.25±0.04	0.46±0.04	6.39±0.35	10.30±1.56
13	9.23±0.27	2.67±0.82	1.28±0.23	19.05±3.12	0.24±0.03	0.45±0.06	3.93±0.36	9.58±1.49
14	9.04±0.29	1.98±0.34	1.25±0.26	22.27±4.07	0.19±0.04	0.49±0.03	5.75±0.33	11.49±2.00
15	9.02±0.22	2.12±0.41	1.19±0.31	24.23±3.45	0.17±0.03	0.44±0.05	7.59±0.28	8.36±1.33
16	9.11±0.26	2.23±0.25	1.35±0.35	25.44±2.67	0.21±0.03	0.43±0.05	2.16±0.32	10.87±1.65
17	9.22±0.25	1.98±0.35	1.08±0.43	18.56±3.09	0.24±0.02	0.50±0.03	2.85±0.44	9.33±0.95
18	9.15±0.32	2.19±0.34	1.25±0.45	22.56±2.56	0.24±0.03	0.42±0.04	4.57±0.27	12.17±0.97
19	9.18±0.35	2.33±0.37	1.15±0.27	24.35±3.45	0.19±0.03	0.46±0.03	3.85±0.28	11.70±1.22
20	9.24±0.37	3.21±0.26	1.17±0.25	20.44±2.09	0.24±0.03	0.51±0.02	2.52±0.34	9.29±1.56
21	9.30±0.25	2.09±0.25	1.13±0.33	19.56±2.87	0.21±0.02	0.46±0.03	3.70±0.38	8.99±0.99

10.1.2 人工刺槐林深层土壤有机碳含量与储量分布特征

由图 10-1 可知，人工刺槐林土壤有机碳含量总体上随着土层深度的增加而呈降低趋势，由表层的（11.03±7.51）g/kg 减少到（2.40±0.93）g/kg，降幅达到 78.24%。其中在 0～5m 土层快速下降，5～10m 土层土壤有机碳含量有所波动，10～21m 土层土壤有机碳含量相对稳定。

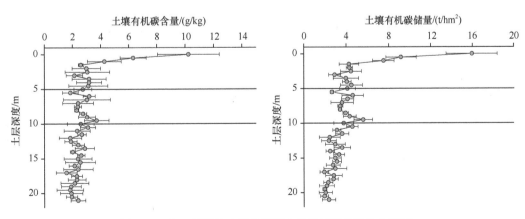

图 10-1 人工刺槐林土壤有机碳含量和储量垂直分布特征

人工刺槐林土壤有机碳储量与有机碳含量呈一致的变化规律，随着土层深度的增加而降低，其中在 0～5m 土层快速下降，5～10m 土层土壤有机碳储量有所波动，10～21m 土层土壤有机碳储量相对稳定，由表层的（15.67±3.24）t/hm² 减少到（3.12±0.25）t/hm²，降幅达到 80.09%（图 10-1）。

由图 10-2 可知，人工刺槐林土壤有机碳储量主要分布在 0～5m 土层，随着土层深度的增加，土壤有机碳储量所占比例逐渐减小。

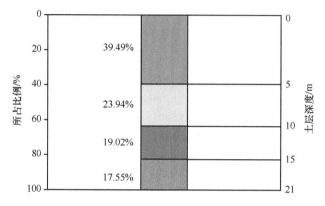

图 10-2　人工刺槐林土壤各土层土壤有机碳储量所占比例

10.1.3　人工刺槐林深层土壤有机碳储量影响因素

用一般线性模型中的方差成分估计模块，计算各因子对土壤有机碳储量变异性的贡献（表 10-2）。结果表明，0～5m 土层土壤有机碳储量主要受土壤 pH、土壤含水量、有效氮含量的影响，分别可解释 22.32%、28.33%、21.09%的变异性；5～10m 土层土壤有机碳储量主要受土壤 pH、土壤含水量、有效磷含量、有效氮含量的影响，分别可解释 13.45%、18.23%、19.87%、15.45%的变异性；10～15m 土层土壤有机碳储量主要受土壤 pH、土壤含水量的影响，分别可解释 26.33%、18.43%的变异性；15～21m 土层土壤有机碳储量主要受土壤 pH、土壤含水量的影响，分别可解释 36.78%、11.22%的变异性。由此可以看出，表层土壤和深层土壤有机碳储量主要影响因素不同。

表 10-2　人工刺槐林深层土壤有机碳储量影响因素

项目		方差来源							
		pH	土壤含水量	容重	电导率	全氮	全磷	有效磷	有效氮
0～5m	P 值	<0.05	<0.05	>0.05	>0.05	>0.05	>0.05	>0.05	<0.05
	方差百分比/%	22.32	28.33	5.66	1.14	8.56	3.45	9.45	21.09
5～10m	P 值	<0.05	<0.05	>0.05	>0.05	>0.05	>0.05	<0.05	<0.05
	方差百分比/%	13.45	18.23	5.33	15.77	4.56	7.34	19.87	15.45
10～15m	P 值	<0.05	<0.05	>0.05	>0.05	>0.05	>0.05	>0.05	>0.05
	方差百分比/%	26.33	18.43	6.12	8.24	5.12	8.22	14.21	13.33
15～21m	P 值	<0.05	<0.05	>0.05	>0.05	>0.05	>0.05	>0.05	>0.05
	方差百分比/%	36.78	11.22	8.79	9.65	9.45	6.32	9.67	8.12

　　土壤环境因子与土壤有机碳储量的冗余分析（表 10-3）表明，在排序的第一轴，土壤环境因子能够很好地解释土壤有机碳储量，解释率达到 87.34%。由排序图分析（图 10-3）可知，土壤有机碳储量与土壤全氮和土壤含水量显著正相关，与土壤全磷没有显著相关关系，与土壤 pH 和容重显著负相关。这一结果支持了相关分析结果，说明土壤 pH 和土壤含水量是主导土壤有机碳储量的重要驱动因子。

表 10-3　土壤环境因子与土壤有机碳储量的冗余分析

排序轴	特征值	解释率/%	特征值总和
1	0.723	87.34	1.00
2	0.267	91.29	—
3	0.089	97.08	—
4	0.012	100.00	—

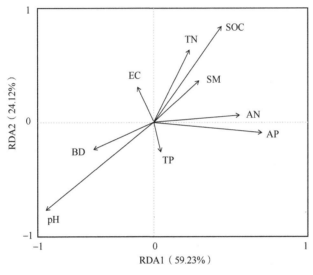

图 10-3　土壤环境因子与土壤有机碳储量的冗余分析图
SOC：土壤有机碳；SM：土壤含水量；AN：有效氮；AP：有效磷；TP：全磷；BD：容重；EC：电导率；TN：全氮

10.2　人工刺槐林深层土壤微生物群落分布

　　作为生物地球化学循环的"引擎"，土壤微生物在调节碳氮循环方面起着关键作用（Liang et al.，2017）。黄土高原是我国典型的生态脆弱区，发挥着西部生态屏障重要功能（Chen et al.，2015）。自 20 世纪 90 年代以来，为了控制水土流失和土地退化，黄土高原实施了大规模的造林工程，造林以后土壤微生物群落结构及生态环境有所改善，土壤固碳能力也显著提升（汪景宽等，2019；张维理和张认连，2020）。新近的"土壤微生物碳泵"理论，聚焦微生物体内同化过程及其死亡残留物对土壤碳库的贡献（Liang et al.，2017），打破了微生物对土壤有机碳固定的贡献很低甚至可以忽略不计的传统观点（Liang，2020；梁超和朱雪峰，2021）。有研究表明：刺槐林土壤细菌丰度在 0～1m 土层逐渐下降，在 1～20m 土层逐渐上升，在 14～20m 土层 α-变形菌相对丰度较高，能够适应资源贫乏相对的环境（Liu et al.，2020）。由此可知，黄土深层仍生活着大量土壤微生物（以细菌和古菌为主），这些活体微生物死亡后形成的残体不断累积并形成稳定的有机碳（Liang et al.，2019）。随着黄土的堆积，大部分深层土壤微生物的活性逐渐降低（Jiao et al.，2018），在厌氧环境下（主要是深层缺氧和缺水）这些微生物死亡，其生物质的难分解部分在土壤中累积并形成了巨大的土壤微生物残体碳库，导致深层土壤微生物残体库仍然是一个"黑匣子"。

10.2.1 人工刺槐林深层土壤微生物群落结构

从 NMDS 聚类图（图 10-4）可以看出，土壤细菌群落的分布在不同土层之间存在差异。对于人工刺槐林，0～5m 土层土壤细菌群落与 15～21m 土层距离较远，产生明显的分离效应；10～15m 土层土壤细菌群落与 15～21m 土层距离较近，群落结构分布具有一定的相似性；5～10m 土层土壤细菌群落与 10～15m 土层距离较近，群落结构分布具有一定的相似性。相同地，土壤真菌群落的分布在不同土层之间存在差异。对于人工刺槐林，0～5m 土层土壤真菌群落与 15～21m 土层距离较远，产生明显的分离效应；10～15m 土层土壤真菌群落与 15～21m 土层距离较远，产生明显的分离效应；5～10m 土层土壤真菌群落与 10～15m 土层距离较近，群落结构分布具有一定的相似性。

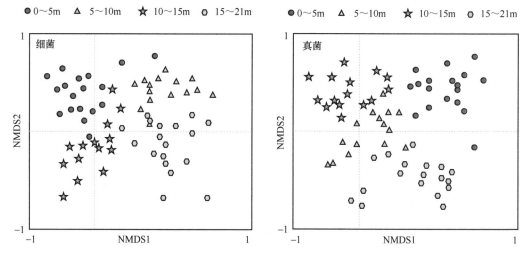

图 10-4　人工刺槐林深层土壤微生物非度量多维尺度排序（NMDS）

图 10-5A 显示了人工刺槐林不同土层深度土壤微生物（细菌和真菌）的群落组成变化。结果表明：在细菌群落中，主要的门类（相对丰度大于 1%）包括放线菌门（Actinobacteria）、变形菌门（Proteobacteria）、厚壁菌门（Firmicutes）、拟杆菌门（Bacteroidetes）、酸杆菌门（Acidobacteria）、绿弯菌门（Chloroflexi）、芽单胞菌门（Gemmatimonadetes）、浮霉菌门（Planctomycetes）、硝化螺旋菌门（Nitrospirae）等，其中放线菌门、变形菌门为主要的细菌群落，二者所占百分比在50%以上，放线菌门相对丰度随着土层深度的增加而逐渐增加，变形菌门相对丰度随着土层深度的增加而逐渐降低。

对于真菌群落（图 10-5B），主要的门类（相对丰度大于 1%）包括子囊菌门

（Ascomycota）、担子菌门（Basidiomycota）、壶菌门（Chytridiomycota）、接合菌门（Zygomycota）、球囊菌门（Glomeromycota）等，其中子囊菌门和担子菌门为主要的真菌群落，二者所占百分比超过 70%，子囊菌门相对丰度随土层深度的增加逐渐降低，担子菌门相对丰度随土层深度的增加逐渐增加。

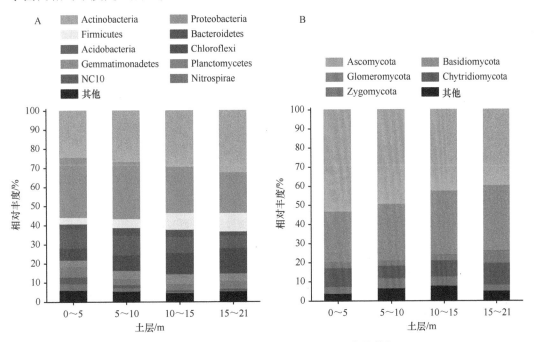

图 10-5　人工刺槐林土壤微生物群落组成变化特征

Actinobacteria：放线菌门；Proteobacteria：变形菌门；Firmicutes：厚壁菌门；Bacteroidetes：拟杆菌门；Acidobacteria：酸杆菌门；Chloroflexi：绿弯菌门；Gemmatimonadetes：芽单胞菌门；Planctomycetes：浮霉菌门；Nitrospirae：硝化螺旋菌门；Ascomycota：子囊菌门；Basidiomycota：担子菌门；Glomeromycota：球囊菌门；Chytridiomycota：壶菌门；Zygomycota：接合菌门。A. 土壤细菌；B. 土壤真菌。下同

10.2.2　人工刺槐林深层土壤微生物群落多样性

黄土高原人工刺槐林不同深度土壤微生物（细菌和真菌）群落多样性存在差异。由表 10-4 可知，人工刺槐林共获取 38 923～42 278 条土壤细菌序列，在 97% 的相似水平下对序列进行 OTU 聚类，OTU 序列为 16 231～17 478，ACE 指数为 8945～13 425，Chao1指数为 8744～11 567，基本表现为随着土层深度的增加而降低，局部有所波动；Shannon-Wiener 指数和 Simpson 指数随着土层深度的增加而呈降低趋势（图 10-6）。

表 10-4　人工刺槐林土壤细菌序列统计及多样性指数

土层深度/m	序列	97%水平					
		OTU 数量	ACE 指数	Chao1 指数	Coverage 指数	Shannon-Wiener 指数	Simpson 指数
0～5	42 278±235	17 478±134	13 425±298	11 567±277	98.56±0.12	11.32±2.12	0.998±0.023
5～10	41 342±345	16 783±202	9 765±236	9 675±126	99.13±0.08	10.45±1.45	0.981±0.034
10～15	39 768±324	16 231±256	8 945±202	8 744±208	99.18±0.15	9.01±1.27	0.988±0.032
15～21	38 923±278	16 901±198	9 786±178	10 871±133	98.33±0.13	8.13±1.09	0.965±0.028

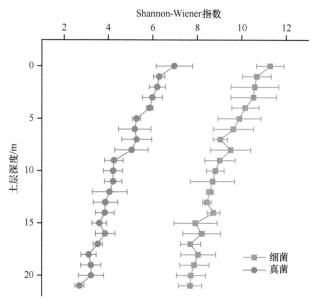

图 10-6　人工刺槐林深层土壤微生物群落多样性

对于土壤真菌（表 10-5），人工刺槐林共获取 9898～17 896 条土壤真菌序列，在 97%的相似水平下对序列进行 OTU 聚类，OTU 数量为 4578～5897，ACE 指数为 398～565，Chao1 指数为 478～856，基本表现为随着土层深度的增加而降低，局部有所波动；Shannon-Wiener 指数和 Simpson 指数均随着土层深度的增加而逐渐降低（图 10-6）。

表 10-5　人工刺槐林土壤真菌序列统计及多样性指数

土层深度/m	序列	97%水平					
		OTU 数量	ACE 指数	Chao1 指数	Coverage 指数	Shannon-Wiener 指数	Simpson 指数
0～5	17 896±244	5 897±156	565±78	856±34	99.87±0.17	6.67±0.45	0.975±0.045
5～10	11 453±298	4 578±178	523±69	775±25	99.56±0.19	5.43±0.56	0.956±0.023
10～15	9 898±177	5 098±125	458±74	690±28	99.79±0.25	3.88±0.66	0.918±0.029
15～21	10 874±213	5 432±155	398±46	478±23	9899±0.21	2.67±0.38	0.856±0.031

应用线性回归方程分析土壤微生物主要群落多样性与土壤养分的关系，其结果如下。由图 10-7 可知，土壤有机碳含量与细菌 Shannon-Wiener 指数呈显著指数关系，与真菌 Shannon-Wiener 指数呈显著指数关系。由图 10-8 可知，土壤有机碳储量与细菌 Shannon-Wiener 指数呈显著指数关系，与真菌 Shannon-Wiener 指数呈显著指数关系。由图 10-9 可知，土壤 pH 与细菌 Shannon-Wiener 指数呈显著线性关系，与真菌 Shannon-Wiener 指数呈显著线性关系。由图 10-10 可知，土壤含水量与细菌 Shannon-Wiener 指数呈显著指数关系，与真菌 Shannon-Wiener 指数呈显著指数关系。

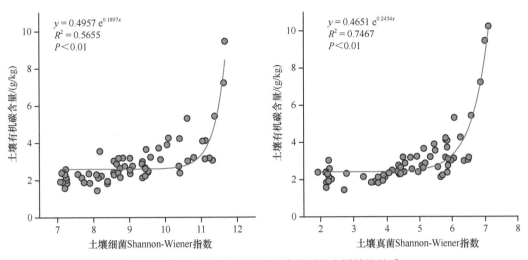

图 10-7　土壤有机碳含量与微生物群落多样性的关系

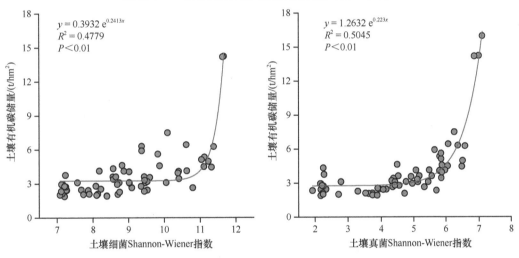

图 10-8　土壤有机碳储量与微生物群落多样性的关系

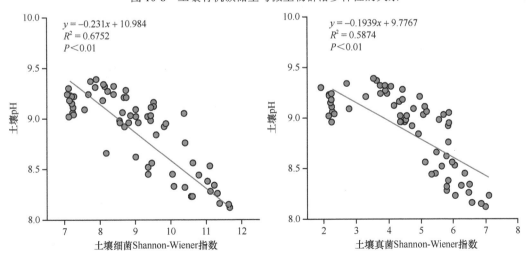

图 10-9　土壤 pH 与微生物群落多样性的关系

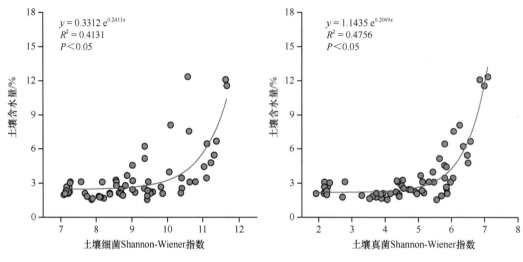

图 10-10　土壤含水量与微生物群落多样性的关系

10.3　深层土壤有机碳含量与储量关系分析

造林过程中，植被发生了正向演替，根系作用增强，枯落物层下的有机质含量逐渐增加，进而改善了土壤的结构和组成，促进了土壤大颗粒的聚集，形成了较多的大团聚体（安韶山等，2008；Cheng et al.，2015）。另外，造林后枯落物和植物生物量明显增加，促进了对地下养分的输入，同时也促进了土壤微生物的代谢活动等，这有利于土壤大团聚体的聚集形成较多的有机质，而土壤微生物的活动（真菌菌丝的生长）也能够促进土壤的团聚作用。由此说明人工刺槐林对土壤质量的改善起到了一定的促进作用（赵世伟等，2005；安韶山等，2008）。

一般，深层土壤碳储量对土地利用变化的响应不如表层土壤碳储量敏感。Detwiler（1986）总结得出，农田耕种 30～50 年后 0～20cm 土层土壤有机碳损失 50%，0～100cm 土层土壤有机碳损失 30%。李正才（2007）对北亚热带地区次生林转变成农耕地的研究得出，0～100cm 土层土壤有机碳含量下降了 28.2%。吴建国等（2002）研究认为，天然次生林转变为农田，0～100cm 土层土壤有机碳密度平均降低 35%，其中表层（0～50cm）降低了 20%～79%。Modak 等（2019）对热带森林的研究表明，森林砍伐成为农田后，土壤有机碳含量降低 65%，而当农田恢复为森林 50 年后，土壤有机碳含量可以恢复为原有水平的 75%。本研究中人工刺槐林土壤有机碳含量总体上随着土层深度的增加而降低，主要是因为随着土层的加深，土壤稳定性有机碳比例增加、驻留时间变长，深层土壤有机碳难分解的化合物增加；相对于深层，表层土壤活性有机碳含量高，受环境因素影响较大，更容易损失（Fontaine et al.，2007；Li et al.，2019）。此外，造林后还会促进地上新鲜有机物向下层土壤输入；加上刺槐林地势平坦，降雨导致表层水溶性碳向深层淋溶更明显，长期的积累可能是造成深层有机碳含量增加的一个原因。

土壤碳库在受到土地利用变化的影响后，既可能变成大气中 CO_2 的"源"，也可能变成"汇"，不同植被类型土壤有机碳储量存在较大的差异（Tarnocai et al.，2009；

Chaopricha and Marín-Spiotta，2014）。我国黄土丘陵区退耕还林还草后，土壤有机碳的积累表现出一定的阶段性，恢复 10 年的刺槐林土壤有机碳积累不明显，而恢复 28 年的刺槐林，0～100cm 土层土壤有机碳储量有明显增加，累积速率为 1.1t/(hm²·a)，100～200cm 土层累积速率为 0.5t/(hm²·a)。不同退耕类型和退耕年限土壤有机碳储量有一定的差异（许明祥等，2012）。张帅等（2014）研究指出，恢复 30 年后的柠条林土壤有机碳储量增加了 14.20t/hm²，平均累积速率为 0.44t/(hm²·a)，100～200cm 土层累积速率为 0.32t/(hm²·a)。本研究结果显示，人工刺槐林土壤有机碳储量随着土层深度的增加而降低。0～5m 表层土壤聚集了更多的有机碳，其"表聚性"特点尤为突出，5～20m 土层土壤有机碳储量较低，以往大多数学者也得出了类似结论。人工刺槐根系发达，在 0～20cm 土层聚集了大量的根系和凋落物，通过养分的循环进入土壤；同时根系分泌物也形成了大量的根际碳，因此，大量的有机碳在表层形成和积累（崔静等，2012；戴全厚和严友进，2018）。我们还发现，土壤有机碳储量随土层深度的增加而逐渐降低，主要是由于土壤深层养分较为贫瘠，养分归还和土壤微生物活性出现明显的下降，导致深层土壤难以形成大量的有机碳，从而导致有机碳储量垂直分布逐渐降低，在 20m 土层达到最低。原因可能是凋落物和根系为表层土壤提供了丰富的碳源，而碳供应量随土壤深度的增加迅速减少，且黄土区深层水分匮缺，细根分布较少，导致植被根系转化为 SOC较少；另外，在较深土层中，SOC 分解在很大程度上受土壤通气状况影响，深层土壤空隙水分含量较低，通气条件较好，可促进 SOC 的分解，造成深层 SOC 含量较低（朱秋莲等，2013；闫丽娟等，2019）。由于不同地区气候类型、土壤母质等不一样，加上土壤有机碳在空间分布的极大变异性、研究者方法的差异，不同地区土地利用变化对土壤有机碳影响的研究结果也不一样。

　　土壤有机碳储量往往受到多种因素的调控作用。相关性分析显示，0～5m 土层土壤有机碳储量主要受土壤 pH、土壤含水量、有效氮含量的影响，5～10m 土层土壤有机碳储量主要受土壤 pH、土壤含水量、有效磷含量、有效氮含量的影响，10～15m 土层土壤有机碳储量主要受土壤 pH、土壤含水量的影响，15～21m 土层土壤有机碳储量主要受土壤 pH、土壤含水量的影响。由此可知，表层土壤和深层土壤有机碳主要影响因素不同。进一步的冗余分析显示，土壤有机碳储量与土壤全氮和含水量显著正相关，与土壤全磷没有显著相关关系，与土壤 pH 和容重显著负相关。这一结果支持了相关分析结果，说明土壤 pH 和含水量是主导土壤有机碳储量的重要驱动因子，这与前人的研究结果一致（安韶山等，2005，2008）。然而，对于土壤全磷，其与土壤有机碳储量没有显著的相关性（$P > 0.05$），主要是由于磷是沉积性元素，其活性和含量相对比较稳定，进一步证明了人工刺槐林土壤全磷的活性低、转运周期长、很难被植被吸收的特点。此外，黄土高原地形破碎，人工刺槐林土壤有机碳储量还受到海拔、地势条件、土地结构、经纬度和气候类型等的影响（张向茹等，2013；杨佳佳等，2014；贾培龙等，2020），因此，综合植被、大气、土壤、地形等环境因子探究土壤有机碳储量及其分布是未来研究的重点方向，也是精准评估黄土高原植被恢复过程中土壤碳库的重要手段。

10.4 深层土壤微生物群落结构分析

土壤微生物虽然个体极小，但种类繁多，生物量巨大（贺纪正和郭良栋，2013；褚海燕等，2017），尤其是深层土壤。一方面，深层土壤微生物主导和驱动了养分循环和有机碳分解等（Amundson et al.，2007；Smith et al.，2016）；另一方面，深层土壤有机碳的积累有利于微生物的生长与代谢（Rumpel and Kögel-Knabner，2011）。在深层土壤"微生物碳泵"的驱动力下，有机碳逐渐积累，进而促进了深层土壤碳的固存（Sokol and Bradford，2019；Malik et al.，2020）。随着对地球表层土壤微生物的认知，深层土壤微生物也逐渐引起了大量学者的关注（袁红朝等，2011；贺纪正和郭良栋，2013；褚海燕等，2017；Yang et al.，2017；Brewer et al.，2019；褚海燕等，2020）。有关我国红壤关键带的研究表明，绿弯菌门（Chloroflexi）、放线菌门（Actinobacteria）等11个门类细菌相对丰度随土层深度的增加而降低，而厚壁菌门（Firmicutes）等5个门类相对丰度随土层深度的增加而增加；细菌OTU丰度和系统发育多样性在浅层土壤（0~90cm）随土层深度的增加而显著降低，在深层土壤（90~420cm）保持稳定（Liu et al.，2020）。Jiao等（2018）的研究表明，黄土高原退耕还林还草后土壤细菌和真菌丰度随着土层深度的增加而降低，而土壤古菌丰度随着土层深度的增加而增加。本研究表明：Shannon-Wiener指数和Simpson指数均随着土层深度的增加呈降低趋势。在黄土高原深剖面垂直方向，土壤含水量逐渐降低，普遍出现深层干燥化现象，干燥化阻断了地表水对地下水的补给，导致土壤深层水分和养分的匮乏（Wang et al.，2016；Huang and Shao，2019）。而水分参与微生物新陈代谢的诸多反应，是土壤微生物活动的重要限制因素（Maestre et al.，2015）。

造林后土壤细菌和真菌多样性得到了显著的提高，一方面，刺槐林产生了多种多样的根系分泌物，对根系周围的土壤养分起到了一定的淋溶作用，这些养分可被微生物吸收；另一方面，植被根系活动为土壤微生物提供了有利的栖息地，增强了土壤微生物的呼吸作用，以便于微生物更好地生长（Liu et al.，2015）。此外，伴随着土壤有机质的增加，土壤养分随之增加，为微生物提供了大量的营养来源（主要是碳源），促进了土壤微生物的生长；由于不同土层深度土壤微生物对土壤有机质的分解作用不同，土壤微生物群落分布也有所差别。其中，0~5m和5~10m土层的土壤微生物尤其是细菌群落具有较高的相似性，聚集在一起，而10~15m和15~20m土层的土壤微生物群落聚集在一起，由此说明不同土层土壤微生物群落对环境具有一定的适应性。不同土层深度土壤微生物群落组成也有一定的差异。在细菌群落中，主要的门类（相对丰度大于1%）包括放线菌门（Actinobacteria）、变形菌门（Proteobacteria）、厚壁菌门（Firmicutes）、拟杆菌门（Bacteroidetes）、酸杆菌门（Acidobacteria）、绿弯菌门（Chloroflexi）、芽单胞菌门（Gemmatimonadetes）、浮霉菌门（Planctomycetes）、硝化螺旋菌门（Nitrospirae）等，其中放线菌门、变形菌门为主要的细菌群落，二者所占百分比在50%以上，放线菌门相对丰度随着土层深度的增加而逐渐增加，变形菌门相对丰度随着土层深度的增加而逐渐降低。对于真菌群落，主要的门类（相对丰度大于1%）包括子囊菌门（Ascomycota）、担子菌门（Basidiomycota）、壶菌门（Chytridiomycota）、接合菌门（Zygomycota）、球囊菌门（Glomeromycota）等，其中子囊菌门和担子菌门为主要的真菌群落，二者所占百分比超过 70%，子囊菌门相对丰度随土层深度的增加而逐渐降低，担子菌门相对丰度随土层深度的增加而逐渐增加。总之，人工刺槐林造成了土壤微生物群落特征存在一定的差异，反过来，土壤微生物群落特征的变化促进了养分的吸收和植被的生长，它们形成了互利共生的关系（Maestre et al.，2015）。回归分析表明：土壤养分（除了全磷）与微生物群落 Shannon-Wiener 指数均呈显著线性相关关系（$P < 0.05$）。由此表明，造林促进了土壤养分和微生物群落多样性的变化，由于土壤养分促进了土壤微生物群落的生长，因此，二者在人工刺槐林中表现出同增同减的协同模式。目前，大量的研究报道了土壤微生物群落的变化特征对造林的响应，然而，受到技术方法的限制，大部分的研究仍然停留在微生物群落结构特征方面，还没有精确到微生物的功能群及功能基因水平。

10.5　小　　结

人工刺槐林对表层土壤有机碳有显著影响，深层土壤在一定程度上也参与了碳循环，深入研究人工刺槐林对深层土壤有机碳的影响对量化造林所引起的有机碳储量变化、制定生态系统管理策略、适应和减缓全球气候变化具有重要的意义。

由于大量的有机碳储存于深层土壤，研究人工刺槐林对土壤深层有机碳积累的影响过程与机制，是当前生态恢复对土壤碳循环调控领域的重要命题。由于大多数研究都采用"空间代替时间"的方法，不可避免地给研究结果带来了一定的变异性，进而在解释植被对深层土壤有机碳的贡献时会造成一定的影响。今后需要加强对时间尺度和有机碳本底值的研究，避免空间变异的影响，正确评估生态恢复的碳汇速率及碳汇量。

在估算人工刺槐林的土壤碳汇量时，应该考虑深层土壤的有机碳储量，否则会明显低估退耕还林还草的土壤碳汇效应；而关于黄土高原人工刺槐林深层土壤微生物群落结构的变化仍是一个黑匣子，还处于探索阶段，其整个微生物学过程还需要深入发掘。

参 考 文 献

安韶山, 黄懿梅, 郑粉莉. 2005. 黄土丘陵区草地土壤脲酶活性特征及其与土壤性质的关系. 草地学报, 13(3): 233-237.

安韶山, 张扬, 郑粉莉. 2008. 黄土丘陵区土壤团聚体分形特征及其对植被恢复的响应. 中国水土保持科学, 6(2): 66-70.

褚海燕, 冯毛毛, 柳旭, 等. 2020. 土壤微生物生物地理学: 国内进展与国际前沿. 土壤学报, 57(3): 3-17.

褚海燕, 王艳芬, 时玉, 等. 2017. 土壤微生物生物地理学研究现状与发展态势. 中国科学院院刊, 32(6): 585-592.

崔静, 陈云明, 黄佳健, 等. 2012. 黄土丘陵半干旱区人工柠条林土壤固碳特征及其影响因素. 中国生态农业学报, 20(9): 1197-1203.

戴全厚, 刘国彬, 薛萐, 等. 2008. 侵蚀环境人工刺槐林土壤水稳性团聚体演变及其养分效应. 水土保持通报, 28(4): 56-59.

戴全厚, 严友进. 2018. 西南喀斯特石漠化与水土流失研究进展. 水土保持学报, (2): 1-10.

贺纪正, 郭良栋. 2013. 微生物多样性研究进展与展望. 生物多样性, 21(4): 391-392.

贾培龙, 安韶山, 李程程, 等. 2020. 黄土高原森林带土壤养分和微生物量及其生态化学计量变化特征. 水土保持学报, 34(1): 315-321.

梁超, 朱雪峰. 2021. 土壤微生物碳泵储碳机制概论. 中国科学: 地球科学, 51(5): 680-695.

李正才, 徐德应, 傅懋毅, 等. 2007. 北亚热带土地利用变化对土壤有机碳垂直分布特征及储量的影响. 林业科学研究, 20(6): 744-749.

汪景宽, 徐英德, 丁凡, 等. 2019. 植物残体向土壤有机质转化过程及其稳定机制的研究进展. 土壤学报, 56(3): 528-540.

吴建国, 张小全, 王彦辉, 等. 2002. 土地利用变化对土壤物理组分中有机碳分配的影响. 林业科学, 38(4): 19-29.

许明祥, 王征, 张金, 等. 2012. 黄土丘陵区土壤有机碳固存对退耕还林草的时空响应. 生态学报, 32(17): 5405-5415.

闫丽娟, 王海燕, 李广, 等. 2019. 黄土丘陵区 4 种典型植被对土壤养分及酶活性的影响. 水土保持学报, 33(5): 190-196.

杨佳佳, 张向茹, 马露莎, 等. 2014. 黄土高原刺槐林不同组分生态化学计量关系研究. 土壤学报, 51(1): 133-142.

袁红朝, 秦红灵, 刘守龙, 等. 2011. 固碳微生物分子生态学研究. 中国农业科学, 44(14): 2951-2958.

张帅, 许明祥, 张亚锋, 等. 2014. 黄土丘陵区土地利用变化对深层土壤有机碳储量的影响. 环境科学学报, 34(12): 3094-3101.

张维理, 张认连. 2020. 土壤有机碳作用及转化机制研究进展. 中国农业科学, 53(2): 317-331.

张向茹, 马露莎, 陈亚南, 等. 2013. 黄土高原不同纬度下刺槐林土壤生态化学计量学特征研究. 土壤学报, 50(4): 818-825.

赵世伟, 苏静, 杨永辉, 等. 2005. 宁南黄土丘陵区植被恢复对土壤团聚体稳定性的影响. 水土保持研究, 6(3): 61-65.

赵彤, 闫浩, 蒋跃利, 等. 2013. 黄土丘陵区植被类型对土壤微生物量碳氮磷的影响. 生态学报, 33(18): 5615-5622.

朱秋莲, 邢肖毅, 张宏, 等. 2013. 黄土丘陵沟壑区不同植被区土壤生态化学计量特征. 生态学报, 33(15): 4674-4682.

朱永官, 沈仁芳, 贺纪正, 等. 2017. 中国土壤微生物组: 进展与展望. 中国科学院院刊, 32(6): 554-565.

Amundson R, Richter D D, Humphreys G S, et al. 2007. Coupling between biota and earth materials in the critical zone. Elements, 3(5): 327-332.

An S S, Darboux F, Cheng M. 2013. Revegetation as an efficient means of increasing soil aggregate stability on the Loess Plateau (China). Geoderma, 209-210(1): 75-85.

Brewer T E, Aronson E L, Arogyaswamy K, et al. 2019. Ecological and genomic attributes of novel bacterial taxa that thrive in subsurface soil horizons. mBio, 10(5): e01318-19.

Chaopricha N T, Marín-Spiotta E. 2014. Soil burial contributes to deep soil organic carbon storage. Soil Biol Biochem, 69: 251-264.

Chen Y P, Wang K B, Lin Y S, et al. 2015. Balancing green and grain trade. Nat Geosci, 8: 739-741.

Cheng M, Xue Z, Xiang Y, et al. 2015. Soil organic carbon sequestration in relation to revegetation on the Loess Plateau, China. Plant Soil, 397(1-2): 31-42.

Deng L, Liu G, Shangguan Z. 2014. Land-use conversion and changing soil carbon stocks in China's 'grain-for-green' program: a synthesis. Glob Change Biol, 20(11): 3544-3556.

Deng L, Shangguan Z P, Wu G L, et al. 2017. Effects of grazing exclusion on carbon sequestration in China's grassland. Earth-Sci Rev, 173: 84-95.

Detwiler R P. 1986. Land use change and the global carbon cycle: the role of tropical soils. Biogeochemistry, 2(1): 67-93.

Dou S, Shan J, Song X Y, et al. 2020. Are humic substances soil microbial residues or unique synthesized compounds? Pedosphere, 30: 1-9.

Fang J Y, Yu G R, Liu L L, et al. 2018. Climate change, human impacts, and carbon sequestration in China. Proc Natl Acad Sci USA, 115(16): 4015-4020.

Feng X, Fu B, Piao S, et al. 2016. Revegetation in China's Loess Plateau is approaching sustainable water resource limits. Nat Clim Change, 6(11): 1019-1022.

Fischer R A, Cottrell E, Hauri E, et al. 2020. The carbon content of Earth and its core. Proc Natl Acad Sci USA, 117(16): 8743-8749.

Fontaine S, Barot S, Barré P, et al. 2007. Stability of organic carbon in deep soil layers controlled by fresh carbon supply. Nature, 450(7167): 277-280.

Fu B, Wang S, Liu Y, et al. 2017. Hydrogeomorphic ecosystem responses to natural and anthropogenic changes in the Loess Plateau of China. Annu Rev Earth Pl Sc, 45(1): 223-243.

Goldstein A, Turner W R, Spawn S A, et al. 2020. Protecting irrecoverable carbon in earth's ecosystems. Nat Clim Change, 10(4): 287-295.

Harper R J, Tibbett M. 2013. The hidden organic carbon in deep mineral soils. Plant Soil, 368(1): 641-648.

Huang L M, Shao M A. 2019. Advances and perspectives on soil water research in China's Loess Plateau. Earth-Sci Rev, 199: 102962.

Jiao N, Herndl G J, Hansell D A, et al. 2010. Microbial production of recalcitrant dissolved organic matter: long-term carbon storage in the global ocean. Nat Rev Microbiol, 8(8): 593-599.

Jiao S, Chen W, Wang J, et al. 2018. Soil microbiomes with distinct assemblies through vertical soil profiles drive the cycling of multiple nutrients in reforested ecosystems. Microbiome, 6(1): 3-13.

Jobbagy E G, Jackson R B. 2000. The vertical distribution of soil organic carbon and its relation to climate and vegetation. Ecol Appl, 10: 423-436.

Lal R. 2018. Digging deeper: a holistic perspective of factors affecting soil organic carbon sequestration in agroecosystems. Global Change Biol, 24(8): 3285-3301.

Liang C. 2020. Soil microbial carbon pump: mechanism and appraisal. Soil Ecol Lett, 2: 241-254.

Liang C, Amelung W, Lehmann J, et al. 2019. Quantitative assessment of microbial necromass contribution to soil organic matter. Global Change Biol, 25(11): 3578-3590.

Liang C, Balser T C. 2011. Microbial production of recalcitrant organic matter in global soils: implications for productivity and climate policy. Nat Rev Microbiol, 9(1): 75.

Liang C, Schimel J P, Jastrow J D. 2017. The importance of anabolism in microbial control over soil carbon storage. Nat Microbiol, 2(8): 1-6.

Li H, Si B, Ma X, et al. 2019. Deep soil water extraction by apple sequesters organic carbon via root biomass rather than altering soil organic carbon content. Sci Total Environ, 670: 662-671.

Liu G, Chen L, Deng Q, et al. 2020. Vertical changes in bacterial community composition down to a depth of 20 m on the degraded Loess Plateau in China. Land Degrad Dev, 31(10): 1300-1313.

Liu J, Kong W, Zhang G, et al. 2016. Diversity and succession of autotrophic microbial community in high-elevation soils along deglaciation chronosequence. FEMS Microbiol Ecol, 92(10): 160.

Liu S, Zhang W, Wang K, et al. 2015. Factors controlling accumulation of soil organic carbon along vegetation succession in a typical karst region in southwest China. Sci Total Environ, 521-522(1): 52-58.

Maestre F T, Delgado-Baquerizo M, Jeffries T C, et al. 2015. Increasing aridity reduces soil microbial diversity and abundance in global drylands. Proc Natl Acad Sci USA, 112(51): 15684-15689.

Malik A A, Martiny J B H, Brodie E L, et al. 2020. Defining trait-based microbial strategies with consequences for soil carbon cycling under climate change. ISME J, 14(1): 1-9.

Modak K, Ghosh A, Bhattacharyya R, et al. 2019. Response of oxidative stability of aggregate-associated soil organic carbon and deep soil carbon sequestration to zero-tillage in subtropical India. Soil Till Res, 195: 104370.

Rumpel C, Kögel-Knabner I. 2011. Deep soil organic matter: a key but poorly understood component of terrestrial C cycle. Plant Soil, 338: 143-158.

Smith M P, Moore K, Kavecsánszki D, et al. 2016. From mantle to critical zone: a review of large and giant sized deposits of the rare earth elements. Geosci Front, 7(3): 315-334.

Sokol N W, Bradford M A. 2019. Microbial formation of stable soil carbon is more efficient from belowground than aboveground input. Nat Geosci, 12(1): 46-53.

Tarnocai C, Canadell J G, Schuur E A, et al. 2009. Soil organic carbon pools in the northern circumpolar permafrost region. Global Biogeochem Cy, 23(2): 1-11.

Wang C, Qu L, Yang L, et al. 2021. Large-scale importance of microbial carbon use efficiency and necromass to soil organic carbon. Global Change Biol, 27(10): 2039-2048.

Wang J, Feng L, Palmer P I, et al. 2020a. Large Chinese land carbon sink estimated from atmospheric carbon dioxide data. Nature, 586(7831): 720-723.

Wang J, Wang H, Cao Y, et al. 2016. Effects of soil and topographic factors on vegetation restoration in opencast coal mine dumps located in a loess area. Sci Rep, 6: 22058.

Wang X, Wang C, Cotrufo M F, et al. 2020b. Elevated temperature increases the accumulation of microbial necromass nitrogen in soil via increasing microbial turnover. Global Change Biol, 26(9): 5277-5289.

Yang Y, Dou Y X, Huang Y M, et al. 2017. Links between soil fungal diversity and plant and soil properties on the Loess Plateau. Front Microbiol, 7: 1-13.

Zhong Z, Wu S, Lu X, et al. 2021. Organic carbon, nitrogen accumulation, and soil aggregate dynamics as affected by vegetation restoration patterns in the Loess Plateau of China. Catena, 196: 104867.

Zhu X, Jackson R D, DeLucia E H, et al. 2020. The soil microbial carbon pump: from conceptual insights to empirical assessments. Global Change Biol, 26(11): 6032-6039.

第 11 章　研　究　展　望

黄土高原作为国家"一带一路"倡议的倡议地、西部大开发的主战场、国家能源重化工基地聚集地、入黄泥沙的主要策源地，面对生态文明建设、区域协调发展、黄河流域高质量发展和"双碳"目标等一系列重大国家战略，黄土高原生态系统碳汇效应将迎来重大的机遇和严峻的挑战。新时期以来，黄土高原各圈层环境系统交互作用的过程、机理、效应及风险复杂程度在人类活动的影响下是始料未及的。本书是对黄土高原植被恢复过程中土壤有机碳形成与固定系统研究的全面梳理，主要内容涵盖了黄土高原植被恢复特征，土壤有机碳储量特征，根系和枯落物对土壤有机碳的贡献，土壤有机碳形成、周转与稳定的物理、化学和微生物学机制，植被–土壤–根系各界面土壤碳形态及其转移特征，土壤微生物碳泵参与的有机碳形成与转化过程等，较为系统地回答了黄土高原植被恢复的土壤碳汇效应，为黄土高原植被恢复过程中土壤有机碳固碳功能和生态效益提升提供了参考，有助于准确评估我国植被恢复/重建工程的现实效益。对此，我们提出如下展望。

1. 黄土高原生态系统固碳潜力仍然巨大

黄土高原垂直节理发达，直立性很强；然而，黄土对流水的抵抗力弱，易受侵蚀，一旦土面天然植被遭受破坏和大面积土地被开垦，土壤侵蚀现象就会迅速蔓延，将会流失大量的有机碳。因此，黄土高原植被恢复下土壤有机碳固定是一个长期的过程，有机碳固定的潜力，与土壤的形成、分类、分布格局有关。黄土高原典型土壤是淡黑垆土，但长期的耕作与水土流失，使得该土壤类型消失殆尽。目前，植被恢复仅仅是个开始，从长远的角度分析，黄土高原仍具有很大的固碳潜力。

2. 黄土高原自然演替下的土壤固碳能力较强

当前种种迹象表明黄土高原植被恢复逐步进入自然演替阶段，固碳效应也处于相对稳定的状态，随着生态环境建设的不断推进，在植被建设问题上，植被恢复方式从过去对植树造林种草的重视，转而强调植被的自我修复，倾向于封育措施。由此可知：遵循植被恢复规律，以自然演替为主，辅以人为引导，是加快植被恢复的有效方式，也能够最大限度地发挥土壤的固碳效应。

3. 深化黄土高原植被承载力与土壤有机碳固定之间的权衡

黄土高原土壤有机碳的积累是一个长期效应，随着退耕还林还草的深入，土壤和植被能够重新吸收从生态系统中流失的碳，使退化的土地得以恢复，增加陆地生态系统的碳储量。虽然乔木林和灌木林均为碳汇，但是互相转换后由于扰动了土壤反而会造成有机碳的损失，不利于有机碳的保持，因而就林地来说，保持土地利用方式不变更适合。

增加林地面积和改善林分结构是提高森林碳汇功能的两个主要途径。增加碳输入、减少碳输出及增加有机碳的稳定性是提升黄土高原生态系统碳汇功能的有效办法。必须将植被承载力与固碳能力有效结合，寻找植被恢复对土壤有机碳固定的驱动力，进而权衡植被恢复与土壤有机碳固定之间的关系。

4. 土壤有机碳输入与矿化之间的平衡是实现碳中和的基本条件

土壤有机碳含量是土壤中有机碳输入与输出的动态平衡结果。当碳的矿化量大于输入量时，土壤有机碳含量会降低；反之，当碳的矿化量小于输入量时，土壤有机碳含量会持续增加，碳的矿化量与输入量相等时，土壤有机碳含量达到新的平衡点，不再增加。在一般条件下，土壤有机碳达到平衡点通常需要 20～30 年。当营养性有机碳输入过多时，这种动态平衡系统也会多入多出，在达到新的平衡点后，每年会有更多的土壤有机碳矿化。为实现黄土高原植被建设和有机碳固持的双重目标，植被建设的投入量应维持土壤有机碳的矿化分解不会对环境产生风险的原则，此时达到最佳水平，有机碳输入量和矿化量持平，基本保持平衡。

5. 分子生物学技术是研究黄土高原生态系统土壤碳固存机制的重要手段

当前分子生物学技术有了重大突破，生态学理论也得到了广泛应用，这些都使得土壤微生物分子学向前迈进了一大步，土壤固碳机制研究也迎来了一个新的发展时期。一些测序技术，如宏基因组测序、单细胞测序等技术已被用于研究生态功能与微生物分布之间的联系，其他组学方法，包括宏转录组学、宏代谢组学及宏蛋白质组学等也能够用于研究土壤微生物群落功能。从土壤微生物固碳作用来看，应将 ^{13}C 同位素标记技术及微生物分子生态学技术（如定量 PCR/PLFA-SIP、克隆文库、T-RFLP）结合起来，聚焦土壤微生物固碳过程，着眼于光合碳的输入、转化以及土壤微生物固碳基因与生物学发生机制等方面，同时将核磁共振和高分辨率显微成像技术（如同步辐射显微计算机断层扫描技术）等先进技术进行有机结合，重点关注土壤碳组分微界面养分反应过程，揭示微生物与矿物之间胞外电子传递机制；同时探索微生物驱动的土壤碳过程，从水–土、根–土、土–气等多界面，矿物、微生物、有机质以及氧气、质子、电子等多要素，系统揭示黄土高原植被恢复后土壤有机碳周转与土壤碳汇提升机制。

6. 新一代高科技技术是黄土高原生态系统碳汇功能的重要保障

随着生物技术、人工智能、信息技术及大数据技术等的迅猛发展，未来应将土壤有机碳多组分、多界面、多尺度性质和行为的观测、分析及模拟方法作为研究的重点；建立原位采样、地球物理探测和污染监测一体化技术，实现土壤各界面碳动态、高分辨率表征；发展智能观测技术、动态表征技术，结合空间表达技术；开发基于"互联网+"的碳数据自动控制、自动采集、远程传输技术；发展基于"大数据+互联网+人工智能"的土壤碳动态大数据信息决策理论和支持系统；研究基于"星–空–地"一体化的土壤碳智慧监测技术与系统，为黄土高原植被恢复过程中土壤碳汇功能、生态效益提升提供重要参考。

7. 加强黄土高原野外生态监测站的联网研究

据不完全统计，黄土高原地区拥有 9 个国家野外科学观测站和 20 多个地方级观测站，并建立了 8 座大型碳通量塔，未来应充分发挥野外站台的联合力量，注重定量化研究和原位监测，综合观测土壤界面反应与生物地球化学循环过程，开展与土壤碳循环有关的综合性重大科学问题研究，融合多源数据（地面观测、激光雷达、卫星遥感）、多尺度数据（样地尺度、站点尺度、区域尺度）以及多手段数据（联网观测、森林清查、模型模拟），整合定点观测数据、联网控制实验、样带调查、生态系统网络观测、模型模拟以及卫星遥感反演等数据，基于多尺度、多过程、多途径及多学科的综合集成分析等手段，全面、准确地评估黄土高原生态系统碳汇效应及其在全球碳收支中的贡献。

参 考 文 献

方精云. 2021. 碳中和的生态学透视. 植物生态学报, 45(11): 1173-1176.

朴世龙, 岳超, 丁金枝, 等. 2022. 试论陆地生态系统碳汇在"碳中和"目标中的作用. 中国科学: 地球科学, 52(7): 1419-1426.

杨阳, 窦艳星, 王宝荣, 等. 2023. 黄土高原土壤有机碳固存机制研究进展. 第四纪研究, 43(2): 509-522.

杨阳, 刘良旭, 童永平, 等. 2023. 黄土高原植被恢复过程中土壤碳储量及影响因素研究进展. 地球环境学报, 14(6): 1-15.

杨阳, 王宝荣, 窦艳星, 等. 2023. 植物和微生物源土壤有机碳转化与稳定研究进展. 应用生态学报, 35(1): 111-123.

杨阳, 张萍萍, 吴凡, 等. 2023. 黄土高原植被建设及其对碳中和的意义与对策. 生态学报, 43(21): 9071-9081.

杨元合, 石岳, 孙文娟, 等. 2022. 中国及全球陆地生态系统碳源汇特征及其对碳中和的贡献. 中国科学: 生命科学, 52(4): 534-574.

于贵瑞, 郝天象, 朱剑兴. 2022. 中国碳达峰、碳中和行动方略之探讨. 中国科学院院刊, 37(4): 423-434.

An Z S, Wu G X, Li J P, et al. 2015. Global monsoon dynamics and climate change. Annu Rev Earth Pl Sc, 43: 29-77.

Feng X M, Fu B J, Piao S L, et al. 2016. Revegetation in China's Loess Plateau is approaching sustainable water resource limits. Nat Clim Change, 6(11): 1019-1022.

Li Y, Shi W, Aydin A, et al. 2020. Loess genesis and worldwide distribution. Earth-Sci Rev, 201: 102947.

Liu Z, Deng Z, Davis S J, et al. 2022. Monitoring global carbon emissions in 2021. Nat Rev Earth Env, 3(4): 217-219.

Liu Z, Deng Z, He G, et al. 2021. Challenges and opportunities for carbon neutrality in China. Nat Rev Earth Env, 3(2): 141-155.

Lv Y, Hu J, Fu B, et al. 2019. A framework for the regional critical zone classification: the case of the Chinese Loess Plateau. Natl Sci Rev, 6: 14-18.

Lv Y, Li T, Zhang K, et al. 2017. Fledging critical zone science for environmental sustainability. Environ Sci Technol, 51: 8209-8211.

Piao S L, He Y, Wang X H, et al. 2022. Estimation of China's terrestrial ecosystem carbon sink: methods, progress and prospects. Sci China Earth Sci, 65(4): 641-651.

Tang X L, Zhao X, Bai Y F, et al. 2018. Carbon pools in China's terrestrial ecosystems: new estimates based on an intensive field survey. Proc Natl Acad Sci USA, 115(16): 4021-4026.

Wang J, Feng L, Palmer P I, et al. 2020. Large Chinese land carbon sink estimated from atmospheric carbon dioxide data. Nature, 586(7831): 720-723.

Wang S, Fu B, Piao S, et al. 2016. Reduced sediment transport in the Yellow River due to anthropogenic changes. Nat Geosci, 9: 38-42.

Wang Y L, Wang X H, Wang K, et al. 2022. The size of the land carbon sink in China. Nature, 603(7901): E7-E9.

Yang Y, Liu L, Zhang P, et al. 2023. Large-scale ecosystem carbon stocks and their driving factors across Loess Plateau. Carbon Neutrality, 2: 5.

Yang Y, Sun H, Zhang P, et al. 2023. Reviewing of managing soil organic C sequestration from vegetation restoration on the Loess Plateau. Forests, 14(10): 1964.

Yang Y, Zhang P, Song Y, et al. 2024. The structure and development of Loess Critical Zone and its soil carbon cycle. Carbon Neutrality, 3: 1.

Zhu Y J, Jia X X, Qiao J B, et al. 2019. What is the mass of loess in the Loess Plateau of China? Sci Bull, 64(8): 534-539.